高职高专公共基础课系列教材

新编高等数学

主　编　韦　宁　王恩亮
副主编　郁国瑞
参　编　户雅彬　武瑞华　孟令玲
　　　　王　培　李　颖　崔冬雪
主　审　胡红池

机械工业出版社

本书是在河北能源职业技术学院深入开展教学改革、实现高职理论基础课分层次教学和倡导信息化教学的背景下诞生的，也是学院获批河北省2016年高校重点规划课题“在信息技术环境下培养高职学生数学学习能力的研究”的成果之一。全书共9章，内容包括函数、极限与连续，导数与微分，导数的应用，不定积分，定积分及其应用，微分方程，行列式，矩阵及其运算，线性方程组。为了适应不同专业及不同层次的教学需要，书中适量配置了一些标有“＊”的扩展内容和例题，以便选学。

为了便于教学，各章节开头都精心编写了“本节导学”，指出本节的知识特点、前后联系、学习方法和要求等；各章后都有“学习指导”，方便对所学内容进行复习和总结。另外，各节的能力训练题和各章的综合训练题都分为应用范围和难度不同的A、B两级，充分体现分层次教学的特点。借助数字化网络教学平台，我们还将书中各个章节的主要内容同步录制了微课视频，为学习本课程的学生提供信息技术环境下的学习资源。

本书可以作为高职院校工科及经济类各专业的高等数学或经济数学课程的通用教材，也可以作为成人高等教育各专业通用的参考教材。

图书在版编目（CIP）数据

新编高等数学/韦宁，王恩亮主编. —北京：机械工业出版社，2017.7（2022.8重印）
高职高专公共基础课系列教材
ISBN 978-7-111-57242-8

Ⅰ.①新… Ⅱ.①韦… ②王… Ⅲ.①高等数学-高等职业教育-教材 Ⅳ.①O13

中国版本图书馆CIP数据核字（2017）第146809号

机械工业出版社（北京市百万庄大街22号 邮政编码100037）
策划编辑：王玉鑫　　责任编辑：王玉鑫　陈崇昱
责任校对：刘　岚　　封面设计：张　静
责任印制：刘　媛
涿州市般润文化传播有限公司印刷
2022年8月第1版·第4次印刷
184mm×260mm·16印张·385千字
标准书号：ISBN 978-7-111-57242-8
定价：49.80元

电话服务
客服电话：010-88361066
010-88379833
010-68326294

网络服务
机　工　官　网：www.cmpbook.com
机　工　官　博：weibo.com/cmp1952
金　　书　　网：www.golden-book.com
机工教育服务网：www.cmpedu.com

前　言

高职院校的高等数学教学有三个任务：知识传授、习惯培养和能力训练。这与我们新修订的高职院校的高等数学和工程数学课程标准提出的培养目标："知识目标 + 能力目标 + 素质目标"三位一体的要求相吻合。

实现高职院校高等数学分层教学，培养学生的自学能力，加强基础数学与专业教学的结合，这是我们编写这本《新编高等数学》的主旨。之前，学院获批了河北省 2016 年高校重点规划课题"在信息技术环境下培养高职学生数学学习能力的研究"。而本书的编写出版，也是该课题在教学研究和应用上的成果之一。

一、体现"全面发展，分层培养"的精神

这几年，高职招生遇到了新情况：生源数量明显减少，学生来源多种多样，文化水平参差不齐。学院经过调研分析，提出了有针对性的基础课"分层教学"的课改新思路，并且照此安排了教学方案。为了充分落实学院这次教学改革的精神，考虑高职院校数学教学的特点，我们应该在教材上有所体现和区别。

本书在分层教学上的明显特征就是各节的能力训练题和各章的综合训练题都安排了应用范围和难度不同的 A 、B 两级，而且选编的题型非常丰富，不仅包括客观的填空、选择、判断题，更有主观的解答题，包括计算、证明和需要建立数学模型解答的应用题。

在教学内容和例题的形式上，增加了标有" * "的要求较高的扩展内容，为准备专升本的同学拓展视野和学习空间。例如，7 种未定式的极限中后 3 种的扩展类型、二阶线性常系数非齐次微分方程、抽象的 n 阶行列式的计算和归纳等。

二、践行素质教育 培养自学能力

职业教育应该注重素质教育，基础课教学要为培养高职学生的职业核心能力，如学习能力、钻研精神、团队合作、善于交流和表达等提供支持。因此，本书各节开头都精心编写了"本节导学"，指出本节的知识特点、前后联系、学习方法和要求等；各章后都有"学习指导"，方便对所学内容进行复习和总结，从而全方位提升学生的数学素养。

与本书的教学内容相匹配，我们新增加了网络微课教学资源。响应学院"运用信息技术手段教学，提倡微课和慕课教学改革"的要求，按照课题的研究路线，我们创建了"高职高等数学"系列网络微课。借助数字化的教学平台，我们将本书中各章节的主要内容同步录制了微课视频，为学习本课程的学生提供信息技术环境下的学习资源。更进一步地，我们开展了相应的高数课程改革，尝试了自学研讨课堂、翻转课堂的教改实验。这些教改尝试，都有助于培养高职学生的自学能力。

三、理论联系实际 数学融入各科知识

高职院校高等数学课程教学改革的重心在于突出高职特点，加强数学的应用，与专业课教学尽量融合，这也是本书的又一个特点。在案例引入、例题分析、全章总结、课题研讨、习题演练等各个环节，都体现了高职教育学以致用的教学原则。

本书包括了传统高职院校的高等数学、经济数学（工程数学）的主要内容，做到理论知识适度够用，而且尽量结合各学科知识讲述，努力为专业教学服务。纵观本书的全部内容，涉及数学、物理、化学、生物、经济、社会、工程建筑等学科的相关内容和知识领域。

在各章节知识编排上，多采用学科实例引入，引导建立相应的数学模型，如导数模型、微分方程模型、矩阵模型、线性方程组模型等。在教学内容的筛选、例题和习题配备上，也是尽量做到学用结合，例如在专门的章节介绍了经济函数中的边际分析与弹性分析、导数应用、定积分应用、一阶微分方程应用举例等。

四、针对高职数学特点 凸显教学要素要求

我们有意通过精选习题类型，培养学生的发散思维能力，最直接的方法就是在典型例题中“一题多解”。例如，求导数、求不定积分、求曲边梯形面积、解微分方程、求逆矩阵、解矩阵方程、解线性方程组等，都举出两种解法，有利于拓展高职学生的数学思维。

本书由河北能源职业技术学院的数学教师集体编写，韦宁教授、王恩亮教授任主编，郁国瑞教授任副主编。具体分工如下：崔冬雪编写第 1 章，郁国瑞编写第 2 章，韦宁编写第 3 章，武瑞华编写第 4 章，孟令玲编写第 5 章，李颖编写第 6 章，王恩亮编写第 7 章，户雅彬编写第 8 章，王培编写第 9 章。韦宁进行了最后的统稿工作，并编写了各节的“本节导学”部分。唐山师范学院的胡红池教授对全部书稿进行了审定，并提出了宝贵的修改意见。在本书的编写出版、课题研究和教学改革中，我们得到了学院领导和有关部门的大力支持和帮助，在此表示诚挚的谢意。

由于编者水平有限，加之时间紧、任务重，书中难免存在谬误和疏漏之处，敬请广大读者给予批评指正，以待我们再版时予以更正，对此深表谢意！

编　者

目　　录

第1章　函数、极限与连续

数学是研究数量关系和空间形式的一门科学，简而言之，就是关于数和形的科学。在人类几千年的数学文明史中，“数”和“形”曾经长期处于分离的状态。17世纪，法国数学家笛卡尔创立了平面直角坐标系，将“数”和“形”联系起来，并且提出了变量的概念。恩格斯曾高度评价了笛卡尔的工作：“数学中的转折点是笛卡尔的变数。有了变数，运动进入了数学；有了变数，辩证法进入了数学；有了变数，微分和积分也就立刻成为必要的了。”高等数学的研究对象是以变量为基础的函数。学习高等数学的知识，不是数学系学生的专利，而是对各门学科的学习都有指导意义，也是做好各项研究和管理工作的必备工具。一个学科成熟与否，其中的重要标志就是建立起相应的数学模型，并且以变量的形式研究关注的对象。

极限是研究函数的基本工具，这也是高等数学区别于初等数学的标志之一，而连续性则是函数的一种重要属性。因此，本章内容是整个微积分学的基础。本章将简要地介绍高等数学的一些基本概念，其中重点介绍极限的概念、性质和运算，以及与极限概念密切相关的，并且在微积分运算中起重要作用的无穷小量的概念和性质。此外，还给出了两个极其重要的极限。随后，运用极限的概念引入函数的连续性概念，它是对客观世界中广泛存在的连续变化这一现象的数学描述。

1.1　函数

| 本节导学 |

1）函数是高等数学的主要研究对象。学习函数要从考察变量入手，在中学已经认识某些基本初等函数的前提下，本节需要深层次理解函数的概念，掌握函数的三种表示形式。熟悉分段函数、复合函数、反函数、初等函数等扩展概念。认识函数的单调性、奇偶性、有界性和周期性。

2）本节的学习重点是函数的概念和主要性质。要透彻理解定义域和对应法则是决定函数的两个条件，能够熟练、正确地求函数值，会作出简单函数的图形。函数性质中用的最多的是单调性和奇偶性，要学会运用定义去判断函数的奇偶性，并且熟悉其图形特征。

3）本节的学习难点是建立函数关系。主要包括三种情况：一是由实际问题建立函数模型；二是从已知的复合函数关系式中，求出简单函数关系式；三是由原函数求出反函数。再一个学习难点是有关分段函数的图形和性质讨论。建议从熟悉函数概念和常用函数的图形、性质上突破难点。

微课：超星学习通·学院《高等数学》§1.1 函数。

1.1.1　函数的概念

1. 变量及其变化范围的常用表示法

在自然现象或工程技术中，常常会遇到各种各样的量。有一种量，在考察过程中是不断变化的，可以取得各种不同的数值，这一类量叫作**变量**；另一类量在考察过程中保持不变，它取同样的数值，这一类量叫作**常量**。变量的变化有跳跃性的，如自然数由小到大变化、数列的变化等，而更多的则是在某个范围内变化，即该变量的取值可以是某个范围内的任何一个数。变量取值范围常用区间来表示。

满足不等式 $a\leqslant x\leqslant b$ 的实数的全体组成的集合叫作**闭区间**，记为 $[a, b]$，即

$$[a, b]=\{x\mid a\leqslant x\leqslant b\}$$

满足不等式 $a<x<b$ 的实数的全体组成的集合叫作**开区间**，记为 (a, b)，即

$$(a, b)=\{x\mid a<x<b\}$$

满足不等式 $a<x\leqslant b$（或 $a\leqslant x<b$）的实数的集合叫作**左开右闭**（**或左闭右开**）**区间**，记为 $(a, b]$（或 $[a, b)$），即

$$(a, b]=\{x\mid a<x\leqslant b\}\quad(\text{或}[a, b)=\{x\mid a\leqslant x<b\})$$

左开右闭区间与左闭右开区间统称为**半开半闭区间**，实数 a，b 称为区间的**端点**。

以上这些区间都称为**有限区间**。数 $b-a$ 称为**区间的长度**。此外，还有**无限区间**，如

$$(-\infty, +\infty)=\{x\mid -\infty<x<+\infty\}=\mathbf{R}$$

$$(-\infty, b]=\{x\mid -\infty<x\leqslant b\}, (-\infty, b)=\{x\mid -\infty<x<b\}$$

$$[a, +\infty)=\{x\mid a\leqslant x<+\infty\}, (a, +\infty)=\{x\mid a<x<+\infty\}$$

等。这里记号“$-\infty$”与“$+\infty$”分别表示“负无穷大”与“正无穷大”。

邻域也是常用的一类区间。设 x_0 是一个给定的实数，δ 是某一正数，称数集

$$\{x\mid x_0-\delta<x<x_0+\delta\}$$

为点 x_0 的 **δ-邻域**，记作 $U(x_0, \delta)$，即

$$U(x_0, \delta)=\{x\mid x_0-\delta<x<x_0+\delta\}$$

称点 x_0 为该**邻域的中心**，δ 为该**邻域的半径**（见图 1-1）。称 $U(x_0, \delta)-\{x_0\}$ 为 x_0 的**去心 δ-邻域**，记作 $\mathring{U}(x_0, \delta)$，即

$$\mathring{U}(x_0, \delta)=\{x\mid 0<|x-x_0|<\delta\}$$

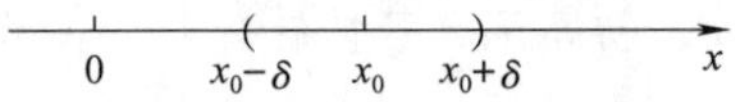

图 1-1

2. 函数的概念

在高等数学中除了考察变量的取值范围之外，还要研究在同一个过程中出现的各种彼此相互依赖的变量，例如质点的移动距离与移动时间，曲线上点的纵坐标与该点的横坐标，弹簧的恢复力与它的形变等。我们关心的是变量与变量之间的相互依赖关系，其中最常见的一类依赖关系，称为函数关系。

定义 1.1.1　设 A，B 是两个实数集，如果有某一法则 f，使得对于每个数 $x\in A$，均有一个确定的数 $y\in B$ 与之对应，则称 f 是从 A 到 B 内的**函数**。习惯上，就说 y 是 x 的函数，记作

$$y=f(x)\quad(x\in A)$$

其中，x 称为**自变量**，y 称为**因变量**，$f(x)$ 表示函数 f 在 x 处的函数值。

数集 A 称为函数 f 的**定义域**，记为 D_f 或 D；数集

$$f(A)=\{y\mid y=f(x), x\in A\}\subseteq B$$

称为函数 f 的**值域**，记作 R_f 或 R。

确定一个函数有两个基本要素，即定义域和对应法则。如果没有特别规定，我们约定：定义域表示使函数有意义的范围，即自变量的取值范围。在实际问题中，定义域可根据函数的实际意义来确定。例如，在时间 t 的函数 $f(t)$ 中，t 通常取非负实数。在理论研究中，若函数关系由数学公式给出，函数的定义域就是使数学表达式有意义的自变量 x 的所有可以取得的值构成的数集。对应法则是函数的具体表现，它表示两个变量之间的一种对应关系。

从几何上看，在平面直角坐标系中，点集

$$\{(x, y) \mid y = f(x), x \in D\}$$

称为函数 $y = f(x)$ 的**图形**(如图 1-2 所示)。函数 $y = f(x)$ 的图形通常是一条曲线，$y = f(x)$ 也称为这条曲线的方程。这样，函数的一些特性常常可借助于几何直观来发现；相反，一些几何问题，有时也可借助于函数来做理论探讨。

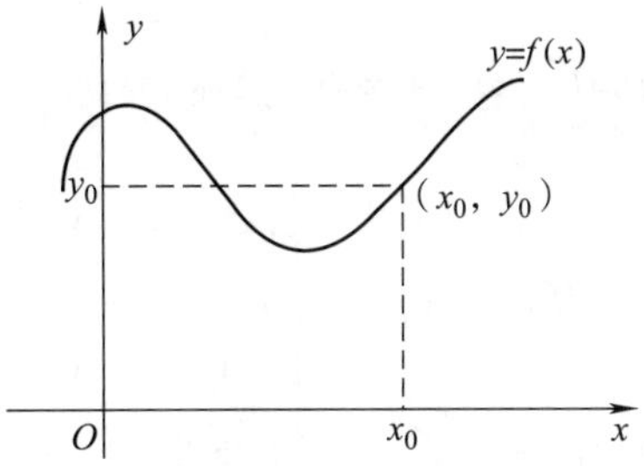

图　1-2

例 1　求函数 $y = \sqrt{4 - x^2} + \dfrac{1}{\sqrt{x - 1}}$ 的定义域。

解：要使数学式子有意义，x 必须满足

$$\begin{cases} 4 - x^2 \geqslant 0 \\ x - 1 > 0 \end{cases}，即 \begin{cases} |x| \leqslant 2 \\ x > 1 \end{cases}$$

由此有 $1 < x \leqslant 2$，因此函数的定义域为 $(1, 2]$。

3. 函数的表示法

常用的函数表示法有解析法(又称公式法)、列表法和图形法三种，下面分别介绍如下：

(1) 解析法

函数 $y = 3x^2 - 2x + 8$ 的对应法则是用数学式子给出的，这种表示函数的方法称为解析法。微积分中所涉及的函数大多用解析法给出。

(2) 列表法

以表格形式表示函数的方法称为列表法或表格法。它是将自变量的值与对应的函数值列为表格，如三角函数表、对数表、企业历年产值表等。表格法的优点是所求的函数值容易查得。

(3) 图形法

由图形给出函数的对应法则的方法称为图形法或图像法。这种方法在工程技术上应用较普遍，其优点是直观形象，且可看到函数的变化趋势。

4. 分段函数

微积分中还会经常碰到这样的函数，在其定义域的不同部分用不同的解析式表示，这种

函数叫作分段函数。例如

$$f(x)=\begin{cases}x-1 & x\in(-\infty,0)\\0 & x=0\\x^2+1 & x\in(0,+\infty)\end{cases}$$

求分段函数的函数值时要注意自变量的范围,如对上述函数,当 $x\in(-\infty,0)$时, 对应的函数值$f(x)$用式子$f(x)=x-1$计算；当$x=0$时，则有$f(0)=0$；当$x\in(0,+\infty)$时,$f(x)$用$f(x)=x^2+1$计算,如$f(-4)=-4-1=-5$,$f(0)=0$,$f(4)=4^2+1=17$。

应当注意的是，分段函数是用几个解析式合起来表示的一个函数，而不能理解为几个函数。分段函数的定义域为各段自变量取值集合的并集。

例 2　绝对值函数

$$y=|x|=\begin{cases}x & x\geqslant 0\\-x & x<0\end{cases}$$

就是一个分段函数,它的定义域为$(-\infty,+\infty)$，值域为$[0,+\infty)$,如图 1-3 所示。

例 3　符号函数

$$f(x)=\operatorname{sgn}x=\begin{cases}1 & x>0\\0 & x=0\\-1 & x<0\end{cases}$$

也是一个分段函数，它的定义域为$(-\infty,+\infty)$，值域为$\{-1,0,1\}$，如图 1-4 所示。

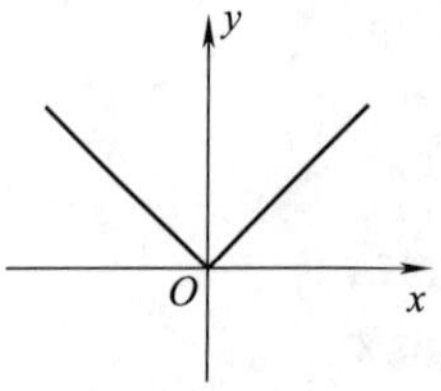

图　1-3

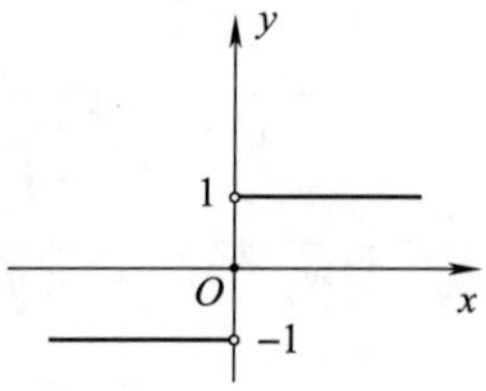

图　1-4

1.1.2　函数的几种特性

1. 函数的有界性

定义 1.1.2　设函数$f(x)$在数集 D 上有定义，若存在常数 $M>0$，使得对任一$x\in D$，都有$|f(x)|\leqslant M$,则称$f(x)$为**有界函数**。

例如，函数$y=\sin x$在其定义域$(-\infty,+\infty)$内是有界的，因为对任一$x\in(-\infty,+\infty)$都有$|\sin x|\leqslant 1$。函数$y=\dfrac{1}{x}$在$(0,1)$内无界。

从几何上看，有界函数的图形界于直线$y=\pm M$之间。

2. 函数的单调性

定义 1.1.3　设函数$f(x)$在数集 D 上有定义，若对 D 中的任意两数 x_1，x_2 $(x_1<x_2)$，恒有

$$f(x_1)\leqslant f(x_2)\quad(\text{或}f(x_1)\geqslant f(x_2))$$

则称函数$f(x)$在 D 上是**单调增加**(或**单调减少**)的。若上述不等式中的不等号为严格不等号，

则称为**严格单调增加**(或**严格单调减少**)的。在定义域上单调增加或单调减少的函数统称为**单调函数**;严格单调增加或严格单调减少的函数统称为**严格单调函数**，如图1-5所示。

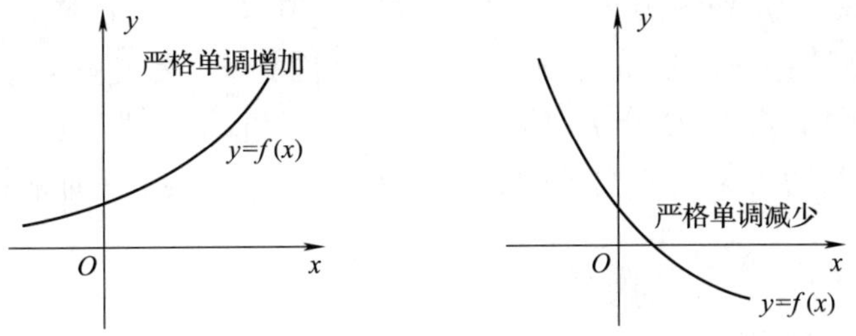

图　1-5

例如，函数$f(x)=x^3$在其定义域$(-\infty,+\infty)$内是严格单调增加的;函数$f(x)=\cos x$在$(0,\pi)$内是严格单调减少的。

从几何上看，若$y=f(x)$是严格单调函数，则任意一条平行于x轴的直线与它的图形最多交于一点，因此$y=f(x)$有反函数(关于反函数的定义见1.1.3节)。

3. 函数的奇偶性

定义1.1.4　设函数$f(x)$的定义域D_f关于原点对称(即若$x\in D_f$，则必有$-x\in D_f$)，若对任意的$x\in D_f$，都有$f(-x)=-f(x)$(或$f(-x)=f(x)$)，则称$f(x)$是D_f上的**奇函数**(或**偶函数**)。

奇函数的图形对称于坐标原点，偶函数的图形对称于y轴，如图1-6所示。

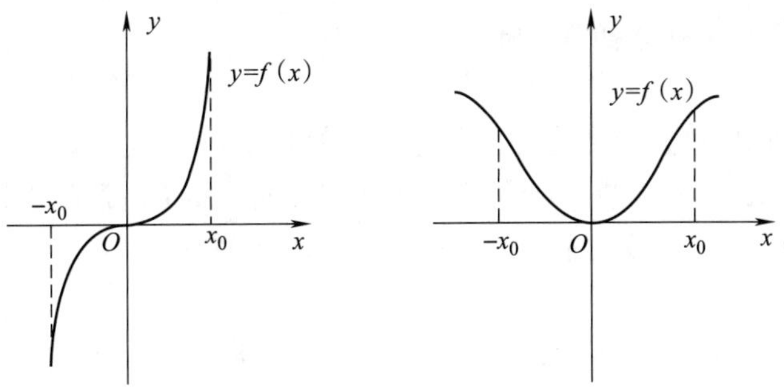

图　1-6

***例4**　讨论函数$f(x)=\ln(x+\sqrt{1+x^2})$的奇偶性。

解：函数$f(x)$的定义域$(-\infty,+\infty)$是对称区间，因为

$$f(-x)=\ln(-x+\sqrt{1+x^2})=\ln\left(\frac{1}{x+\sqrt{1+x^2}}\right)=-\ln(x+\sqrt{1+x^2})=-f(x)$$

所以，$f(x)$是$(-\infty,+\infty)$上的奇函数。

4. 函数的周期性

定义1.1.5　设函数$f(x)$的定义域为D_f，若存在一个不为零的常数T，使得对任意$x\in D_f$，有$(x\pm T)\in D_f$，且$f(x+T)=f(x)$，则称$f(x)$为**周期函数**，其中使上式成立的常数T称为$f(x)$的**周期**。通常，函数的周期是指它的**最小正周期**。

例如，函数$f(x)=\sin x$的周期为2π，$f(x)=\tan x$的周期为π。

1.1.3　反函数

定义 1.1.6　设 $y=f(x)$ 为定义在 D 上的函数，其值域为 R_f。若对于数集 R_f 中的每个数 y，数集 D 中都有唯一的一个数 x 使 $f(x)=y$，这就是说变量 x 是变量 y 的函数，这个函数称为函数 $y=f(x)$ 的**反函数**，记为 $x=f^{-1}(y)$。其定义域为 R_f，值域为 D。

习惯上，我们总是用 x 表示自变量，用 y 表示因变量，所以通常把 $x=f^{-1}(y)$ 改写为$y=f^{-1}(x)$。

函数 $y=f(x)$ 与 $y=f^{-1}(x)$ 的图形关于直线 $y=x$ 对称。

由函数 $y=f(x)$ 求它的反函数的步骤是：由方程 $y=f(x)$ 解出 x，得到 $x=f^{-1}(y)$；将函数 $x=f^{-1}(y)$ 中的 x 和 y 分别换为 y 和 x，这样就得到反函数 $y=f^{-1}(x)$。

例 5　求 $y=3x-1$ 的反函数。

解： 由 $y=3x-1$ 得到 $x=\dfrac{y+1}{3}$，然后交换 x 和 y，得到 $y=\dfrac{x+1}{3}$，即 $y=\dfrac{x+1}{3}$是 $y=3x-1$ 的反函数。

1.1.4　初等函数

1. 基本初等函数

幂函数 $y=x^\alpha$（α 为任意实数），指数函数 $y=a^x$（$a>0$ 且 $a\neq1$），对数函数 $y=\log_a x$（$a>0$ 且 $a\neq1$），三角函数 $y=\sin x$，$y=\cos x$，$y=\tan x$，反三角函数 $y=\arcsin x$，$y=\arccos x$，$y=\arctan x$ 等五类函数统称为**基本初等函数**。

2. 复合函数

在现实经济活动中，常会遇到这样的问题：一般来说成本 C 可以看作是产量 q 的函数，而产量 q 又是时间 t 的函数，时间 t 通过产量 q 间接影响成本 C，那么成本 C 仍然可以看作时间 t 的函数，C 与 t 的这种函数关系称为一种复合的函数关系。

定义 1.1.7　设 y 是 u 的函数 $y=f(u)$，而 u 又是 x 的函数 $u=\phi(x)$，如果函数 $u=\phi(x)$ 的值域包含在函数 $y=f(u)$ 的定义域内，那么 y 通过 u 的联系也是 x 的函数，我们称这样的函数是由函数 $y=f(u)$ 和 $u=\phi(x)$ 复合而成的函数，简称**复合函数**，记作 $y=f(\phi(x))$，其中 u 叫作中间变量。

对于复合函数，有下面几点说明：

1）不是任何两个函数都可以构成一个复合函数。例如，$y=\ln u$ 和 $u=x-\sqrt{x^2+1}$就不能构成复合函数，因为 $u=x-\sqrt{x^2+1}$的值域是 $u<0$，而 $y=\ln u$ 的定义域是 $u>0$。

2）复合函数不仅可以有一个中间变量，还可以有多个中间变量，这些中间变量是经过多次复合产生的。

3）没有中间变量的函数称为简单函数，复合函数的合成和分解往往是对简单函数而言的。

例 6　已知 $y=\ln u$，$u=6-v^2$，$v=\cos x$，将 y 表示成 x 的函数。

解： $y=\ln u=\ln(6-v^2)=\ln(6-\cos^2 x)$

例 7　指出下列复合函数是由哪些简单函数复合而成：

（1）$y=(2x+3)^2$；　　　　（2）$y=\cos^2(x^2+2)$。

解：（1）令 $y=u^2$，$u=2x+3$，则 $y=(2x+3)^2$ 是由 $y=u^2$ 和 $u=2x+3$ 复合而成的。

（2）令 $y=u^2$，$u=\cos v$，$v=x^2+2$，则 $y=\cos^2(x^2+2)$ 是由 $y=u^2$，$u=\cos v$，$v=x^2+2$ 复合而成的。

3. 初等函数

由基本初等函数及常数经过有限次四则运算和有限次复合构成，并且可以用一个数学式子表示的函数，叫作**初等函数**。

例如，$y=\arctan\sqrt{\dfrac{1+\sin x}{1-\sin x}}$，$y=\sqrt[3]{\ln\cos^3x}$，$y=\mathrm{e}^{\operatorname{arccot}\frac{x}{3}}$，$y=\dfrac{3^x+\sqrt[3]{x^2+5}}{\log_2(3x-1)-x\sec x}$都是初等函数，而 $y=1+x+x^2+x^3+\cdots$ 不满足有限次运算，$y=\begin{cases}1 & x>0\\0 & x=0\\-1 & x<0\end{cases}$ 不是用一个解析式子表达的，因此都不是初等函数。分段函数一般不是初等函数。

1.1.5　函数应用举例

下面通过具体的问题，说明如何建立函数关系式。

*__例8__　火车站收取行李费的规定如下：当行李不超过50kg时，按基本运费计算，例如从上海到某地以0.15元/kg计算基本运费；当行李超过50kg时，超过部分按0.25元/kg收费。试求上海到该地的行李费 y（元）与行李质量 x（kg）之间的函数关系式，并画出函数的图形。

解：当 $0<x\leqslant 50$ 时，$y=0.15x$；当 $x>50$ 时，$y=0.15\times 50+0.25(x-50)$。

所以函数关系式为

$$y=\begin{cases}0.15x & 0<x\leqslant 50\\7.5+0.25(x-50) & x>50\end{cases}$$

这是一个分段函数，如图1-7所示。

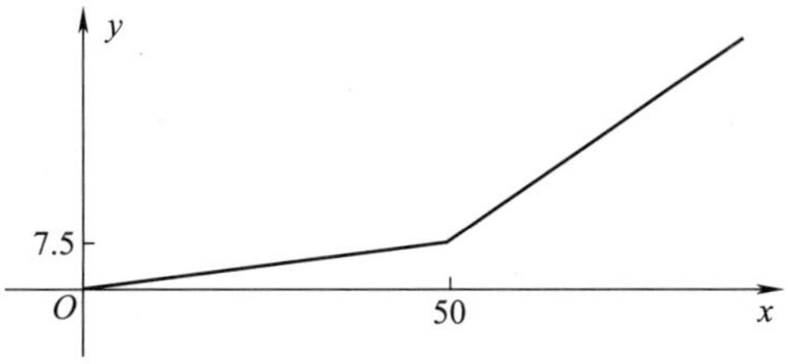

图　1-7

能力训练1.1

A组题

1. 已知 $f(x)=x^2+3x+5$，求 $f(0)$，$f(1)$，$f(a)$，$f(x+1)$，$f\left(\dfrac{1}{x}\right)$。

2. 求下列函数的定义域：

(1) $y=\sqrt{3x-1}$； (2) $y=\sqrt{x^2-1}+\frac{2}{x}$；

(3) $y=\log_5\frac{1}{x+1}+\sqrt{x+3}$； (4) $y=\arcsin\frac{x-1}{5}$。

3. 判断下列函数的奇偶性：

(1) $y=\cos 3x$； (2) $y=\frac{1}{x^3}+x$； (3) $y=\frac{e^x-e^{-x}}{2}$。

4. 设$f(x)=ax+2b$，若$f(0)=1$，$f(2)=3$，求 a，b 的值。

5. 设$f(x)=\cos x$，$g(x)=e^x$，求：

(1) $f(g(x))$； (2) $g(f(x))$； (3) $f\left(g\left(\frac{1}{x}\right)\right)$； (4) $g\left(f\left(\frac{1}{x}\right)\right)$。

6. 下列函数是由哪些简单函数复合而成：

(1) $y=\sqrt{3x+1}$； (2) $y=\lg\sqrt{x^3+2}$。

B 组题

1. 求下列函数的定义域：

(1) $y=\frac{1}{x^2+5}$； (2) $y=\frac{2}{x}-\sqrt{1-x^2}$；

(3) $y=\log_3\frac{1}{1-x}+\sqrt{x+2}$； (4) $y=\arcsin\frac{x-1}{2}$。

2. 设$f(x)=\begin{cases}0 & 0\leqslant x<1\\ \frac{1}{2} & x=1\\ 1 & 1<x\leqslant 2\end{cases}$，求$f(0)$，$f\left(\frac{1}{2}\right)$，$f(1)$，$f\left(\frac{5}{4}\right)$。

3. 设$f(x+1)=x^2-3x+2$，求$f(x)$。

4. 设$f(x)=\frac{1-x}{1+x}$，求$f(0)$，$f(-x)$，$f(x+1)$，$f(x)+1$。

5. 讨论下列函数的奇偶性：

(1) $y=2x^3-7\sin x$； (2) $y=a^x+a^{-x}\quad(a>0)$；

(3) $y=\frac{1-x^2}{1+x^2}$； (4) $y=x(x+1)(x-1)$。

6. 求下列函数的反函数：

(1) $y=\sqrt{3x-1}$； (2) $y=\frac{2x+3}{4x-2}$。

7. 已知$y=\sqrt{1+u^2}$，$u=\sin v$，$v=\lg x$，将 y 表示成为 x 的函数。

*1.2 常见的经济函数

| 本节导学 |

1）本节专为经济大类专业的学生安排。学习本节知识，首先要理解常用经济函数的概念和意义，包括有关的名词术语，如均衡价格、固定成本、可变成本、平均成本、总成本等。其次要熟悉函数的特征，比如需求函数 $Q=Q(p)$ 一般是价格 p 的单调减少函数，而供给函数 $S=S(p)$ 一般是价格 p 的单调增加函数。最后，要全面认识经济函数与数学中函数的联系和区别。比如，需求函数的反函数就是价格函数；另外，明确表达式中各个字母的意义和取值范围。比如指数需求函数 $Q=a\mathrm{e}^{-bp}$ 中，参数 $a>0$，$b>0$，而且 $p\geqslant 0$，当价格 $p=0$ 时，需求量 Q 为"饱和需求量"。这些函数都是初等函数的具体化和专业化。

2）本节的学习重点是需求函数、供给函数、总成本函数、收入函数和利润函数。不仅要明确每类函数的意义，更需要清楚它们之间的密切联系，认识到有关经济函数实际问题的计算，都是在标准状态下的结果。例如，产量 q = 销售量 q，产量与价格的乘积就是收入，即 $pq=R$。利润 = 收入 - 总成本，而且都是产量 q 的函数，即 $L(q)=R(q)-C(q)$。

3）本节学习的难点是几个函数混合出现，综合运用，求收入、利润等问题。例如，通过需求函数（需求量 Q = 产量 q = 销售量 q）和价格函数求出收入，再减去总成本（固定成本 + 可变成本），得到利润。

微课：超星学习通·学院《高等数学》§1.2 经济函数。

在某种经济活动中涉及的经济量往往是比较多的，这些量之间存在着各种依存关系。在经济学中，为了考察某两个量之间的关系，常将其他一些非主要因素的量都看作常量，这样就形成了各种经济函数，下面介绍经济学中常见的几种函数。

1.2.1　需求函数与供给函数

1. 需求函数

一种商品的市场需求量 Q 与该商品价格 p 密切相关。通常降低商品价格会使需求量增加，而提高商品价格会使需求量减少。这样，商品的需求量 Q 就是价格 p 的函数，称为**需求函数**，记作

$$Q=Q(p)$$

一般来说，需求函数为价格 p 的单调减少函数。

根据市场的统计资料，常见的需求函数有以下几种类型：

（1）线性需求函数

$$Q=a-bp\quad (a>0,\ b>0)$$

（2）二次需求函数

$$Q=a-bp-cp^2\quad (a>0,\ b>0,\ c>0)$$

（3）指数需求函数

$$Q=a\mathrm{e}^{-bp}\quad (a>0,\ b>0)$$

需求函数的反函数，就是价格函数，记作

$$p=p(Q)$$

价格函数也反映了商品的需求与价格的关系。

2. 供给函数

某种商品由于价格不同，生产者向市场提供的总供给量（简称商品的供给量）也将不同。商品的供给量 S 也是价格 p 的函数，称为**供给函数**，记作

$$S=S(p)$$

一般来说，商品的价格越高，生产者越愿意提供产品，因此供给函数是价格 p 的单调增

加函数。

常见的供给函数有线性函数、二次函数、幂函数、指数函数等，其中线性供给函数为

$$S=-c+dp \quad (c>0,\ d>0)$$

式中，当 $p=0$ 时，$S=-c$，这个 c 表示饱和需求量。

如果市场上某商品的需求量恰好等于供给量，则称该商品处于平衡状态，这时的商品价格 p_0 称为**均衡价格**。当市场价格 p 高于均衡价格 p_0 时，供给量将增加而需求量相应地减少，这时产生的“供大于求”现象必然使价格 p 下降；当市场价格 p 低于均衡价格 p_0 时，供给量将减少而需求量增加，这时会产生“供不应求”现象，从而又使价格 p 上升，市场价格的调节就是这样来实现的。

某种商品的需求曲线(需求函数的图形)与供给曲线(供给函数的图形)的交点，称为某商品的市场平衡点，显然平衡点的横坐标就是均衡价格。

例 1　市场调查显示，当某商品售价为每件 500 元时，市场需求量为 800 件。若该商品每件涨价 100 元，则需求量将减少 200 件。试求该商品的线性需求函数。

解：由前面的定义，设该商品的线性需求函数为

$$Q=a-bp \ (a>0,\ b>0)$$

由题意得

$$\begin{cases} a-500b=800 \\ a-600b=600 \end{cases}$$

解得 $a=1800$，$b=2$。

所求需求函数为

$$Q=1800-2p$$

例 2　上例中，当该商品售价为每件 500 元时，生产厂商愿向市场提供 600 件商品。若该商品每件涨价 100 元，生产厂商就会多提供 200 件。试求该商品的线性供给函数。

解：设该商品的线性供给函数为

$$S=-c+dp \ (c>0,\ d>0)$$

依题意有

$$\begin{cases} -c+500d=600 \\ -c+600d=800 \end{cases}$$

解得 $c=400$，$d=2$。

所求供给函数为

$$S=-400+2p$$

例 3　求出上两例中该商品的市场均衡价格。

解：由供需均衡条件 $S=Q$，得

$$-400+2p=1800-2p$$

解得 $p=550$，即均衡价格为每件 550 元。

1.2.2　总成本函数、收入函数和利润函数

总成本是工厂为生产一种产品所需的全部费用。通常可把总成本分为固定成本和变动成本两大类。固定成本是指厂房、机器设备的折旧费、保险费、管理人员的工资、广告费等；变动成本是指直接用于生产的成本，如原材料费用、能源消耗、生产工人的工资、包装费等。显然，变动成本与产量有关，随着产量(或销售量)q 的增加而增加。

总成本由固定成本 C_1 和变动成本 $C_2(q)$ 两个部分组成，称为**总成本函数**，记为

$$C(q)=C_1+C_2(q)$$

总成本函数 $C(q)$ 是产量 q 的单调增加函数。只有总成本不能说明企业生产的好坏，为了评价企业的生产状况，需要计算产品的**平均成本**，即生产 q 件产品时，单位产品的成本平均值，记作 $\overline{C}$，即

$$\overline{C}=\frac{C(q)}{q}=\frac{C_1}{q}+\frac{C_2(q)}{q}$$

其中 $\frac{C_2(q)}{q}$ 称为**平均可变成本**。

如果产品的单位售价为 p，销售量为 q，则**收入函数**为

$$R(q)=pq$$

总利润等于总收入与总成本的差，于是**利润函数**为

$$L(q)=R(q)-C(q)$$

例 4　已知某种产品的总成本函数为 $C(q)=3600+\frac{3}{16}q^2$，求当生产 200 个该产品时的总成本和平均成本。

解：由题意，产量为 200 个时的总成本为

$$C(200)=3600+\frac{3}{16}\times200^2=11100$$

产量为 200 个时的平均成本为

$$\overline{C}(200)=\frac{11100}{200}=55.5$$

能力训练 1.2

A 组题

1. 设某商品的销售收入 R 是销售量 q 的二次函数，已知 $q=0, 2, 4$ 时，相应的 $R=0, 6, 8$。试确定 R 与 q 的函数关系。

2. 某产品总成本 C(万元)为产量 q(t)的函数：

$$C(q)=a+b\sqrt{q^3}$$

其中 a，b 为待定系数。已知固定成本为 4 万元，且当产量为 9t 时，总成本为 313 万元。试将平均成本 $\overline{C}$ 表示为产量 q 的函数。

3. 某厂每日生产 q 单位某商品的总成本为 $C(q)$ 元，其中固定成本为 200 元，且生产 1 单位商品的变动成本均为 10 元。每单位商品售价 p 元，又需求函数为 $q=150-2p$。试将每日商品销售后获得的利润 L 表示为产量 q 的函数。

B 组题

1. 一个旅游公司调查发现，有一种短途游览项目，卖出的票数 Q 是票价 p 的线性函数。当票价为 40 元时，能卖出 30 张票；当票价为 80 元时，只能卖出 10 张票。试写出该种短途游览项目的需求函数 Q，并确定收入 R 与票数 Q 的函数关系。

2. 某厂生产产品 1000t，定价为 130 元/t，当售出量不超过 800t 时，按原定价出售；超过 800t 的部分按原价的九折出售，试将销售收入 R 表示成销售量 q 的函数。

3. 某工厂生产某产品，每台售价为300元，当年产量超过600台时，超过部分只能打8折出售，这样可再多出售200台，如果再多生产，则本年就销售不出去了。试写出本年的收入函数 $R(q)$。

1.3 极限的概念

| 本节导学 |

1）如果说初等数学和高等数学有何本质的区别，最重要的一点就是高等数学是以极限为工具来研究数学问题的。鉴于高职层次高等数学理论的教学要求"适度够用"的原则，所以这里不系统介绍有关极限概念的"$\varepsilon-\delta$ 语言"，给出的只是"描述性的定义"，但要求能够理解极限概念的本质，以及自变量向着某个方向($x\to\infty$ 或 $x\to x_0$)无限变化的含义，认识从有限到无限、从量变到质变的飞跃。本节会学到数列的极限（也称为整标函数）以及函数的极限（包括 $x\to\infty$ 和 $x\to x_0$ 两类极限，在 $x\to x_0$ 的极限中，又包括了左、右极限两种情况）。

2）本节学习的重点是有关 $x\to\infty$ 和 $x\to x_0$ 的极限运算的方法。与其说是运算，不如说是"心算"，也就是说，在理解函数极限的意义下，通过分析函数值的变化规律，推算出其必有的函数值。例如，对于 $y=\dfrac{1}{x}$ ($x\to\infty$)，能够想象出函数值无限接近于0，也就是 $y\to 0$。要注意区分函数在一点处的极限与该点的函数值是有本质区别的，即求函数在一点处的极限，并不是将该点代入求函数值；另外，要注意 $x\to\infty$ 包括 $x\to+\infty$ 和 $x\to-\infty$ 两种情形。

3）本节学习的难点是有关分段函数在分段点（分界点）处，用极限的定义讨论左、右极限，进而确定函数在该点是否存在极限的问题。学习要点是深刻理解极限的含义，熟悉函数的性质、函数值的计算和函数图形的特征。

微课：超星学习通 · 学院《高等数学》§1.3 极限。

1.3.1 数列的极限

1. 数列

按一定规则排列的一列数

$$x_1,\ x_2,\ x_3,\ x_4,\ \cdots,\ x_n,\ \cdots$$

称为**数列**，记作$\{x_n\}$，其中，x_1 叫作数列的首项，x_2 叫作数列的第二项，……，x_n 叫作数列的第 n 项，又称一般项。例如：

(1) $1,\ \dfrac{1}{2},\ \dfrac{1}{3},\ \dfrac{1}{4},\ \cdots,\ \dfrac{1}{n},\ \cdots$

(2) $\dfrac{1}{2},\ \dfrac{2}{3},\ \dfrac{3}{4},\ \cdots,\ \dfrac{n}{n+1},\ \cdots$

(3) $1,\ -1,\ 1,\ -1,\ 1,\ \cdots,\ (-1)^{n+1},\ \cdots$

(4) $3,\ 3\dfrac{1}{2},\ 3\dfrac{2}{3},\ 3\dfrac{3}{4},\ \cdots,\ 4-\dfrac{1}{n},\ \cdots$

数列可以看作是定义域为全体正整数的函数。

2. 数列的极限

下面讨论当 $n\to\infty$ 时，会引起一般项 x_n 怎样的变化趋势。

观察数列$\{x_n\}=(-1)^{n-1}\frac{1}{n}$，容易看出：当$n\to\infty$时，一般项$x_n=(-1)^{n-1}\frac{1}{n}$与零无限接近。

观察数列$\{x_n\}=\frac{n}{n+1}$，写出该数列的一些项：$\frac{1}{2}, \frac{2}{3}, \frac{3}{4}, \frac{4}{5}, \cdots, \frac{100}{101}, \cdots, \frac{10000}{10001}, \cdots$，容易看出：当$n\to\infty$时，一般项$x_n=\frac{n}{n+1}$与1无限接近。

定义 1.3.1　数列$\{x_n\}$，若当n无限增大时，x_n无限地接近常数A，则称该常数A为数列$\{x_n\}$当n趋近于∞时的**极限**，记作

$$\lim_{n\to\infty}x_n=A \quad 或 \quad x_n\to A \quad (n\to\infty)$$

也称数列$\{x_n\}$**收敛**于A；如果数列$\{x_n\}$没有极限，就称$\{x_n\}$是**发散**的。

根据数列极限的定义，

在第一个数列中，$\lim\limits_{n\to\infty}(-1)^{n-1}\frac{1}{n}=0$；

在第二个数列中，$\lim\limits_{n\to\infty}\frac{n}{n+1}=1$。

例1　讨论数列极限$\lim\limits_{n\to\infty}\left(\frac{1}{2}\right)^n$。

解：当$n\to\infty$时，一般项$\left(\frac{1}{2}\right)^n$中因子$\frac{1}{2}$的个数无限增多，因而$\left(\frac{1}{2}\right)^n$的绝对值无限减小，与零无限接近。于是，$\lim\limits_{n\to\infty}\left(\frac{1}{2}\right)^n=0$。

同理，可得到数列极限$\lim\limits_{n\to\infty}q^n=0 \quad (|q|<1)$。

显然，当$n\to\infty$时，常数列$\{x_n=C\}$（C为常数）的极限等于C。

给出一个比较简单的数列，判断数列极限的方法是：分析数列一般项公式，或者写出数列的一些项，考虑一般项是否与某个常数无限接近。

1.3.2　函数的极限

1. $x\to\infty$时函数的极限

定义 1.3.2　如果当x的绝对值无限增大时，函数$f(x)$趋于一个常数A，则称当x趋近于∞时，函数$f(x)$以A为极限，记作

$$\lim_{x\to\infty}f(x)=A \quad 或 \quad f(x)\to A \quad (x\to\infty)$$

如果从某一时刻起，x只能取正值或取负值趋于无穷，则有下面的定义。

定义 1.3.3　如果当$x>0$且无限增大时，函数$f(x)$趋于一个常数A，则称当x趋近于$+\infty$时，函数$f(x)$以A为极限，记作

$$\lim_{x\to+\infty}f(x)=A \quad 或 \quad f(x)\to A \quad (x\to+\infty)$$

定义 1.3.4　如果当$x<0$且x的绝对值无限增大时，函数$f(x)$趋于一个常数A，则称当x趋近于$-\infty$时，函数以A为极限，记作

$$\lim_{x\to-\infty} f(x)=A \quad 或 \quad f(x)\to A \quad (x\to-\infty)$$

定理 1.3.1 极限$\lim\limits_{x\to\infty}f(x)=A$成立的充分必要条件是极限$\lim\limits_{x\to+\infty}f(x)$和$\lim\limits_{x\to-\infty}f(x)$存在且都等于$A$，即$\lim\limits_{x\to\infty}f(x)=A\Leftrightarrow\lim\limits_{x\to-\infty}f(x)=\lim\limits_{x\to+\infty}f(x)=A$。

例 2 求$\lim\limits_{x\to\infty}\dfrac{2}{x}$。

解： 当$x\to\infty$时，$\dfrac{2}{x}$无限变小，趋于0。所以，$\lim\limits_{x\to\infty}\dfrac{2}{x}=0$。

例 3 讨论极限$\lim\limits_{x\to-\infty}\arctan x$，$\lim\limits_{x\to+\infty}\arctan x$及$\lim\limits_{x\to\infty}\arctan x$。

解： 观察$y=\arctan x$的图形，

当$x\to-\infty$时，对应的y值与$-\dfrac{\pi}{2}$无限接近；

当$x\to+\infty$时，对应的y值与$\dfrac{\pi}{2}$无限接近。

于是，$\lim\limits_{x\to-\infty}\arctan x=-\dfrac{\pi}{2}$，$\lim\limits_{x\to+\infty}\arctan x=\dfrac{\pi}{2}$。由于$\lim\limits_{x\to-\infty}\arctan x\neq\lim\limits_{x\to+\infty}\arctan x$，根据定理1.3.1，所以$\lim\limits_{x\to\infty}\arctan x$不存在。

2. $x\to x_0$ 时函数的极限

考察函数$f(x)=\dfrac{2(x^2-4)}{x-2}$当$x$分别从左边和右边趋于2时的变化情况，见表1-1。

表 1-1 当 $x\to2$ 时 $f(x)$ 的变化情况

x	1.5	1.8	1.9	1.95	1.99	1.999	…	2.001	2.01	2.05	2.1	2.2	2.5
y	7	7.6	7.8	7.9	7.98	7.998	…	8.002	8.02	8.1	8.2	8.4	9

不难看出，$f(x)$无限地趋于常数8，因此称当$x\to2$时$f(x)$的极限是8。

定义 1.3.5 已知函数$f(x)$在点x_0的某个邻域（点x_0本身可以除外）内有定义，当x趋于x_0时，$f(x)$无限地接近于常数A，则称常数A为函数$f(x)$当$x\to x_0$时的极限，记作

$$\lim_{x\to x_0}f(x)=A \quad 或 \quad f(x)\to A\ (x\to x_0)$$

亦称当$x\to x_0$时，$f(x)$的极限存在，否则称当$x\to x_0$时，$f(x)$的极限不存在。

由于在$x\to x_0$的过程中，始终有$x\neq x_0$，故当$x\to x_0$时，$f(x)$的极限是否存在与它在点x_0处有无定义没有关系。

例 4 根据极限定义说明：

（1）$\lim\limits_{x\to x_0}x=x_0$； （2）$\lim\limits_{x\to x_0}C=C$。

解：（1）当自变量x趋于x_0时，作为函数的x也趋于x_0，于是依照定义有$\lim\limits_{x\to x_0}x=x_0$；

（2）无论自变量取任何值，函数都取相同的值C，那么它当然趋于常数C，所以$\lim\limits_{x\to x_0}C=C$。

这两个结论以后可以直接使用。

3. 左极限与右极限

定义 1.3.6 设函数$y=f(x)$在点x_0右侧的某个邻域（点x_0本身可以除外）内有定义，如

果 x 从点 x_0 的右侧趋于 x_0 时，函数 $f(x)$ 趋于一个常数 A，则称当 $x\to x_0$ 时，$f(x)$ 的右极限是 A，记作

$$\lim_{x\to x_0^+} f(x)=A \quad 或 \quad f(x)\to A\ (x\to x_0^+)$$

设函数 $y=f(x)$ 在点 x_0 左侧的某个领域(点 x_0 本身可以除外)内有定义，如果 x 从点 x_0 的左侧趋于 x_0 时，函数 $f(x)$ 趋于一个常数 A，则称当 $x\to x_0$ 时，$f(x)$ 的左极限是 A，记作

$$\lim_{x\to x_0^-} f(x)=A \quad 或 \quad f(x)\to A\ (x\to x_0^-)$$

根据上面的定义，可以得出极限存在的充分必要条件。

定理 1.3.2　当 $x\to x_0$ 时，$f(x)$ 以 A 为极限的充分必要条件是 $f(x)$ 在点 x_0 处的左、右极限存在且都等于 A，即

$$\lim_{x\to x_0} f(x)=A \Leftrightarrow \lim_{x\to x_0^-} f(x)=\lim_{x\to x_0^+} f(x)=A$$

例 5　设 $f(x)=\begin{cases} x+2 & x\geqslant 2 \\ x^3 & x<2 \end{cases}$，试判断 $\lim\limits_{x\to 2} f(x)$ 是否存在。

解：先分别求 $f(x)$ 当 $x\to 2$ 时的左、右极限，

$$\lim_{x\to 2^-} f(x)=\lim_{x\to 2^-} x^3=8$$

$$\lim_{x\to 2^+} f(x)=\lim_{x\to 2^+}(x+2)=4$$

左、右极限存在但不相等，所以 $\lim\limits_{x\to 2} f(x)$ 不存在。

能力训练 1.3

A 组题

1. 观察下列各极限是否存在，如果有极限，写出它们的极限值：

(1) $\lim\limits_{x\to x_0} C$ (C 为常数)；　(2) $\lim\limits_{x\to\infty}\dfrac{1}{x}$；　(3) $\lim\limits_{x\to 0}\dfrac{1}{x}$；

(4) $\lim\limits_{x\to 1} x^3$；　(5) $\lim\limits_{x\to -\infty} 2^x$；　(6) $\lim\limits_{x\to +\infty}\left(\dfrac{1}{2}\right)^x$；

(7) $\lim\limits_{x\to 0^+}\ln x$；　(8) $\lim\limits_{x\to 1}\ln x$。

2. 讨论函数 $f(x)=\begin{cases} x-1 & x\leqslant 0 \\ x+1 & x>0 \end{cases}$ 当 $x\to 0$ 时的极限。

B 组题

1. 观察下列数列的变化趋势，如果有极限，写出它们的极限值：

(1) $x_n=1-\left(-\dfrac{2}{3}\right)^n$；　(2) $x_n=\dfrac{3n+1}{4n-2}$；

(3) $x_n=(-1)^n$；　(4) $x_n=\dfrac{n^2+1}{n}$。

2. 观察下列函数的变化趋势，如果有极限，写出它们的极限值：

(1) $\lim\limits_{x\to 0}\sin x$；　(2) $\lim\limits_{x\to 0}\cos x$；

(3) $\lim\limits_{x\to +\infty}\operatorname{arccot} x$；　(4) $\lim\limits_{x\to -\infty}\operatorname{arccot} x$。

3. 设$f(x)=\begin{cases}1+2x & x<0 \\ 2 & x=0 \\ 1-x & x>0\end{cases}$，求$f(0^+)$，$f(0^-)$，$\lim\limits_{x\to 0}f(x)$。

1.4 无穷小量与无穷大量

| 本节导学 |

1）微积分学中的一个重要内容就是“无穷小分析”。何谓无穷小？就是极限为零的函数；何谓无穷大？就是函数无限变大的趋势。它们的确定都与自变量的变化趋势密不可分。注意，无穷小不是很小的数，无穷大也不是很大的数，对它们的认识理解都是建立在极限的基础上。所以，本节中要深刻理解无穷小和无穷大的概念，还要掌握有关无穷小的运算性质，以及无穷小与无穷大的辩证转化关系。

2）本节的学习重点是无穷小的概念与性质。要借助极限概念准确理解，并且要学会运用这些运算性质求某些特定问题的极限。例如，$\lim\limits_{x\to\infty}\frac{\sin x}{x}=0$就是典型的极限例子。

3）本节的学习难点是有关无穷小的比较和分级。两个无穷小之比的极限是什么？形象地说就是“$\frac{0}{0}=?$”这在初等数学里面是无意义的。但是在极限的理论中，就有四种答案，也就是两个无穷小之比的四种情况：0、非零常数、∞或者不确定。为了使讨论的问题更简单，本节主要学习前两种情况，尤其是两个无穷小等价是常用的结论。

微课：超星学习通·学院《高等数学》§1.4 无穷小量。

1.4.1 无穷小量

有一类函数在某个变化过程中，其绝对值可以无限变小，也就是说，它的极限为零，这样的函数在微积分中占有很重要的地位，称为无穷小量。

定义 1.4.1 在变量x的某个变化过程中，如果$f(x)$的极限为0，则称$f(x)$是这种变化过程中的**无穷小量**(简称**无穷小**)。

例如，当$n\to\infty$时，$\frac{1}{n}$是无穷小量；当$x\to 3$时，$x-3$是无穷小量；当$x\to 0$时，$\sin x$，$\sqrt[3]{x}$，x^4是无穷小量；当$x\to\frac{\pi}{2}$时，$\cos x$是无穷小量；当$x\to\infty$时，$\frac{1}{x+2}$和$\frac{1}{x^2}$是无穷小量。

通常用希腊字母α，β，γ来表示无穷小量。

应当注意，说某个函数是无穷小量，必须指出它的极限过程。不能把无穷小量与很小的数混为一谈。无穷小量是一个极限为零的变量，并不是一个常量，决不能把某个很小的数，如百万分之一说成是无穷小量，但零是可以作为无穷小量的唯一的数。

建立了无穷小的概念之后，可以得到有极限函数和无穷小量的一个关系。

定理 1.4.1 函数$f(x)$以A为极限的充分必要条件是：$f(x)$可以表示为A与一个无穷小量α之和，即

$$\lim f(x)=A\Leftrightarrow f(x)=A+\alpha$$

其中 $\lim\alpha=0$。

1.4.2　无穷小量的性质

性质 1.4.1　有限个无穷小量的代数和还是无穷小量。

性质 1.4.2　有界变量与无穷小量的乘积是无穷小量。

性质 1.4.3　常数与无穷小量的乘积是无穷小量。

性质 1.4.4　有限个无穷小量的乘积还是无穷小量。

从以上的性质中容易知道，无穷小量与有界变量、常数、无穷小量的乘积仍然是无穷小量，但不能认为无穷小量与任何量的乘积都是无穷小量。

例　求 $\lim\limits_{x\to\infty}\dfrac{\sin x}{x}$。

解：因为 $|\sin x|\leqslant 1$，所以 $\sin x$ 是有界变量。因为 $\lim\limits_{x\to\infty}\dfrac{1}{x}=0$，所以当 $x\to\infty$ 时，$\dfrac{1}{x}$是无穷小量。根据性质 1.4.2，有

$$\lim_{x\to\infty}\frac{\sin x}{x}=0$$

1.4.3　无穷大量

与无穷小量相反，有一类函数在变化过程中绝对值可以无限增大，称为无穷大量。

定义 1.4.2　在变量 x 的变化过程中，如果 $|f(x)|$可以无限增大，则称 $f(x)$是这种变化过程中的**无穷大量**(简称**无穷大**)，记作

$$\lim f(x)=\infty$$

例如，$\lim\limits_{x\to 0}\dfrac{1}{x}=\infty$，$\lim\limits_{n\to\infty}n^3=\infty$。

在定义 1.4.2 中，如果变量 $f(x)$只取正值(或负值)，我们就称 $f(x)$是正无穷大(或负无穷大)，记作

$$\lim f(x)=+\infty\ \ (\text{或} \lim f(x)=-\infty)$$

由函数图形可得出：

$$\lim_{x\to 1}\frac{1}{x-1}=\infty,\ \lim_{x\to\frac{\pi}{2}^-}\tan x=+\infty,\ \lim_{x\to 0^+}\log_a x=-\infty\quad(a>1)$$

因此，函数 $f(x)=\dfrac{1}{x-1}$，$f(x)=\tan x$，$f(x)=\log_a x\ (a>1)$都是自变量在某一变化过程中的无穷大量。

注意　无穷大量是一个变化的量，而一个数无论有多大，都不能作为无穷大的量。当我们说某个函数是无穷大量时，必须同时指出它的极限过程。函数在变化过程中其绝对值越来越大且可以无限增大时，才能称为无穷大量。例如，当 $x\to+\infty$ 时，$f(x)=x\cos x$ 的值可以无限增大但不是越来越大，所以不是无穷大量。

1.4.4　无穷大量与无穷小量的关系

定理 1.4.2　在变量 $f(x)$的变化过程中，

(1) 如果$f(x)$是无穷大量，则$\dfrac{1}{f(x)}$是无穷小量；

(2) 如果$f(x)(x\neq 0)$是无穷小量，则$\dfrac{1}{f(x)}$是无穷大量。

例如，当$x\to 0$时，x^3是无穷小量，而$\dfrac{1}{x^3}$是无穷大量；

当$x\to\infty$时，$x+1$是无穷大量，而$\dfrac{1}{x+1}$是无穷小量。

这说明无穷小量和无穷大量存在倒数关系。

1.4.5 无穷小量的比较

无穷小量虽然都是趋于零的变量，但不同的无穷小量趋于零的速度不一定都一样，有时可能差别很大。为了比较无穷小量趋于零的快慢程度，下面引出无穷小量阶的概念。

定义 1.4.3 设α和β是同一变化过程中的两个无穷小量，

(1) 若$\lim\dfrac{\alpha}{\beta}=0$，则称$\alpha$是比$\beta$高阶的无穷小量，记作$\alpha=o(\beta)$，也称$\beta$是比$\alpha$低阶的无穷小量；

(2) 若$\lim\dfrac{\alpha}{\beta}=C$ (C是不等于零的常数)，则称α与β是同阶无穷小量。特别地，若$C=1$，则称α与β是等价无穷小量，记作$\alpha\sim\beta$。

例如，因为$\lim\limits_{x\to 0}\dfrac{x^3}{x}=\lim\limits_{x\to 0}x^2=0$，所以当$x\to 0$时，$x^3$是比$x$高阶的无穷小，此时显然，$x$是比$x^3$低阶的无穷小。又如$\lim\limits_{x\to 0}\dfrac{3x}{x}=3$，所以当$x\to 0$时，$3x$与$x$是同阶无穷小。

能力训练 1.4

A 组题

1. 当$x\to 0$时，下列函数哪些是无穷小，哪些是无穷大，哪些既不是无穷小也不是无穷大：

(1) $y=\dfrac{x+1}{x}$；　(2) $y=\dfrac{x}{x+1}$；　(3) $y=\dfrac{1}{x}\sin x$；

(4) $y=x\sin\dfrac{1}{x}$；　(5) $y=\dfrac{x-1}{\sin x}$；　(6) $y=\dfrac{\sin x}{1+\cos x}$。

2. 当$x\to 0$时，将下列函数(无穷小)与x进行比较：

(1) $\sqrt{x^2+1}-1$；　(2) $\sqrt{x}+1$；　(3) $x^2\sin\dfrac{1}{x}+x$。

B 组题

1. 函数$f(x)=\dfrac{x+1}{x^2-1}$在什么条件下是无穷小？在什么条件下是无穷大？

2. 求下列极限：

(1) $\lim\limits_{x\to 0}x^2\sin\dfrac{1}{x}$；　　(2) $\lim\limits_{x\to\infty}\dfrac{\sqrt[3]{x^2}\sin x}{x}$；

(3) $\lim\limits_{x\to\infty}\dfrac{\cos x}{x^2}$　　(4) $\lim\limits_{x\to 0}\sin x\sin\dfrac{1}{x}$。

1.5 极限的性质与运算法则

| 本节导学 |

1) 极限的性质是解决有关极限的证明和计算问题的有力工具。本节将先简要介绍极限的唯一性、有界性、保号性，限于高职层次高等数学的难度要求，对此不加证明，它们的应用也主要是讨论极限存在的一些理论问题。真正用得较多的是有关极限的四则运算法则，有了这些计算极限的运算法则和极限定义，对于初等函数中比较简单的求函数极限的问题，一般都能够解决。

2) 本节的学习重点是有关多项式函数的极限运算问题。大致可以分为三类：一是 $x\to x_0$ 时直接代入点 x_0，得到函数值 $f(x_0)$ 即为极限值的题型，其依据是极限和、差与乘积的法则及其推论的运用；二是 $x\to x_0$ 时，求有理分式（两个多项式之商）的极限，通常要约去零因子 $x-x_0$；三是 $x\to\infty$ 时，求有理分式的极限，这时候，其极限值取决于分子、分母最高方幂指数之比和系数之比，其结果有三种情况，需要牢记。

3) 本节的学习难点是有关分段函数在分界点的极限计算问题，以及部分复合函数的极限计算问题。学习要点是熟练运用极限的四则运算法则，将函数转化后分别计算极限值。

微课：超星学习通 · 学院《高等数学》§1.5 极限的运算。

1.5.1 极限的性质

性质 1.5.1（唯一性）　若极限 $\lim f(x)$ 存在，则极限值唯一。

性质 1.5.2（有界性）　若极限 $\lim\limits_{x\to x_0}f(x)$ 存在，则函数 $f(x)$ 在 x_0 的某空心邻域内有界。

性质 1.5.3（保号性）　若 $\lim\limits_{x\to x_0}f(x)=A$，且 $A>0$（或 $A<0$），则在 x_0 的某空心邻域内恒有 $f(x)>0$（或 $f(x)<0$）；反之，若 $\lim\limits_{x\to x_0}f(x)=A$，且在 x_0 的某空心邻域内恒有 $f(x)\geqslant 0$（或 $f(x)\leqslant 0$），则 $A\geqslant 0$（或 $A\leqslant 0$）。

1.5.2 极限的四则运算法则

定理　若 $\lim u(x)=A$，$\lim v(x)=B$，则

(1) $\lim[u(x)\pm v(x)]=A\pm B$

(2) $\lim[u(x)v(x)]=AB$

(3) $\lim\dfrac{u(x)}{v(x)}=\dfrac{A}{B}\quad(B\neq 0)$

推论　设 $\lim u(x)$ 存在，C 为常数，n 为正整数，则有

(1) $\lim Cu(x)=C\lim u(x)$

（2）$\lim[u(x)]^n=[\lim u(x)]^n$

在使用这些法则时，必须注意以下两点：

1）以上法则要求每个参与运算的函数的极限存在；

2）商的极限的运算法则有个重要前提，即分母的极限不能为零。

当上面的两个条件不具备时，不能使用极限的四则运算法则。

例 1　求$\lim\limits_{x\to1}(x^3-4x+5)$。

解：$\lim\limits_{x\to1}(x^3-4x+5)=\lim\limits_{x\to1}(x^3)-\lim\limits_{x\to1}(4x)+\lim\limits_{x\to1}5=(\lim\limits_{x\to1}x)^3-4\lim\limits_{x\to1}x+5=1^3-4+5=2$

例 2　求$\lim\limits_{x\to x_0}(a_0x^n+a_1x^{n-1}+\cdots+a_{n-1}x+a_n)$。

解：
$$\begin{aligned}\lim_{x\to x_0}(a_0x^n+a_1x^{n-1}+\cdots+a_{n-1}x+a_n)&=\lim_{x\to x_0}a_0x^n+\lim_{x\to x_0}a_1x^{n-1}+\cdots+\lim_{x\to x_0}a_{n-1}x+a_n\\&=a_0x_0^n+a_1x_0^{n-1}+\cdots+a_{n-1}x_0+a_n\end{aligned}$$

可见对于多项式$p(x)$，当$x\to x_0$时的极限值就是多项式$p(x)$在点x_0处的函数值，即
$$\lim_{x\to x_0}p(x)=p(x_0)$$

例 3　求$\lim\limits_{x\to1}\dfrac{x^3-4x+5}{x-4}$。

解：由例 1 得
$$\lim_{x\to1}(x^3-4x+5)=2$$
$$\lim_{x\to1}(x-4)=\lim_{x\to1}x-\lim_{x\to1}4=-3\neq0$$

所以
$$\lim_{x\to1}\frac{x^3-4x+5}{x-4}=\frac{\lim\limits_{x\to1}(x^3-4x+5)}{\lim\limits_{x\to1}(x-4)}=\frac{2}{-3}=-\frac{2}{3}$$

一般地，当$\dfrac{p(x)}{q(x)}$（$p(x)$，$q(x)$为多项式）为分式有理函数且$\lim\limits_{x\to x_0}q(x)\neq0$，则有
$$\lim_{x\to x_0}\frac{p(x)}{q(x)}=\frac{p(x_0)}{q(x_0)}$$

例 4　求$\lim\limits_{x\to-3}\dfrac{x+1}{x+3}$。

解：因为$\lim\limits_{x\to-3}(x+3)=0$，$\lim\limits_{x\to-3}(x+1)=-2$，所以$\lim\limits_{x\to-3}\dfrac{x+3}{x+1}=\dfrac{0}{4}=0$，即当$x\to-3$时，$\dfrac{x+3}{x+1}$是无穷小量。故当$x\to-3$时，$\dfrac{x+1}{x+3}$为无穷大量，即
$$\lim_{x\to-3}\frac{x+1}{x+3}=\infty$$

例 5　求$\lim\limits_{x\to3}\dfrac{x^2-x-6}{x^2+x-12}$。

解：因为$\lim\limits_{x\to3}(x^2+x-12)=0$，$\lim\limits_{x\to3}(x^2-x-6)=0$，所以不能用极限的四则运算法求此极限。但当$x\to3$时，$x-3\neq0$，所以
$$\lim_{x\to3}\frac{x^2-x-6}{x^2+x-12}=\lim_{x\to3}\frac{(x-3)(x+2)}{(x-3)(x+4)}=\lim_{x\to3}\frac{x+2}{x+4}=\frac{5}{7}$$

例6　求$\lim\limits_{x\to\infty}\dfrac{3x^2-2x+1}{2x^3-x^2+5}$。

解：将分子、分母同除以x^3，得

$$\lim_{x\to\infty}\frac{3x^2-2x+1}{2x^3-x^2+5}=\lim_{x\to\infty}\frac{\dfrac{3}{x}-\dfrac{2}{x^2}+\dfrac{1}{x^3}}{2-\dfrac{1}{x}+\dfrac{5}{x^3}}=\frac{0}{2}=0$$

一般地，当$x\to\infty$时，有理分式($a_0\neq0$，$b_0\neq0$)的极限有以下结果：

$$\lim_{x\to\infty}\frac{a_0x^n+a_1x^{n-1}+\cdots+a_n}{b_0x^m+b_1x^{m-1}+\cdots+b_m}=\begin{cases}0 & n<m\\ \dfrac{a_0}{b_0} & n=m\\ \infty & n>m\end{cases}$$

利用这个结果，求$x\to\infty$时的有理分式极限会非常方便。

能力训练1.5

A组题

求下列极限：

(1) $\lim\limits_{x\to0}(x^2+3x+5)$；　(2) $\lim\limits_{x\to1}(x^5+7x^2+3)$；　(3) $\lim\limits_{x\to1}\dfrac{x^2+2x+3}{x^2+1}$；

(4) $\lim\limits_{x\to0}\dfrac{2x^2-3x+1}{x+2}$；　(5) $\lim\limits_{x\to\infty}\left(\dfrac{1}{x^3}+3\right)$；　(6) $\lim\limits_{x\to\infty}\dfrac{1000x}{x^2+1}$。

B组题

1. 求下列极限：

(1) $\lim\limits_{x\to1}(x^2-2x+3)$；　(2) $\lim\limits_{x\to0}\dfrac{\sqrt{2+x}-\sqrt{2}}{x}$；　(3) $\lim\limits_{x\to\infty}\dfrac{(4x-1)^{10}(x+2)^5}{(1-2x)^{15}}$；

(4) $\lim\limits_{x\to0}\dfrac{x^2}{1-\sqrt{1+x^2}}$；　(5) $\lim\limits_{x\to\pi}x^{\cos x}$。

2. 设$f(x)=\begin{cases}x^2+2x-3 & x\leqslant1\\ x & 1<x<2\\ 2x-2 & x\geqslant2\end{cases}$，求$\lim\limits_{x\to1}f(x)$，$\lim\limits_{x\to2}f(x)$，$\lim\limits_{x\to3}f(x)$。

1.6　两个重要极限

| 本节导学 |

1）有关极限运算中最常见的是未定式的极限，本节将学习其中两种特定函数的极限计算问题，其一是如$\lim\limits_{x\to0}\dfrac{\sin x}{x}$即“$\dfrac{0}{0}$”型未定式，其二是如$\lim\limits_{x\to\infty}\left(1+\dfrac{1}{x}\right)^x$即“$1^\infty$”型未定式。对它们的来历我们用函数值的变化规律进行一些定量的解释，不予证明。学习时不仅要牢记其标

准公式的类型和结果，更要熟悉其推广公式的特征及其结果。

2）本节的学习重点是熟练应用两个极限 $\lim\limits_{x\to0}\frac{\sin x}{x}=1$ 与 $\lim\limits_{x\to\infty}\left(1+\frac{1}{x}\right)^x=\mathrm{e}$ 及其推广公式来求相关的极限问题。要熟悉有关三角函数、多项式函数、指数函数的变形方法。建议适当多做一些题目，并且记住一些常用的极限结果，例如 $\lim\limits_{x\to0}\frac{\sin ax}{\sin bx}=\frac{a}{b}$，这会对以后求极限大有益处。同时，要学会巧妙运用等价无穷小替换的方法，求"$\frac{0}{0}$"型未定式的相关极限。

3）本节的学习难点，是比较复杂的有关三角函数中"$\frac{0}{0}$"型未定式的极限和 $\lim\limits_{x\to\infty}\left(\frac{ax+b_1}{ax+b_2}\right)^{cx+d}$ $(a\neq0)$ 的极限求法。突破的方法是熟悉三角函数的恒等变形，以及有理假分式的转化和指数幂的运算规则。

微课：超星学习通 · 学院《高等数学》§1.6 两个重要极限。

1.6.1 $\lim\limits_{x\to0}\frac{\sin x}{x}=1$

首先，考虑当 $x\to0^+$ 时，函数 $f(x)=\frac{\sin x}{x}$ 的变化情况，见表 1-2。

表 1-2

x	0.2	0.1	0.05	0.02	…
$\sin x$	0.1987	0.0998	0.0500	0.0200	…
$\sin\frac{x}{x}$	0.9933	0.9983	0.9996	0.9999	…

容易看出：当 $x\to0^+$ 时，对应的函数值无限接近于 1。由于 $f(x)=\frac{\sin x}{x}$ 是偶函数，即 x 改变符号时，$f(x)=\frac{\sin x}{x}$ 的值不变，因此可以证明这个判断是正确的。于是得到第一个重要极限

$$\lim_{x\to0}\frac{\sin x}{x}=1$$

该极限可以推广为

$$\lim_{u(x)\to0}\frac{\sin u(x)}{u(x)}=1$$

例 1 求 $\lim\limits_{x\to0}\frac{\tan x}{x}$。

解： $\lim\limits_{x\to0}\frac{\tan x}{x}=\lim\limits_{x\to0}\left(\frac{\sin x}{x}\ \frac{1}{\cos x}\right)=\lim\limits_{x\to0}\frac{\sin x}{x}\lim\limits_{x\to0}\frac{1}{\cos x}=1\times1=1$

例 2 求 $\lim\limits_{x\to0}\frac{\sin kx}{x}$ $(k\neq0)$。

解： $\lim\limits_{x\to0}\frac{\sin kx}{x}=\lim\limits_{x\to0}\left(\frac{\sin kx}{kx}k\right)=k\lim\limits_{x\to0}\frac{\sin kx}{kx}=k\times1=k$

例 3　求 $\lim\limits_{x \to 0}\dfrac{\sin ax}{\sin bx}$（$a \neq 0$，$b \neq 0$）。

解：
$$\lim_{x \to 0}\frac{\sin ax}{\sin bx}=\lim_{x \to 0}\frac{\frac{\sin ax}{x}}{\frac{\sin bx}{x}}=\frac{\lim\limits_{x \to 0}\frac{\sin ax}{x}}{\lim\limits_{x \to 0}\frac{\sin bx}{x}}=\frac{a}{b}$$

以上三个例子的结果在以后的求极限过程中可以直接使用，特别在例 3 中，用正切函数任意替换正弦函数后等式仍然成立。

例 4　求 $\lim\limits_{x \to 0}\dfrac{1-\cos x}{x^2}$。

解：
$$\lim_{x \to 0}\frac{1-\cos x}{x^2}=\lim_{x \to 0}\frac{(1-\cos x)(1+\cos x)}{x^2(1+\cos x)}=\lim_{x \to 0}\frac{1-\cos^2 x}{x^2(1+\cos x)}=\lim_{x \to 0}\frac{\sin^2 x}{x^2(1+\cos x)}$$
$$=\lim_{x \to 0}\left(\frac{\sin x}{x}\right)^2\lim_{x \to 0}\frac{1}{1+\cos x}=\frac{1}{2}$$

因为 $\lim\limits_{x \to 0}\dfrac{\sin x}{x}=1$，$\lim\limits_{x \to 0}\dfrac{\tan x}{x}=1$，所以当 $x \to 0$ 时，x 与 $\sin x$ 及 $\tan x$ 是等价无穷小，即 $x \to 0$ 时 $\sin x \sim x$，$\tan x \sim x$。

关于等价无穷小有以下重要定理。

定理　设 $\alpha \sim \alpha'$，$\beta \sim \beta'$，且 $\lim\dfrac{\beta'}{\alpha'}$ 存在或为 ∞，则 $\lim\dfrac{\beta}{\alpha}=\lim\dfrac{\beta'}{\alpha'}$。

这个定理表明，求两个无穷小量之比的极限时，分子及分母均可用等价无穷小代替，从而使计算大大简化。

常用的等价无穷小：当 $x \to 0$ 时，$\sin x \sim x$，$\tan x \sim x$，$1-\cos x \sim \dfrac{1}{2}x^2$，$\arcsin x \sim x$，$\arctan x \sim x$，$\sqrt{1+x}-1 \sim \dfrac{1}{2}x$，$\ln(1+x) \sim x$，$e^x-1 \sim x$。

1.6.2　$\lim\limits_{x \to \infty}\left(1+\dfrac{1}{x}\right)^x=e$

考虑当 $x \to \infty$ 时，函数 $f(x)=\left(1+\dfrac{1}{x}\right)^x$ 的变化情况，见表 1-3。

表　1-3

x	…	-10000	-1000	-100	100	1000	10000	…
$\left(1+\frac{1}{x}\right)^x$	…	2.718	2.720	2.732	2.705	2.717	2.718	…

容易看出：当 $x \to \infty$ 时，函数的变化趋势是稳定的，可以证明函数的极限是存在的，极限值为无理数 e = 2.71828…。于是得到第二个重要极限

$$\lim_{x \to \infty}\left(1+\frac{1}{x}\right)^x=e$$

该极限可以推广为
$$\lim_{u(x)\to\infty}\left[1+\frac{1}{u(x)}\right]^{u(x)}=\mathrm{e}$$
或
$$\lim_{x\to 0}(1+x)^{\frac{1}{x}}=\mathrm{e}$$
该极限的两个特征：

1)底是1加上无穷小量；

2)指数是底中无穷小量的倒数。

例5　求$\lim\limits_{x\to\infty}\left(1+\frac{8}{x}\right)^{x}$。

解：$\lim\limits_{x\to\infty}\left(1+\frac{8}{x}\right)^{x}=\lim\limits_{x\to\infty}\left(1+\frac{8}{x}\right)^{\frac{x}{8}\times 8}=\mathrm{e}^{8}$

例6　求$\lim\limits_{x\to\infty}\left(1-\frac{1}{x}\right)^{x}$。

解：$\lim\limits_{x\to\infty}\left(1-\frac{1}{x}\right)^{x}=\lim\limits_{x\to\infty}\left(1-\frac{1}{x}\right)^{(-x)\times(-1)}=\lim\limits_{x\to\infty}\left[\left(1-\frac{1}{x}\right)^{-x}\right]^{-1}=\mathrm{e}^{-1}$

***例7**　求$\lim\limits_{x\to\infty}\left(1+\frac{3}{x}\right)^{2x}$。

解：$\lim\limits_{x\to\infty}\left(1+\frac{3}{x}\right)^{2x}=\lim\limits_{x\to\infty}\left(1+\frac{3}{x}\right)^{\frac{x}{3}\times 6}=\lim\limits_{x\to\infty}\left[\left(1+\frac{3}{x}\right)^{\frac{x}{3}}\right]^{6}=\mathrm{e}^{6}$

能力训练1.6

A组题

1. 求下列极限：

(1) $\lim\limits_{x\to 0}\frac{\sin 3x}{x}$；　(2) $\lim\limits_{x\to 0}\frac{\sin 4x}{\sin 6x}$；　(3) $\lim\limits_{x\to 0}\frac{\tan 3x}{\tan 2x}$；

(4) $\lim\limits_{x\to 0}\frac{x^2}{\sin^2\frac{x}{3}}$；　(5) $\lim\limits_{x\to\infty}x\sin\frac{2}{x}$。

2. 求下列极限：

(1) $\lim\limits_{x\to\infty}\left(1+\frac{k}{x}\right)^{-x}$（其中$k$为常数）；　(2) $\lim\limits_{x\to\infty}\left(\frac{x}{1+x}\right)^{x}$；

(3) $\lim\limits_{x\to\infty}\left(1-\frac{2}{x}\right)^{3x}$；　(4) $\lim\limits_{x\to 0}(1+2x)^{\frac{1}{x}}$。

B组题

求下列极限：

(1) $\lim\limits_{x\to 0}\frac{2\arcsin x}{3x}$；　(2) $\lim\limits_{x\to 0}\frac{\tan x-\sin x}{x}$；　(3) $\lim\limits_{x\to\infty}x\sin\frac{1}{x}$；

(4) $\lim\limits_{x\to\infty}\left(1+\frac{1}{x}\right)^{x+5}$；　(5) $\lim\limits_{x\to\infty}\left(1-\frac{5}{x}\right)^{x}$。

1.7　函数的连续性

本节导学

1）高等数学中函数连续的概念来源于现实世界中变量的连续变化。函数在某点处连续要满足三条：有定义，有极限，极限值等于函数值。后面给出的“初等函数在定义区间上连续”的结论，将极大地方便求极限运算，确切地将初等函数的函数值作为极限值。闭区间上的连续函数还有许多非常好的性质，用得最多的就是最值性和介值性，这为证明函数的相关结论提供了有力工具。与函数的连续性相对应，对函数在某点处的间断点讨论不可或缺，要熟记两类基本情况，第一类间断点两边极限都存在，第二类间断点至少一边极限不存在。

2）本节的学习重点是运用初等函数的连续性求函数在某点处的极限值，以及判断函数在某点处的间断点类型。学习要点是熟悉函数值的计算以及间断点的不同划分标准。

3）本节的学习难点是复杂的分段函数在分界点的连续性讨论，包括该点连续的证明，以及含有未知参数的分段函数如何确定参数值，才能够使得函数在该分段点连续。突破的方法是能够熟练地求函数在某点处的极限，以及理解函数在某点处连续的概念。

微课：超星学习通 · 学院《高等数学》§1.7 函数的连续性。

1.7.1　连续函数的概念

现实世界中有很多变量，如植物的生长高度、物体运动的路程、一年四季的温度都是随时间连续变化的。这种现象反映在数学上就是函数的连续性。

下面先引入增量的概念。

定义 1.7.1　设变量 u 从它的初值 u_0 改变到终值 u_1，则终值与初值之差 u_1-u_0 称为变量 u 的**增量**（或改变量），记作 $\Delta u=u_1-u_0$，增量可以是正的，也可以是负的。

应当注意：Δu 是一个完整的记号，不能看作是符号 Δ 与变量 u 的乘积，这里的变量 u 可以是自变量 x，也可以是函数 y。

设有函数 $y=f(x)$，若自变量 x 从 x_0 改变到 $x_0+\Delta x$ 时，函数 y 对应的改变量为 Δy（见图 1-8），则有 $\Delta y=f(x_0+\Delta x)-f(x_0)$。

一般来说，假如固定 x_0，而让自变量的改变量 Δx 变动，那么函数 y 的改变量 Δy 也要随着变动。在图 1-8 中，当 Δx 趋近于零时，函数 y 对应的改变量 Δy 也趋于零，这是因为函数 $y=f(x)$ 在点 x_0 处“连续”。而在图 1-9 中，当 Δx 趋近于零时，函数 y 对应的改变量 Δy 却不趋于零，这是因为函数 $y=f(x)$ 在点 x_0 处“间断”。

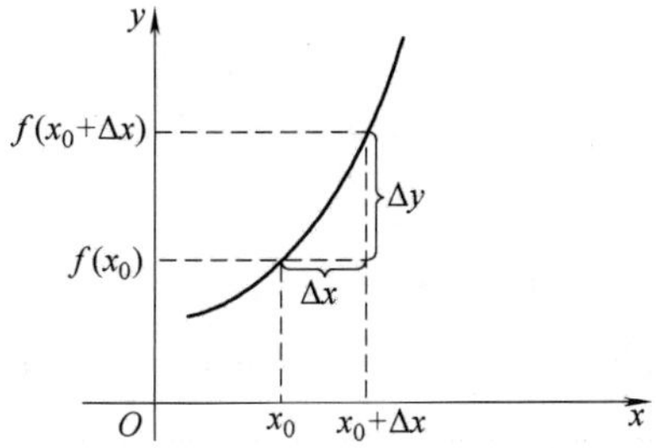

图　1-8

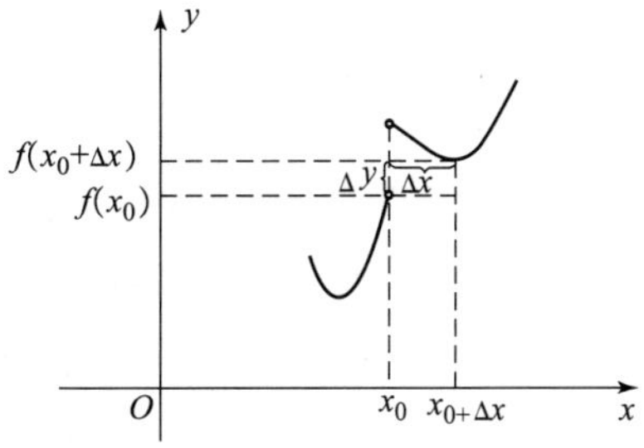

图　1-9

定义 1.7.2 设函数 $y=f(x)$ 在点 x_0 的某个邻域内有定义，如果当 $x\to x_0$ 时，函数 $f(x)$ 的极限存在，且等于 $f(x)$ 在点 x_0 处的函数值 $f(x_0)$，即 $\lim\limits_{x\to x_0}f(x)=f(x_0)$，则称函数 $f(x)$ 在点 x_0 处连续。

如果函数 $y=f(x)$ 在区间 (a,b) 内任何一点处都连续，则称 $f(x)$ 在区间 (a,b) 内连续。

若函数 $y=f(x)$ 在区间 (a,b) 内连续，且 $\lim\limits_{x\to a^+}f(x)=f(a)$，$\lim\limits_{x\to b^-}f(x)=f(b)$，则称 $f(x)$ 在闭区间 $[a,b]$ 上连续。

因此，求连续函数在某点的极限，只须求出函数在该点的函数值即可，当函数 $y=f(x)$ 在点 x_0 处连续时，有 $\lim\limits_{x\to x_0}f(x)=f(x_0)=f(\lim\limits_{x\to x_0}x)$。

例 1 求 $\lim\limits_{x\to 0}\cos x$。

解： $\lim\limits_{x\to 0}\cos x=\cos(\lim\limits_{x\to 0}x)=\cos 0=1$

可以证明，若函数 $u=\varphi(x)$ 当 $x\to x_0$ 时极限存在且等于 u_0，即 $\lim\limits_{x\to 0}\varphi(x)=u_0$，而函数 $y=f(u)$ 在点 u_0 处连续，则对于复合函数 $y=f(\varphi(x))$，当 $x\to x_0$ 时，其极限也存在，且 $\lim\limits_{x\to x_0}f(\varphi(x))=f(\lim\limits_{x\to x_0}\varphi(x))=f(u_0)$。

例 2 求 $\lim\limits_{x\to 0}\dfrac{\ln(1+x)}{x}$。

解： 因为 $\lim\limits_{x\to 0}(1+x)^{\frac{1}{x}}=\mathrm{e}$ 且 $y=\ln u$ 在 $u=\mathrm{e}$ 处连续，所以

$$\lim_{x\to 0}\frac{\ln(1+x)}{x}=\lim_{x\to 0}\ln(1+x)^{\frac{1}{x}}=\ln\left[\lim_{x\to 0}(1+x)^{\frac{1}{x}}\right]=\ln\mathrm{e}=1$$

1.7.2 函数的间断点

函数 $f(x)$ 在点 x_0 处连续，必须同时满足下列三个条件：

(1) $f(x)$ 在点 x_0 的某个邻域内有定义；

(2) $f(x)$ 在点 x_0 有极限，即 $\lim\limits_{x\to x_0}f(x)$ 存在；

(3) $f(x)$ 在点 x_0 的极限等于 $f(x)$ 在该点的函数值，即 $\lim\limits_{x\to x_0}f(x)=f(x_0)$。

如果其中一个条件不满足，那么 $f(x)$ 就在点 x_0 处不连续，也就是在点 x_0 处间断。

定义 1.7.3 如果函数 $y=f(x)$ 在点 x_0 处不连续，则称 x_0 为 $f(x)$ 的一个**间断点**。

1. 可去间断点

若 $f(x)$ 在点 x_0 处存在左、右极限，且 $\lim\limits_{x\to x_0^-}f(x)=\lim\limits_{x\to x_0^+}f(x)$，则称点 x_0 为函数 $f(x)$ 的**可去间断点**。

例如，函数 $f(x)=\begin{cases}\dfrac{x^2-4}{x+2} & x\neq -2\\ 4 & x=-2\end{cases}$。因为 $\lim\limits_{x\to -2}f(x)=\lim\limits_{x\to -2}\dfrac{x^2-4}{x+2}=\lim\limits_{x\to -2}(x-2)=-4$，$f(-2)=4$，$\lim\limits_{x\to -2}f(x)\neq f(-2)$。所以 $x=-2$ 是 $f(x)$ 的可去间断点。

实质上只要改变上述函数在 $x_0=-2$ 处的函数值，即令 $f(-2)=-4=\lim\limits_{x\to -2}f(x)$，这时函数 $f(x)$ 在 $x=-2$ 处就连续了，可去间断点的本意正在于此。

2. 跳跃间断点

若 $f(x)$ 在点 x_0 处存在左、右极限，但 $\lim\limits_{x \to x_0^+} f(x) \neq \lim\limits_{x \to x_0^-} f(x)$，则称点 x_0 为函数 $f(x)$ 的**跳跃间断点**。

例如，函数 $f(x) = \begin{cases} x-2 & x<0 \\ 0 & x=0 \\ x+1 & x>0 \end{cases}$。因为 $\lim\limits_{x \to 0^-} f(x) = -2$，$\lim\limits_{x \to 0^+} f(x) = 1$，所以 $x=0$ 是 $f(x)$ 的跳跃间断点。

定义 1.7.4　左、右极限都存在的间断点叫作**第一类间断点**。

可去间断点和跳跃间断点都是第一类间断点。

3. 无穷间断点

若 $\lim\limits_{x \to x_0} f(x) = \infty$，则称 $x = x_0$ 为函数 $f(x)$ 的无穷间断点。

例如，函数 $f(x) = \dfrac{2}{x+1}$。因为 $\lim\limits_{x \to -1} \dfrac{2}{x+1} = \infty$，所以 $x = -1$ 是 $f(x)$ 的无穷间断点。

例 3　已知函数

$$f(x) = \begin{cases} x^2 - 1 & x<0 \\ 2x+b & x \geqslant 0 \end{cases}$$

在 $x=0$ 处连续，求 b 的值。

解： $\lim\limits_{x \to 0^-} f(x) = \lim\limits_{x \to 0^-} (x^2 - 1) = -1$

$\lim\limits_{x \to 0^+} f(x) = \lim\limits_{x \to 0^+} (2x + b) = b$

因为 $f(x)$ 在 $x=0$ 处连续，则 $\lim\limits_{x \to 0} f(x)$ 存在，而这又等价于 $\lim\limits_{x \to 0^-} f(x) = \lim\limits_{x \to 0^+} f(x)$，即 $b = -1$。

定义 1.7.5　若 x_0 为函数 $f(x)$ 的间断点，且在该点至少有一个单侧极限不存在，则称 x_0 为函数 $f(x)$ 的**第二类间断点**。

无穷间断点是第二类间断点。

1.7.3　初等函数的连续性

定理 1.7.1　若函数 $f(x)$ 与 $g(x)$ 在点 x_0 处连续，则这两个函数的和 $f(x)+g(x)$、差 $f(x)-g(x)$、积 $f(x)g(x)$、商 $\dfrac{f(x)}{g(x)}$（当 $g(x_0) \neq 0$ 时）在点 x_0 处也都连续。

利用上面的定理可得如下的结论：

1）有理整式函数（多项式函数）$y = a_0x^n + a_1x^{n-1} + \cdots + a_{n-1}x + a_n$ 在 $(-\infty, +\infty)$ 内连续；

2）有理分式函数 $y = \dfrac{a_0x^n + a_1x^{n-1} + \cdots + a_{n-1}x + a_n}{b_0x^m + b_1x^{m-1} + \cdots + b_{m-1}x + b_m}$ 除分母为零的点外，在其他点处都连续。

定理 1.7.2　设函数 $u = \varphi(x)$ 在点 x_0 处连续，$y = f(u)$ 在点 u_0 处连续，且 $u_0 = \varphi(x_0)$，则复合函数 $y = f(\varphi(x))$ 在点 x_0 处连续。

可以证明：基本初等函数在其定义域内都是连续函数，再根据定理 1.7.1 及定理 1.7.2

容易得到，由基本初等函数经过四则运算以及复合步骤所构成的初等函数在其定义区间内都是连续的。

定理 1.7.3 初等函数在其定义区间内是连续的。

因此,在求初等函数在其定义区间内某点的极限时，只要求出初等函数在该点的函数值即可。

例 4 求$\lim\limits_{x\to\frac{\pi}{2}}\ln(\sin x)$。

解：因为$\frac{\pi}{2}\in(0,\ \pi)$，$\ln(\sin x)$在$(0,\ \pi)$内有定义而且连续，所以

$$\lim_{x\to\frac{\pi}{2}}\ln(\sin x)=\ln\sin\left(\frac{\pi}{2}\right)=0$$

1.7.4 闭区间上连续函数的性质

下面介绍闭区间上连续函数的两个重要定理及推论。

定理 1.7.4 （最值定理）在闭区间$[a,\ b]$上的连续函数$f(x)$一定有最大值和最小值。

定理 1.7.5 （介值定理）若函数$f(x)$在闭区间$[a,\ b]$上连续，m 和 M 分别为$f(x)$在$[a,\ b]$上的最小值和最大值，则对介于 m 与 M 之间的任一实数 C，至少存在一点 $\xi\in(a,\ b)$，使得$f(\xi)=C$。

推论 若函数$f(x)$在$[a,\ b]$上连续，且$f(a)$与$f(b)$异号，则至少存在一点 $\xi\in(a,\ b)$，使得$f(\xi)=0$。

能力训练 1.7

A 组题

1. 求下列极限：

(1) $\lim\limits_{t\to 2}\frac{e^t+1}{t}$；　　(2) $\lim\limits_{x\to\pi}\left(\sin\frac{x}{2}\right)^3$；

(3) $\lim\limits_{x\to\frac{\pi}{4}}\ln(2\cos x)$；　　(4) $\lim\limits_{x\to 1}\arctan\sqrt{\frac{x^2+1}{x+1}}$。

2. 设函数$f(x)=\begin{cases}3-e^{-x} & x<0\\ a+x & x\geqslant 0\end{cases}$，试确定 a 的值，使$f(x)$在其定义域内连续。

3. 考察函数$f(x)=\begin{cases}x^2-1 & 0\leqslant x\leqslant 1\\ x+1 & x>1\end{cases}$ 在 $x=\frac{1}{2}$，$x=1$，$x=2$ 处的连续性，并作出函数图形。

4. 求下列函数的间断点，并判断其类型：

(1) $y=\frac{1}{x+3}$；　　(2) $y=x\cos\frac{1}{x}$；

(3) $y=\frac{x+1}{x^2-1}$；　　(4) $y=\frac{x^2-1}{x^2-x-2}$.

5. 证明方程 $x^5-5x-1=0$ 在区间 (1, 2) 内至少有一个根。

B 组题

1. 求函数 $y=-x^2+\frac{1}{2}x$，当 $x=1$，$\Delta x=0.5$ 时的改变量。

2. 求下列函数的间断点：

(1) $y=\frac{x^2-1}{x^2-3x+2}$；　　(2) $y=\frac{1}{(x-2)^2}$；

(3) $y=\begin{cases}x-1 & x\leqslant 1\\ 2-x & x>1\end{cases}$；　　(4) $y=\frac{\sin x}{2x}$。

3. 讨论函数 $f(x)=\begin{cases}x^2\sin\frac{1}{x} & x\neq 0\\ 0 & x=0\end{cases}$ 在 $x=0$ 处的连续性。

4. 设函数 $f(x)=\begin{cases}\frac{\sin x}{x} & x<0\\ k & x=0\\ x\sin\frac{1}{x}+1 & x>0\end{cases}$，试确定 k 的值，使 $f(x)$ 在定义域内连续。

学 习 指 导

一、基本要求与重点

1. 基本要求

(1) 函数

1) 理解函数的定义，掌握决定函数关系的两要素(函数的定义域和对应规律)，会求函数的定义域。

2) 了解函数的三种表示法及分段函数。

3) 熟练掌握基本初等函数(幂函数、指数函数、对数函数、三角函数和反三角函数)的表达式、定义域、值域、图形和性质(单调性、有界性、奇偶性和周期性)。

4) 理解复合函数的概念，会正确分析复合函数的复合过程。

(2) 极限的概念及性质、法则

1) 理解数列极限的概念和性质，掌握数列极限的运算法则；理解函数极限的概念，掌握函数极限的运算法。

2) 了解函数左、右极限的概念，掌握函数在某点处极限存在的充分必要条件。

3) 熟练运用极限的四则运算法则和两个重要极限等计算数列和函数的极限。

(3) 无穷小量与无穷大量

1) 掌握无穷小量与无穷大量的概念。

2) 掌握无穷小量的性质及运算法则。

3) 掌握无穷小量与无穷大量的关系。

(4) 函数的连续性

1）理解函数连续的概念，能区分间断点的类型，掌握连续函数的运算法则。

2）掌握初等函数的连续性和闭区间上连续函数的性质；理解最值定理、介值定理。

3）会判断分段函数在分段点处的连续性。

2. 重点

函数的概念及其简单性质，复合函数的概念，函数定义域的确定；基本初等函数及其图形，函数关系式的建立；极限的概念，极限的四则运算法则，求极限的若干方法；两个重要极限；函数连续性的概念。

二、内容小结与典型例题分析

1. 概念

（1）函数的定义

1）函数 $y=f(x)$ 已知，就是指对应规律 f 和定义域 D_f 已知。对应规律 f 和定义域 D_f 称为函数的两个要素。

2）函数 $y=f(x)(x\in D_1)$ 与 $y=g(x)(x\in D_2)$ 相等的充分必要条件是 $D_1=D_2$ 且对每一个 $x\in D_1=D_2$，有 $f(x)=g(x)$。

3）函数的定义域 D 是数的集合，通常用区间表示。

（2）初等函数

1）高等数学研究的对象主要是初等函数。基本初等函数是学习初等函数的基础，它的解析式、定义域、值域、图形和性质都要牢固掌握。弄清复合函数的复合过程是学习高等数学的关键。熟悉函数的单调性、奇偶性、有界性和周期性是描绘函数图形的基础之一。

2）能够对简单的实际问题建立函数关系式，尤其是要学会建立经济函数模型。

（3）极限的概念

1）极限 $\lim\limits_{x\to x_0}f(x)$ 是否存在与函数 $f(x)$ 在点 x_0 处有无定义无关。

2）极限 $\lim\limits_{x\to x_0}f(x)=A$ 存在的充分必要条件是 $f(x_0-0)=f(x_0+0)$。

3）若 $\lim\limits_{x\to x_0}f(x)=A$ 存在，则极限值 A 是唯一的。

（4）函数的连续性

1）直观地说，函数 $f(x)$ 在点 x_0 处连续，意味着点 x_0 处的函数值 $f(x_0)$ 与点 x_0 附近的点 x 处的函数值 $f(x)$“连接”着，这种连接只能通过极限实现。

2）若函数 $f(x)$ 在点 x_0 处连续，则有

$$\lim_{x\to x_0}f(x)=f(x_0)=f(\lim_{x\to x_0}x)$$

这说明，对于连续函数 $f(x)$ 而言，可以交换 f 和 $\lim\limits_{x\to x_0}$ 的顺序，也说明当 $x\to x_0$ 时，$f(x)$ 的极限值等于 $f(x_0)$。在求连续函数的极限时，正是用到了这个事实，从而简化了极限的计算。

2. 求极限方法小结

1）利用极限的定义求极限。

2）利用初等函数的连续性求极限。若函数 $f(x)$ 在点 x_0 处连续，则

$$\lim_{x\to x_0}f(x)=f(x_0)=f(\lim_{x\to x_0}x)$$

3）利用极限的四则运算法则求极限。

4）利用两个重要极限 $\lim\limits_{x\to\infty}\left(1+\dfrac{1}{x}\right)^x=\mathrm{e}$ 和 $\lim\limits_{x\to 0}\dfrac{\sin x}{x}=1$ 求极限。在利用两个重要极限求极

限时，要注意把原式凑成与公式等价的式子，如 $\lim\limits_{\varphi(x)\to 0}\dfrac{\sin\varphi(x)}{\varphi(x)}$ 与 $\lim\limits_{x\to 0}\dfrac{\sin x}{x}$ 等价，$\lim\limits_{\varphi(x)\to\infty}\left(1+\dfrac{1}{\varphi(x)}\right)^{\varphi(x)}$ 与 $\lim\limits_{x\to\infty}\left(1+\dfrac{1}{x}\right)^{x}$ 等价。

5）利用有界变量与无穷小的乘积仍为无穷小求极限。

6）利用等价无穷小替换求极限。

7）利用恒等变形化简表达式求极限。

例 1　求下列极限：

（1）$\lim\limits_{x\to 1}\dfrac{x^2-1}{x+2}$；　　（2）$\lim\limits_{x\to -2}\dfrac{x^2-4}{x+2}$；

（3）$\lim\limits_{x\to\infty}\dfrac{(4x^2-3)^3(3x-2)^4}{(3x^2+7)^5}$；　　（4）$\lim\limits_{x\to 4}\dfrac{x-4}{\sqrt{x}-2}$。

解：（1）直接法

$$\lim_{x\to 1}\frac{x^2-1}{x+2}=\frac{1-1}{1+2}=\frac{0}{3}=0$$

（2）约去零因式法

$$\lim_{x\to -2}\frac{x^2-4}{x+2}=\lim_{x\to -2}\frac{(x-2)(x+2)}{x+2}=\lim_{x\to -2}(x-2)=-4$$

（3）利用公式

$$\lim_{x\to\infty}\frac{(4x^2-3)^3(3x-2)^4}{(3x^2+7)^5}=\frac{4^3\times 3^4}{3^5}=\frac{64}{3}$$

（4）有理化法

$$\lim_{x\to 4}\frac{x-4}{\sqrt{x}-2}=\lim_{x\to 4}\frac{(x-4)(\sqrt{x}+2)}{x-4}=\lim_{x\to 4}(\sqrt{x}+2)=4$$

或用直接分解法，有

$$\lim_{x\to 4}\frac{x-4}{\sqrt{x}-2}=\lim_{x\to 4}\frac{(\sqrt{x}-2)(\sqrt{x}+2)}{\sqrt{x}-2}=\lim_{x\to 4}(\sqrt{x}+2)=4$$

例 2　利用无穷小的性质求 $\lim\limits_{x\to 0}x^2\sin\dfrac{3}{x}$。

解：当 $x\to 0$ 时，$\lim\limits_{x\to 0}x^2=0$，且 $\left|\sin\dfrac{3}{x}\right|\leqslant 1$，故

$$\lim_{x\to 0}x^2\sin\frac{3}{x}=0$$

例 3　求下列极限：

（1）$\lim\limits_{x\to 2}\dfrac{\sin(x-2)}{x^2-4}$；　　（2）$\lim\limits_{x\to 0}(1+\sin x)^{\frac{3}{\sin x}}$。

解：（1）$\lim\limits_{x\to 2}\dfrac{\sin(x-2)}{x^2-4}=\lim\limits_{x\to 2}\dfrac{1}{x+2}\dfrac{\sin(x-2)}{x-2}=\lim\limits_{x\to 2}\dfrac{1}{x+2}\lim\limits_{x\to 2}\dfrac{\sin(x-2)}{x-2}=\dfrac{1}{4}$

（2）$\lim\limits_{x\to 0}(1+\sin x)^{\frac{3}{\sin x}}=\lim\limits_{x\to 0}\left[(1+\sin x)^{\frac{1}{\sin x}}\right]^3=\mathrm{e}^3$

例 4 利用等价无穷小代换求$\lim\limits_{x\to\infty}x(e^{\frac{1}{x}}-1)$。

解：当$x\to0$时，$e^x-1\sim x$。故当$x\to\infty$时，$e^{\frac{1}{x}}-1\sim\frac{1}{x}$，于是

$$\lim_{x\to\infty}x(e^{\frac{1}{x}}-1)=\lim_{x\to\infty}\frac{e^{\frac{1}{x}}-1}{\frac{1}{x}}=\lim_{x\to\infty}\frac{\frac{1}{x}}{\frac{1}{x}}=1$$

例 5 设$f(x)=\begin{cases}e^x & x<0\\ a+x & x\geqslant0\end{cases}$，当$a$为何值时$\lim\limits_{x\to0}f(x)$存在？

解：因为$\lim\limits_{x\to0^-}f(x)=\lim\limits_{x\to0^-}e^x=1$，$\lim\limits_{x\to0^+}f(x)=\lim\limits_{x\to0^+}(a+x)=a$，故当且仅当$\lim\limits_{x\to0^-}f(x)=\lim\limits_{x\to0^+}f(x)=1$，即$a=1$时，$\lim\limits_{x\to0}f(x)$存在。

综合训练 1

A 组题

1. 求下列函数的定义域：

(1) $f(x)=\frac{1}{x^2-2}-\sqrt{4-x}$；　(2) $f(x)=\begin{cases}1 & 0\leqslant x\leqslant1\\ -1 & 1<x\leqslant2\end{cases}$。

2. 判断下列函数的奇偶性：

(1) $y=\frac{a^x+a^{-x}}{2}$ $(a>0,\ a\neq1)$；(2) $y=\ln\frac{1+x}{1-x}$；

(3) $f(x)=x^4-2x^2$；　(4) $f(x)=x^3-1$。

3. 求下列极限：

(1) $\lim\limits_{x\to\infty}\frac{2x^3+3x^2+5}{7x^3+4x^2-1}$；　(2) $\lim\limits_{x\to\infty}\frac{2x^4+x+4}{2x^5-1}$；　(3) $\lim\limits_{x\to0}\frac{3x^4+x+1}{2x^3-1}$。

4. 求下列极限：

(1) $\lim\limits_{x\to2}\frac{x^2+5}{x-3}$；　(2) $\lim\limits_{x\to1}\frac{x^2-1}{x^2+2x-3}$；　(3) $\lim\limits_{x\to0}\frac{x}{\sqrt{1+x}-\sqrt{1-x}}$。

5. 若$\lim\limits_{x\to3}\frac{x^2-2x+k}{x-3}=4$，求$k$的值。

6. 求下列极限：

(1) $\lim\limits_{x\to\infty}(\sqrt{x(x+3)}-x)$；　(2) $\lim\limits_{x\to0}\left(\frac{2-x}{2}\right)^{\frac{1}{x}}$；　(3) $\lim\limits_{x\to\infty}x\sin\frac{1}{x}$；

(4) $\lim\limits_{x\to\infty}\frac{1}{x}\sin x$；　(5) $\lim\limits_{n\to\infty}(\frac{1}{n^2}+\frac{2}{n^2}+\cdots+\frac{n}{n^2})$。

7. 求函数$f(x)=\frac{1}{\sqrt[3]{x^2-3x+2}}$的连续区间。

B 组题

1. 设函数$f(x)=\begin{cases}x+2 & x\leqslant0\\ x-2 & x>0\end{cases}$，画出它的图形，判定极限$\lim\limits_{x\to0^-}f(x)$，$\lim\limits_{x\to0^+}f(x)$，$\lim\limits_{x\to0}f(x)$是

否存在。

2. 下列函数在自变量怎样变化时是无穷小或无穷大：

(1) $y=\dfrac{3}{x^2}$；　(2) $y=\dfrac{x-2}{x+1}$；

(3) $y=\ln x$；　(4) $y=x^2+2x-3$。

3. 求下列极限：

(1) $\lim\limits_{x\to 2}\dfrac{x^2+1}{x+3}$；　(2) $\lim\limits_{x\to 1}(3x^2-2x+3)$；　(3) $\lim\limits_{x\to 1}\dfrac{x^2-1}{x-1}$；

(4) $\lim\limits_{x\to 4}\dfrac{\sqrt{x}-2}{x-4}$；　(5) $\lim\limits_{h\to 0}\dfrac{\sqrt{x+h}-\sqrt{x}}{h}$；　(6) $\lim\limits_{x\to\infty}\dfrac{x^2+3x}{x^5+5x+4}$。

4. 求下列极限：

(1) $\lim\limits_{x\to\infty}\dfrac{2x^2-3x+1}{x^2-5x}$；　(2) $\lim\limits_{x\to\infty}\dfrac{(2x-3)^2(3x-4)^4}{(3x+2)^6}$；

(3) $\lim\limits_{x\to -2}\left(\dfrac{1}{x+2}-\dfrac{12}{x^3+8}\right)$；　(4) $\lim\limits_{n\to\infty}\dfrac{2^n-1}{4^n+1}$。

5. 设函数 $f(x)=\begin{cases}e^{x-2} & x\geqslant 2\\ \sqrt{3-x} & x<2\end{cases}$，试讨论 $f(x)$ 在 $x=2$ 处的连续性。

第 2 章　导数与微分

微分学是微积分的重要组成部分。本章将讨论微分学的两个最基本的重要概念——导数与微分以及它们的计算方法,其中导数反映了函数随自变量变化的快慢程度,即函数对自变量的变化率,而微分则指明当自变量有微小变化时,函数大体上变化多少,即微分是函数增量的线性主部。导数和微分在理论上和实践中有着非常广泛的应用。

2.1　导数的概念

| **本节导学** |

1）什么是导数,简而言之就是函数在某点处的变化率,或者说是瞬时变化率。其常见的物理问题是求变速直线运动在某一时刻的瞬时速度,方法是求该点处平均速度的极限值。类似的问题还有曲线在某点处的切线斜率问题。从这些问题中抽象出数学模型就是导数。这是微分学的最核心概念,应深刻理解。

2）本节的学习重点,是借助几个简单的初等函数的导数公式进行初步的求导运算,尤其是能够根据函数在某点处切线的斜率就是函数在该点的导数这一几何意义,方便地求出函数在此处的切线方程和法线方程。

3）本节的学习难点是左、右导数的概念,以及判别分段函数在分界点可导与连续的关系,还有用定义求导等。

微课: 超星学习通 · 学院《高等数学》§2.1 导数的概念。

2.1.1　引例

1. 求平面曲线的切线斜率

在平面几何里, 圆的切线定义为“与曲线只有一个公共点的直线”。显然这一定义具有特例的性质, 不适用于更一般的曲线。下面给出一般曲线的切线定义如下:

在曲线 L 上一定点 P_0 附近再取一点 P, 作割线 P_0P, 当点 P 沿曲线移动而趋近于 P_0 时, 割线 P_0P 的极限位置 P_0T 称为曲线 L 在点 P_0 处的切线,如图 2-1 所示。

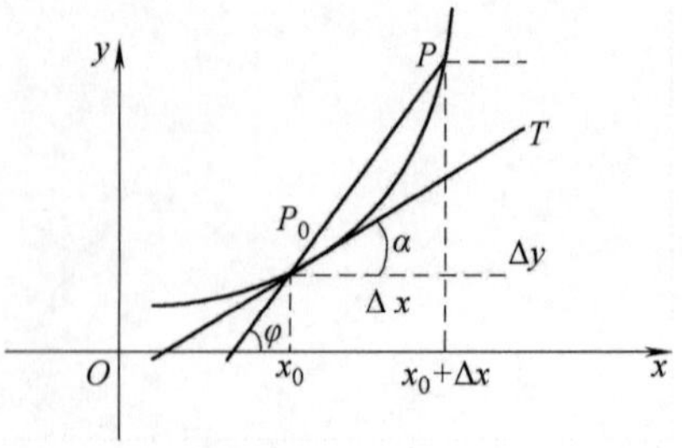

图　2-1

曲线 L 在 P_0 处的切线斜率应如何计算呢?

设曲线方程为 $y=f(x)$,

1）当自变量从 x_0 变到 $x_0+\Delta x$ 时, 自变量的增量为 Δx, 函数增量为 $\Delta y=f(x_0+\Delta x)-f(x_0)$;

2）对割线 P_0P: 斜率 $=\tan\varphi=\dfrac{\Delta y}{\Delta x}=\dfrac{f(x_0+\Delta x)-f(x_0)}{\Delta x}$;

3）当 $\Delta x \to 0$ 时，动点 P 将沿曲线趋向定点 P_0，从而割线 P_0P 也随之变动而趋向于极限位置——切线 P_0T。此时割线倾角 φ 趋向于切线 P_0T 的倾角 α，于是切线 P_0T 的斜率为

$$k = \tan\alpha = \lim_{\Delta x \to 0} \tan\varphi = \lim_{\Delta x \to 0} \frac{\Delta y}{\Delta x} = \lim_{\Delta x \to 0} \frac{f(x_0 + \Delta x) - f(x_0)}{\Delta x}$$

这就是说，曲线的切线斜率表示曲线的函数的增量与自变量的增量的比，当自变量的增量趋于零时的极限。

2. 求收益对销量的变化率——边际收入

设商品的总收入 R 是销量 q 的函数 $R = R(q)$ $(q > 0)$，求当销量为 q_0 时总收入的变化率。

1）如果销量 q 从 q_0 改变到 $q_0 + \Delta q$ 时，销量的增量为 Δq，则相应总收入的增量为

$$\Delta R = R(q_0 + \Delta q) - R(q_0)$$

2）总收入的平均变化率为

$$\frac{\Delta R}{\Delta q} = \frac{R(q_0 + \Delta q) - R(q_0)}{\Delta q}$$

3）若极限 $\lim\limits_{\Delta q \to 0} \frac{\Delta R}{\Delta q} = \lim\limits_{\Delta q \to 0} \frac{R(q_0 + \Delta q) - R(q_0)}{\Delta q}$ 存在，则此极限就是销量为 q_0 时的总收入的变化率，即边际收入。

以上实例虽然属于不同性质的问题，但从抽象的数量关系来看，其处理的思想方法都是一样的，都可以归结为计算已知函数 $y = f(x)$ 的 $\frac{\Delta y}{\Delta x}$，当 $\Delta x \to 0$ 时的极限（若存在）。在自然科学和工程技术领域中，还有许多概念都可归结为这种形式的极限。这种特殊的极限就叫作函数的导数或函数的变化率。

2.1.2　导数的定义

定义　设函数 $y = f(x)$ 在点 x_0 的某个邻域内有定义，当自变量 x 在 x_0 处取得增量 Δx（点 $x_0 + \Delta x$ 仍在该邻域内）时，相应的函数 y 取得增量 Δy。如果极限 $\lim\limits_{\Delta x \to 0} \frac{\Delta y}{\Delta x} = \lim\limits_{\Delta x \to 0} \frac{f(x_0 + \Delta x) - f(x_0)}{\Delta x}$ 存在，则称此极限值为函数 $y = f(x)$ 在点 x_0 处的**导数**，记为

$$f'(x_0) \quad \text{或} \quad y'\Big|_{x=x_0} \quad \text{或} \quad \frac{\mathrm{d}y}{\mathrm{d}x}\Big|_{x=x_0} \quad \text{或} \quad \frac{\mathrm{d}f(x)}{\mathrm{d}x}\Big|_{x=x_0}$$

此时也称函数 $f(x)$ 在点 x_0 处可导，或者说 $f(x)$ 在点 x_0 具有导数或导数存在。如果上述极限不存在，则称 $f(x)$ 在 x_0 处不可导或导数不存在。

导数定义的常见形式还有

$$f'(x_0) = \lim_{h \to 0} \frac{\Delta y}{h} = \lim_{h \to 0} \frac{f(x_0 + h) - f(x_0)}{h}$$

$$f'(x_0) = \lim_{\Delta x \to 0} \frac{\Delta y}{\Delta x} = \lim_{x \to x_0} \frac{f(x) - f(x_0)}{x - x_0}$$

如果函数 $y=f(x)$ 在开区间 (a, b) 内每一点处都可导，则称函数 $y=f(x)$ 在区间 (a, b) 内可导。此时，对于任一 $x\in(a, b)$，都有一个唯一确定的导数值 $f'(x)$ 与之对应，因此，$f'(x)$ 是 x 的函数，将这个函数 $f'(x)$ 称为原来函数 $y=f(x)$ 在 (a, b) 内对 x 的**导函数**。函数 $y=f(x)$ 的导函数记为

$$f'(x) \quad 或 \quad y' \quad 或 \quad \frac{dy}{dx} \quad 或 \quad \frac{df(x)}{dx}$$

即导函数定义式为

$$f'(x)=\lim_{\Delta x\to 0}\frac{\Delta y}{\Delta x}=\lim_{\Delta x\to 0}\frac{f(x+\Delta x)-f(x)}{\Delta x}$$

显然，函数 $f(x)$ 在 $x=x_0$ 处的导数 $f'(x_0)$ 就是导函数 $f'(x)$ 在 $x=x_0$ 处的函数值。

导函数 $f'(x)$ 简称导数，而 $f'(x_0)$ 是 $f(x)$ 在点 x_0 处的导数或导函数 $f'(x)$ 在 x_0 处的值，特别注意：$f'(x_0)\neq[f(x_0)]'$。

2.1.3　由定义求导举例

下面给出由定义求导数的步骤：

（1）求增量　$\Delta y=f(x+\Delta x)-f(x)$

（2）算比值　$\dfrac{\Delta y}{\Delta x}=\dfrac{f(x+\Delta x)-f(x)}{\Delta x}$

（3）取极限　$f'(x)=\lim\limits_{\Delta x\to 0}\dfrac{\Delta y}{\Delta x}=\lim\limits_{\Delta x\to 0}\dfrac{f(x+\Delta x)-f(x)}{\Delta x}$

例 1　求函数 $f(x)=x^2$ 的导数及 $f'(1)$。

解：第一步，求增量：$\Delta y=f(x+\Delta x)-f(x)=(x+\Delta x)^2-x^2=2x\Delta x+(\Delta x)^2$

第二步，算比值：$\dfrac{\Delta y}{\Delta x}=\dfrac{f(x+\Delta x)-f(x)}{\Delta x}=\dfrac{2x\Delta x+(\Delta x)^2}{\Delta x}=2x+\Delta x$

第三步，取极限：$f'(x)=\lim\limits_{\Delta x\to 0}\dfrac{\Delta y}{\Delta x}=\lim\limits_{\Delta x\to 0}(2x+\Delta x)=2x$

于是有

$$f'(1)=2\times 1=2$$

一般地，对于幂函数 $y=x^\mu$（μ 是任意实数）有导数公式

$$(x^\mu)'=\mu x^{\mu-1}$$

例如：$(x^5)'=5x^{5-1}=5x^4$，$(x^{-1})'=-x^{-2}$，$(\sqrt{x})'=\dfrac{1}{2}x^{\frac{1}{2}-1}=\dfrac{1}{2\sqrt{x}}$。

例 2　求函数 $f(x)=\sin x$ 的导数。

解：（1）$\Delta y=f(x+\Delta x)-f(x)=\sin(x+\Delta x)-\sin x=2\sin\dfrac{\Delta x}{2}\cos\left(x+\dfrac{\Delta x}{2}\right)$

（2）$f'(x)=\lim\limits_{\Delta x\to 0}\dfrac{\Delta y}{\Delta x}=\lim\limits_{\Delta x\to 0}\dfrac{2\sin\dfrac{\Delta x}{2}\cos\left(x+\dfrac{\Delta x}{2}\right)}{\Delta x}=1\times\cos x=\cos x$

即

$$(\sin x)'=\cos x$$

同理，有

$$(\cos x)'=-\sin x$$

例 3　设 $y=\log_a x\ (x>0, a>0, a\neq 1)$，求 y'。

解：（1）$\Delta y=\log_a(x+\Delta x)-\log_a x=\log_a\left(\frac{x+\Delta x}{x}\right)=\log_a\left(1+\frac{\Delta x}{x}\right)$

（2）$\frac{\Delta y}{\Delta x}=\frac{\log_a\left(1+\frac{\Delta x}{x}\right)}{\Delta x}=\frac{1}{x}\frac{x}{\Delta x}\log_a\left(1+\frac{\Delta x}{x}\right)=\frac{1}{x}\log_a\left(1+\frac{\Delta x}{x}\right)^{\frac{x}{\Delta x}}$

（3）$y'=\lim\limits_{\Delta x\to 0}\frac{\Delta y}{\Delta x}=\lim\limits_{\Delta x\to 0}\left[\frac{1}{x}\log_a\left(1+\frac{\Delta x}{x}\right)^{\frac{x}{\Delta x}}\right]=\frac{1}{x}\log_a\left[\lim\limits_{\Delta x\to 0}\left(1+\frac{\Delta x}{x}\right)^{\frac{x}{\Delta x}}\right]=\frac{1}{x}\log_a \mathrm{e}=\frac{1}{x\ln a}$

即

$$(\log_a x)'=\frac{1}{x\ln a}$$

例如，设 $y=\log_2 x$，因为 $a=2$，由公式，可得 $y'=(\log_2 x)'=\frac{1}{x\ln 2}$。

特别地，当 $a=\mathrm{e}$ 时，因为 $\ln\mathrm{e}=1$，所以有

$$(\ln x)'=\frac{1}{x}$$

利用导数的定义，可以求得常函数、指数函数和对数函数的导数公式。

设 $y=C$（C 为常数），则 $y'=(C)'=0$。

设 $y=a^x$，则 $y'=(a^x)'=a^x\ln a$。

特别地，$(\mathrm{e}^x)'=\mathrm{e}^x$。

例如，设 $y_1=10^x$，$y_2=\frac{2^x}{3^x}$，求 y'_1, y'_2。在 y_1 中，$a=10$，由公式得 $y'_1=(10^x)'=10^x\ln 10$。$y_2=\frac{2^x}{3^x}=\left(\frac{2}{3}\right)^x$，$a=\frac{2}{3}$，由公式得 $y'_2=\left[\left(\frac{2}{3}\right)^x\right]'=\left(\frac{2}{3}\right)^x\ln\frac{2}{3}=\left(\frac{2}{3}\right)^x(\ln 2-\ln 3)$。

2.1.4　左导数和右导数

函数 $y=f(x)$ 在点 x_0 处的导数是用一个极限定义的，根据极限的左、右极限的概念，可以定义函数 $y=f(x)$ 在点 x_0 处的左导数 $f'_-(x_0)$ 和右导数 $f'_+(x_0)$ 为

$$f'_-(x_0)=\lim_{\Delta x\to 0^-}\frac{f(x_0+\Delta x)-f(x_0)}{\Delta x}$$

$$f'_+(x_0)=\lim_{\Delta x\to 0^+}\frac{f(x_0+\Delta x)-f(x_0)}{\Delta x}$$

显然，函数在点 x_0 处可导的充要条件是左、右导数存在并且相等。

2.1.5　导数的几何意义

由导数的定义及曲线的切线斜率的求法可知，函数 $y=f(x)$ 在点 x_0 处的导数 $f'(x_0)$ 在几何上表示曲线 $y=f(x)$ 在点 $P_0(x_0, f(x_0))$ 处切线的斜率，这就是导数的几何意义。

若函数 $y=f(x)$ 在点 x_0 处可导，则曲线 $y=f(x)$ 在点 $(x_0, f(x_0))$ 处的切线方程为

$$y-f(x_0)=f'(x_0)(x-x_0)$$

法线方程为

$$y-y_0=-\frac{1}{f'(x_0)}(x-x_0)$$

如果$f'(x_0)=0$,则这时曲线的切线平行于 x 轴,切线方程为 $y=f(x_0)$，法线方程为 $x=x_0$。

如果$f'(x_0)$为无穷大，则这时曲线具有垂直于 x 轴的切线，即 $x=x_0$，法线方程为 $y=f(x_0)$。

例 4 求曲线 $y=x^2$ 在 $x=2$ 处的切线斜率、切线方程及法线方程。

解: 因为 $y'=2x$，所以 $y'|_{x=2}=2\times2=4$。由导数的几何意义，得 $k=y'|_{x=2}=4$，即在点(2,4)处切线的斜率为 4，则过点(2, 4)的切线方程为

$$y-4=4(x-2)$$

化简得

$$4x-y-4=0$$

过点(2,4)的法线方程为

$$y-4=-\frac{1}{4}(x-2)$$

化简得

$$x+4y-18=0$$

2.1.6 可导与连续的关系

定理 如果函数 $y=f(x)$在点 x_0 处可导，则它在点 x_0 处一定连续。

证: 设$f(x)$在点 x_0 处可导，即$f'(x_0)=\lim\limits_{\Delta x\to0}\frac{\Delta y}{\Delta x}$存在。

由具有极限的函数与无穷小的关系可知，

$$\frac{\Delta y}{\Delta x}=f'(x_0)+\alpha \quad (\text{其中 } \alpha \text{ 是当 } \Delta x\to0 \text{ 时的无穷小量})$$

$$\Delta y=f'(x_0)\Delta x+\alpha\Delta x$$

$$\lim_{\Delta x\to0}\Delta y=\lim_{\Delta x\to0}[f'(x_0)\Delta x+\alpha\Delta x]=0$$

所以函数 $y=f(x)$在点 x_0 处是连续的。

另一方面，一个函数在某一点连续，它却不一定在该点处可导，举例说明如下。

例 5 讨论函数 $y=|x|$在 $x=0$ 处的连续性与可导性。

解: $\Delta y=f(0+\Delta x)-f(0)=|0+\Delta x|-0=|\Delta x|$

$$\lim_{\Delta x\to0}\Delta y=\lim_{\Delta x\to0}|\Delta x|=0$$

所以 $y=|x|$在 $x=0$ 处连续。

又因为

$$f'_-(0)=\lim_{\Delta x\to0^-}\frac{|\Delta x|}{\Delta x}==\lim_{\Delta x\to0^-}\frac{-\Delta x}{\Delta x}=-1$$

$$f'_+(0)=\lim_{\Delta x\to0^+}\frac{|\Delta x|}{\Delta x}==\lim_{\Delta x\to0^+}\frac{\Delta x}{\Delta x}=1$$

即 $y=|x|$在 $x=0$ 处左、右导数不相等，所以 $y=|x|$在 $x=0$ 处不可导。

事实上，函数 $y=|x|$在$(-\infty, +\infty)$内处处连续但在 $x=0$ 处不可导，即曲线 $y=|x|$在原点 O 处没有切线，如图 2-2 所示。

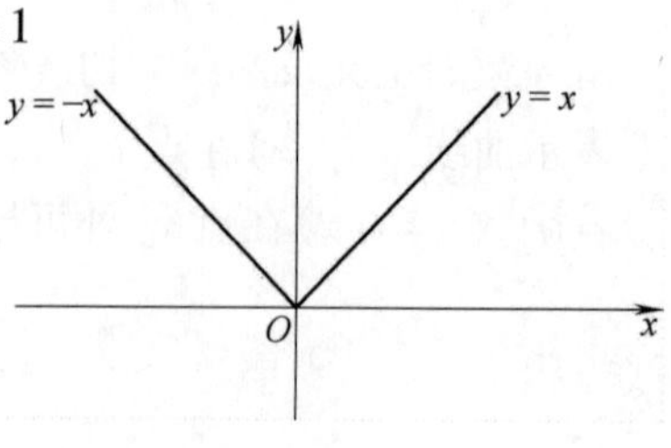

图 2-2

由以上讨论可知，函数连续是函数可导的必要条件

但不是充分条件。

*例 6　讨论 $f(x)=\begin{cases}x^2 & x<1\\ 2x & x\geqslant 1\end{cases}$ 在 $x=1$ 处的连续性与可导性。

解： $\lim\limits_{x\to1^-}f(x)=\lim\limits_{x\to1^-}x^2=1$，$\lim\limits_{x\to1^+}f(x)=\lim\limits_{x\to1^+}2x=2$，所以 $\lim\limits_{x\to1}f(x)$ 不存在，即 $f(x)$ 在 $x=1$ 处不连续，因此 $f(x)$ 在 $x=1$ 处不可导。

能力训练 2.1

A 组题

1. 判断题

（1）如果函数 $f(x)$ 在点 x_0 处可导，那么 $f(x)$ 在点 x_0 处一定连续。　（　　）

（2）如果函数 $f(x)$ 在点 x_0 处连续，那么 $f(x)$ 在点 x_0 处一定可导。　（　　）

（3）如果函数 $f(x)$ 在点 x_0 处不可导，那么 $f(x)$ 的图形在点 x_0 处一定没有切线。

（　　）

（4）如果函数 $f(x)$ 在点 x_0 处不连续，那么 $f(x)$ 在点 x_0 处一定不可导。　（　　）

2. 选择题

（1）函数 $y=f(x)$ 在点 x_0 处可导，则 $\lim\limits_{\Delta x\to0}\dfrac{f(x_0-\Delta x)-f(x_0)}{\Delta x}=$（　　）。

A. $-f'(x_0)$　　B. $f'(x)$　　C. 0　　D. 不存在

（2）设函数 $f(x)=\ln4$，则 $\lim\limits_{\Delta x\to0}\dfrac{f(x_0+\Delta x)-f(x_0)}{\Delta x}=$（　　）。

A. 4　　B. $\dfrac{1}{4}$　　C. ∞　　D. 0

（3）曲线 $y=x^3-3x$ 上切线平行于 x 轴的点是（　　）。

A. (2,2)　　B. $(\sqrt{3},0)$　　C. $(-1,2)$　　D. (0,0)

（4）函数 $f(x)$ 在点 x_0 处极限存在是在该点可导的（　　）。

A. 必要条件　　B. 充分条件　　C. 充要条件　　D. 无关条件

（5）函数 $f(x)$ 在点 x_0 处可导是在该点连续的（　　）。

A. 必要条件　　B. 充分条件　　C. 充要条件　　D. 无关条件

3. 填空题

（1）已知物体的运动规律为 $s=t^3$，则物体在 $t=2$ 时的瞬时速度为________。

（2）已知函数 $y=\dfrac{1}{\sqrt{x}}$，则 $y'|_{x=2}=$________。

（3）曲线 $y=x^2$ 上平行于直线 $y=2x$ 的切线为________。

（4）$\left(\dfrac{1}{\sqrt[3]{x}}\right)'=$________，$\left(\dfrac{1}{x^2}\right)'=$________。

（5）$(x)'=$________，$\left(\dfrac{1}{x}\right)'=$________。

B 组题

1. 设$f(x)=10x^2$，求$f'(-1)$。
2. 设$f(x)=ax+b$ （a，b都是常数），试按定义求导数$f'(x)$。
3. 已知$y=x^5$，求y'，$y'|_{x=1}$。
4. 求曲线$y=\sqrt{x}$在点(4，2)处的切线方程。
5. 试求出$y=\frac{1}{3}x^3$上与直线$x-4y=5$平行的切线方程。
6. 在抛物线$y=x^2$上取横坐标为$x_1=1$，$x_2=3$的两点，作过这两点的割线，问该抛物线上哪一点的切线平行于这条割线？

2.2 导数的基本公式及运算法则

| 本节导学 |

1）高等数学的教学目标主要包括培养学生严谨的逻辑思维能力和准确的运算能力。作为一名高等数学的学习者，应该做到准确、快捷、规范地求解初等函数的各类导数，其中求复合函数的导数是关键问题，学习的要点是从外向内分解清楚函数的复合关系。掌握这个本领的不二法门是经过比较大量的习题训练，因此请做好本节的各类题型。

2）求初等函数的导数问题，主要分为三类：一是基本初等函数及其四则运算的导数；二是复合函数的导数；三是包含了函数的四则运算并与复合函数相交织的基本初等函数的导数。其他各类函数的求导运算均以这三类为基础。这不仅是本节学习的重点，也是本章学习的重点，还是全部高等数学学习的核心知识之一。

3）本节的学习难点主要是求解包含三层以上复合关系的复合函数的导数，以及掌握反函数的求导公式的推证等。

微课：超星学习通 · 学院《高等数学》§2.2 导数的运算。

根据导数定义求导数固然是一种求导方法，前面根据导数定义也求出了一些简单函数的导数，但是，对于比较复杂的函数，直接根据定义求出它们的导数往往很困难，而且也给导数的实际应用带来很大不便。在这一节中将根据导数定义和极限运算法则推出导数的几个基本法则和基本初等函数的导数公式，借助这些法则和公式就能比较方便地求出常见的函数——初等函数的导数。

2.2.1 基本初等函数的导数公式

上一节中，已经求出正弦函数、余弦函数、常函数、幂函数、指数函数和对数函数的导数，今后还将推导其他基本初等函数的导数公式。为了方便记忆和尽早进行导数运算，先把它们列举出来。

基本初等函数的导数公式如下：

(1) $(C)'=0$ （C为常数）

(2) $(x^n)'=nx^{n-1}$ （n是任意实数）

(3) $(a^x)'=a^x\ln a$ （$a>0$，$a\neq 1$）

(4) $(e^x)'=e^x$

(5) $(\log_a x)' = \frac{1}{x}\log_a e = \frac{1}{x\ln a}$ $(a>0, a\neq 1)$

(6) $(\ln x)' = \frac{1}{x}$

(7) $(\sin x)' = \cos x$

(8) $(\cos x)' = -\sin x$

(9) $(\tan x)' = \sec^2 x = \frac{1}{\cos^2 x}$

(10) $(\cot x)' = -\csc^2 x = -\frac{1}{\sin^2 x}$

(11) $(\sec x)' = \sec x\tan x$

(12) $(\csc x)' = -\csc x\cot x$

(13) $(\arcsin x)' = \frac{1}{\sqrt{1-x^2}}$

(14) $(\arccos x)' = -\frac{1}{\sqrt{1-x^2}}$

(15) $(\arctan x)' = \frac{1}{1+x^2}$

(16) $(\text{arccot}\, x)' = -\frac{1}{1+x^2}$

2.2.2　导数的四则运算法则

定理 2.2.1　设函数 $u(x)$，$v(x)$ 在 x 处均可导，则 $u(x)\pm v(x)$，$u(x)v(x)$，$\frac{u(x)}{v(x)}$ $(v(x)\neq 0)$ 在 x 处也可导，且

(1) $(u\pm v)' = u'\pm v'$

(2) $(uv)' = uv' + u'v$

(3) $\left(\frac{u}{v}\right)' = \frac{u'v - uv'}{v^2}$

证： 这里只证第二个公式，其他公式可同理类推。

因为 $\Delta u = u(x+\Delta x) - u(x)$，$\Delta v = v(x+\Delta x) - v(x)$，所以 $u(x+\Delta x) = u(x) + \Delta u$，$v(x+\Delta x) = v(x) + \Delta v$。

令 $y = u(x)v(x)$，则

$$
\begin{aligned}
\Delta y &= u(x+\Delta x)v(x+\Delta x) - u(x)v(x) \\
&= [u(x)+\Delta u][v(x)+\Delta v] - u(x)v(x) \\
&= u(x)\Delta v + v(x)\Delta u + \Delta u\Delta v
\end{aligned}
$$

又因为 $u'(x) = \lim\limits_{\Delta x\to 0}\frac{\Delta u}{\Delta x}$，$v'(x) = \lim\limits_{\Delta x\to 0}\frac{\Delta v}{\Delta x}$，$\lim\limits_{\Delta x\to 0}\Delta u = 0$（因为 u 连续），

所以 $$\lim_{\Delta x\to 0}\frac{\Delta y}{\Delta x}=\lim_{\Delta x\to 0}\left[u(x)\frac{\Delta v}{\Delta x}+v(x)\frac{\Delta u}{\Delta x}+\Delta u\frac{\Delta v}{\Delta x}\right]$$
$$=u(x)v'(x)+u'(x)v(x)$$

即有 $$(uv)'=uv'+u'v$$

利用上述式(1)和式(2)，有如下推论：

推论 2.2.1 $(u_1\pm u_2\pm\cdots\pm u_n)'=u_1'\pm u_2'\pm\cdots\pm u_n'$

推论 2.2.2 $(Cu)'=Cu'$ （C 为常数）

推论 2.2.3 $(uvw)'=u'vw+uv'w+uvw'$

例 1 设 $y=2x^3-5x^2+3x-7$，求 y'。

解： $y'=(2x^3-5x^2+3x-7)'=(2x^3)'-(5x^2)'+(3x)'-(7)'$

$=2(x^3)'-5(x^2)'+3(x)'=2\times 3x^2-5\times 2x+3=6x^2-10x+3$

例 2 设 $f(x)=3x^4-e^x+5\cos x-1$，求 $f'(x)$ 及 $f'(0)$。

解： $f'(x)=12x^3-e^x-5\sin x$

$$f'(0)=(12x^3-e^x-5\sin x)\big|_{x=0}=-1$$

例 3 设 $y=x\ln x$，求 y'。

解： 由式(2)，有

$$y'=(x\ln x)'=(x)'\ln x+x(\ln x)'$$
$$=1\times\ln x+x\frac{1}{x}=1+\ln x$$

例 4 设 $y=e^x(\sin x+\cos x)$，求 y'。

解： $y'=(e^x)'(\sin x+\cos x)+e^x(\sin x+\cos x)'$

$=e^x(\sin x+\cos x)+e^x(\cos x-\sin x)$

$=2e^x\cos x$

例 5 设 $y=\tan x$，求 y'。

解： $y'=(\tan x)'=\left(\dfrac{\sin x}{\cos x}\right)'=\dfrac{(\sin x)'\cos x-\sin x(\cos x)'}{\cos^2 x}$

$$=\frac{\cos^2 x+\sin^2 x}{\cos^2 x}=\frac{1}{\cos^2 x}=\sec^2 x$$

例 6 设 $y=\sec x$，求 y'。

解： $y'=(\sec x)'=\left(\dfrac{1}{\cos x}\right)'=\dfrac{1'\cos x-1\times(\cos x)'}{\cos^2 x}=\dfrac{\sin x}{\cos^2 x}=\sec x\tan x$

同理可推导余切函数和余割函数的导数公式。

2.2.3 反函数求导法则

定理 2.2.2 如果函数 $y=f(x)$ 在区间 I_x 内单调、可导且 $f'(x)\neq 0$，那么它的反函数 $x=\varphi(y)$ 在对应区间 I_y 内也可导，且有 $\varphi'(y)=\dfrac{1}{f'(x)}$。

上述结论也可简单说成：反函数的导数等于原函数的导数的倒数。

例 7 求 $y=\arcsin x$ 的导数。

解：因为 $y=\arcsin x$ 的反函数是 $x=\sin y$，且在 $\left[-\frac{\pi}{2}, \frac{\pi}{2}\right]$ 内单调可导，又已知 $x'_y=(\sin y)'=\cos y>0$，所以 $y=\arcsin x$ 可导且有

$$(\arcsin x)'=y'_x=\frac{1}{x'_y}=\frac{1}{\cos y}$$

而 $\cos y=\sqrt{1-\sin^2 y}=\sqrt{1-x^2}$ $\left(\text{其中 } y\in\left[-\frac{\pi}{2}, \frac{\pi}{2}\right]\right)$，所以

$$(\arcsin x)'=\frac{1}{\sqrt{1-x^2}}$$

同理，可以推导其他反三角函数的导数公式。

2.2.4　复合函数的求导法则

定理 2.2.3　如果函数 $u=\varphi(x)$ 在点 x 处可导，函数 $y=f(u)$ 在对应点 u 处也可导，则复合函数 $y=f(\varphi(x))$ 在点 x 处也可导，且

$$\frac{dy}{dx}=\frac{dy}{du}\frac{du}{dx}$$

或

$$y'_x=y'_u u'_x$$

或

$$[f(\varphi(x))]'=f'(u)\varphi'(x)$$

这就是说，如果 y 是 x 的复合函数，u 是中间变量，则求 y 对 x 的导数 y'_x，可先求 y 对中间变量 u 的导数 y'_u，再乘以中间变量 u 对 x 的导数 u'_x。

推论 2.2.4　设 $y=f(u)$，$u=\varphi(v)$，$v=\psi(x)$ 均可导，则复合函数 $y=f(\varphi(\psi(x)))$ 也可导，且有

$$\frac{dy}{dx}=\frac{dy}{du}\frac{du}{dv}\frac{dv}{dx}$$

或

$$y'_x=y'_u u'_v v'_x$$

注意　（1）复合函数的求导法则还可以推广到有限次复合；

（2）这里的变量关系为 y—u—x，故此种求导法则也称为“链式法则”。

例 8　设 $y=(2x+1)^5$，求 y'。

解：将 $y=(2x+1)^5$ 看成是 $y=u^5$ 与 $u=2x+1$ 复合而成，而 $y'_u=(u^5)'=5u^4$，$u'_x=(2x+1)'=2$，由复合函数的求导公式 $y'_x=y'_u u'_x$，得

$$y'_x=5u^4\times 2=10(2x+1)^4$$

注意　复合函数求导后，需要把引进的中间变量代换成原来自变量的式子。

例 9　设 $y=e^{x^3}$，求 y'。

解：$y=e^{x^3}$ 可以看作由 $y=e^u$，$u=x^3$ 复合而成，因此

$$\frac{dy}{dx}=\frac{dy}{du}\frac{du}{dx}=e^u\times 3x^2=3x^2e^{x^3}$$

例 10　设 $y=\ln\tan x$，求 y'。

解：令 $y=\ln u$，$u=\tan x$，而 $y'_u=(\ln u)'=\frac{1}{u}$，$u'_x=(\tan x)'=\sec^2 x$，所以

$$y'_x = y'_u u'_x = \frac{1}{u}(\sec^2 x) = \frac{\sec^2 x}{\tan x} = \frac{1}{\sin x\cos x} = \sec x\csc x$$

注意 求复合函数的导数时，先要分析清楚所给函数的复合过程，关键是将复合函数正确地分解成几个简单的函数，认清中间变量。对复合函数的分解比较熟练后，可直接由外向里，最后对自变量求导，计算时就可不必写出中间变量。

***例 11** 设 $y=\ln(x+\sqrt{1+x^2})$，求 y'。

解： $y' = [\ln(x+\sqrt{1+x^2})]' = \dfrac{1}{x+\sqrt{1+x^2}}(x+\sqrt{1+x^2})'$

$$= \frac{1}{x+\sqrt{1+x^2}}\left[1+\frac{1}{2\sqrt{1+x^2}}(1+x^2)'\right]$$

$$= \frac{1}{x+\sqrt{1+x^2}}\left(1+\frac{2x}{2\sqrt{1+x^2}}\right) = \frac{1}{\sqrt{1+x^2}}$$

能力训练 2.2

A 组题

1. 填空题

(1) $(\sin 3x+\sin 1)' =$ ________； $(\lg 2x-3)' =$ ________；

$(3^x x^3)' =$ ________； $(x^2\ln x)' =$ ________；

$\left(\dfrac{x-1}{x}\right)' =$ ________； $(\cos 4x)' =$ ________。

(2) 设物体的运动规律为 $s(t)=3t-t^2$，则物体在 $t=\dfrac{3}{2}$ 时的瞬时速度为________。

(3) 若 $y=e^x+\sin\dfrac{\pi}{4}$，则 $y' =$ ________。

2. 求下列函数的导数：

(1) $y=\log_2 x+2^x$； (2) $y=x^2\sin e$； (3) $y=x^3\sin x\ \ln x$；

(4) $y=\dfrac{1}{x^2}$； (5) $y=\dfrac{\ln x}{x^2}$； (6) $y=\sin x^2$。

B 组题

1. 求下列函数的导数：

(1) $y=x^2\ln x\cos x$； (2) $y=x^2 2^x+e^{\sqrt{3}}$；

(3) $y=\dfrac{1+\sin x}{1+\cos x}$； (4) $y=\dfrac{2\csc x}{1+x^2}$。

2. 求下列函数的导数：

(1) $y=\sqrt{x^2-a^2}-a\arccos\dfrac{a}{x}\quad (a>0)$； (2) $y=e^{-\sin^2\frac{1}{x}}$；

(3) $y=\ln\left(\arctan\dfrac{1}{1+x}\right)$； (4) $y=\sqrt{\cot\dfrac{x}{2}}$；

(5) $y=\dfrac{x}{\sqrt{1+x^2}}$;　　(6) $y=x\arctan x+\ln\sqrt{x^2+1}$。

3. 求下列函数在指定点上的导数值:

(1) $y=\arcsin x+x\sqrt{1-x^2}$, 求 $y'|_{x=0}$;

(2) $y=x\sin x+\dfrac{1}{2}\cos x$, 求 $y'|_{x=\frac{\pi}{3}}$;

(3) $y=\dfrac{x^2}{5}+\dfrac{3}{5-x}$, 求 $y'|_{x=0}$, $y'|_{x=1}$。

2.3　函数的微分及其应用

| 本节导学 |

1) 微分是微积分的核心概念之一。为了体现高职院校高等数学的简洁性, 本节采取了微分的显式定义。从本节形成微分概念的引例和定义不难看出, 函数在某点处可微与可导互为充要条件, 其本质是一种近似计算的思想。曲线上某点处的微分, 其几何意义就是用该点处切线的增量来近似地代替函数的增量, 这就是微积分学最为重要的思想方法: 以直代曲。这也是为什么将函数的求导和微分运算统称为微分法。

2) 在微分定义的基础上, 可以看到在函数求微分运算中, 有关基本初等函数的公式和四则运算的法则与相应的求导运算是完全一致的, 所以, 本节学习的重点是熟练掌握求初等函数的微分。由微分的定义公式 $dy=f'(x)\Delta x$ 归纳出求某个函数的微分有两种基本题型: 一是用此公式求出"微分函数", 此时 $\Delta x=dx$ 可以暂时看成固定的; 二是在求出微分函数之后, 将 Δx 和点 x 的值代入上式后, 得到某点处的微分值。

3) 本节学习的难点在于根据微分的意义, 运用给出的近似计算公式求出简单的基本初等函数在某点处的微分值, 进而近似地算出该点处的函数值, 并从中了解高等数学中近似计算的方法和相关应用。

微课: 超星学习通 · 学院《高等数学》 §2.3 函数的微分。

2.3.1　微分的定义

通过前面的学习已经知道, 函数的导数反映出函数相对于自变量的变化的快慢程度, 它是函数在 x 处的变化率。但在实际问题中, 还需要知道当自变量在某一点取得一个微小的改变量时, 相应函数的改变量的大小, 而按 $\Delta y=f(x+\Delta x)-f(x)$ 计算函数改变量的精确值, 当函数形式简单时尚可行, 但当函数形式较复杂时, 一般很困难。因此, 下面将引入微分的概念。

下面先来看一个具体例子——金属薄片的面积。

例 1　一块正方形金属薄片受温度变化影响时, 其边长由 x_0 变到 $x_0+\Delta x$, 如图 2-3 所示, 问此薄片的面积改变了多少?

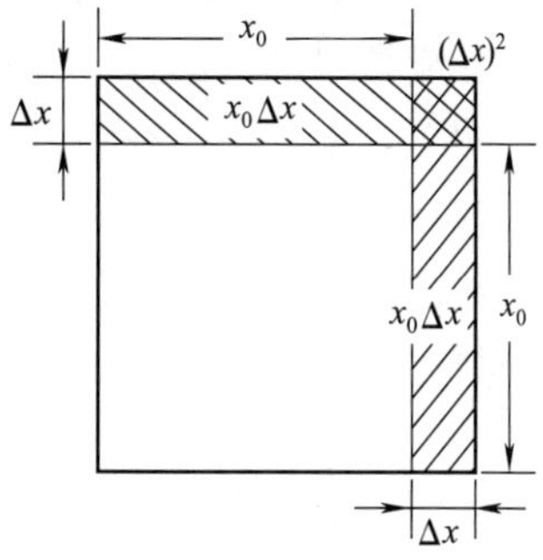

图　2-3

分析: 设此薄片的边长为 x, 面积为 A, 则 A 是 x 的函数: $A=x^2$, 薄片受温度变化影响时, 面积的改变量可以看成是当

自变量 x 自 x_0 取得增量 Δx 时，函数 A 相应的增量 ΔA，即

$$\Delta A=(x_0+\Delta x)^2-x_0^2=2x_0\Delta x+(\Delta x)^2$$

图中阴影部分就表示 ΔA。ΔA 可分成两部分：一部分是 $2x_0\Delta x$，它是 Δx 的线性函数，即图中带有单斜线的两个矩形面积之和；另一部分是$(\Delta x)^2$，在图中是带有交叉线的小正方形的面积。显然，$2x_0\Delta x$ 是面积增量 ΔA 的主要部分，而$(\Delta x)^2$ 是次要部分，当$|\Delta x|$很小时$(\Delta x)^2$部分比 $2x_0\Delta x$ 要小得多。也就是说，当$|\Delta x|$很小时，面积增量 ΔA 可以近似地用$2x_0\Delta x$ 表示，即 $\Delta A\approx 2x_0\Delta x$。

有此式作为 ΔA 的近似值，略去的部分$(\Delta x)^2$ 是比 Δx 高阶的无穷小，即

$$\lim_{\Delta x\to 0}\frac{(\Delta x)^2}{\Delta x}=\lim_{\Delta x\to 0}\Delta x=0$$

因为 $A'(x_0)=(x^2)'|_{x=x_0}=2x_0$，所以有 $\Delta A\approx A'(x_0)\Delta x$。

由于 $A'(x_0)\Delta x$ 是 Δx 的线性函数，从而为解决问题提供了极大方便，这就是所谓的微分问题，有必要抽象出来专门研究。

为了减少理论分析的烦琐，给出函数在某点处微分的“显式定义”。

定义 2.3.1 设函数 $y=f(x)$在点 x 处可导，则 $f'(x)\Delta x$ 称为函数 $f(x)$在点 x 处的**微分**，记为 $\mathrm{d}y$ 或 $\mathrm{d}f(x)$，即 $\mathrm{d}y=f'(x)\Delta x$。

如果函数 $y=f(x)=x$，则有 $\mathrm{d}y=\mathrm{d}x=(x)'\Delta x=\Delta x$。也就是，自变量 x 的改变量 Δx 等于 x 的微分 $\mathrm{d}x$。因此，函数 $f(x)$在 x 处的微分一般记为

$$\mathrm{d}y=f'(x)\mathrm{d}x$$

由此可见，函数的微分与自变量的微分之商等于函数的导数，即 $f'(x)=\frac{\mathrm{d}y}{\mathrm{d}x}$，故导数又称为**微商**，微分的分式$\frac{\mathrm{d}y}{\mathrm{d}x}$也常常被用作导数的符号。

由上面的讨论和微分定义可知：**函数的可导与可微是等价的。**

从微分的定义可知，求函数的微分可以归为求导数的问题。因此，求导数与微分的方法又统称为**微分法**。

注意 (1) 微分 $\mathrm{d}y$ 与导数$\frac{\mathrm{d}y}{\mathrm{d}x}$虽然有着密切的联系，但它们是有区别的：导数$\frac{\mathrm{d}y}{\mathrm{d}x}$是函数在一点 x 处的变化率，而微分 $\mathrm{d}y$ 则是函数在一点处由自变量增量 Δx 所引起的函数变化量 Δy 的主要部分；导数的值只与 x 有关，而微分的值与 x 和 Δx 都有关。

(2) 微分的计算有两种情况：一是函数的微分表现为“微分函数”$\mathrm{d}y=f'(x)\mathrm{d}x$，这里 $\mathrm{d}x$ 可以看成暂时固定的；二是根据上式，将 $x=x_0\Delta x$ 的数值代入，得到该点处的微分值。

例 2 求函数 $y=x^2$ 在 $x=1$，$\Delta x=0.01$ 时的改变量及微分。

解： $\Delta y=(x+\Delta x)^2-x^2=(1+0.01)^2-1^2=1.0201-1=0.0201$

函数在任意点的微分 $\qquad \mathrm{d}y=(x^2)'\mathrm{d}x=2x\mathrm{d}x$

则函数在 $x=1$，$\Delta x=0.01$ 时的微分为

$$\mathrm{d}y=2\times 1\times 0.01=0.02$$

例 3 求函数 $y=x^3$ 在 $x=2$，$\Delta x=0.02$ 时的微分。

解： 先求函数 $y=x^3$ 在任意点 x 处的微分

$$dy=(x^3)'\Delta x=3x^2\Delta x$$

再求函数在 $x=2$，$\Delta x=0.02$ 时的微分

$$dy|_{x=2,\ \Delta x=0.02}=3x^2\Delta x|_{x=2,\ \Delta x=0.02}=3\times2^2\times0.02=0.24$$

2.3.2　微分的几何意义

设函数 $y=f(x)$ 的图形如图 2-4 所示，MP 是曲线上点 $M(x_0,\ y_0)$ 处的切线，设 MP 的倾角为 α，当自变量 x_0 有改变量 Δx 时，得到曲线上另一点 $N(x_0+\Delta x,\ y_0+\Delta y)$。从图中可知，$MQ=\Delta x$，$QN=\Delta y$，则 $QP=MQ\tan\alpha=f'(x_0)\Delta x$，即 $QP=dy$。

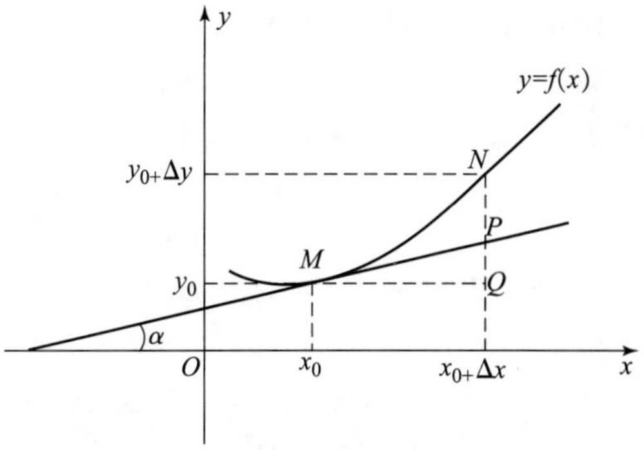

图　2-4

由此，函数 $y=f(x)$ 在点 x_0 的微分 $dy=f'(x_0)dx$ 的几何意义是曲线 $y=f(x)$ 在点 $P(x_0,\ y_0)$ 处切线纵坐标的改变量。

由图 2-4 还可看出，当 $f'(x_0)\neq0$ 且 $|\Delta x|$ 很小时，$\Delta y\approx dy$。因此，在 M 点附近，可以用切线段来近似代替曲线段，此即为高等数学中最为重要的思想方法“以直代曲”。

2.3.3　微分的计算

1. 微分的基本公式和运算法则

根据函数微分的定义 $dy=f'(x_0)dx$ 及导数的基本公式，可以得到微分的基本公式与运算法则。

微分基本公式与导数公式完全一样，只是在其后面乘以 dx，此处从略。

例如，$(x^\alpha)'=\alpha x^{\alpha-1}$，则 $d(x^\alpha)=\alpha x^{\alpha-1}dx$。

微分的四则运算法则与求导的四则运算法则也完全相同：

(1) $d(u\pm v)=du\pm dv$

(2) $d(uv)=vdu+udv$，特别地，$d(Cu)=Cdu$（C 为常数）

(3) $d\left(\dfrac{u}{v}\right)=\dfrac{vdu-udv}{v^2}$ $(v\neq0)$

2. 复合函数的微分法则

设函数 $y=f(u)$，根据微分的定义，当 u 是自变量时，函数 $y=f(u)$ 的微分是 $dy=f'(u)du$，如果 u 不是自变量，而是 x 的导函数 $u=\varphi(x)$，则复合函数 $y=f[\varphi(x)]$ 的导数为 $y'=f'(u)\varphi'(x)$。于是，复合函数 $y=f[\varphi(x)]$ 的微分为

$$dy=f'(u)\varphi'(x)dx$$

由于 $\varphi'(x)dx=du$，所以有

$$dy=f'(u)du$$

由此可见，不论 u 是自变量还是函数（中间变量），函数 $y=f(u)$ 的微分总保持同一形式 $dy=f'(u)du$，这一性质称为一阶微分形式不变性。有时可以利用一阶微分形式不变性求复合函数的微分。

例 4　设 $y=xe^x$，求 dy。

解：$dy = y'dx = (xe^x)'dx = (e^x + xe^x)dx = (1+x)e^x dx$

例 5 设 $y = \cos\sqrt{x}$，求 dy。

解：$dy = (\cos\sqrt{x})'dx = -\frac{1}{2\sqrt{x}}\sin\sqrt{x}dx$

例 6 设 $y = e^{\sin x}$，求 dy。

解：$dy = (e^{\sin x})'dx = e^{\sin x}\cos x dx$

例 7 设 $y = \ln(1+x^2)$，求 dy。

解：$dy = [\ln(1+x^2)]'dx = \frac{1}{1+x^2}(1+x^2)'dx = \frac{2x}{1+x^2}dx$

*例 8 设 $y = e^{1-3x}\cos 2x$，求 dy。

解：由微分法则和微分公式，得

$$\begin{aligned}dy &= d(e^{1-3x}\cos 2x) = d(e^{1-3x})\cos 2x + e^{1-3x}d(\cos 2x)\\ &= e^{1-3x}d(1-3x)\cos 2x + e^{1-3x}(-\sin 2x)d(2x)\\ &= e^{1-3x}(-3)dx\cos 2x + e^{1-3x}(-\sin 2x)\times 2dx = -e^{1-3x}(3\cos 2x + 2\sin 2x)dx\end{aligned}$$

2.3.4 微分在近似计算中的应用

微分的应用之一是作近似计算，利用微分可以把一些复杂的计算公式改用简单的近似公式来代替。

当 $|\Delta x|$ 很小时，如果 $f(x)$ 在点 x 处的函数值不易计算，可以用微分 $f'(x)\Delta x$ 近似地表示 Δy，即

$$\Delta y \approx dy = f'(x)\Delta x$$

设函数 $y = f(x)$ 在 x_0 处的导数 $f'(x_0) \neq 0$，且 $|\Delta x|$ 很小时，有近似公式

$$\Delta y = f(x_0 + \Delta x) - f(x_0) \approx f'(x_0)\Delta x \tag{2.3.1}$$

或

$$f(x_0 + \Delta x) \approx f(x_0) + f'(x_0)\Delta x \tag{2.3.2}$$

*例 9 计算 $\cos 60°30'$ 的近似值。

解：设函数 $f(x) = \cos x$，$f'(x) = -\sin x$，由公式(2.3.2)得

$$\cos(x_0 + \Delta x) \approx \cos x_0 - \sin x_0 \Delta x$$

取 $x_0 = 60° = \frac{\pi}{3}$，$\Delta x = 30' = \frac{\pi}{360}$，则有

$$\cos\left(\frac{\pi}{3} + \frac{\pi}{360}\right) \approx \cos\frac{\pi}{3} - \sin\frac{\pi}{3} \times \frac{\pi}{360}$$

即 $\cos 60°30' \approx 0.5 - 0.866 \times 0.008727 = 0.4924$

能力训练 2.3

A 组题

1. 填空题

(1) 设 $y = 3\cos 3x + e^{3x} + \ln 2$，则 $dy =$ ________。

（2）函数 $y=x^2$ 在 $x=1$ 处的微分 $dx|_{x=1}=$________。

（3）设 x 为自变量，当 $x=1$，$\Delta x=0.1$ 时，$dx^3=$________。

（4）设函数 $y=f(x)$ 在点 x_0 处可导，且 $f'(x_0)=a$，则 $dy|_{x=x_0}=$________。

2. 选择题

（1）$\frac{\ln x}{x}dx=d($　　$)$。

A. $\frac{\ln x}{x}$　　B. $\frac{\ln x}{2}$　　C. $\left(\frac{\ln x}{2}\right)^2$　　D. $\frac{1}{x}$

（2）函数 $y=f(x)$ 在点 x_0 处可导是函数 $y=f(x)$ 在点 x_0 处可微的（　　）。

A. 充分必要条件　B. 充分条件　C. 必要条件　D. 无关条件

（3）设函数 $y=f(e^{-x})$，则 $dy=($　　$)$。

A. $f'(e^{-x})dx$　　B. $e^{-x}f'(e^{-x})dx$

C. $-e^{-x}f'(e^{-x})dx$　　D. $-f'(e^{-x})dx$

（4）设函数 $y=f(x)$ 在点 x_0 处可微，且 $f'(x_0)\neq 0$，则当 Δx 很小时，$f(x_0+\Delta x)\approx($　　$)$。

A. $f(x_0)$　　B. $f'(x_0)\Delta x$　　C. Δy　　D. $f(x_0)+f'(x_0)\Delta x$

B 组题

1. 已知函数 $y=x^2+x$，当 $x=3$，$\Delta x=0.01$ 时，求：

（1）由 $\Delta y=f(x+\Delta x)-f(x)$ 计算函数的增量；

（2）由 $dy=f'(x)dx$ 计算函数的微分。

2. 求函数 $y=x^3-x$ 当自变量从 2 变到 1.99 时在 $x=2$ 处的微分。

3. 求下列函数的微分：

（1）$y=\sqrt{1-x^2}$；　（2）$y=\ln x^2$；　（3）$y=e^{-x}\cos x$；

（4）$y=(e^x+e^{-x})^2$；　（5）$y=x\sin 2x$；　（6）$y=\tan^2(1+2x^2)$。

4. 计算下列函数值的近似值：

（1）$\cos 29°$；　（2）$\tan 46°$。

2.4　隐函数及由参数方程所确定的函数的导数

本节导学

1）函数是微积分的主要研究对象，但是函数的表现形式是多种多样的。除了熟悉的 $y=f(x)$ 的显化形式外，以方程 $F(x,y)=0$ 的形式，也可以反映因变量 y 是自变量 x 的函数。本节将探讨在不经过解方程将 y 显化为 $y=f(x)$ 的情况下，将 y 视为 x 的函数，运用复合函数求导法，运算出 y 的导数的方法。这也是本节的学习重点。

2）参数方程是表现一元函数的另外一种形式。在参数方程 $\begin{cases}x=\varphi(t)\\y=\psi(t)\end{cases}$ 中，实质是因变量 y 通过参变量 t 联结着自变量 x，但形式上可以看成变量 x 和 y 都是参变量 t 的函数，并且随着 t 的变化而变化。于是，本节研究不经过消参数 t，而运用导数的微分意义，通过求 $dx=\varphi'(t)dt$ 和 $dy=\psi'(t)dt$，而直接得到 y 对 x 的导数 $\frac{dy}{dx}$。

3）在本节的最后，将学习如何巧妙地运用对数求导法，讨论对两类特殊的函数——幂指函数和含有积商幂方根因子的函数求导的方法。其要诀在于通过对函数取对数的方法，借助于对数的性质，转化为易于求导数的形式，当然，这是按照隐函数求导法进行的。对于比较复杂的问题，这样的方法也是有一定困难的，是本节学习的难点。

微课：超星学习通 · 学院《高等数学》§2.4 隐函数求导。

2.4.1　隐函数的导数

什么是隐函数？首先，给出显函数的概念。如果变量 x 与 y 之间的对应规律是 y 直接表示成 x 的函数 $y=f(x)$ 的形式，则将这种形式的函数关系式称作 y 为 x 的**显函数**。

例如，$y=x^2+4$，$y=\sin x$，$y=\ln x+1$，等等。

如果 x 与 y 之间的对应规律是由一个含有 x 和 y 的方程 $F(x,\ y)=0$ 所确定的（y 没有解出），此时，x 与 y 的依赖关系隐含在方程中，则将这种形式确定的函数关系式称作 y 为 x 的**隐函数**。

例如，$x^2+y^2=a^2$，$e^y=xy$，$x+y^3+y=0$，等等。

一个隐函数有时也可以化成显函数，叫作隐函数的显化。例如，$x^2+y^2-4=0$ 可以化为 $y=\pm\sqrt{-x^2+4}$。但很多时候要将隐函数显化是很困难的，甚至是不可能的。例如，$xy=e^{x+y}$ 就不能化为显函数。因此在实际问题中，必须要寻找一种方法，无论隐函数能否显化，都能直接由方程求出隐函数的导数。

求隐函数 $F(x,\ y)=0$ 的导数，有两种方法：第一种方法是将方程两端同时对自变量 x 求导（视其中的 y 为 x 的函数，并按复合函数的求导法则求导），然后从所得的关系式中解出 y' 即为所求隐函数的导数（请看其他参考书）；第二种方法是在方程两边分别求关于 x 的微分 dx 和关于 y 的微分 dy，然后再计算出 $\frac{dy}{dx}$，此即为隐函数 y 关于 x 的微分。下面通过具体例子介绍第二种方法。

例 1　求由方程 $x^2+y^2=R^2$ 所确定的隐函数 y 对 x 的导数。

解：将方程两边取微分

$$d(x^2+y^2)=d(R^2)$$

由微分公式和法则，得

$$2xdx+2ydy=0$$

移项得

$$\frac{dy}{dx}=y'=-\frac{x}{y}$$

即为所求的隐函数 y 对 x 的导数。

例 2　求曲线 $xy+\ln y=1$ 在点 $M(1,\ 1)$ 处的切线方程。

解：先求由 $xy+\ln y=1$ 所确定的隐函数的导数。方程两边取微分得

$$d(xy)+d(\ln y)=d(1)$$

由微分公式和法则，得

$$ydx+xdy+\frac{1}{y}dy=0$$

移项合并同类项得

$$xdy+\frac{1}{y}dy=-ydx$$

$$\left(x+\frac{1}{y}\right)\mathrm{d}y=-y\mathrm{d}x$$

解出

$$y'=-\frac{y}{x+\frac{1}{y}}=-\frac{y^2}{xy+1}$$

在点 $M(1, 1)$处，$y'\Big|_{\substack{x=1\\y=1}}=-\frac{1}{2}$，由导数几何意义知切线斜率 $k=-\frac{1}{2}$。于是，过点 $M(1, 1)$处的切线方程为 $y-1=-\frac{1}{2}(x-1)$，即 $x+2y-3=0$。

2.4.2　由参数方程确定的函数的导数

设由参数方程$\begin{cases}x=\varphi(t)\\y=\psi(t)\end{cases}$，$t\in(\alpha, \beta)$确定的函数为 $y=f(x)$，其中函数 $\varphi(t)$，$\psi(t)$可导，且 $\varphi'(t)\neq0$，则 $y=f(x)$可导，且

$$\frac{\mathrm{d}y}{\mathrm{d}x}=\frac{\psi'(t)}{\varphi'(t)},\ t\in(\alpha, \beta)$$

实际上，$\mathrm{d}y=\psi'(t)\mathrm{d}t$，$\mathrm{d}x=\varphi'(t)\mathrm{d}t$，故$\frac{\mathrm{d}y}{\mathrm{d}x}=\frac{\psi'(t)\mathrm{d}t}{\varphi'(t)\mathrm{d}t}=\frac{\psi'(t)}{\varphi'(t)}$，$t\in(\alpha, \beta)$。

例 3　求由参数方程$\begin{cases}x=1-t^2\\y=t-t^3\end{cases}$确定的函数 $y=f(x)$的导数。

解：由参数方程的求导法则

$$\frac{\mathrm{d}y}{\mathrm{d}x}=\frac{(t-t^3)'}{(1-t^2)'}=\frac{1-3t^2}{-2t}=\frac{3t^2-1}{2t}$$

例 4　设参数方程$\begin{cases}x=a\cos^3t\\y=a\sin^3t\end{cases}$，求$\frac{\mathrm{d}y}{\mathrm{d}x}$。

解：$\frac{\mathrm{d}y}{\mathrm{d}x}=\frac{y'(t)}{x'(t)}=\frac{3a\sin^2t\cos t}{-3a\cos^2t\sin t}=-\tan t$

2.4.3　对数求导法

***例 5**　已知 $y=x^x$，求 y'。

所给函数既不是幂函数，也不是指数函数，因而不能利用幂函数和指数函数的求导公式求导。称这种形式的函数为幂指函数。

解：法一　利用对数恒等式将函数变形为 $y=\mathrm{e}^{x\ln x}$，则 y 为 x 的复合函数，所以

$$y'=\mathrm{e}^{x\ln x}\left(\ln x+x\,\frac{1}{x}\right)=x^x(\ln x+1)$$

对于幂指函数，除用上述方法外，还可采用对数求导法求导，这种方法就是先在 $y=y(x)$的两边取自然对数，然后再求出 y 对 x 的导数。

下面仍以例 5 为例说明这种方法。

法二　先在方程的两边取对数，得　$\ln y=x\ln x$

将方程两端对 x 求导，得
$$\frac{1}{y}y'=\ln x+x\frac{1}{x}$$
即
$$y'=y(1+\ln x)=x^x(1+\ln x)$$

幂指函数的一般形式为 $y=[u(x)]^{v(x)}$ （其中，$u(x)\neq0$)，利用对数求导法求幂指函数的导数是一种简便易行的有效方法。

例 6　已知 $y=\sqrt[4]{\dfrac{(x-1)(x-2)}{(x-3)(x-4)}}$，求 y'。

解： 在方程的两边取对数并利用对数性质和运算法则，有
$$\ln y=\frac{1}{4}[\ln(x-1)+\ln(x-2)-\ln(x-3)-\ln(x-4)]$$
两边对 x 求导，得
$$\frac{1}{y}y'=\frac{1}{4}\left(\frac{1}{x-1}+\frac{1}{x-2}-\frac{1}{x-3}-\frac{1}{x-4}\right)$$
所以
$$y'=\frac{1}{4}y\left(\frac{1}{x-1}+\frac{1}{x-2}-\frac{1}{x-3}-\frac{1}{x-4}\right)$$
$$=\frac{1}{4}\sqrt[4]{\frac{(x-1)(x-2)}{(x-3)(x-4)}}\left(\frac{1}{x-1}+\frac{1}{x-2}-\frac{1}{x-3}-\frac{1}{x-4}\right)$$

对数求导法是很常见也很实用的求导方法，要熟练掌握。

能力训练 2.4

A 组题

1. 填空题

(1) 设 $y^2-2xy+3=0$ 确定函数 $y=f(x)$，则 $y'=$________。

(2) 设 $y=x^{x^2}$，则 $y'=$________。

(3) 设 $\begin{cases}x=a\sin^2t\\y=a\cos^2t\end{cases}$，则 $y'=$________。

2. 求由下列方程所确定的隐函数 y 的导数：

(1) $y^2=2ax$（a 为常数）；　(2) $y=x\ln y$；　(3) $\cos(xy)=x$；

(4) $\ln\sqrt{x^2+y^2}=\arctan\dfrac{y}{x}$；　(5) $x^2+y^2-xy=1$；　(6) $e^x-e^y=\sin(xy)$。

3. 求曲线 $x^2+xy+y^2=4$ 在点(2，−2)处的切线方程。

B 组题

1. 用对数求导法求下列函数的导数：

(1) $y=\left(\dfrac{x}{1+x}\right)^x$；　(2) $y^x=x^y$；

(3) $y=(1+\cos x)^{\frac{1}{x}}$；　(4) $y=\sqrt[3]{\dfrac{(x-1)^2}{x(x+1)}}$。

2. 求下列由参数方程所确定的函数的导数：

（1）$\begin{cases} x = a\cos bt + b\sin at \\ y = a\sin bt - b\cos at \end{cases}$；　　（2）$\begin{cases} x = \arctan t \\ y = \ln(1+t^2) \end{cases}$。

2.5　高阶导数

| 本节导学 |

1）对可导函数进行一次求导运算，得到的是该函数的导函数，即常说的导数。通常，初等函数的导数仍然是在某区间上的可导函数，继续对其进行求导运算，就得到了该函数的二阶导数。以此类推，可以顺次得到三阶、四阶、五阶……直至 n 阶的导数。二阶及二阶以上的导数统称为高阶导数。能够熟练地求出常见类型初等函数在指定阶的高阶导数是本节的学习重点。

2）本节学习的难点是能够求出某些函数的 n 阶导数。其要点是熟练运用求导运算的公式和法则，并且在求解各阶导数的过程中，先不要每步都化简，而是要注意总结新一阶导函数的表达式与阶数 n 的关系，经过三四次的求导运算，就能够发现 n 阶导数的规律。

3）高等数学的学习是非常有规律的。不仅具有数学中严谨性、抽象性和应用的广泛性等特征，而且知识的衔接密切而连贯。函数—极限—连续—导数—微分—不定积分—定积分，整个高数的知识链条环环相扣，缺一不可，比如本部分高阶导数的运算，就完全依赖一阶导数的运算，所以请务必注意这个学习特点。

微课：超星学习通 · 学院《高等数学》§2.5 高阶导数。

一般地，函数 $y=f(x)$ 的导数 $f'(x)$ 仍是 x 的函数，如果 $f'(x)$ 在点 x 处仍可导，则称 $f'(x)$ 在点 x 处的导数为 $f(x)$ 在点 x 处的二阶导数，记作

$$y'' \quad 或 \quad f''(x) \quad 或 \quad \frac{\mathrm{d}^2y}{\mathrm{d}x^2} \quad 或 \quad \frac{\mathrm{d}^2f(x)}{\mathrm{d}x^2}$$

类似地，二阶导数 $f''(x)$ 的导数称为函数 $y=f(x)$ 的三阶导数，记作

$$y''' \quad 或 \quad f'''(x) \quad 或 \quad \frac{\mathrm{d}^3y}{\mathrm{d}x^3} \quad 或 \quad \frac{\mathrm{d}^3f(x)}{\mathrm{d}x^3}$$

一般地，称 $(n-1)$ 阶导数 $f^{(n-1)}(x)$ 的导数为 $y=f(x)$ 的 n 阶导数，记作

$$y^{(n)} \quad 或 \quad f^{(n)}(x) \quad 或 \quad \frac{\mathrm{d}^ny}{\mathrm{d}x^n} \quad 或 \quad \frac{\mathrm{d}^nf(x)}{\mathrm{d}x^n}$$

二阶或二阶以上的导数统称为**高阶导数**，$f'(x)$ 称为函数 $y=f(x)$ 的一阶导数。

函数 $y=f(x)$ 的各阶导数在点 $x=x_0$ 处的导数值分别记作

$$f'(x_0), f''(x_0), f'''(x_0), f^{(4)}(x_0), \cdots, f^{(n-1)}(x_0), f^{(n)}(x_0)$$

由高阶导数的定义可知，高阶导数的求导方法就是对函数多次求导。

例 1　求函数 $y=\ln x$ 的二阶导数，并求 $y''|_{x=3}$。

解：$y'=\frac{1}{x}$，$y''=\left(\frac{1}{x}\right)'=-\frac{1}{x^2}$，所以 $y''|_{x=3}=-\frac{1}{9}$。

例 2　求 $y=x^n$（n 为正整数）的 n 阶导数。

解：$y'=(x^n)'=nx^{n-1}$，$y''=(nx^{n-1})'=n(n-1)x^{n-2}$，

$y''' = (n(n-1)x^{n-2})' = n(n-1)(n-2)x^{n-3}$,

以此类推，可得 $$y^{(n)} = n!$$

例 3 求 $y = \sin x$ 的 n 阶导数。

解:
$$y' = \cos x = \sin\left(x + \frac{\pi}{2}\right)$$
$$y'' = \cos\left(x + \frac{\pi}{2}\right) = \sin\left(x + \frac{2\pi}{2}\right)$$
$$y''' = \cos\left(x + \frac{2\pi}{2}\right) = \sin\left(x + \frac{3\pi}{2}\right)$$

以此类推，可得 $$y^{(n)} = \sin\left(x + \frac{n\pi}{2}\right)$$

*__例 4__ 在测试一汽车的刹车性能时发现，刹车后汽车行驶的距离 s（单位：m）与时间 t（单位：s）满足关系式 $s = 16.2t - 0.4t^3$，求汽车在 $t = 3$s 时的速度和加速度。

解: 汽车刹车后的速度为
$$v = \frac{ds}{dt} = (16.2t - 0.4t^3)' = 16.2 - 1.2t^2$$
于是，汽车在 $t = 3$s 时的速度为
$$v(3) = (16.2 - 1.2t^2)\big|_{t=3} = 16.2 - 1.2 \times 3^2 = 5.4(\text{m/s})$$
汽车刹车后的加速度为
$$a = \frac{d^2s}{dt^2} = \frac{dv}{dt} = (16.2 - 1.2t^2)' = -2.4t$$
所以汽车在 $t = 3$s 时的加速度为
$$a(3) = -2.4 \times 3 = -7.2(\text{m/s}^2)。$$

能力训练 2.5

A 组题

1. 填空题

(1) 设 $y = (2x+5)^4$，则 $y' =$ ________，$y'' =$ ________。

(2) 设 $y = xe^x$，则 $y^{(n)} =$ ________。

(3) 设 $y = e^{x^2}$，则 $y''(0) =$ ________。

2. 选择题

(1) 设 $y = \ln\cos x$，则 $y'' =$ ( )。

A. $\sec^2 x$ B. $-\sec^2 x$ C. $\cot x$ D. $-\tan x$

(2) 设 $y = \ln(1+x^2)$，则 $y''(1) =$ ( )。

A. 0 B. 2 C. 1 D. $\frac{1}{2}$

3. 求下列函数的二阶导数：

(1) $y = e^{\sqrt{x}}$； (2) $y = e^{\cos x}$； (3) $y = \ln(x - \sqrt{x^2 - a^2})$；

(4) $y=\sin^2 x$;　　(5) $y=\frac{x^2}{\sqrt{1+x^2}}$;　　(6) $y=(1+x^2)\arctan x$。

B 组题

1. 求下列函数的高阶导数值:

(1) $y=2^x$, 求 $y'''(2)$;

(2) $y=x^5-7x^3+2$, 求 $y'''(-1)$;

(3) $y=\arctan x$, 求 $y''(-1)$;

(4) $y=\ln\frac{2-x}{2+x}$, 求 $y''(1)$。

2. 验证函数 $y=e^x\sin x$ 满足关系式 $y''-2y'+2y=0$。

3. 设质点做直线运动, 其运动方程为 $s=A\cos\frac{\pi t}{3}$ (A 为常数), 求质点在时刻 $t=2$ 时的速度和加速度。

学 习 指 导

一、基本要求与重点

1. 基本要求

1) 理解导数和微分的概念, 了解导数的几何意义及函数可导与连续的关系。

2) 牢记基本初等函数的导数公式和运算法则, 熟练掌握初等函数的求导数和微分的运算。

3) 在理解隐函数、参数方程导数概念的基础上, 能够正确求出它们的导数。

4) 理解高阶导数的概念, 能够熟练地求初等函数的一阶、二阶导数;会求简单函数的高阶导数。

5) 根据导数的几何意义, 会求过曲线上某点处的切线方程和法线方程。

2. 重点

1) 导数与微分的概念, 以及求导数的四则运算法则。

2) 复合函数的求导法则以及相关的灵活运用, 比如对数求导法。

3) 导数的实际意义及其模型来源,如:曲线的切线斜率、经济学意义(边际成本)、物理意义(瞬时速度)。

二、内容小结与典型例题分析

1. 相关概念

导数是一种特殊形式的极限, 即函数改变量与自变量改变量之比当自变量改变量趋于 0 时的极限, 是函数在指定点的变化率。

函数在点 x_0 处可导的充分必要条件: 左、右导数存在并且相等。

若函数 $y=f(x)$ 在点 x_0 处可导, 则 $y=f(x)$ 在点 x_0 处一定连续;反之, 若 $y=f(x)$ 在点 x_0 处连续, 则 $y=f(x)$ 在点 x_0 处不一定可导。

微分是导数与函数自变量改变量的乘积或者说是函数增量的近似值,即 $dy=y'dx$。

2. 几何意义

（1）导数：$f'(x_0)$是曲线 $y=f(x)$在点$(x_0, f(x_0))$处的切线斜率。

（2）微分：dy 是曲线 $y=f(x)$在点$(x_0, f(x_0))$处的切线纵坐标对应于 Δx 的改变量。

3. 导数与微分的关系

函数$f(x)$在点 x_0 可微的充要条件是函数$f(x)$在点 x_0 处可导，且 $dy=f'(x_0)dx$。

4. 计算方法

能够熟练运用导数和微分的基本公式和运算法则，求初等函数的导数和微分。

5. 导数(微分)的基本公式和运算法则

略。求高阶导数的方法与求一阶导数的方法类似。

6. 特殊函数的求导法

（1）隐函数求导法：设方程 $F(x, y)=0$ 表示自变量为 x、因变量为 y 的隐函数，并且可导，利用方程两边同时取微分，然后解方程求出 y'。

（2）参数方程函数的求导法：设由参数方程$\begin{cases}x=\varphi(t)\\y=\psi(t)\end{cases}$，$t\in(\alpha, \beta)$确定的函数为 $y=f(x)$，其中函数 $\varphi(t)$，$\psi(t)$可导，且 $\varphi'(t)\neq 0$，则 $y=f(x)$可导，且$\dfrac{dy}{dx}=\dfrac{\psi'(t)}{\varphi'(t)}$，$t\in(\alpha, \beta)$。

（3）对数求导法：常用于幂指函数和含有积商幂方根因子的函数求导运算。

7. 简单应用

（1）导数：曲线 $y=f(x)$在点 $M(x_0, f(x_0))$处的切线方程为

$$y-y_0=f'(x_0)(x-x_0)$$

法线方程为
$$y-y_0=-\frac{1}{f'(x_0)}(x-x_0)$$

（2）微分：当$|\Delta x|$很小时，有近似公式

$$\Delta y\approx dy=f'(x_0)\Delta x$$

这个公式可以直接用来计算增量的近似值，即$f(x+\Delta x)\approx f(x)+f'(x)\Delta x$。

***例 1**　若$f(x)$在点 x_0 处有$f'(x_0)$存在，求$\lim\limits_{h\to 0}\dfrac{f(x_0+2h)-f(x_0-3h)}{h}$。

解：因为$f'(x_0)$存在，所以$\lim\limits_{h\to 0}\dfrac{f(x_0+h)-f(x_0)}{h}=f'(x_0)$，因此

$$\begin{aligned}\lim_{h\to 0}\frac{f(x_0+2h)-f(x_0-3h)}{h}&=\lim_{h\to 0}\left[2\times\frac{f(x_0+2h)-f(x_0)}{2h}+3\times\frac{f(x_0-3h)-f(x_0)}{-3h}\right]\\&=\lim_{h\to 0}2\times\frac{f(x_0+2h)-f(x_0)}{2h}+\lim_{h\to 0}3\times\frac{f(x_0-3h)-f(x_0)}{-3h}\\&=2f'(x_0)+3f'(x_0)=5f'(x_0)\end{aligned}$$

例 2　在横坐标 x 取哪些值的点上，曲线$f_1(x)=x^2$ 的切线与曲线$f_2(x)=x^3$ 的切线：

（1）相互平行；　　　　（2）相互垂直。

解：在点 x_0 处，$f'_1(x_0)=2x_0$，$f'_2(x_0)=3x_0^2$。

（1）要使两条曲线的切线相互平行，必须满足$f'_1(x_0)=f'_2(x_0)$，即 $2x_0=3x_0^2$，$x_0(2-3x_0)=0$，所以 $x_0=0$ 或 $x_0=\dfrac{2}{3}$。

（2）要使两条曲线的切线相互垂直，必须满足 $f_1'(x_0)=-\dfrac{1}{f_2'(x_0)}$，即 $2x_0=-\dfrac{1}{3x_0^2}$，$6x_0^3=-1$，所以 $x_0=-\sqrt[3]{\dfrac{1}{6}}$。

故在横坐标为 $x=0$ 或 $x=\dfrac{2}{3}$ 的点上，两条曲线的切线相互平行；而在横坐标为 $x=-\sqrt[3]{\dfrac{1}{6}}$ 的点上，两条曲线的切线相互垂直。

例 3　求下列函数的微分：

（1）$y=\sin(e^x+x^2)$；　（2）$y=\ln(\tan x)$。

解（1）$dy=[\sin(e^x+x^2)]'dx=\cos(e^x+x^2)(e^x+x^2)'dx=(e^x+2x)\cos(e^x+x^2)dx$

（2）$dy=(\ln\tan x)'dx=\dfrac{1}{\tan x}\sec^2 x dx=2\csc 2x dx$

例 4　求 $y=a^x$ 的 n 阶导数。

解： $y'=a^x\ln a, y''=(y')'=(a^x\ln a)'=a^x\ln a\ln a=a^x(\ln a)^2$，

$y'''=(y'')'=(a^x(\ln a)^2)'=a^x\ln a(\ln a)^2=a^x(\ln a)^3$

以此类推，得
$$y^{(n)}=a^x(\ln a)^n$$
所以
$$(a^x)^{(n)}=a^x(\ln a)^n$$
特别地，当 $a=e$ 时，有
$$(e^x)^{(n)}=e^x$$

综合训练 2

A 组题

1. 填空题

（1）设 $y=\cos x$，则 $\left.\dfrac{dy}{dx}\right|_{x=\frac{3\pi}{2}}=$________。

（2）曲线 $y=x^2+1$ 在点(1, 2)处的切线方程是____________。

（3）函数 $y=f(x)$ 在点 x_0 处可导的充要条件是________________。

2. 选择题

（1）设 $y=f(x)$ 在点 x_0 处可导，且曲线 $y=f(x)$ 在点 x_0 处的切线平行于 x 轴，则 $f'(x_0)$ 的值（　　）。

A. 等于 0　　B. 大于 0　　C. 小于 0　　D. 不存在

（2）设 $y=x^2$，则函数在点(3, 9)处的切线斜率是（　　）。

A. −6　　B. 6　　C. 18　　D. 1

（3）曲线 $y=x^3+x-2$ 上切线与直线 $y=4x-1$ 平行的点是（　　）。

A. (1, 0)　　B. (1, 0) 和 (−1, −4)

C. (−1, −4)　　D. 以上都不是

3. 求下列函数的导数：

（1）$y=\sqrt{x^2+1}$；　（2）$y=\ln\cos x$；　（3）$y=\sin^2 x$；

（4）$y=\arctan x^2$；　（5）$y=3x\ln x$；　（6）$y=\ln(\ln x)$。

4. 求下列函数的二阶导数：

（1）$y=x^2e^x$；（2）$y=x\cos x$；

（3）$y=e^{2x-1}$；（4）$y=\ln(1-x)$。

B 组题

1. 已知 $f'(3)=2$，求 $\lim\limits_{h\to 0}\dfrac{f(3-h)-f(3)}{2h}$ 的值。

2. 设 $\begin{cases} x=e^t\sin t \\ y=e^t\cos t \end{cases}$，求 $\left.\dfrac{dy}{dx}\right|_{t=\frac{\pi}{2}}$。

3. 求下列函数的导数：

（1）$y=x\cos x\ln x$；（2）$y=\dfrac{x\sin x}{1+\cos x}$。

4. 设 $y=1-\cos 2x$，求 $\left.dy\right|_{\substack{x=\frac{\pi}{4}\\ \Delta x=0.1}}$。

5. 设 $y=e^{-2x}\sin x$，求 y''。

6. 求曲线 $(5y+2)^3=(2x+1)^5$ 在 $\left(0,\ -\dfrac{1}{5}\right)$ 处的切线方程和法线方程。

第3章　导数的应用

导数在自然科学与工程技术中都有着极其广泛的应用。本章将在介绍微分学中值定理的基础上，引入计算未定式的极限的新方法——洛必达法则，并以导数为工具，深入研究函数问题，包括函数的单调性与极值、最值的求法，曲线的凹凸性和拐点，以及函数及其图形的描绘方法。这些都是高等数学中常见的应用问题。

3.1　微分中值定理与洛必达法则

| 本节导学 |

1）中值定理不仅是本节的重要起点，更是微分学的基石之一，需要深刻理解，这也是本节的学习难点。要学会判断函数在给定的区间上，是否满足定理的条件，以及所存在的ξ点。

2）用洛必达法则求未定式的极限是研究函数的一个非常有力的工具，在本节属于重点学习内容，运用的前提是要事先判断是不是“$\frac{0}{0}$”型或“$\frac{\infty}{\infty}$”型。

3）本节较高层次的要求，要学会将另外5种未定式的极限问题转化为“$\frac{0}{0}$”型或“$\frac{\infty}{\infty}$”型的基本类型求极限。

微课：超星学习通·学院《高等数学》§3.1 洛必达法则。

3.1.1　微分中值定理

本节将介绍的两个定理都是微分学的基本定理，运用它们就能研究函数的一些问题，因此，它们在微积分的理论和应用中均占有重要地位。

定理3.1.1　（罗尔定理）如果函数$y=f(x)$在闭区间$[a, b]$上连续，在开区间(a, b)内可导，且在区间端点处的函数值相等，即$f(a)=f(b)$，那么至少存在一点$\xi\in(a, b)$，使$f'(\xi)=0$。

证明从略。

罗尔定理的几何意义是：如果连续曲线除端点外，处处都具有不垂直于Ox轴的切线，且两端点处的纵坐标相等，那么其上至少有一条平行于Ox轴的切线，如图3-1所示。

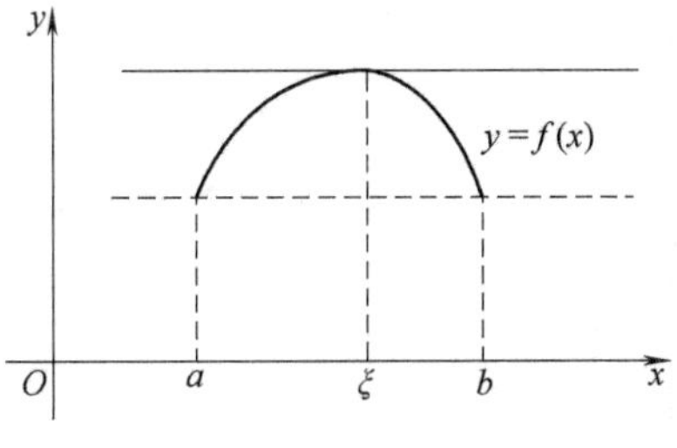

图　3-1

值得注意的是，该定理要求$f(x)$应同时满足三个条件：在闭区间$[a, b]$上连续，在开区间(a, b)内可导，且$f(a)=f(b)$。若$f(x)$不能同时满足这三个条件，则结论就可能不成立，图3-2a ~ 图3-2c直观地列举了当其中一个条件不满足时，结论不成立的例子，即在开区间(a, b)内不存在一个水平切线。

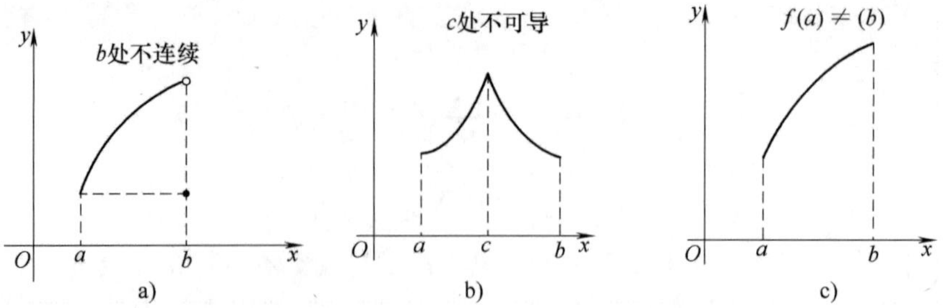

图　3-2

定理 3.1.2　(拉格朗日中值定理)若函数 $f(x)$ 在闭区间 $[a, b]$ 上连续，在开区间 (a, b) 内可导，则至少存在一点 $\xi \in (a, b)$，使得

$$\frac{f(b)-f(a)}{b-a}=f'(\xi)$$

或

$$f(b)-f(a)=f'(\xi)(b-a)$$

先来看拉格朗日中值定理的几何意义：如果连续曲线除端点外，处处都具有不垂直于 Ox 轴的切线，那么该曲线上至少有这样一点存在，在该点处曲线的切线平行于连接两端点的直线，如图 3-3 所示。

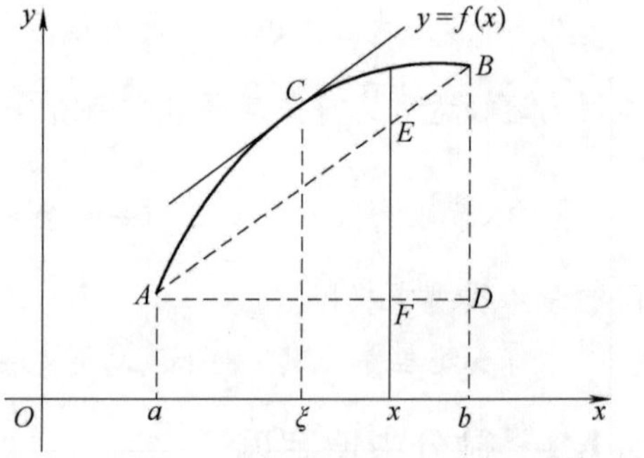

图　3-3

怎样证明呢？从图形上看，如果能把弓形 ACB 放置到水平位置，它就是罗尔定理的几何意义。为此需要把 $\triangle ABD$ 移掉，即在 $x \in [a, b]$ 对应的 $f(x)$ 中减去对应于 $\triangle ABD$ 中的一段。具体讲，构造一个函数 $F(x)$，使

$$F(x)=f(x)-EF=f(x)-\frac{f(b)-f(a)}{b-a}(x-a)$$

证：令 $F(x)=f(x)-\dfrac{f(b)-f(a)}{b-a}(x-a)$，显然 $F(x)$ 在 $[a, b]$ 上连续，在 (a, b) 内可导，而 $F(a)=F(b)=f(a)$，从而知 $F(x)$ 满足罗尔定理，即至少存在一点 $\xi \in (a, b)$，使 $F'(\xi)=0$，即 $f(b)-f(a)=f'(\xi)(b-a)$

定理得证。

例 1　函数 $f(x)=x^3-3x$ 在 $[0, 2]$ 上是否满足拉格朗日中值定理的条件？如果满足请写出其结论。

解：显然 $f(x)$ 在 $[0, 2]$ 上连续，在 $(0, 2)$ 内可导，满足拉格朗日中值定理的条件，所以有以下等式：

$$\frac{f(2)-f(0)}{2-0}=f'(\xi)$$

下面具体地来看一下，上式中 ξ 是多少？

由 $f(2)=2$，$f(0)=0$，$f'(\xi)=3\xi^2-3$，将这些值代入，可解得 $\xi=\dfrac{2}{\sqrt{3}}$，这个 ξ 是在开区间 $(0, 2)$ 内的。

例 2　函数 $f(x)=\ln x$ 在区间 $[1, 2]$ 上是否满足拉格朗日中值定理的条件？如果满足，

求出使定理结论成立的 ξ 的值。

解： 因为 $f(x)=\ln x$ 是初等函数，它在 $[1, 2]$ 上有定义，从而是连续的，并且 $f'(x)=\dfrac{1}{x}$ 在 $(1, 2)$ 内存在，所以，函数 $f(x)=\ln x$ 在区间 $[1, 2]$ 上满足拉格朗日中值定理的条件，有

$$f'(\xi)=\frac{1}{\xi}=\frac{f(2)-f(1)}{2-1}=\frac{\ln 2-\ln 1}{2-1}=\ln 2$$

所以 $\xi=\dfrac{1}{\ln 2}\in(1, 2)$。

推论　设 $f(x)$ 在 $[a, b]$ 上连续，若在 (a, b) 内的导数恒为零，则在 $[a, b]$ 上 $f(x)$ 为常数。

证： 取 $x_0\in[a, b]$，任取 $x\in[a, b]$，$x\neq x_0$，则

$$\frac{f(x)-f(x_0)}{x-x_0}=f'(\xi)\quad（其中 \xi 介于 x_0 与 x 之间）$$

因为 $f'(x)=0$，所以 $f'(\xi)=0$，即

$$\frac{f(x)-f(x_0)}{x-x_0}=0$$

故 $f(x)=f(x_0)$，即函数 $f(x)$ 为常数。

例 3　不求函数 $f(x)=(x-1)(x-2)(x-3)$ 的导数，说明方程 $f'(x)=0$ 有几个实根，并指出它们所在的区间。

解： 显然，$f(x)$ 在区间 $[1, 2]$ 和 $[2, 3]$ 上都满足罗尔定理，所以至少有 $x_1\in(1, 2)$，$x_2\in(2, 3)$，使 $f'(x_1)=0$，$f'(x_2)=0$，即方程 $f'(x)=0$ 至少有两个实根。又因为 $f'(x_1)=0$ 是一个一元二次方程，最多有两个实根，所以方程 $f'(x)=0$ 有且仅有两个实根，且分别在区间 $(1, 2)$ 和 $(2, 3)$ 内。

3.1.2　洛必达法则

洛必达法则是处理未定式的极限的重要工具，是计算“$\dfrac{0}{0}$”型或“$\dfrac{\infty}{\infty}$”型极限的有效方法，能够解决许多之前无法计算的极限问题。

定理 3.1.3　设函数 $f(x)$ 和 $g(x)$ 在 x_0 的某邻域（或 $|x|>M$，$M>0$）内可导，$\varphi'(x)\neq 0$，当 $x\to x_0$（或 $x\to\infty$）时，$f(x)$ 和 $g(x)$ 的极限为零（或 ∞），且当 $x\to x_0$（或 $x\to\infty$）时，有 $\lim\limits_{\substack{x\to x_0\\(x\to\infty)}}\dfrac{f'(x)}{g'(x)}$ 存在（或为 ∞），则有

$$\lim_{\substack{x\to x_0\\(x\to\infty)}}\frac{f(x)}{g(x)}=\lim_{\substack{x\to x_0\\(x\to\infty)}}\frac{f'(x)}{g'(x)}$$

证明从略。

注意　（1）本定理的证明以 $x\to x_0$ 为例。用此定理求极限的方法称为**洛必达法则**。

（2）若使用一次洛必达法则后，问题尚未解决，而函数仍然满足定理 3.1.4 的条件，则可有限次地继续使用洛必达法则，即

$$\lim\frac{f(x)}{\varphi(x)}=\lim\frac{f'(x)}{\varphi'(x)}=\lim\frac{f''(x)}{\varphi''(x)}$$

（3）如果数列极限也属于未定式的极限问题，也可以使用洛必达法则求出。

（4）洛必达法则是充分条件，若 $\lim\frac{f'(x)}{g'(x)}$ 不存在（不包含∞），并不能判定 $\lim\frac{f(x)}{g(x)}$ 也不存在，此时应使用其他方法求极限。

例 4　计算 $\lim\limits_{x\to1}\frac{x^3-3x+2}{x^3-x^2-x+1}$。

解：所求极限为"$\frac{0}{0}$"型，运用洛比达法则，得

$$\lim_{x\to1}\frac{x^3-3x+2}{x^3-x^2-x+1}=\lim_{x\to1}\frac{3x^2-3}{3x^2-2x-1}=\lim_{x\to1}\frac{6x}{6x-2}=\frac{6}{4}=\frac{3}{2}$$

例 5　计算 $\lim\limits_{x\to\pi}\frac{1+\cos x}{\tan x}$。

解：所求极限为"$\frac{0}{0}$"型，运用洛比达法则，得

$$\lim_{x\to\pi}\frac{1+\cos x}{\tan x}=\lim_{x\to\pi}\frac{-\sin x}{\frac{1}{\cos^2 x}}=0$$

***例 6**　计算 $\lim\limits_{x\to0}\frac{x-\sin x}{\tan(x^3)}$。

解：法一　所求极限为"$\frac{0}{0}$"型，运用洛必达法则，得

$$\lim_{x\to0}\frac{x-\sin x}{\tan(x^3)}=\lim_{x\to0}\frac{1-\cos x}{\sec^2(x^3)\times3x^2}=\lim_{x\to0}\frac{1-\cos x}{3x^2}=\lim_{x\to0}\frac{\sin x}{6x}=\frac{1}{6}$$

法二　由于 $x\to0$ 时，$\tan(x^3)\sim x^3$，$1-\cos x\sim\frac{1}{2}x^2$，因此可以用等价无穷小量替换，然后再使用洛必达法则，得

$$\lim_{x\to0}\frac{x-\sin x}{\tan x^3}=\lim_{x\to0}\frac{x-\sin x}{x^3}=\lim_{x\to0}\frac{1-\cos x}{3x^2}=\lim_{x\to0}\frac{\frac{1}{2}x^2}{3x^2}=\frac{1}{6}$$

例 7　计算 $\lim\limits_{x\to+\infty}\frac{\ln x}{x^\alpha}$　$(\alpha>0)$。

解：所求极限为"$\frac{\infty}{\infty}$"型，运用洛必达法则，得

$$\lim_{x\to+\infty}\frac{\ln x}{x^\alpha}=\lim_{x\to+\infty}\frac{\frac{1}{x}}{\alpha x^{\alpha-1}}=\lim_{x\to+\infty}\frac{1}{\alpha x^\alpha}=0$$

从本例可以看出，当 $x\to\infty$ 时，x^α 比 $\ln x$ 增长得快得多，即前者是后者的高阶无穷大。

例 8　计算 $\lim\limits_{x\to+\infty}\frac{x^n}{\mathrm{e}^x}$，其中 n 为正整数。

解：所求极限是"$\frac{\infty}{\infty}$"型，连续使用n次洛必达法则，得

$$\lim_{x\to+\infty}\frac{x^n}{e^x}=\lim_{x\to+\infty}\frac{nx^{n-1}}{e^x}=\lim_{x\to+\infty}\frac{n(n-1)x^{n-2}}{e^x}=\cdots=\lim_{x\to+\infty}\frac{n!}{e^x}=0$$

从本例可以看出，当$x\to+\infty$时，指数函数e^x要比幂函数x^n增长得快得多，即前者是后者的高阶无穷大。

3.1.3　其他未定式的极限的计算

未定式的极限类型虽然很多，但是"$\frac{0}{0}$"型与"$\frac{\infty}{\infty}$"型是基本的两类，其他类型的未定式在某些条件下，可以设法转化为这两种类型。

例9　计算$\lim\limits_{x\to+\infty}x^{-2}e^x$。

解：所求极限为"$0\cdot\infty$"型，先将$\lim\limits_{x\to+\infty}x^{-2}e^x$改写成$\lim\limits_{x\to+\infty}\frac{e^x}{x^2}$使之转化为"$\frac{\infty}{\infty}$"型，于是

$$\lim_{x\to+\infty}x^{-2}e^x=\lim_{x\to+\infty}\frac{e^x}{x^2}=\lim_{x\to+\infty}\frac{e^x}{2x}=\lim_{x\to+\infty}\frac{e^x}{2}=+\infty$$

注意　"$0\cdot\infty$"型既可以转化为"$\frac{0}{0}$"型，也可以转化为"$\frac{\infty}{\infty}$"型，究竟如何转化，应该考虑变形后分子、分母的导数以及它们的比的极限，主要是以极限易求为准。

例10　计算$\lim\limits_{x\to1}\left(\frac{x}{x-1}-\frac{1}{\ln x}\right)$。

解：所求极限为"$\infty-\infty$"型，通常应该通分后将它转化为"$\frac{0}{0}$"型，再运用洛必达法则，而本例则要两次运用该法则。

$$\lim_{x\to1}\left(\frac{x}{x-1}-\frac{1}{\ln x}\right)=\lim_{x\to1}\frac{x\ln x-x+1}{(x-1)\ln x}=\lim_{x\to1}\frac{\ln x+1-1}{\ln x+\frac{x-1}{x}}=\lim_{x\to1}\frac{\frac{1}{x}}{\left[\frac{1}{x}+\frac{x-(x-1)}{x^2}\right]}=\frac{1}{2}。$$

***例11**　计算$\lim\limits_{x\to0^+}x^x$。

解：所求极限为"0^0"型。由于$\lim\limits_{x\to0^+}x^x=\lim\limits_{x\to0^+}e^{x\ln x}$，于是有

$$\lim_{x\to0^+}x^x=\lim_{x\to0^+}e^{x\ln x}=e^{\lim\limits_{x\to0^+}x\ln x}=e^{\lim\limits_{x\to0^+}\frac{\ln x}{\frac{1}{x}}}=e^{\lim\limits_{x\to0^+}\frac{\frac{1}{x}}{-\frac{1}{x^2}}}=e^0=1$$

注意　运用洛必达法则时，应注意以下几点：

1）每次使用该法则前，必须检验是否为"$\frac{0}{0}$"型或"$\frac{\infty}{\infty}$"型，否则不能使用。

2）如果有可约因子或有非零极限值的乘积因子，则可先约去或提出，以简化计算步骤。

3）当$\lim\frac{f'(x)}{g'(x)}$不存在（不包括为∞的情况）时，不能断定$\lim\frac{f(x)}{g(x)}$也不存在，应采用其他方法。

能力训练 3.1

A 组题

1. 判断题

(1) 函数 $f(x)$ 在 $[a, b]$ 上连续，且 $f(a)=f(b)$，则至少存在一点 $\xi\in(a, b)$，使 $f'(\xi)=0$。（　　）

(2) 若函数 $f(x)$ 在 $[a, b]$ 上连续，在 (a, b) 内可导，且 $f(a)\neq f(b)$，则一定不存在 $\xi\in(a, b)$，使得 $f'(\xi)=0$。（　　）

(3) 设函数 $f(x)$ 和 $g(x)$ 在 $[a, b]$ 上连续，在 (a, b) 内可导，且在 (a, b) 内 $f'(x)\leqslant g'(x)$，则有 $f(b)-f(a)\leqslant g(b)-g(a)$。（　　）

(4) 函数 $f(x)=1-\sqrt[3]{x^2}$ 在 $[-1, 1]$ 上满足罗尔定理的条件。（　　）

2. 选择题

(1) 下列函数中，在区间 $[-1, 1]$ 上满足罗尔定理条件的是（　　）。

A. $f(x)=e^x$　　B. $g(x)=\ln|x|$

C. $h(x)=1-x^2$　　D. $k(x)=\begin{cases} x\sin\dfrac{1}{x} & x\neq 0 \\ 0 & x=0 \end{cases}$

(2) 罗尔定理的条件是其结论成立的（　　）。

A. 充分条件　　B. 必要条件

C. 充分必要条件　　D. 即不充分也不必要条件

(3) 若函数 $f(x)$ 在 $[a, b]$ 上连续，在 (a, b) 内可导，则在 a 和 b 之间满足 $f'(\xi)=\dfrac{f(b)-f(a)}{b-a}$ 的点 ξ（　　）。

A. 必存在且只有一个　　B. 不一定存在

C. 必存在且不止一个　　D. 以上结论都不对

3. 求下列极限：

(1) $\lim\limits_{x\to 0}\dfrac{e^x-1}{\sin x}$；　　(2) $\lim\limits_{x\to 3}\dfrac{2^x-8}{x-3}$；

(3) $\lim\limits_{x\to +\infty}\dfrac{\ln x}{x^3}$；　　(4) $\lim\limits_{x\to +\infty}\dfrac{x}{x+\sin x}$。

B 组题

求下列极限：

(1) $\lim\limits_{x\to a}\dfrac{x^m-a^m}{x^n-a^n}$ ($a\neq 0$, m, n 为常数)；　　(2) $\lim\limits_{x\to \pi}\dfrac{\sin 3x}{\tan 5x}$；

(3) $\lim\limits_{x\to 0}\dfrac{\ln(1-x)+x^2}{(1+x)^m-1+x^2}$；　　(4) $\lim\limits_{x\to 0^+}\dfrac{\ln\tan 7x}{\ln\tan 2x}$；

(5) $\lim\limits_{x\to 0}\left(\dfrac{1}{x}-\dfrac{1}{e^x-1}\right)$。

3.2　函数的单调性及其极值

本节导学

1）用导函数在某个区间内的正负情况就能够断定函数在该区间的单调性，这给求函数的单调区间带来了极大的便利，借助拉格朗日中值定理和单调性的定义可以证明该定理。通常要先求出导函数和驻点，分区间讨论。

2）函数的极值是一个局部概念，借助对函数的单调性的讨论，往往可以同时求出在驻点处的极值。应该注意的是：函数的驻点不一定是极值点，极值点也不一定是驻点。在求得导函数驻点的前提下，列表分区间讨论从而确定函数的极值情况是常用的方法。

3）本节的学习难点是灵活运用函数的单调性(通过导函数确定) 去证明有关函数的不等式问题,以及运用二阶导函数求函数的极值。

微课：超星学习通 · 学院《高等数学》§3.2 函数的单调性。

单调性是函数的重要性态之一，它既决定着函数递增和递减的状况，又能用来研究函数的极值，还能证明某些不等式和分析函数的图形。本节将以微分中值定理为工具，给出函数的单调性及其极值的判别法。

3.2.1　函数单调性的充分条件

定理 3.2.1　设函数 $y=f(x)$ 在区间 (a, b) 内可导，

(1) 当 $x\in(a, b)$ 时，$f'(x)>0$，则 $f(x)$ 在 (a, b) 内单调增加；

(2) 当 $x\in(a, b)$ 时，$f'(x)<0$，则 $f(x)$ 在 (a, b) 内单调减少。

定理 3.2.1 的几何意义是：如果曲线 $y=f(x)$ 在某区间内的切线与 x 轴正向的夹角 α 是锐角($\tan\alpha>0$)，则该曲线在该区间内上升(见图 3-4a)；若这个夹角是钝角($\tan\alpha<0$)，则该曲线在该区间内下降(见图 3-4b)。

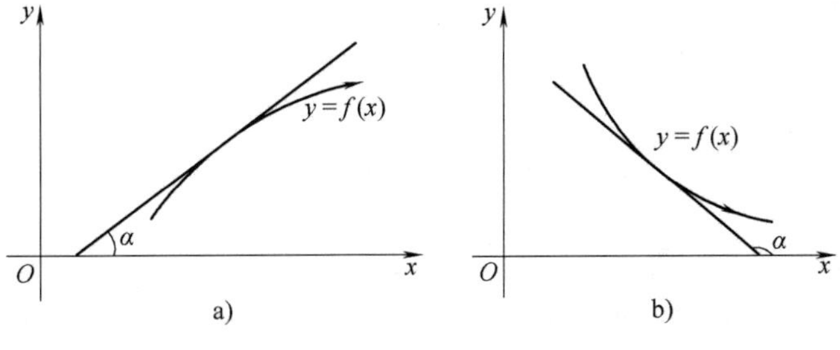

图　3-4

所谓研究函数的单调性，就是判定它在哪些区间内单调增加，在哪些区间内单调减少。所以，对可导函数的单调性可以根据其导数的正负情况予以确定。

应当指出，如果函数的导数仅在个别点处为零，而在其余的点处均满足定理 3.2.1 的条件，那么定理 3.2.1 的结论仍然成立。例如，函数 $y=x^3$ 在 $x=0$ 处的导数为零。但在 $(-\infty, +\infty)$ 内的其他点处的导数均大于零。因此，它在区间 $(-\infty, +\infty)$ 内仍然是单调增加的，如图 3-5 所示。

确定某个函数的单调性的一般步骤如下：

1）确定函数的定义域；

2）求出使 $f'(x)=0$ 和 $f'(x)$ 不存在的点，并且以这些点为分界点，将定义域分为若干个子区间；

3）确定 $f'(x)$ 在各个子区间内的符号，从而判定出 $f(x)$ 的单调性。

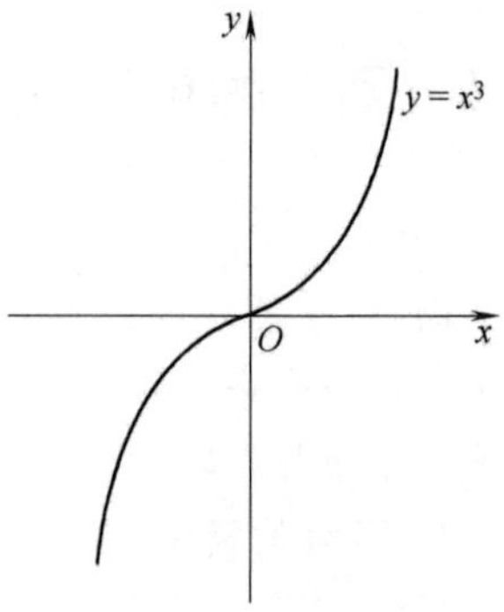

图 3-5

例 1 求函数 $f(x)=x^3-3x$ 的单调区间。

解：(1) 该函数的定义域为 $(-\infty, +\infty)$，

(2) $f'(x)=3x^2-3=3(x+1)(x-1)$，令 $f'(x)=0$，得 $x=\pm1$，它们将区间划分为三个子区间：$(-\infty, -1)$，$(-1, 1)$，$(1, +\infty)$。

(3) 当 $x\in(-\infty, -1)$ 时，$f'(x)>0$；当 $x\in(-1, 1)$ 时，$f'(x)<0$；当 $x\in(1, +\infty)$ 时，$f'(x)>0$。所以 $(-\infty, -1)\cup(1, +\infty)$ 是 $f(x)$ 的单调增加区间，$(-1, 1)$ 是 $f(x)$ 的单调减少区间。

为了简便起见，通常将上述的讨论归纳为如下表格：

x	$(-\infty, -1)$	$(-1, 1)$	$(1, +\infty)$
$f'(x)$	+	−	+
$f(x)$	↗	↘	↗

其中箭头↗、↘分别表示函数在指定区间单调增加和单调减少。

例 2 讨论函数 $f(x)=\sqrt[3]{x^2}$ 的单调性。

解：$f'(x)=\dfrac{2}{3\sqrt[3]{x}}$。当 $x=0$ 时，$f'(x)$ 不存在；当 $x<0$ 时，$f'(x)<0$，函数 $f(x)=\sqrt[3]{x^2}$ 单调减少；当 $x>0$ 时，$f'(x)>0$，函数 $f(x)=\sqrt[3]{x^2}$ 单调增加。

例 3 讨论函数 $f(x)=x-\ln x$ 的单调性。

解：(1) 该函数的定义域为 $(0, +\infty)$。

(2) $f'(x)=1-\dfrac{1}{x}=\dfrac{x-1}{x}$。当 $x>1$ 时，$f'(x)>0$；当 $0<x<1$ 时，$f'(x)<0$。由判断函数单调性法则知，$(1, +\infty)$ 是 $f(x)$ 的单调增加区间，$(0, 1)$ 是 $f(x)$ 的单调减少区间。

*__例 4__ 证明：当 $x>0$ 时，$e^x>1+x$。

证：令 $f(x)=e^x-1-x$，则 $f(0)=0$。
因为 $f'(x)=e^x-1>0\ (x>0)$，所以函数 $f(x)=e^x-1-x$ 在区间 $(0, +\infty)$ 上单调增加。因此，当 $x>0$ 时，$f(x)>f(0)$，即 $e^x>1+x$。

3.2.2 函数的极值及其求法

极值是函数的一种局部性态，通过它能够进一步把握函数的变化状况，为准确描绘函数图形提供了不可或缺的信息，同时又是研究函数的最大值和最小值问题的关键。

下面介绍函数极值的定义和极值的求法。

定义 设函数 $y=f(x)$ 在 x_0 的某个邻域内有定义，若对于该邻域内异于 x_0 的 x 恒有

(1) $f(x_0)>f(x)$，则称 $f(x_0)$ 为函数 $f(x)$ 的**极大值**，x_0 为 $f(x)$ 的**极大值点**；

（2）$f(x_0)<f(x)$，则称$f(x_0)$为函数$f(x)$的**极小值**，x_0 为$f(x)$的**极小值点**。

函数的极大值、极小值统称为函数的极值，极大值点和极小值点统称为极值点。

显然，在图3-6中，x_1，x_4 为$f(x)$的极大值点，x_2，x_5 为$f(x)$的极小值点。本定义实际上说明，极值只是函数在一个小范围内最大的和最小的值，因此，极值是函数的局部性态，而函数的最大值与最小值则是指定区域内的整体性态，两者不可混淆。图3-6还显示，一个函数可能有若干个极大值或极小值，而且有的极小值可能比有的极大值还大。例如，极小值$f(x_5)$大于极大值$f(x_1)$。

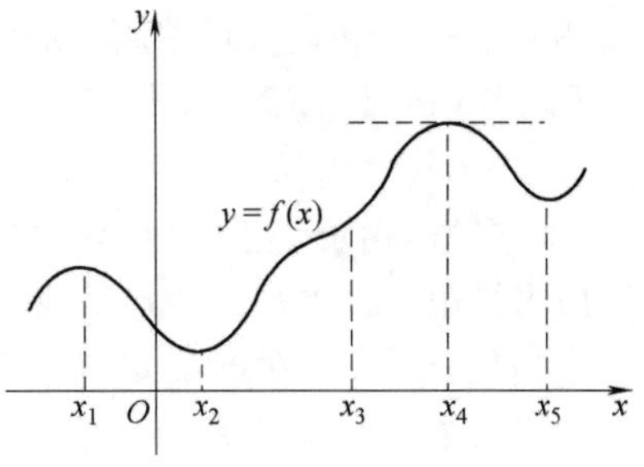

图　3-6

定理3.2.2　（极值的必要条件）设函数$y=f(x)$在点x_0处可导，且$f(x_0)$为极值（即x_0 为极值点），则$f'(x_0)=0$。

定理3.2.2的几何意义是：可导函数的图形在极值点处的切线与Ox轴平行（见图3-6）。

为什么说定理3.2.2是可导函数极值的必要条件呢？这是因为若$f'(x_0)=0$，则x_0 并不一定是极值点。

例如，对于函数$f(x)=x^3$，$f'(0)=0$。当$x<0$时，$f(x)<0$；当$x>0$，时$f(x)>0$。而$f(0)=0$，所以$x=0$不是它的极值点（见图3-7）。

定理3.2.2的重要意义在于：对于可导函数来讲，其极值点必在导数为零的那些点之中。今后，称导数为零的点为**驻点**。

然而，应当强调的是，定理3.2.2是就可导函数而言的，实际上，连续但不可导的点也可能是极值点，即函数还可能在连续但不可导的点处取得极值。例如，函数$y=|x|$，显然在$x=0$处连续，但不可导，但是$x=0$为该函数的极小值点（见图3-8）。

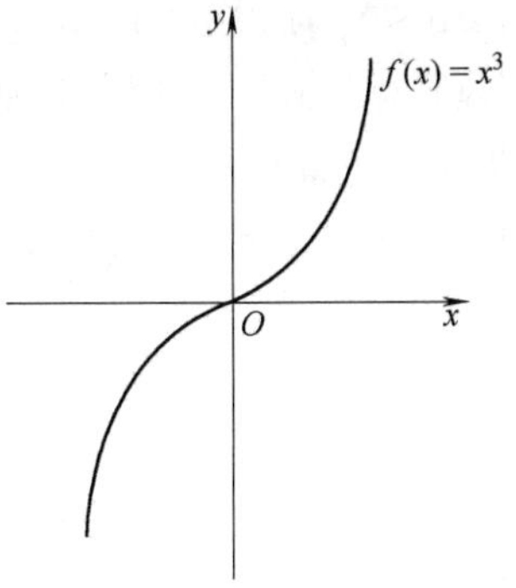

图　3-7

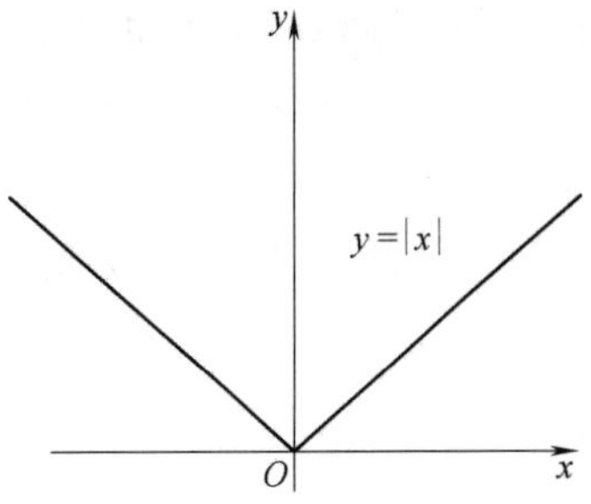

图　3-8

综上所述，函数可能在其导数为零的点，或者是在连续但不可导的点处取得极值。

定理3.2.3　（极值的第一充分条件）设函数$y=f(x)$在x_0 的一个邻域内可导（在x_0 处可以不可导，但必须连续），若当x在该邻域内由小于x_0 连续地变为大于x_0 时，其导数$f'(x)$改变符号，则$f(x_0)$为函数的极值，x_0 为函数的极值点，并且

（1）若导数$f'(x)$由正值变为负值，则x_0 为极大值点，$f(x_0)$为$f(x)$的极大值；

（2）若导数$f'(x)$由负值变为正值，则x_0 为极小值点，$f(x_0)$为$f(x)$的极小值。

证：设所述邻域为 $N(x_0, \delta)$，且 $x \in N(x_0, \delta)$。

(1) 若 $f'(x)$ 由正变负，即当 $x \in (x_0 - \delta, x_0)$ 时，$f'(x) > 0$，当 $x \in (x_0, x_0 + \delta)$ 时，$f'(x) < 0$，则在 $(x_0 - \delta, x_0)$ 内 $f(x)$ 单调增加，在 $(x_0, x_0 + \delta)$ 内 $f(x)$ 单调减少。又因为 $f(x)$ 在点 x_0 处连续，所以当 $x \in N(x_0, \delta)$ 时，恒有 $f(x_0) > f(x)$，即 $f(x_0)$ 为 $f(x)$ 的极大值，x_0 为 $f(x)$ 的极大值点。

(2) $f'(x)$ 由负变正的情形可类似地证明，证明从略。

应当指出，即使 $f(x)$ 在点 x_0 处可导且 $f'(x_0) = 0$，但如果 $f'(x)$ 在点 x_0 的两侧同号，则 x_0 不是极值点，$f(x)$ 在点 x_0 处无法取得极值。

定理 3.2.4 （函数极值的第二充分条件）设函数 $y = f(x)$ 在点 x_0 处的二阶导数存在，若 $f'(x) = 0$，且 $f''(x_0) \neq 0$，则 x_0 是函数的极值点，$f(x_0)$ 为函数的极值，并且

(1) 若 $f''(x_0) > 0$，则 x_0 为极小值点，$f(x_0)$ 为极小值；

(2) 若 $f''(x_0) < 0$，则 x_0 为极大值点，$f(x_0)$ 为极大值。

证明从略。

应当注意，若 $f'(x) = 0$ 且 $f''(x_0) = 0$，或者 $f'(x) = 0$，但 $f''(x_0)$ 不存在，那么定理 3.2.4 就失效，这时可考虑运用定理 3.2.3。

例 5 求函数 $f(x) = x^3 - 6x^2 + 9x$ 的极值。

解：法一 (1) 该函数的定义域为 $(-\infty, +\infty)$。

(2) $f'(x) = 3x^2 - 12x + 9 = 3(x-1)(x-3)$。令 $f'(x) = 0$，得驻点 $x_1 = 1$，$x_2 = 3$。

在 $(-\infty, 1)$ 内，$f'(x) > 0$；在 $(1, 3)$ 内，$f'(x) < 0$；在 $(3 + \infty)$ 内，$f'(x) > 0$。故由定理 3.2.3 可知，$f(1) = 4$ 为极大值，$f(3) = 0$ 为极小值。

法二 (1) 该函数的定义域为 $(-\infty, +\infty)$。

(2) $f'(x) = 3x^2 - 12x + 9$，$f''(x) = 6x - 12$。令 $f'(x) = 0$，得驻点 $x_1 = 1$，$x_2 = 3$。

又因为 $f''(1) = -6 < 0$，则 $f(1) = 4$ 为极大值；$f''(3) = 6 > 0$，所以 $f(3) = 0$ 为极小值。

注意 (1) 定理 3.2.4 比定理 3.2.3 要简单，但当 $f'(x_0) = f''(x_0) = 0$ 时，定理 3.2.4 失效。例如 $f(x) = x^3$，有 $f'(0) = f''(0) = 0$，但 $x = 0$ 不是极值点；又如 $f(x) = x^4$，有 $f'(0) = f''(0) = 0$，而 $x = 0$ 是极小值点，在这种情况下，要利用定理 3.2.3 来判断函数的极值。

(2) 对于不可导点是否为极值点，只能用定理 3.2.3 来判断。

能力训练 3.2

A 组题

1. 判断题

(1) 若函数 $f(x)$ 在 (a, b) 内单调增加，且在 (a, b) 内可导，则必有 $f(x) > 0$。 (　　)

(2) 若函数 $f(x)$ 和 $g(x)$ 在 (a, b) 内可导，且 $f(x) > g(x)$，则在 (a, b) 内必有 $f'(x) > g'(x)$。 (　　)

(3) 单调可导函数的导数必单调。 (　　)

(4) 若 $f'(x) > 0 \quad (a \leqslant x \leqslant b)$，且 $f(a) = 0$，则 $f(x) > 0 \quad (a < x \leqslant b)$。 (　　)

2. 求下列函数的单调区间

(1) $y = x^4 - 2x^2 - 5$；　　(2) $y = x + \sqrt{1-x}$；

(3) $y=x-e^x$；　(4) $y=2x^2-\ln x$。

3. 求下列函数的极值点和极值：

(1) $y=x-\ln(1+x)$；　(2) $y=\arctan x-\frac{1}{2}\ln(1+x^2)$。

B组题

1. 讨论函数 $f(x)=\sin x-x$ 的单调性。
2. 求函数 $y=2x^3-9x^2+12x-3$ 的单调区间。
3. 求下列函数的极值：

(1) $f(x)=x-e^x$；　(2) $f(x)=x\ln x$。

4. 证明：

(1) $\ln(1+x)-\frac{\arctan x}{1+x}\geqslant 0,\ x\geqslant 0$；

(2) $\arctan x-x\leqslant 0,\ x\geqslant 0$。

3.3　函数的最值

本节导学

1) 函数的最值是一个整体概念。通常，所讨论的函数都是闭区间上的连续函数，先求出可能的极值点(如驻点)，再加入端点，全部计算出对应的函数值，从中选出最大值或者最小值即可。

2) 实际问题中的最值问题有着广泛的应用。要根据问题的类型建立相应的目标函数，并且指出其定义域。一般问题都必然存在唯一的最大值或最小值，由唯一的极值点就能够确定为最值点，为了简便有时直接由驻点就断定为最值点。

3) 本节学习的难点是解决较为复杂的最值应用问题。要学会根据问题的不同建立相应的数学模型，也就是目标函数，并指出其定义域，最后给出最佳的解决方案或结果。

微课：超星学习通·学院《高等数学》§3.3 函数的最值。

在许多数学和工程技术问题中，都会遇到函数的最大值和最小值问题，例如怎样使材料最省、成本最低、收益最大等，因此，这个问题具有很重要的实际意义，值得深入探讨。

如果函数 $f(x)$ 在 $[a,b]$ 闭区间上连续，那么它在该区间上一定能够取得最大值和最小值。显然，如果其最大值或者最小值在开区间 (a,b) 内取得，那么对可导函数来说，最大值点和最小值点必在其驻点之中。但是，有时候函数的最大值和最小值可能在区间的端点处取得。因此，求出 $f(x)$ 在 (a,b) 内的所有驻点处的函数值，以及区间端点处的函数值 $f(a)$，$f(b)$ (如果遇到函数的不可导的点，还需要计算出这些点处的函数值，一起参与比较)，经过计算和比较，挑选出最大者就是最大值，最小者就是最小值，也就是函数 $f(x)$ 在 $[a,b]$ 上的最值。

例1　求函数 $f(x)=2x^3+3x^2-12x$ 在区间 $[-3,4]$ 上的最大值和最小值。

解： 因 $f(x)=2x^3+3x^2-12x$ 在 $[-3,4]$ 上连续，所以在该区间上存在着最大值和最小值。

$$f'(x)=6x^2+6x-12=6(x+2)(x-1)$$

令 $f'(x)=0$，得驻点 $x_1=-2$，$x_2=1$，它们为 $f(x)$ 可能的极值点，算出这些点及区间端点处的函数值：

$$f(-2)=20,\ f(1)=-7,\ f(-3)=9,\ f(4)=128$$

比较各值可得函数 $f(x)$ 的最大值为 $f(4)=128$，最小值为 $f(1)=-7$。

注意 (1) 理论问题最值求法依据：设函数 $f(x)$ 在闭区间 $[a,b]$ 上连续，则函数的最大值和最小值一定存在。函数的最大值和最小值有可能在区间的端点取得，如果最大值不在区间的端点取得，则必在开区间 (a,b) 内取得，在这种情况下，最大值一定是函数的极大值。因此，函数在闭区间 $[a,b]$ 上的最大值一定是函数的所有极大值和函数在区间端点的函数值中最大者。同理，函数在闭区间 $[a,b]$ 上的最小值一定是函数的所有极小值和函数在区间端点的函数值中最小者。

(2) 对于实际问题的最值，往往根据问题的性质就可断定函数 $f(x)$ 在定义区间的内部确有最大值或最小值。理论上可以证明：若实际问题断定 $f(x)$ 在其定义区间内部(不是端点处)存在最大值(或最小值)，且 $f'(x)=0$ 在定义区间内只有一个根 x_0 (或不可导点只有一个 x_0)，那么，可断定 $f(x)$ 在点 x_0 处取得相应的最大值(最小值)。

(3) 实际问题求最值步骤如下：

1) 建立目标函数，并根据实际问题指出函数的定义域；

2) 求目标函数的导数和驻点；

3) 讨论极值点或者驻点的取值情况；

4) 由实际问题得出所求的最值。

例 2 求乘积为常数 a $(a>0)$ 而其和为最小的两个正数。

解： (1) 建立表示该问题的函数，这样的函数通常称为目标函数。

记这两个正数为 x 和 y，则由条件可知 $xy=a$，其中 x，$y>0$，由此可得 $y=\frac{a}{x}$，设 x 与 y 之和为 $s=x+y$，则可得目标函数

$$s(x)=x+\frac{a}{x}\quad(x>0)$$

(2) 求目标函数的最小值。

$$s'(x)=1-\frac{a}{x^2}$$

令 $s'(x)=0$，得 $x=\pm\sqrt{a}$，其中 $x=-\sqrt{a}$ 不在目标函数的定义域内，故该函数可能的极值点只有一个 $x=\sqrt{a}$。易知当 $x>\sqrt{a}$ 时，$s'(x)>0$；当 $x<\sqrt{a}$ 时，$s'(x)<0$，所以乘积一定而其和为最小的两个数是 $x=\sqrt{a}$，$y=\sqrt{a}$。

例 3 设某产品的总成本函数为 $C(q)=0.25q^2+15q+1600$ (单位：元)，其中 q 为产品的产量。求当产量为多少时，该产品的平均成本最小，并求最小平均成本。

解： 该产品的平均成本函数为

$$\overline{C}(q)=\frac{C(q)}{q}=0.25q+15+\frac{1600}{q}\quad(q\in(0,+\infty))$$

令 $\overline{C}'(q)=0$，求得唯一驻点 $q=80$。

又因为$\overline{C}''\Big|_{q=80}=\dfrac{3200}{q^3}\Big|_{q=80}>0$，所以$\overline{C}(q)$在$q=80$处取得最小值为

$$\overline{C}(80)=0.25\times80+15+\frac{1600}{80}=55(\text{元})$$

*例 4　设圆柱体有盖茶缸的容积 V 为常数，求表面积为最小时，底半径 x 与高 y 之比（见图 3-9）。

解：(1) 建立目标函数，茶缸容积为 $V=\pi x^2 y$，设表面积为 S，则 $S=2\pi x^2+2\pi xy$。因为 V 为常数，所以 $y=\dfrac{V}{\pi x^2}$，由此可得目标函数——茶缸表面积的表达式

$$S(x)=2\pi x^2+\frac{2\pi xV}{\pi x^2}=2\pi x^2+\frac{2V}{x}\quad(\text{其中 } x>0)$$

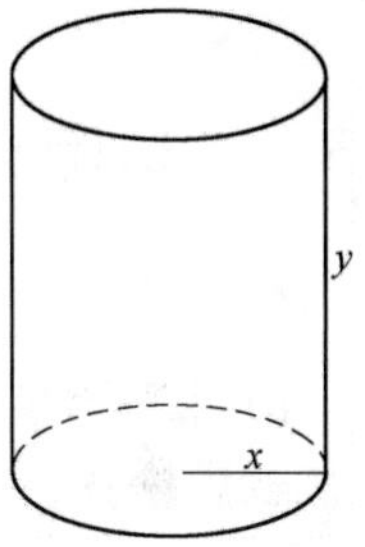

图 3-9

(2) 求 $S(x)$ 的最小值。因为

$$S'(x)=4\pi x-\frac{2V}{x^2}$$

令 $S'(x)=0$，得可能极值点 $x=\sqrt[3]{\dfrac{V}{2\pi}}$，且唯一。又 $S''(x)=4\pi+\dfrac{4V}{x^3}$，$S''\left(\sqrt[3]{\dfrac{V}{2\pi}}\right)>0$，所以 $S(x)$ 在 $x=\sqrt[3]{\dfrac{V}{2\pi}}$处取得最小值。

(3) 求底半径与高之比。由 $y=\dfrac{V}{\pi x^2}$及 $x=\sqrt[3]{\dfrac{V}{2\pi}}$，可得

$$y=\frac{V}{\pi\left(\sqrt[3]{\dfrac{V}{2\pi}}\right)^2}=\sqrt[3]{\frac{V}{2\pi}}\times2=2x$$

因此，当底半径与高之比为 1∶2，即当其直径与高相等时，茶缸的表面积最小。

从用料节省方面来说，厂家应该大致按这个尺寸的比例生产。但是，考虑到产品的美观，实际产品会有一些变化。

能力训练 3.3

A 组题

1. 求下列函数的最大值和最小值。

(1) $y=x+2\sqrt{x}$，$x\in[0,4]$；

(2) $y=2x^3+3x^2-12x+14$，$x\in[-1,2]$；

(3) $y=\sin^3x+\cos^3x$，$x\in\left[-\dfrac{\pi}{4},\dfrac{3\pi}{4}\right]$；

(4) $y=\sqrt{5-4x}$，$x\in[-1,1]$。

2. 试证面积为定值的矩形中，正方形的周长为最短。

3. 用直径为 d 的圆柱形木料加工横断面为矩形的梁，若矩形长为 x、宽为 y，则梁的强度

与 xy^2 成正比，试问长与宽成什么比例时梁的强度最大？

B 组题

1. 求函数 $y=x^x$，$x\in(0.1,+\infty)$的最大值和最小值。

2. 设炮艇停泊在距一直线海岸 9km 处，派人送信给设在海岸上距该艇$3\sqrt{34}$km的司令部，若送信人步行速度为 5km/h，划船速度率为 4km/h，问他在何处上岸到达司令部的时间最短？

3. 欲做一个底为正方形、容积为 108m^3 的长方体开口容器，怎样设计才能使所用材料最省？

*3.4 边际分析和弹性分析

| 本节导学 |

1）本节主要供经济大类的学生学习，其他专业参考。关于经济函数的边际分析问题，其实质是函数的变化率问题，反映了因变量相对于自变量的变化数值的大小。例如，成本函数 $C=C(q)$，产量 C 如果在点 q 处的边际函数值较小，说明增加一个单位的生产量并不会明显提高生产成本，反之亦然。

2）为了更准确地反映经济函数中，因变量对自变量变化的敏感程度，有必要研究函数的相对变化率——弹性。例如，设某商品供给函数 $S=S(p)$ 在 $p=p_0$ 处可导，其弹性函数值为 $S'(p_0)\dfrac{p_0}{S(p_0)}$，它表示的意义是当价格 p 有 1% 的变化时，商品供给会增加 $S'(p_0)\dfrac{p_0}{S(p_0)}\%$。

微课：超星学习通 · 学院《高等数学》§3.4 边际分析。

边际分析和弹性分析是经济学中研究市场供给、需求、消费行为和收益等问题的重要方法。利用边际和弹性的概念，可以描述和解释一些经济规律和经济现象。下面用导数的概念来定义边际和弹性。

3.4.1 边际与边际分析

定义 3.4.1 （边际函数）设函数 $f(x)$ 在点 x 处可导，则导函数 $f'(x)$ 称为函数 $f(x)$ 的**边际函数**。

边际函数反映了函数 $f(x)$ 在点 x 处的变化率。

定义 3.4.2 （边际函数值）函数 $y=f(x)$ 在点 x_0 处的导数 $f'(x_0)$ 也称为函数 $f(x)$ 在点 x_0 处的**边际函数值**。

因为 $\Delta y\approx dy=f'(x_0)\Delta x$，当 $x=x_0$，$\Delta x=1$ 时，有 $\Delta y\approx f'(x_0)$，因此，函数 $y=f(x)$ 在点 x_0 处的边际函数值的具体意义是当 x 在点 x_0 处改变一个单位时，函数 $f(x)$ 近似地改变 $f'(x_0)$ 个单位。

例 1 求函数 $y=x^3+x+1$ 在 $x=1$ 处的边际函数值。

解：因为 $y'=3x^2+1$，所以 $y'\big|_{x=1}=4$，即边际函数值为 4。它表示函数 y 在 $x=1$ 处，当 x 改变一个单位时，函数 y 近似地改变 4 个单位。

定义 3.4.3 （边际需求）设需求函数 $Q=Q(p)$ 在点 p 处可导（其中 Q 为需求量，p 为商品价格），则其边际函数 $Q'=Q'(p)$ 称为**边际需求函数**，简称**边际需求**。

定义 3.4.4　（边际供给）设供给函数 $S=S(p)$ 在点 p 处可导（其中 S 为供给量，p 为商品价格），则其边际函数 $S'=S'(p)$ 称为**边际供给函数**，简称**边际供给**。

定义 3.4.5　（边际成本）设成本函数 $C=C(q)$ 在点 p 处可导（其中 C 表示总成本，q 表示产量），则其边际函数 $C'=C'(q)$ 称为**边际成本函数**，简称**边际成本**。

$C'(q_0)$ 称为当产量为 q_0 时的边际成本。其经济意义为：当产量达到 q_0 时，如果增减一个单位产品，则成本将相应增减 $C'(q_0)$ 个单位。

定义 3.4.6　（边际收益）设收益函数 $R=R(q)$ 在点 p 处可导（其中 R 表示收益，q 表示商品销售量），则其边际函数 $R'=R'(q)$ 称为**边际收益函数**，简称**边际收益**。

$R'(q_0)$ 称为当商品销售量为 q_0 时的边际收益。其经济意义为：当销售量达到 q_0 时，如果销售量增减一个单位商品，则收益将相应增减 $R'(q_0)$ 个单位。

定义 3.4.7　（边际利润）设利润函数 $L=L(q)$ 在点 p 处可导，则其边际函数 $L'=L'(q)$ 称为**边际利润函数**，简称**边际利润**。

$L'(q_0)$ 称为当产量为 q_0 时的边际利润。其经济意义为：当产量达到 q_0 时，如果增减一个单位产品，则利润将相应增减 $L'(q_0)$ 个单位。

由于利润、收益和成本之间的关系为 $L(q)=R(q)-C(q)$，所以有 $L'(q)=R'(q)-C'(q)$，即边际利润等于边际收益与边际成本之差。

注意　在应用问题中解释边际函数值的具体意义时，可略去“近似”二字。

例 2　设总成本函数 $C(q)=0.001q^3-0.3q^2+40q+1500$（单位：元），求：(1) 边际成本函数；(2) 生产 50 个单位产品时的平均单位成本和边际成本值，并解释后者的经济意义。

解：(1) 边际成本函数为 $C'(q)=0.003q^2-0.6q+40$。

(2) $q=50$ 时的平均单位成本为 $\frac{C(50)}{50}=57.5$（元）。

$q=50$ 时的边际成本为

$$C'(50)=(0.003q^2-0.6q+40)\big|_{q=50}=17.5\text{（元）}$$

边际成本的经济意义是当生产达到 50 个单位产品时，如果再多生产 1 个产品，所追加的成本为 17.5 元。

3.4.2　弹性与弹性分析

边际分析中考虑的函数增量与函数变化率是绝对增量与绝对变化率。实际上，只研究函数的绝对增量与绝对变化率是不够的。例如，商品甲每单位价格 10 元，涨价 1 元；商品乙每单位价格 1000 元，也涨价 1 元，此时两种商品价格的绝对增量都是 1 元，当与其原价相比时，两者涨价的百分比却有很大的不同，商品甲涨价了 10%，而商品乙只涨了 0.1%。因此有必要研究函数的相对增量与相对变化率——弹性。

定义 3.4.8　（弹性函数）设函数 $f(x)$ 在点 x 处可导，称极限 $\lim\limits_{\Delta x\to 0}\dfrac{\frac{\Delta y}{y}}{\frac{\Delta x}{x}}$ 为函数 $f(x)$ 的**弹性函数**，记为 $E(x)$，即

$$E(x)=\lim_{\Delta x\to 0}\frac{\Delta y}{\Delta x}\frac{x}{y}=f'(x)\frac{x}{f(x)}$$

定义 3.4.9　(弹性)在点 x_0 处，弹性函数值 $E(x_0)=f'(x_0)\frac{x_0}{f(x_0)}$ 称为函数 $f(x)$ 在点 x_0 处的**弹性值**，简称**弹性**。

它表示在点 x_0 处，当 x 变动 1% 时，$f(x)$ 的值近似地变动 $|E(x_0)|\%$。

例 3　设函数 $y=x^2e^{-x}$，求其弹性函数以及在 $x=3$ 处的弹性。

解：因为 $y'=2xe^{-x}-x^2e^{-x}=xe^{-x}(2-x)$，所以弹性函数

$$E(x)=y'\frac{x}{y}=\frac{x^2e^{-x}(2-x)}{x^2e^{-x}}=2-x$$

于是 $E(3)=(2-x)\big|_{x=3}=-1$，即该函数在 $x=3$ 处的弹性为 $E(3)=-1$。

一般来说，商品涨价时，购买的人就会减少，而当商品降价时，购买的人则会增多，所以，需求函数 $Q=Q(p)$ 一般是关于价格的单调减少函数，Δp 与 ΔQ 异号，p_0，Q_0 为正数，于是 $\dfrac{\frac{\Delta Q}{Q_0}}{\frac{\Delta p}{p_0}}$ 即 $Q'(p_0)\frac{p_0}{Q_0}$ 为负数，为了用正数表示弹性需求，于是采用需求函数相对变化率的相反数来定义需求弹性。

定义 3.4.10　(需求弹性)设某商品需求函数为 $Q=Q(p)$，它在 $p=p_0$ 处可导，则

$$\lim_{\Delta p\to 0}\left(-\frac{\frac{\Delta Q}{Q_0}}{\frac{\Delta p}{p_0}}\right)=-Q'(p_0)\frac{p_0}{Q(p_0)}$$

称为该商品在 $p=p_0$ 处的**需求弹性**，记作

$$\eta\big|_{p=p_0}\text{或 }\eta(p_0)\text{，即 }\eta\big|_{p=p_0}=-Q'(p_0)\frac{p_0}{Q(p_0)}$$

定义 3.4.11　(供给弹性)设某商品供给函数为 $S=S(p)$，它在 $p=p_0$ 处可导，则 $\lim\limits_{\Delta p\to 0}\left(\dfrac{\frac{\Delta S}{S_0}}{\frac{\Delta p}{p_0}}\right)=S'(p_0)\dfrac{p_0}{S(p_0)}$ 称为该商品在 $p=p_0$ 处的**供给弹性**，记作

$$\varepsilon\big|_{p=p_0}\text{或 }\varepsilon(p_0)\text{，即 }\varepsilon\big|_{p=p_0}=S'(p_0)\frac{p_0}{S(p_0)}$$

收益弹性及其与需求弹性的关系：设销售量 q 是价格 p 的函数 $q=Q(p)$，收益 R 是商品价格 p 与销售量 q 的乘积，即 $R=pq=pQ(p)$，则

$$R'=Q(p)+pQ'(p)=Q(p)\left[1+Q'(p)\frac{p}{Q(p)}\right]=Q(p)(1-\eta)$$

收益弹性为

$$E(p)=R'(p)\frac{p}{R(p)}=Q(p)(1-\eta)\frac{p}{pQ(p)}=1-\eta$$

这样，就推导出收益弹性与需求弹性的关系：在任何价格水平上，收益弹性和需求弹性之和等于 1。

*例 4　设某商品的需求函数为 $Q(p)=75-p^2$，求：(1) 需求弹性函数；(2) $p=4$ 时的需求弹性，并说明其经济意义；(3) 当 $p=4$ 时，价格上涨 1%，其总收益是增加还是减少？变化的幅度又是多少？

解：因为需求函数为 $Q(p)=75-p^2$，总收益函数为 $R(p)=p(75-p^2)$，

(1) 需求弹性函数 $\eta(p)=-Q'(p)\dfrac{p}{Q(p)}=2p\dfrac{p}{75-p^2}=\dfrac{2p^2}{75-p^2}$。

(2) 当 $p=4$ 时的需求弹性 $\eta(4)=\dfrac{2\times4^2}{75-4^2}=\dfrac{32}{59}\approx0.54$。

这说明，当 $p=4$ 时，价格每上涨 1%，则需求减少 0.54%；而价格若下降 1%，则需求增加 0.54%。

(3) 当 $p=4$ 时的收益弹性：$E(p)=1-\eta=1-0.54=0.46$。所以当 $p=4$ 时，价格上涨 1%，总收益增加约 0.46%。

能力训练 3.4

A 组题

1. 设某产品的成本函数为 $C(q)=\dfrac{1}{4}q^2+3q+400$，求当产量为多少时，该产品的平均成本最小。

2. 生产某种产品 q 个单位时的收入函数为 $R(q)=200q-0.01q^2$，求生产 50 个单位时的收入、单位产量的平均收入及边际收入。

3. 设某产品产量为 q 时的成本函数为 $C(q)=q^3-3q^2+15q$，求当产量为多少时，该产品的平均成本最小，并求最小平均成本。

4. 设某商品的供给函数为 $S=2+3p$，求供给弹性函数以及 $p=3$ 时的供给弹性。

B 组题

1. 某厂生产一种产品 q 个单位时，其销售收入为 $R(q)=8\sqrt{q}$，成本函数为 $C(q)=\dfrac{1}{4}q^2+1$，求使利润达到最大的产量。

2. 某工厂日产能力最高为 1000t，每日产品的总成本 C(单位:元)是日产量 x(单位:t)的函数，$C(x)=1000+7x+50\sqrt{x}$，$x\in[0,1000]$。求当日产量为 100t 时的边际成本，并解释其经济意义。

3. 设某产品的需求量 Q 对价格 p 的函数关系为 $Q(p)=1600\left(\dfrac{1}{4}\right)^p$，试求当 $p=3$ 时的需求弹性，并解释其经济意义。

3.5　曲线的凹凸性与拐点　函数图形的描绘

| 本节导学 |

1) 本节主要研究函数的图形变化规律。先探讨函数图形的凹凸性，这对于准确描图必不可少。根据定理：若函数在某个区间上二阶导数为正值，则曲线为凹弧，为负值则为凸弧，

它们两者的交界点即为拐点。但二阶导数存在是定理的充分条件，二阶导数为零不一定为拐点。

2）函数作图是对微分学的最全面的应用。需要讨论函数的单调性、极值、凹凸性、拐点，还需要掌握函数的渐近线的求法。当然，函数的定义域、值域、对称性、奇偶性也在考虑范围。

3）由一个基本初等函数，能够用科学和简明的方法，比较准确地描绘出它的“相貌”来，是学习高等数学的一个重要基本功。无疑，这也是本节的难点。

微课：超星学习通 · 学院《高等数学》§3.5 曲线的凹凸性。

3.5.1 曲线的凹凸性与拐点

通常将函数 $y=f(x)$ 的图形称为曲线 $y=f(x)$。曲线的凹凸性与拐点是曲线的重要几何性态。虽然能够由导数的正负来判断函数的单调性，但是，图 3-10a 表明，弧 AB 和 CD 都是上升的，可是弧 AB 呈凸形上升，而弧 CD 则呈现凹形上升。同理，在图 3-10b 中，呈现下降的弧形也有凹凸之分。这就说明，研究曲线的凹凸性，对于准确地描绘函数图形具有重要意义。

图 3-10 还表明，凡是呈现凸形的弧段，当自变量 x 由 x_1 增大到 x_2 时，其上的切线斜率是单调减少的；凡是呈现凹形的弧段，当自变量 x 由 x_1 增大到 x_2 时，其上的切线斜率是单调增加的。这个明显的几何特征就称为曲线的凹凸性。

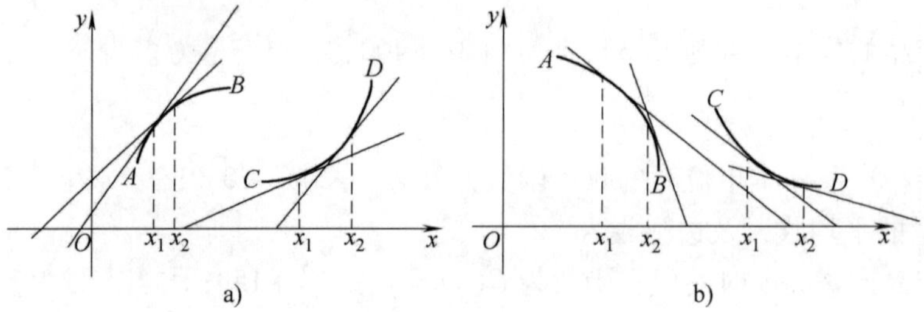

图 3-10

定义 3.5.1 设函数 $y=f(x)$ 在某个区间 I 内可导，

（1）如果 $y=f'(x)$ 在 I 内是单调增加的，则称曲线 $y=f(x)$ 在区间 I 内是**凹的**，区间 I 称为凹区间；

（2）如果 $y=f'(x)$ 在区间 I 内是单调减少的，则称曲线 $y=f(x)$ 在区间 I 内是**凸的**，区间 I 称为凸区间。

定义 3.5.2 设函数 $y=f(x)$ 在区间 I 内连续，则曲线 $y=f(x)$ 在区间 I 内的凹凸分界点，叫作曲线 $y=f(x)$ 的**拐点**。

要判断曲线 $y=f(x)$ 的凹凸性，只要判断二阶导数的正负号，就能够断定一阶导数的单调性，所以有如下的定理。

定理 3.5.1 设函数 $y=f(x)$ 在区间 I 内的二阶导数 $y=f''(x)>0$，则曲线 $y=f(x)$ 在区间 I 内是凹的。如果 $y=f''(x)<0$，则曲线 $y=f(x)$ 在此区间 I 内是凸的。

定理 3.5.2 （拐点的必要条件）如果函数 $y=f(x)$ 在点 x_0 处的二阶导数 $f''(x_0)$ 存在，且点 x_0 为曲线 $y=f(x)$ 的拐点，则 $f''(x_0)=0$。

证明从略。

注意 $f''(x_0)=0$ 是点 x_0 为拐点的必要条件，而不是充分条件。例如，$y=x^4$，$y''=12x^2$，

当 $x=0$ 时，$y''(0)=0$，但是点(0，0)不是曲线 $y=x^4$ 的拐点，因为在点(0，0)的两侧二阶导数不变号。

易得函数取得拐点的充分条件如下。

定理 3.5.3　若 $y''(x_0)=0$ 且在 x_0 两侧 $y''(x)$ 变号，则点 x_0 是曲线 $y=f(x)$ 的拐点。

注意　二阶导数不存在的点也可能为拐点。

例 1　判断曲线 $y=x^3$ 的凹凸性.

解：因为 $y'=3x^2$，$y''=6x$，令 $y''=0$，得 $x=0$。当 $x<0$ 时，$y''<0$，所以曲线在 $(-\infty, 0]$ 内为凸的；当 $x>0$ 时，$y''>0$，所以曲线在 $[0, +\infty)$ 内为凹的。

例 2　讨论曲线 $y=3x^4-4x^3+1$ 的凹凸区间与拐点。

解：(1) 定义域为 $(-\infty, +\infty)$。

(2) $y'=12x^3-12x^2, y''=36x^2-24x=36x\left(x-\dfrac{2}{3}\right)$。令 $y''=0$，得 $x_1=0$，$x_2=\dfrac{2}{3}$。

(3) 列表讨论如下：

	$(-\infty, 0)$	0	$\left(0, \frac{2}{3}\right)$	$\frac{2}{3}$	$\left(\frac{2}{3}, +\infty\right)$
$f''(x)$	+	0	−	0	+
$f(x)$	∪	1	∩	$\frac{11}{27}$	∪

其中∪和∩分别表示曲线的凹和凸。

所以曲线在区间 $(-\infty, 0)$ 和 $\left(\dfrac{2}{3}, +\infty\right)$ 上是凹的，在区间 $\left(0, \dfrac{2}{3}\right)$ 上是凸的，点(0，1)和 $\left(\dfrac{2}{3}, \dfrac{11}{27}\right)$ 是曲线的拐点。

3.5.2　函数图形的描绘

函数的图形具有直观明了的特点，对于研究函数有着重要意义和广泛应用。下面将首先介绍曲线的渐近线，然后完成函数图形的描绘。

1. 曲线的水平渐近线和垂直渐近线

为了完整地描绘函数的图形，除了知道其单调性、凹凸性、极值和拐点等性态外，还应当了解曲线无限远离坐标原点时的变化状况，这就要讨论曲线的渐近线问题。

定义 3.5.3　若曲线 $y=f(x)$ 上的动点 $M(x, y)$ 沿着曲线无限地远离坐标原点时，它与某直线 l 的距离趋向于零，则称 l 为该曲线的渐近线（见图 3-11）。

定义中的渐近线可以是各种位置上的直线，下面将限于讨论两种特殊情况：

(1) 垂直渐近线

若 $\lim\limits_{x\to x_0^-}f(x)=\infty$ 或 $\lim\limits_{x\to x_0^+}f(x)=\infty$ 或 $\lim\limits_{x\to x_0}f(x)=\infty$，则称直线 $x=x_0$ 为曲线 $y=f(x)$ 的**垂直渐近线**。

显然，若 $\lim\limits_{x\to x_0^-}f(x)=\infty$ 或 $\lim\limits_{x\to x_0^+}f(x)=\infty$ 或 $\lim\limits_{x\to x_0}f(x)=\infty$，那么当 $x\to x_0$ 时，点 $(x, f(x))$ 无限地远离坐标原点，它与直线 $x=x_0$ 的距离必然趋向于零，因此直线 $x=x_0$ 是曲线 $y=f(x)$ 的渐

近线，又因为直线 $x=x_0$ 垂直 x 轴，所以称之为垂直渐近线。

例如，对于曲线 $y=\ln x$ 来说，因为 $\lim\limits_{x\to0^+}\ln x=-\infty$，所以直线 $x=0$ 为曲线 $y=\ln x$ 的垂直渐近线（见图 3-12）。

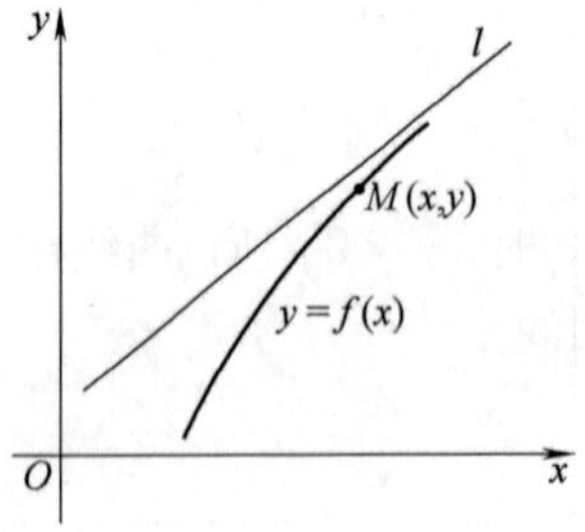

图 3-11

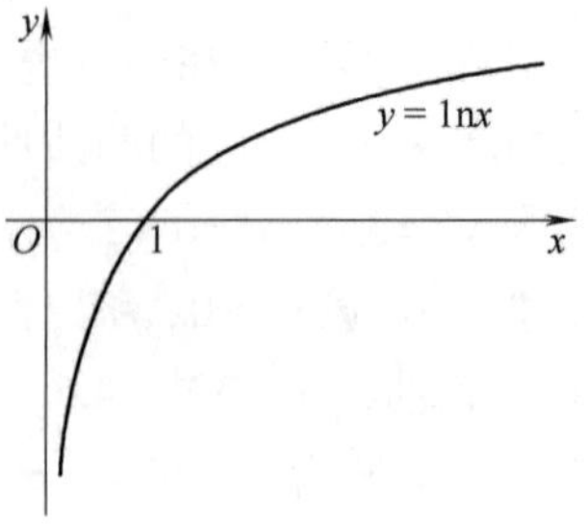

图 3-12

又如，对于曲线 $y=\dfrac{1}{x-1}$ 来说，因为 $\lim\limits_{x\to1}\dfrac{1}{x-1}=\infty$，因此直线 $x=1$ 为曲线 $y=\dfrac{1}{x-1}$ 的垂直渐近线（见图 3-13）。

（2）水平渐近线

若 $\lim\limits_{x\to-\infty}f(x)=b$ 或 $\lim\limits_{x\to+\infty}f(x)=b$，则称直线 $y=b$ 为曲线 $y=f(x)$ 的**水平渐近线**。

仿照关于垂直渐近线所做的说明，不难解释为什么直线 $y=b$ 是曲线 $y=f(x)$ 的水平渐近线。

例如，对于曲线 $y=\dfrac{1}{x-1}$ 来说，因为 $\lim\limits_{x\to\infty}\dfrac{1}{x-1}=0$，所以直线 $y=0$ 是曲线 $y=\dfrac{1}{x-1}$ 的水平渐近线（见图 3-13）。

又如，对于曲线 $y=\arctan x$ 来说，因为

$$\lim_{x\to-\infty}\arctan x=-\frac{\pi}{2}$$

$$\lim_{x\to+\infty}\arctan x=\frac{\pi}{2}$$

所以直线 $y=-\dfrac{\pi}{2}$ 与 $y=\dfrac{\pi}{2}$ 都是该曲线的水平渐近线（见图 3-14）。

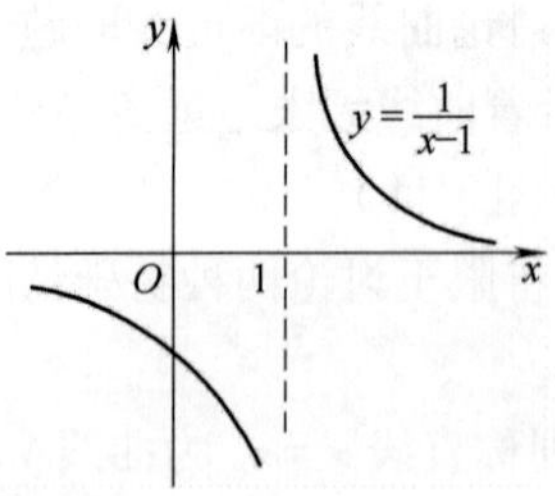

图 3-13

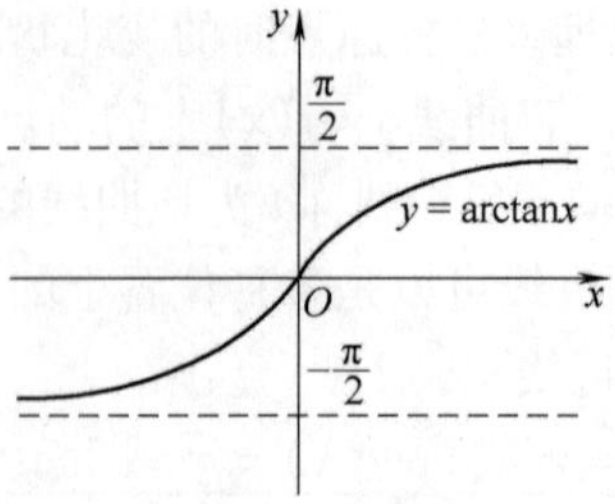

图 3-14

2. 函数图形的描绘

描绘函数的图形，其一般步骤是：

1）确定函数的定义域，并讨论其对称性和周期性；

2）讨论函数的单调性、极值点和极值；

3）讨论函数的凹凸区间和拐点；

4）讨论函数的水平渐近线和垂直渐近线；

5）根据需要补充函数图形上的若干点（如与坐标轴的交点等）；

6）描图。

例 3　描绘函数 $y=3x-x^3$ 的图形。

解： 该函数的定义域为 $(-\infty, +\infty)$ 且为奇函数，分别求其一阶和二阶导数，得

$$y'=3-3x^2,\ y''=-6x$$

令 $y'=0$，得驻点 $x=\pm1$，因为 $y''\big|_{x=-1}=6>0$，$y''\big|_{x=1}=-6<0$，所以 $y(-1)=-2$ 为极小值，$y(1)=2$ 为极大值。

令 $y''=0$，得 $x=0$。当 $x<0$ 时，$y''>0$，曲线是凹的；当 $x>0$ 时，$y''<0$，曲线是凸的，且 $(0, 0)$ 为拐点。

通过讨论 y' 的符号情况，可以确定 $y=f(x)$ 的单调区间。

将上述讨论列为下表：

x	$(-\infty, -1)$	-1	$(-1, 0)$	0	$(0, 1)$	1	$(1, +\infty)$
$y'(x)$	$-$	0	$+$	$+$	$+$	0	$-$
$y''(x)$	$+$	$+$	$+$	0	$-$	$-$	$-$
y	↘	极小值 $f(-1)=-2$	↗	拐点 $(0, 0)$	⤴	极大值 $f(1)=2$	⤵

其中，↘表示曲线单调减少且凹，↗表示曲线单调增加且凹，⤴表示曲线单调增加且凸，⤵表示曲线单调减少且凸。

令 $y=0$，可知曲线 $y=3x-x^3$ 与 x 轴相交于 $x=\pm\sqrt{3}$ 处。

显然，曲线 $y=3x-x^3$ 无水平渐近线和垂直渐近线。综上所述，即可描出所给函数的图形（见图 3-15）。因为 $y=3x-x^3$ 为奇函数，所以，该函数的图形关于坐标原点对称。因此，本题也可以仅在区间 $(0, +\infty)$ 内进行讨论，描出函数在 $(0, +\infty)$ 内的图形之后，根据图形的对称性得到它在 $(-\infty, 0)$ 内的图形。

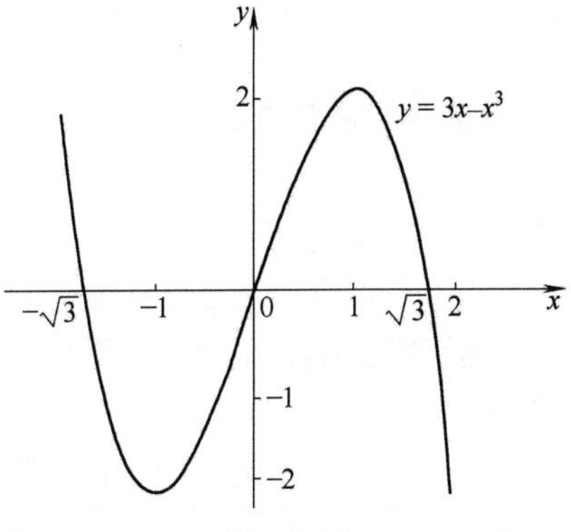

图　3-15

能力训练 3.5

A 组题

1. 判断题

(1) 函数 $y=f(x)$ 在开区间 (a, b) 内二阶可导，且 $y>0$，$y'>0$，$y''<0$，则曲线 $y=f(x)$ 在

(a, b)内 x 轴上方，单调增加且凸。（ ）

（2）如果函数 $y=f(x)$ 开区间(a, b)内二阶可导，且 $y'<0$，$y''>0$，则曲线 $y=f(x)$ 在(a, b)内单调减少且凹。（ ）

（3）在整个数轴上有界的函数必具有水平渐近线。（ ）

（4）如果 $\lim\limits_{x\to+\infty} f(x)=C$，则曲线 $y=f(x)$ 有水平渐近线 $y=C$。（ ）

2. 求下列曲线的凹凸区间和拐点：

（1）$y=x^3-6x^2+x-1$；（2）$y=x+\dfrac{x}{x-1}$。

3. 研究函数的性态和作图：

（1）$y=x^3-6x^2+9x-4$；（2）$y=\dfrac{x^2}{1+x^2}$。

B 组题

1. 讨论曲线 $y=1-\sqrt[3]{x}$的凹凸区间和拐点。

2. 求下列曲线的渐近线：

（1）$y=\dfrac{2x+\sqrt{x}}{1+x^2}$；（2）$y=7-\dfrac{3x-1}{x^2-2}$。

3. 研究函数的性态和作图：

（1）$y=x+\dfrac{1}{x}$；（2）$y=\dfrac{e^x}{x}$。

学 习 指 导

一、基本要求与重点

1. 基本要求

1）理解基本定理：罗尔定理、拉格朗日中值定理。

2）熟练掌握运用洛必达法则进行函数极限的计算方法。

3）熟练掌握函数单调性及极值的计算、最值求法、边际分析。

2. 重点

1）运用洛必达法则进行函数极限的计算。

2）掌握函数单调性、极值及最值的计算方法。

3）导数在经济领域的应用。

二、内容小结与典型例题分析

1. 中值定理

（1）罗尔定理

如果函数 $y=f(x)$ 满足下列条件：

1）在闭区间$[a, b]$上连续；

2）在开区间(a, b)内可导；

3）在区间端点处的函数值相等，即 $f(a)=f(b)$，则在区间(a, b)内至少存在一点ξ，使得$f'(\xi)=0$。

（2）拉格朗日中值定理

设函数$f(x)$满足下列条件：

1）在闭区间$[a, b]$上连续；

2）在开区间(a, b)内可导，

则在区间(a, b)内至少存在一点ξ，使得$\dfrac{f(b)-f(a)}{b-a}=f'(\xi)$。

2. 导数的应用

（1）洛必达法则

如果函数$f(x)$与$g(x)$满足条件：

1）$\lim\limits_{x\to x_0}f(x)=0$（或$\infty$），$\lim\limits_{x\to x_0}g(x)=0$（或$\infty$）；

2）在x_0的某邻域内（x_0除外）可导，且$g'(x)\neq 0$；

3）$\lim\limits_{x\to x_0}\dfrac{f'(x)}{g'(x)}$存在（或为$\infty$），

则$\lim\limits_{x\to x_0}\dfrac{f(x)}{g(x)}=\lim\limits_{x\to x_0}\dfrac{f'(x)}{g'(x)}$。

（2）函数的单调性及极值

1）判断单调性法则：设函数$f(x)$在(a, b)内可导。

如果在(a, b)内$f'(x)>0$，则函数$f(x)$在(a, b)内单调增加；

如果在(a, b)内$f'(x)<0$，则函数$f(x)$在(a, b)内单调减少。

2）极值的第一充分条件：设函数$f(x)$在点x_0的某个邻域内可导，且$f'(x_0)=0$。

如果当$x<x_0$时，$f'(x)>0$；当$x>x_0$时，$f'(x)<0$，则函数$f(x)$在x_0处取得极大值。

如果当$x<x_0$时，$f'(x)<0$；当$x>x_0$时，$f'(x)>0$，则函数$f(x)$在x_0处取得极小值。

如果在x_0的两侧，$f'(x)$具有相同的符号，则函数$f(x)$在x_0处无法取得极值。

3）极值的第二充分条件：设函数$f(x)$在点x_0处具有二阶导数，且$f'(x_0)=0$，$f''(x_0)\neq 0$，则

当$f''(x_0)<0$时，函数$f(x)$在点x_0处取得极大值；

当$f''(x_0)>0$时，函数$f(x)$在点x_0处取得极小值。

注意　当$f''(x_0)=0$时，需进一步判断，此时一般用第一充分条件求函数极值。

（3）函数的最值

如果函数$f(x)$在其定义域$[a, b]$上的函数值满足$m\leqslant f(x)\leqslant M$，其中$f(x_1)=m$，$f(x_2)=M$，$x_1, x_2\in[a, b]$，则称$f(x_1)=m$为函数$f(x)$的最小值，$f(x_2)=M$为函数$f(x)$的最大值。

3. 导数在经济问题中的应用

需求弹性：$\eta\big|_{p=p_0}=-Q'(p_0)\dfrac{p_0}{Q(p_0)}$

供给弹性：$\varepsilon\big|_{p=p_0}=S'(p_0)\dfrac{p_0}{S(p_0)}$

收益弹性：$E(p)=R'(p)\dfrac{p}{R(p)}=Q(p)(1-\eta)\dfrac{p}{pQ(p)}=1-\eta$

例 1 判断函数$f(x)=\ln x+1$在闭区间$[1, e]$上是否满足拉格朗日中值定理的条件？如果满足，找出使定理结论成立的ξ的值。

解： 因为$f(x)=\ln x+1$是初等函数，所以它在区间$[1, e]$上是连续的，且其导数$f'(x)=\frac{1}{x}$在$(1, e)$内存在，所以在$[1, e]$上满足拉格朗日中值定理的两个条件，所以有$f(e)-f(1)=f'(\xi)(e-1)$，而$f'(\xi)=\frac{1}{\xi}$，所以

$$(\ln e+1)-(\ln 1+1)=\frac{1}{\xi}(e-1)$$

即$\xi=e-1$，又由于$(e-1)\in(1, e)$，因此$\xi=e-1$即是所求的值。

例 2 计算$\lim\limits_{x\to 0}\frac{2e^x-2}{\sin x}$。

解： 所求极限为"$\frac{0}{0}$"型，运用洛必达法则，得

$$\lim_{x\to 0}\frac{2e^x-2}{\sin x}=\lim_{x\to 0}\frac{2e^x}{\cos x}=2$$

例 3 计算$\lim\limits_{x\to+\infty}\frac{\ln\ln x}{x}$。

解： 所求极限为"$\frac{\infty}{\infty}$"型，运用洛必达法则，得

$$\lim_{x\to+\infty}\frac{\ln\ln x}{x}=\lim_{x\to+\infty}\frac{1}{x\ln x}=0$$

***例 4** 求函数$f(x)=\frac{x^2+x+2}{x-1}$的单调区间以及在整个定义域内的极值点。

解： 函数的定义域是$(-\infty, 1)\cup(1, +\infty)$，并且

$$f'(x)=\frac{x^2-2x-3}{(x-1)^2}=\frac{(x+1)(x-3)}{(x-1)^2}$$

令$f'(x)=0$，得驻点$x_1=-1$，$x_2=3$，不可导点是$x=1$。

列表讨论如下：

x	$(-\infty, -1)$	-1	$(-1, 1)$	1	$(1, 3)$	3	$(3, +\infty)$
$f'(x)$	+	0	-		-	0	+
$f(x)$	↗	极大值 -1	↘	无	↘	极小值 7	↗

由上表可知，该函数在区间$(-\infty, -1)\cup(3, +\infty)$内单调增加，在区间$(-1, 1)\cup(1, 3)$内单调减少。

函数在$x=-1$处取得极大值，在$x=3$处取得极小值。

***例 5** 设种某产品商品的需求函数为$Q(p)=1000e^{-0.01p}$，

(1) 求需求弹性及$p=50$时的需求弹性值；

(2) 当$p=50$时，价格若上涨1%，总收益如何变化？

解： (1) 需求弹性

$$\eta = -Q'(p)\frac{p}{Q(p)} = -1000 \times (-0.01)e^{-0.01p}\frac{p}{1000e^{-0.01p}} = 0.01p$$

当 $p=50$ 时，需求弹性 $\eta\big|_{p=50} = 0.01 \times 50 = 0.5$。

（2）收益弹性

$$\frac{E(p)}{E(p)} = 1 - \eta$$

当 $p=50$ 时，$E(50) = 1 - 0.5 = 0.5$，即价格若上涨 1%，总收益增加 0.5%。

综合训练 3

A 组题

1. 填空题

（1）函数 $f(x) = 2x^2 - x - 3$ 在 $x \in [-1, 1.5]$ 上满足罗尔定理的 $\xi =$ ________。

（2）函数 $f(x) = \ln x$ 在 $x \in [1, e]$ 上满足拉格朗日中值定理的 $\xi =$ ________。

（3）函数 $y = x^3 + 2x$ 是单调________函数，单调区间为________。

（4）函数 $y = \frac{3}{4}x^3 - 4x$ 的单调增加区间为________，单调减少区间为________。

2. 用洛必达法则计算下列极限：

（1）$\lim\limits_{x\to 1}\frac{x^3 - 2x^2 + 1}{x^3 - x^2}$；　（2）$\lim\limits_{x\to 0}\frac{\ln(x^2 + 1)}{x}$；

（3）$\lim\limits_{x\to \infty}\frac{x^3 + 2x^2 + 1}{2x^3 + x^2}$；　（4）$\lim\limits_{x\to \pi}\frac{\tan 3x}{\sin x}$。

3. 讨论曲线 $y = x - \ln(1 + x)$ 的单调区间。

4. 求函数 $y = \sqrt{2 + x - x^2}$ 的极值点和极值。

5. 求函数 $y = \frac{x^2}{1 + x}$ 在区间 $\left[-\frac{1}{2}, 2\right]$ 上的最值。

6. 讨论曲线 $y = x^4 - 6x^2 - 5$ 的凹凸区间与拐点。

B 组题

1. 求函数 $f(x) = x^3 - 3x^2 - 9x + 5$ 的极值。

2. 求函数 $f(x) = e^{-x}(x + 1)$ 在区间 $[1, 3]$ 上的最值。

3. 讨论曲线 $y = (2x - 5)\sqrt[3]{x^2}$ 的单调区间。

4. 证明：当 $x > 1$ 时，$2\sqrt{x} > 3 - \frac{1}{x}$。

5. 作函数 $y = xe^{-x}$ 的图形。

第4章　不定积分

微分学的基本问题是：已知一个函数，求它的导数。但是，在科学技术领域中经常会遇到与此相反的问题：已知一个函数的导数，求原来的函数，由此便产生了积分学。积分学有两部分：不定积分和定积分。本章将学习不定积分的概念、性质和基本积分方法。

4.1　不定积分的概念与性质

本节导学

1）高等数学的别名为"微积分"，也就是微分学和积分学的简称。在前面几章介绍了一元函数微分学的主要内容，这节开始将介绍积分学。首先要明确的一个概念，就是求一个函数的不定积分，其实质是求该函数的一个原函数，而思考的方法是求导运算的逆运算。

2）本节的学习重点是13个基本初等函数函数的积分公式，不定积分的两个线性运算法则，以及在此基础上通过恒等变形的方法，求出简单的初等函数的不定积分。

3）本节学习的难点有两个：其一是深刻理解求导运算与不定积分是互逆运算，认识"先积后微，函数不变；先微后积，差个常数"的意义；其二是学会灵活运用直接积分法求一些初等函数的积分问题，其要点是要熟悉常用的数学恒等式，包括乘法公式和三角函数的有关公式。

微课：超星学习通·学院《高等数学》§4.1 不定积分的概念。

4.1.1　原函数

定义 4.1.1　设函数$f(x)$在区间I上有定义，如果存在函数$F(x)$，使得对于任意$x\in I$都有$F'(x)=f(x)$，则称函数$F(x)$为函数$f(x)$在区间I上的一个**原函数**。

求原函数就是求导数的逆运算，一个函数$F(x)$是否$f(x)$的原函数，只要看它的导数是否等于$f(x)$即可。例如，在区间$(-\infty, +\infty)$内有$(x^3)'=3x^2$，所以x^3是$3x^2$在区间$(-\infty, +\infty)$内的一个原函数，同理，x^3+1也是$3x^2$在区间$(-\infty, +\infty)$内的一个原函数。

由此可知，若函数$f(x)$存在原函数$F(x)$，即$F'(x)=f(x)$，则这个原函数$F(x)$加上任意常数C后的函数$F(x)+C$也是函数$f(x)$的原函数，即$(F(x)+C)'=f(x)$。于是，如果一个函数存在原函数，那么它必有无穷多个原函数。更进一步地思考，$f(x)$的无限多个原函数是否仅限于$F(x)+C$的形式？下面的定理回答了这个问题。

定理　若$F(x)$是函数$f(x)$在区间I的一原函数，则函数$f(x)$的无限多个原函数仅限于$F(x)+C$（对于任意$C\in\mathbf{R}$）的形式。

证：已知$F(x)$是函数$f(x)$的一个原函数，即

$$F'(x)=f(x)\quad(\forall x\in I)$$

设$\Phi(x)$是函数$f(x)$的任意（注意"任意"二字）一个原函数，即

$$\Phi'(x)=f(x)\quad(\forall x\in I)$$

上述两式相减，有

$$\Phi'(x)-F'(x)=[\Phi(x)-F(x)]'=f(x)-f(x)=0$$

于是有

$$\Phi(x)-F(x)=C\quad(C\text{是某个常数})$$

即

$$\Phi(x)=F(x)+C$$

因此函数$f(x)$的任意一个原函数$\Phi(x)$都是$F(x)+C$的形式。

定理指出：若一个函数存在原函数，则这无穷多个原函数彼此仅相差一个常数。因此，欲求函数$f(x)$的所有原函数，只须求出该函数的一个原函数，然后再加上任意常数C即可。

4.1.2 不定积分

有了原函数的构造理论之后，就可以给出不定积分的概念。

定义 4.1.2 设$F(x)$为$f(x)$在区间I上的一个原函数，则$F(x)+C$（C为任意常数）称为$f(x)$在区间I上的**不定积分**，记作$\int f(x)\mathrm{d}x$，即

$$\int f(x)\mathrm{d}x=F(x)+C \tag{4.1.1}$$

其中$f(x)$称为被积函数，$f(x)\mathrm{d}x$称为被积表达式，x称为积分变量，"$\int$"称为积分号，任意常数C也称为积分常数。

应当注意，由于不定积分$\int f(x)\mathrm{d}x$是函数$f(x)$的任意一个原函数的代表，因此在求不定积分时，不能丢掉积分常数C。

例 1 求$\int x^3\mathrm{d}x$。

解：因为$\left(\dfrac{x^4}{4}\right)'=x^3$，所以$\dfrac{x^4}{4}$是$x^3$的一个原函数，于是

$$\int x^3\mathrm{d}x=\frac{x^4}{4}+C\quad(C\text{是任意常数})$$

例 2 求$\int \sin x\mathrm{d}x$。

解：因为$(-\cos x)'=\sin x$，所以$-\cos x$是$\sin x$的一个原函数，于是

$$\int \sin x\mathrm{d}x=-\cos x+C\quad(C\text{是任意常数})$$

今后为了方便起见，不定积分也简称为积分，求不定积分的运算称为积分法。

4.1.3 不定积分的几何意义

函数$f(x)$的原函数$F(x)$，即$F'(x)=f(x)$的几何意义是：原函数$y=F(x)$是那样一条曲线，在它上任意一点$(x, F(x))$的切线斜率是已知的$f(x)$。因为函数$f(x)$有无限个原函数$F(x)+C$（$C\in\mathbf{R}$），所以将一个原函数$F(x)+C_1$（C_1是常数）沿着y轴平移所得到的曲线都是函数$f(x)$的原函数$F(x)+C$（$C\in\mathbf{R}$）的图形。

设$F(x)$是$f(x)$的一个原函数，则$y=F(x)$在几何上表示Oxy平面上的一条曲线，这条曲线称为$f(x)$的**积分曲线**，而对于

$$y=F(x)+C \tag{4.1.2}$$

当 C 取不同的值时，就得到不同的积分曲线，它们可看作是由曲线 $y=F(x)$ 沿 y 轴平行移动距离为 $|C|$ 而得到的一族曲线，称此族曲线为 $f(x)$ 的**积分曲线族**。这族积分曲线具有如下特点：在横坐标 x 相同的点处，曲线的切线都是平行的，且切线的斜率都等于 $f(x)$，而它们的纵坐标只差一个常数。由此可得不定积分 $\int f(x)\mathrm{d}x$ 的几何意义是：表示 $f(x)$ 的积分曲线族。如果要求出通过点 (x_0, y_0) 的某一条曲线，只要把条件"当 $x=x_0$ 时，$y=y_0$"代入式(4.1.2)，求出 C 的值为 $C=y_0-F(x_0)$，再代入式(4.1.2)即可。若记 $C_1=y_0-F(x_0)$，则所求积分曲线的方程为 $y=F(x)+C_1$，如图 4-1 所示。

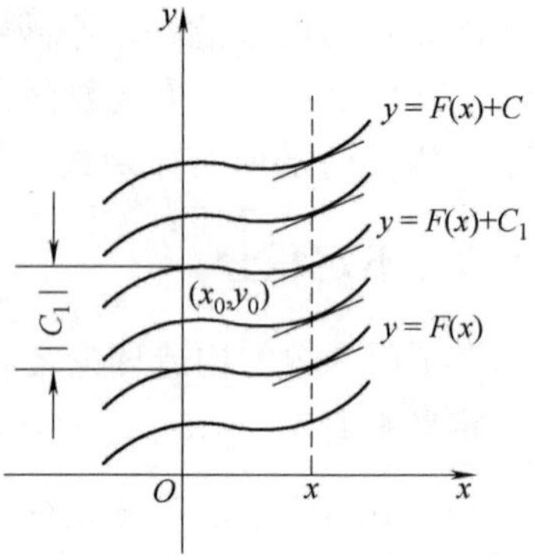

图　4-1

* **例 3**　已知某曲线通过点(0, 1)，且曲线上任一点处的切线斜率等于该点的横坐标，求此曲线的方程。

解：由题意可知，曲线上任一点 (x, y) 处切线的斜率为

$$y'=\frac{\mathrm{d}y}{\mathrm{d}x}=x$$

由于 $\left(\frac{x^2}{2}\right)'=x$，所以 $\frac{x^2}{2}$ 是 x 的一个原函数，于是

$$y=\int x\mathrm{d}x=\frac{x^2}{2}+C$$

即

$$y=\frac{x^2}{2}+C \tag{4.1.3}$$

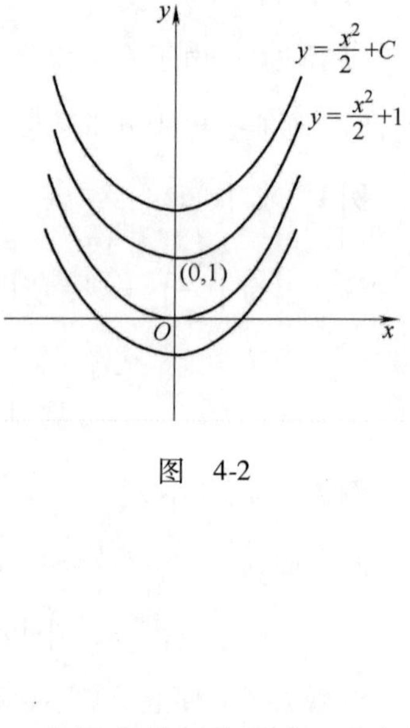

图　4-2

其中 C 为任意常数，它的图形是一族抛物线，如图 4-2 所示。要从这一族抛物线中找出过点(0, 1)的那一条，只要将"$x=0$，$y=1$"代入式(4.1.3)，得 $C=1$，于是得到所求的曲线方程为

$$y=\frac{x^2}{2}+1$$

4.1.4　基本积分表

根据不定积分的定义以及导数或微分的基本公式，容易得出一些基本的积分公式。为方便查询、记忆，把常用的基本初等函数的不定积分列成了一个表，称为基本积分表(见表4-1)。

表 4-1　求导基本公式和不定积分基本公式

序　号	求导基本公式	不定积分基本公式
(1)	$F'(x)=f(x)$	$\int f(x)\mathrm{d}x=F(x)+C$
(2)	$(C)'=0$　(C 为常量)	$\int 0\mathrm{d}x=C$

（续）

序　　号	求导基本公式	不定积分基本公式
(3)	$(kx)' = k$ （k 为常量）	$\int k\mathrm{d}x = kx + C$ （k,C 为常数）
(4)	$(x^n)' = nx^{n-1}$ （n 为常数）	$\int x^n \mathrm{d}x = \frac{x^{n+1}}{n+1} + C$ （$n \neq -1$）
(5)	$(\ln\|x\|)' = \frac{1}{x}$	$\int \frac{1}{x}\mathrm{d}x = \ln\|x\| + C$
(6)	$(a^x)' = a^x \ln a$	$\int a^x \mathrm{d}x = \frac{a^x}{\ln a} + C$ （$a > 0, a \neq 1$）
(7)	$(\mathrm{e}^x)' = \mathrm{e}^x$	$\int \mathrm{e}^x \mathrm{d}x = \mathrm{e}^x + C$
(8)	$(\sin x)' = \cos x$	$\int \cos x \mathrm{d}x = \sin x + C$
(9)	$(-\cos x)' = \sin x$	$\int \sin x \mathrm{d}x = -\cos x + C$
(10)	$(\tan x)' = \sec^2 x$	$\int \sec^2 x \mathrm{d}x = \tan x + C$
(11)	$(\cot x)' = -\csc^2 x$	$\int \csc^2 x \mathrm{d}x = -\cot x + C$
(12)	$(\sec x)' = \tan x \sec x$	$\int \sec x \tan x \mathrm{d}x = \sec x + C$
(13)	$(\csc x)' = -\cot x \csc x$	$\int \csc x \cot \mathrm{d}x = -\csc x + C$
(14)	$(\arcsin x)' = \frac{1}{\sqrt{1-x^2}}$	$\int \frac{1}{\sqrt{1-x^2}}\mathrm{d}x = \arcsin x + C$
(15)	$(\arccos x)' = -\frac{1}{\sqrt{1-x^2}}$	$\int \frac{1}{\sqrt{1-x^2}}\mathrm{d}x = -\arccos x + C$
(16)	$(\arctan x)' = \frac{1}{1+x^2}$	$\int \frac{1}{1+x^2}\mathrm{d}x = \arctan x + C$
(17)	$(\mathrm{arccot}\, x)' = -\frac{1}{1+x^2}$	$\int \frac{1}{1+x^2}\mathrm{d}x = -\mathrm{arccot}\, x + C$

注意　运用不定积分基本公式时，允许积分变量改为其他字母。

当 $x>0$ 时，式(5)为 $\int \frac{1}{x}\mathrm{d}x = \ln x + C$，为方便计算以后不加说明，在使用式(5)时设 $x>0$。

以上积分基本公式是进行积分运算的出发点，求积分时，遇到表中被积函数可以直接套用，因此一定要熟记公式。

例4　求 $\int x^3\sqrt{x}\mathrm{d}x$。

解：被积函数经化简后是幂函数，因此用式(4)，有

$$\int x^3\sqrt{x}\mathrm{d}x = \int x^{\frac{7}{2}}\mathrm{d}x = \frac{1}{\frac{7}{2}+1}x^{\frac{7}{2}+1} + C = \frac{2}{9}x^{\frac{9}{2}} + C$$

从上面的例子可以看到，有时被积函数实际上是幂函数，但常用分式或根式表示。遇到这类情形，应首先把它化为 x^n 的形式，然后再应用幂函数的积分公式来求出不定积分。

4.1.5 不定积分的性质

根据不定积分的定义及求导运算法则，可以得到不定积分的性质(这里假定出现的不定积分均存在)。不定积分的性质是求积分的基本依据，必须牢记。

性质 4.1.1 微分运算与积分运算互为逆运算，即

(1) 因为 $\int f(x)\mathrm{d}x$ 是 $f(x)$ 的任意一个原函数，所以

$$\frac{\mathrm{d}}{\mathrm{d}x}\left[\int f(x)\mathrm{d}x\right] = f(x) \text{ 或 } \mathrm{d}\left[\int f(x)\mathrm{d}x\right] = f(x)\mathrm{d}x \tag{4.1.4}$$

(2) 因为 $F(x)$ 是 $F'(x)$ 的原函数，所以

$$\int F'(x)\mathrm{d}x = F(x) + C \text{ 或 } \int \mathrm{d}F(x) = F(x) + C \tag{4.1.5}$$

此性质表明：当积分运算符号“$\int$”与微分运算记号“d”连在一起时，或者互相抵消，或者抵消后只差一个常数，可以用“先积后微，形式不变；先微后积，差个常数”这句口诀来帮助记忆。

特别地，当被积函数 $f(x)=1$ 时，有

$$\int \mathrm{d}x = x + C$$

性质 4.1.2 被积函数中不为零的常数因子可以提到积分号之外，即

$$\int af(x)\mathrm{d}x = a\int f(x)\mathrm{d}x \quad (\text{其中 } a \neq 0 \text{ 是常数}) \tag{4.1.6}$$

性质 4.1.3 两个函数和(差)的不定积分，等于这两个函数的不定积分的和(差)。即

$$\int [f(x) \pm g(x)]\mathrm{d}x = \int f(x)\mathrm{d}x \pm \int g(x)\mathrm{d}x$$

事实上

$$\left[\int f(x)\mathrm{d}x \pm \int g(x)\mathrm{d}x\right]' = \left[\int f(x)\mathrm{d}x\right]' \pm \left[\int g(x)\mathrm{d}x\right]' = f(x) \pm g(x)$$

即

$$\int [f(x) \pm g(x)]\mathrm{d}x = \int f(x)\mathrm{d}x \pm \int g(x)\mathrm{d}x$$

这个性质也可以推广到有限多个函数代数和的情形(n 是有限的正整数)，即

$$\int [f_1(x) \pm f_2(x) \pm \cdots \pm f_n(x)]\mathrm{d}x = \int f_1(x)\mathrm{d}x \pm \int f_2(x)\mathrm{d}x \pm \cdots \pm \int f_n(x)\mathrm{d}x$$

性质 4.1.4 积分形式是不变的，即若 $\int f(x)\mathrm{d}x = F(x) + C$,则

$$\int f(u)\mathrm{d}u = F(u) + C$$

其中 $u = u(x)$ 是 x 任一个可导函数。

注意 (1) 性质4.1.2 和4.1.3 统称为不定积分运算的“线性性质”，它们在求解积分问题中经常会用到，务必熟练运用。

(2) 微积分是以函数为研究对象的，而决定函数的要素是对应法则和定义域，与变量的符号没有关系，在对已知函数求导数和求不定积分时，皆如此。

（3）利用基本积分表中的积分公式、不定积分的性质以及恒等变形的方法，可以直接求一些简单函数的不定积分，这种积分方法称为**直接积分法**。

例5　求$\int \frac{5}{\cos^2 x}\mathrm{d}x$。

解：$\int \frac{5}{\cos^2 x}\mathrm{d}x = 5\int \frac{1}{\cos^2 x}\mathrm{d}x = 5\int \sec^2 x\mathrm{d}x = 5\tan x + C$

例6　求$\int (x^2 + \frac{3}{1 + x^2} - \mathrm{e}^x)\mathrm{d}x$。

解：$\int (x^2 + \frac{3}{1 + x^2} - \mathrm{e}^x)\mathrm{d}x = \int x^2\mathrm{d}x + 3\int \frac{1}{1 + x^2}\mathrm{d}x - \int \mathrm{e}^x\mathrm{d}x = \frac{1}{3}x^3 + 3\arctan x - \mathrm{e}^x + C$

注意　本例中每项积分结果中都分别含有一个积分常数，但由于任意常数的代数和仍是任意常数，因此，只要在运算最后加上一个任意常数C即可。

*__例7__　求$\int \frac{x^4}{x^2 + 1}\mathrm{d}x$。

解：被积函数是一个有理假分式，在基本积分表中没有这种类型的积分，先将被积函数变形得

$$\frac{x^4}{x^2+1} = \frac{(x^4-1)+1}{x^2+1} = \frac{(x^2-1)(x^2+1)+1}{x^2+1} = x^2 - 1 + \frac{1}{x^2+1}$$

于是　$\int \frac{x^4}{x^2+1}\mathrm{d}x = \int \left(x^2 - 1 + \frac{1}{x^2+1}\right)\mathrm{d}x = \int x^2\mathrm{d}x - \int \mathrm{d}x + \int \frac{1}{1+x^2}\mathrm{d}x$

$$= \frac{x^2}{3} - x + \arctan x + C$$

注意　在对有理假分式作代数变形时，在分子上用“加1减1”是常用的方法。

例8　求$\int \tan^2 x\mathrm{d}x$。

解：基本积分表中没有这种类型的积分，先利用三角恒等式$\tan^2 x = \sec^2 x - 1$将被积函数变形，再用性质4.1.3，便得

$$\int \tan^2 x\mathrm{d}x = \int (\sec^2 x - 1)\mathrm{d}x = \int \sec^2 x\mathrm{d}x - \int \mathrm{d}x = \tan x - x + C$$

能力训练4.1

A组题

1. 填空题

（1）$\left(\int \frac{1}{\arcsin x}\mathrm{d}x\right)' =$ ____________。

（2）$f(x) = \sqrt[3]{x}$的原函数是____________。

（3）$f(x) = 5^x$的原函数是____________。

2. 求下列不定积分：

(1) $\int 3x\mathrm{d}x$ ；　　(2) $\int(-\cos x)\mathrm{d}x$；　　(3) $\int \frac{1}{x^2}\mathrm{d}x$；

(4) $\int \frac{1}{x^2\sqrt{x}}\mathrm{d}x$；　　(5) $\int \sqrt{x}(x^2-5)\mathrm{d}x$；　　(6) $\int \frac{1+x+x^2}{x(1+x^2)}\mathrm{d}x$。

B 组题

1. 填空题

(1) $f(x)=\frac{1}{\cos^2 x}$的原函数是 = ___________。

(2) $\int(\sin x+\mathrm{e}^x)\mathrm{d}x$ = ___________。

(3) $\mathrm{d}\left(\int \frac{1+\mathrm{e}^x}{\sin x}\mathrm{d}x\right)$ = ___________。

2. 求下列不定积分：

(1) $\int\left(\frac{3}{1+x^2}-\frac{2}{\sqrt{1-x^2}}\right)\mathrm{d}x$；　　(2) $\int \frac{2\times 3^x-5\times 2^x}{3^x}\mathrm{d}x$；

(3) $\int(2^x-\sin x+1)\mathrm{d}x$；　　(4) $\int\left(x-\frac{1}{2\sqrt{x}}+\frac{\sqrt[3]{x}}{3}\right)\mathrm{d}x$。

4.2 换元积分法

| 本节导学 |

1) 从上节的内容可知，求一个函数的不定积分与其求导运算是互逆的。从理论上说，在熟悉了基本初等函数的导数公式和几种求导法则之后，对任何初等函数的求导运算都可以“不动脑筋”地机械求出，但是对其逆运算的积分问题，不仅需要“绞尽脑汁”地寻找解题思路，更要动用诸多的积分方法。在求导运算中，最为重要的法则就是“复合函数微分法”，与此相对应，求不定积分中最为常用的方法就是它的逆运算“凑微分法”。熟练掌握凑微分法是本节学习的重点。

2) 本节学习的难点是用第二类换元积分法求解无理函数的不定积分。这种换元法一般通过引入新的函数 $x=\varphi(t)$，能够将无理函数转化为有理函数再行积分，最后再回代变量。而且对于三角代换而言，回代变量仍然需要技巧。这种方法也适用于某些特殊的积分类型，比如被积函数含有$\frac{1}{x}$的因子时，可以考虑 $x=\frac{1}{t}$的“倒代换”。

3) 学好本节的最重要的方法就是要多做练习，尤其在学习中注意几种积分法的综合运用，并且逐步积累经验。比如，熟记常用的“凑微分式子”。

微课：超星学习通 · 学院《高等数学》§4.2 换元积分法。

4.2.1 第一类换元法

先分析下面两个例子。

例 1 求 $\int\cos 2x\mathrm{d}x$。

解： 对照一下基本积分表中的式(8)与本题中的积分有不同之处，因为 $\cos 2x$ 是一个复合函数，为了套用公式，原积分需要作下面的变形：

$$\int \cos 2x \mathrm{d}x = \frac{1}{2}\int \cos 2x \mathrm{d}(2x) \xlongequal{\text{令} 2x = u} \frac{1}{2}\int \cos u \mathrm{d}u = \frac{1}{2}\sin u + C \xlongequal{\text{回代} u = 2x} \frac{1}{2}\sin 2x + C$$

例 2 求 $\int \mathrm{e}^{3x}\mathrm{d}x$。

解： 被积函数 e^{3x} 是复合函数，因此不能直接套用公式 $\int \mathrm{e}^{x}\mathrm{d}x = \mathrm{e}^{x} + C$。可以把原积分作下列变形后再计算：

$$\int \mathrm{e}^{3x}\mathrm{d}x = \frac{1}{3}\int \mathrm{e}^{3x}\mathrm{d}(3x) \xlongequal{\text{令} 3x = u} \frac{1}{3}\int \mathrm{e}^{u}\mathrm{d}u = \frac{1}{3}\mathrm{e}^{u} + C \xlongequal{\text{回代} u = 3x} \frac{1}{3}\mathrm{e}^{3x} + C$$

直接验证得知结果正确。

上述解法的特点都是把原积分变量 x 的某个函数 $\varphi(x)$ 换成关于 u 的一个简单的积分，即 $\varphi(x) = u$，再套用基本积分公式求解。

一般地，当被积表达式能表示为如下形式

$$\int f(\varphi(x))\varphi'(x)\mathrm{d}x = \int f(\varphi(x))\mathrm{d}\varphi(x)$$

则令 $\varphi(x) = u$，当积分 $\int f(u)\mathrm{d}u = F(u) + C$ 容易求出时，可按下面的方法计算

$$\int f(\varphi(x))\varphi'(x)\mathrm{d}x = \int f(\varphi(x))\mathrm{d}\varphi(x) \xlongequal{\text{令} \varphi(x) = u} \int f(u)\mathrm{d}u = F(u) + C$$

$$\xlongequal{\text{回代} u = \varphi(x)} F(\varphi(x)) + C$$

上述方法是在积分过程中引入新的变量形式，依据微分形式的不变性，凑出新变量的微分形式，再依据不定积分的概念进行积分的方法，这种方法称为**第一类换元积分法**，也称为**凑微分法**。一般地，有下面的定理。

定理 4.2.1 设 $f(u)$ 具有原函数 $\int f(u)\mathrm{d}u = F(u) + C$，$u = \varphi(x)$ 可导，则

$$\int f(\varphi(x))\varphi'(x)\mathrm{d}x = \int f(\varphi(x))\mathrm{d}\varphi(x) = \int f(u)\mathrm{d}u = F(u) + C = F(\varphi(x)) + C$$

这个定理表明：在求积分 $\int g(x)\mathrm{d}x$ 时，如果函数 $g(x)$ 可以化为 $g(x) = f(\varphi(x))\varphi'(x)$ 的形式，则有 $\int g(x)\mathrm{d}x = \int f(\varphi(x))\varphi'(x)\mathrm{d}x$。在基本积分公式中，自变量 x 换成任一可导函数 $\varphi(x)$ 后公式仍成立，这就大大扩充了基本积分公式的使用范围。

例 3 求 $\int \frac{1}{3 + 2x}\mathrm{d}x$。

解： $\int \frac{1}{3 + 2x}\mathrm{d}x = \frac{1}{2}\int \frac{1}{3 + 2x}(3 + 2x)'\mathrm{d}x = \frac{1}{2}\int \frac{1}{3 + 2x}\mathrm{d}(3 + 2x)$

$$\xlongequal{\text{令} 3 + 2x = u} \frac{1}{2}\int \frac{1}{u}\mathrm{d}u = \frac{1}{2}\ln|u| + C \xlongequal{\text{回代} u = 3 + 2x} \frac{1}{2}\ln|3 + 2x| + C$$

例 4 求 $\int \frac{\sin\sqrt{x}}{\sqrt{x}}\mathrm{d}x$。

解：$\int\frac{\sin\sqrt{x}}{\sqrt{x}}dx = 2\int\sin\sqrt{x}d\sqrt{x}\xlongequal{令\sqrt{x}=u}2\int\sin u du = -2\cos u + C\xlongequal{回代 u=\sqrt{x}}-2\cos\sqrt{x}+C$

例 5 求$\int x\sqrt{1-x^2}dx$。

解：$\int x\sqrt{1-x^2}dx = \frac{1}{2}\int\sqrt{1-x^2}(x^2)'dx = \frac{1}{2}\int\sqrt{1-x^2}dx^2$

$$= -\frac{1}{2}\int\sqrt{1-x^2}d(1-x^2)\xlongequal{令 1-x^2=u}-\frac{1}{2}\int u^{\frac{1}{2}}du$$

$$= -\frac{1}{3}u^{\frac{3}{2}}+C\xlongequal{回代 u=1-x^2}-\frac{1}{3}(1-x^2)^{\frac{3}{2}}+C$$

当对变量代换比较熟练以后，运算过程就可以写得简单些，甚至所设的变量代换 $u=\varphi(x)$也可以不必写出，只要一边演算，一边在心中默记就可以了。

思考 如何用凑微分法求下列不定积分：

$$\int\cos2xdx,\ \int\sin5xdx,\ \int e^{2x}dx,\ \int\cos(x+1)dx,\ \int\frac{1}{2x+5}dx$$

注意 运用凑微分法时的难点在于原题并未指明应把哪一部分凑成 $d\varphi(x)$，这需要解题经验，因此应熟记下列微分公式(见表 4-2)。

表 4-2 常用微分公式

序号	微分公式	序号	微分公式
(1)	$dx=\frac{1}{a}d(ax+b)\quad(a\neq0)$	(8)	$\frac{dx}{1+x^2}=d(\arctan x)$
(2)	$x^{\mu}dx=\frac{1}{\mu+1}d(x^{\mu+1}+b)\quad(\mu\neq-1)$	(9)	$\frac{dx}{\sqrt{1-x^2}}=d(\arcsin x)$
(3)	$\frac{1}{x^2}dx=-d\left(\frac{1}{x}\right)$	(10)	$\sec^2xdx=d(\tan x)$
(4)	$\frac{1}{x}dx=d(\ln\|x\|+b)$	(11)	$\csc^2xdx=-d(\cot x)$
(5)	$e^xdx=d(e^x)$	(12)	$\sec x\tan xdx=d(\sec x)$
(6)	$\cos xdx=d(\sin x)$	(13)	$\csc x\cot xdx=-d(\csc x)$
(7)	$\sin xdx=-d(\cos x)$		

例 6 求$\int\tan xdx$。

解：$\int\tan xdx = \int\frac{\sin x}{\cos x}dx = -\int\frac{1}{\cos x}d(\cos x) = -\ln|\cos x|+C$

同理可得

$$\int\cot xdx = \ln|\sin x|+C$$

例 7 求$\int\frac{1}{a^2+x^2}dx$。

解：$\int \frac{1}{a^2+x^2}dx = \frac{1}{a^2}\int \frac{1}{1+\left(\frac{x}{a}\right)^2}dx = \frac{1}{a}\int \frac{1}{1+\left(\frac{x}{a}\right)^2}d\left(\frac{x}{a}\right) = \frac{1}{a}\arctan\frac{x}{a}+C$

例 8 求 $\int \frac{1}{\sqrt{a^2-x^2}}dx\ (a>0)$。

解：$\int \frac{1}{\sqrt{a^2-x^2}}dx = \frac{1}{a}\int \frac{1}{\sqrt{1-\left(\frac{x}{a}\right)^2}}dx = \int \frac{1}{\sqrt{1-\left(\frac{x}{a}\right)^2}}d\left(\frac{x}{a}\right) = \arcsin\frac{x}{a}+C$

以上积分以后经常会遇到，可以作为公式使用。

例 9 求 $\int \sin^3 x dx$。

解：$\int \sin^3 x dx = \int \sin^2 x \sin x dx = -\int (1-\cos^2 x)d(\cos x)$

$$= -\int d(\cos x) + \int \cos^2 x d(\cos x) = -\cos x + \frac{1}{3}\cos^3 x + C$$

4.2.2 第二类换元法

定理 4.2.2 设函数 $f(x)$ 连续，$x=\varphi(t)$ 单调可导且 $\varphi'(t)\neq 0$，又设 $f(\varphi(t))\varphi'(t)$ 具有原函数 $F(t)$，则

$$\int f(x)dx \xlongequal{令x=\varphi(t)} \int f(\varphi(t))\varphi'(t)dt \xlongequal{求积分} F(t)+C$$

$$\xlongequal[t=\varphi^{-1}(x)]{变量回代} F(\varphi^{-1}(x))+C$$

其中 $t=\varphi^{-1}(x)$ 是 $x=\varphi(t)$ 的反函数。

这种方法称为**第二类换元积分法**，这一方法是把第一类换元积分法反过来用，用于解决被积函数中含有根式的不定积分。

例 10 求 $\int \frac{x}{\sqrt{x-1}}dx$。

解：令 $\sqrt{x-1}=t$，则 $x=t^2+1$，又 $dx=2tdt$，于是

$$\int \frac{x}{\sqrt{x-1}}dx = \int \frac{t^2+1}{t}\times 2tdt = \int 2t^2 dt + \int 2dt = \frac{2}{3}t^3+2t+C$$

$$= \frac{2}{3}(\sqrt{x-1})^3 + 2\sqrt{x-1} + C$$

以上解题方法中使用新变量 t 替换根式，去掉根号。另外，还可使用三角代换化掉根式。如：

1）含 $\sqrt{a^2-x^2}$，可令 $x=a\sin t$；

2）含 $\sqrt{a^2+x^2}$，可令 $x=a\tan t$；

3）含 $\sqrt{x^2-a^2}$，可令 $x=a\sec t$。

例 11 求 $\int \frac{1}{\sqrt{x^2-a^2}}\mathrm{d}x \quad (a>0)$。

解：为了消去被积函数中的根式，可设 $x=a\sec t \quad \left(0<t<\frac{\pi}{2}\right)$，则 $\mathrm{d}x=a\sec t\tan t\mathrm{d}t$，于是

$$\int \frac{1}{\sqrt{x^2-a^2}}\mathrm{d}x = \int \frac{a\sec t\ \tan t}{\sqrt{a^2\sec^2 t-a^2}}\mathrm{d}t = \int \frac{a\sec t\ \tan t}{a\tan t}\mathrm{d}t$$

$$= \int \sec t\mathrm{d}t = \ln|\sec t+\tan t| + C_1$$

为了把 $\sec t$ 及 $\tan t$ 换成 x 的函数，可根据 $\sec t=\frac{x}{a}$ 作辅助直角三角形(见图 4-3)，得到

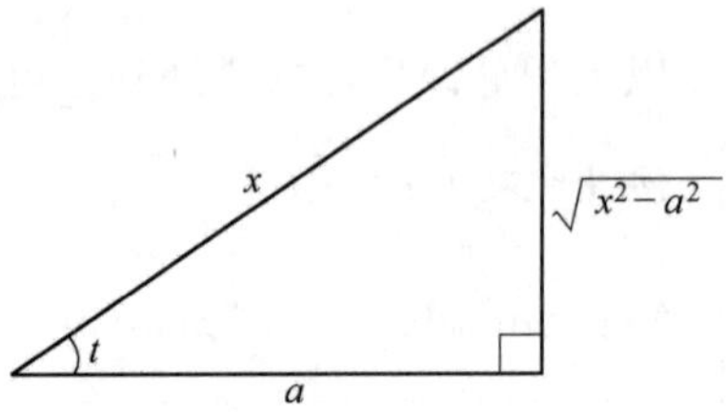

图 4-3

$$\tan t=\frac{\text{对边}}{\text{邻边}}=\frac{\sqrt{x^2-a^2}}{a}$$

因此 $$\int \frac{1}{\sqrt{x^2-a^2}}\mathrm{d}x = \ln\left|\frac{x}{a}+\frac{\sqrt{x^2-a^2}}{a}\right| + C_1$$

$$= \ln|x+\sqrt{x^2-a^2}| + C$$

其中 $C=C_1-\ln a$ 为任意常数。

由于不定积分结果在形式上的多样性，如果求得的不定积分结果与答案不相同，也可能是正确的(只与答案相差一个常数)。一般的验证方法是将所得的结果求导数，看它是否等于被积函数。

能力训练 4.2

A 组题

1. 填空题。

(1) $e^{2x}\mathrm{d}x=\mathrm{d}$ ______________。

(2) $\frac{1}{x^2}\mathrm{d}x=$ ______________ $\mathrm{d}\left(\frac{1}{x}\right)$。

(3) $\frac{1}{x}\mathrm{d}x=$ ______________ $\mathrm{d}(3-5\ln x)$。

2. 求下列不定积分：

(1) $\int \frac{\mathrm{d}x}{x^2+4x+5}$； (2) $\int \frac{\mathrm{d}x}{x^2-5x+4}$； (3) $\int \sin x e^{\cos x}\mathrm{d}x$；

(4) $\int \frac{1}{9-x^2}\mathrm{d}x$； (5) $\int \frac{1}{1+\sqrt{x}}\mathrm{d}x$； (6) $\int x\sqrt{2-x^2}\mathrm{d}x$；

(7) $\int \frac{e^{\frac{1}{x}}}{x^2}\mathrm{d}x$； (8) $\int \cos^2 x\mathrm{d}x$。

B 组题

1. 用第一类换元法求下列不定积分：

(1) $\int \frac{x}{8+x^2}\mathrm{d}x$；　(2) $\int \frac{1}{5-2x}\mathrm{d}x$；　(3) $\int \frac{1}{3}x^2 \mathrm{e}^{x^3}\mathrm{d}x$；

(4) $\int 4x\sqrt{1+x^2}\mathrm{d}x$；　(5) $\int \sin x\cos^4 x\mathrm{d}x$。

2. 用第二类换元法求下列不定积分：

(1) $\int \frac{1}{\sqrt{x}+\sqrt[3]{x}}\mathrm{d}x$；　(2) $\int \frac{\mathrm{d}x}{1+\sqrt[3]{x+2}}$；　(3) $\int \frac{1}{(x+2)\sqrt{x+1}}\mathrm{d}x$。

4.3 分部积分法

| 本节导学 |

1) 不定积分是求导运算的逆运算。在求导运算中，有和差积商的四则运算法则，但是在本章第1节介绍不定积分的运算性质时，只给出了“和差”与“提出常数”两条关于不定积分运算的线性性质，而没有出现“函数之积”的不定积分的运算性质，这是为什么？其实，将函数之积的微分公式 $\mathrm{d}(uv)=u\mathrm{d}v+v\mathrm{d}u$ 经过变形就成为本节要介绍的不定积分的“分部积分法”公式：$\int u\mathrm{d}v = uv - \int v\mathrm{d}u$。

2) 本节的学习重点是研究幂函数与指数函数、三角函数之积以及幂函数与对数函数、反三角函数之积这两大类的不定积分问题。在确定 u 和 v 时是有着特定规律的，一般不允许更换。前一个类型选取幂函数为 u，而后一个类型则选取对数函数、反三角函数为 u，且函数 v 往往需要凑出 $\mathrm{d}v$ 而得到。其他类型函数之积的不定积分问题，要根据被积函数的特点，灵活运用公式。

3) 本节的学习难点是在一个积分问题中，需要多次运用分部积分公式，或者是在几次运用分部积分公式后，最终需要以“解方程”的形式求出原函数。另外，就是求解一个较为复杂的不定积分问题需要交替使用直接积分法、凑微分法、第二类换元积分法、分部积分法等诸多积分方法，这会给解题带来困难。此外，同一个题采取不同的积分法得到的原函数在形式上有可能不同，但通过恒等变形，在常数 C 的调整下，可以化成相同的。

微课：超星学习通·学院《高等数学》§4.3 分部积分法。

前面的方法虽然可以解决许多函数的不定积分问题，但是仍然有一部分函数的不定积分不能解决。例如 $\int x\sin x\mathrm{d}x$，$\int \arcsin x\mathrm{d}x$，$\int \mathrm{e}^x\cos x\mathrm{d}x$ 等。为此本节将讨论一种新的积分方法——分部积分法。

分部积分法是一种基本积分方法，它是由两个函数乘积的微分运算法则推得的一种求积分的基本方法。这种方法主要是解决某些被积函数是两类不同函数乘积的不定积分问题。

设函数 $u=u(x)$，$v=v(x)$都是连续可导函数，则 $\int u\mathrm{d}v=?$

设函数 $u=u(x)$，$v=v(x)$都有连续导数 $u'(x)$和 $v'(x)$，则由两个函数乘积的微分运算法则 $\mathrm{d}(uv)=u\mathrm{d}v+v\mathrm{d}u$，可得 $u\mathrm{d}v=\mathrm{d}(uv)-v\mathrm{d}u$，两边积分，得

$$\int u\mathrm{d}v = uv - \int v\mathrm{d}u \quad 或 \quad \int uv'\mathrm{d}x = uv - \int vu'\mathrm{d}x$$

定理　设 $u=u(x)$，$v=v(x)$都是连续可导函数，则有 $\int u\mathrm{d}v = uv - \int v\mathrm{d}u$。

说明：$\int u\mathrm{d}v = uv - \int v\mathrm{d}u$ 称为**分部积分公式**。它把 uv'的积分转化为 vu'的积分，当右边的积分可以求出来时，就发挥出了分部积分公式的作用。

例 1　求 $\int x\mathrm{e}^x\mathrm{d}x$。

解：设 $u=x$，$\mathrm{d}v=\mathrm{e}^x\mathrm{d}x$，即 $v'=\mathrm{e}^x$，由分部积分公式得

$$\int x\mathrm{e}^x\mathrm{d}x = \int x\mathrm{d}\mathrm{e}^x = x\mathrm{e}^x - \int \mathrm{e}^x\mathrm{d}x = x\mathrm{e}^x - \mathrm{e}^x + C$$

注意　分部积分法的关键是正确选择 u 和 v，一般应考虑两点：

1）必须使积分 $v = \int v'\mathrm{d}x$ 计算方便；

2）$\int v\mathrm{d}u$ 要比$\int u\mathrm{d}v$ 容易求出。

本例如果改变 u 和 v'的选择为 $u=\mathrm{e}^x$，$\mathrm{d}v=x\mathrm{d}x$（或 $v'=x$），则将 $u'=\mathrm{e}^x$，$v = \int x\mathrm{d}x = \frac{1}{2}x^2$ 代入分部积分公式，得 $\int x\mathrm{e}^x\mathrm{d}x = \frac{\mathrm{e}^x}{2}x^2 - \int \frac{1}{2}x^2\mathrm{e}^x\mathrm{d}x$，现在等号右边的积分反而比原积分更复杂，因此不可取。

例 2　求 $\int x\cos x\mathrm{d}x$

解：设 $u=x$，$\mathrm{d}v=\cos x\mathrm{d}x$，则 $\mathrm{d}u=\mathrm{d}x$，$v=\sin x$，代入分部积分公式得

$$\int x\cos x\mathrm{d}x = \int x\mathrm{d}\sin x = x\sin x - \int \sin x\mathrm{d}x = x\sin x + \cos x + C$$

例 3　求 $\int x\arctan x\mathrm{d}x$。

解：设 $u=\arctan x$，$\mathrm{d}v=x\mathrm{d}x$，则 $\mathrm{d}u=\frac{\mathrm{d}x}{1+x^2}$，$v=\frac{x^2}{2}$，所以

$$\begin{aligned}\int x\arctan x\mathrm{d}x &= \frac{x^2}{2}\arctan x - \frac{1}{2}\int \frac{x^2}{1+x^2}\mathrm{d}x = \frac{x^2}{2}\arctan x - \frac{1}{2}\int \frac{x^2+1-1}{1+x^2}\mathrm{d}x \\ &= \frac{x^2}{2}\arctan x - \frac{1}{2}x + \frac{1}{2}\arctan x + C\end{aligned}$$

例 4　求 $\int \ln x\mathrm{d}x$。

解：设 $u=\ln x$，$\mathrm{d}v=\mathrm{d}x$，则 $\mathrm{d}u=\frac{1}{x}\mathrm{d}x$，$v=x$，所以

$$\int \ln x\mathrm{d}x = x\ln x - \int x\frac{1}{x}\mathrm{d}x = x\ln x - x + C$$

例 5　求 $\int x\ln x\mathrm{d}x$。

解：$\int x\ln x\mathrm{d}x = \frac{1}{2}\int \ln x\mathrm{d}(x^2) = \frac{1}{2}\left[x^2\ln x - \int x^2\mathrm{d}(\ln x)\right] = \frac{1}{2}\left(x^2\ln x - \int x\mathrm{d}x\right)$

$$= \frac{1}{2}\left(x^2\ln x - \frac{1}{2}x^2\right) + C = \frac{1}{2}x^2\ln x - \frac{1}{4}x^2 + C$$

由以上讨论可知，当被积函数是两种不同类型函数的乘积时，可考虑分部积分法。凑微分的具体做法如下：

1）当被积函数是多项式与指数函数或三角函数的乘积时，将指数函数或三角函数乘 dx 部分凑微分；

2）当被积函数是多项式与对数函数或反三角函数乘积时，将多项式乘 dx 部分凑微分。

例 6 求 $\int \mathrm{e}^x\cos x\mathrm{d}x$。

解：这是指数函数与三角函数乘积的积分，可以任选二者之一（如 e^x）作为 v'，有

$$\int \mathrm{e}^x\cos x\mathrm{d}x = \int \cos x\mathrm{d}(\mathrm{e}^x) = \mathrm{e}^x\cos x + \int \mathrm{e}^x\sin x\mathrm{d}x$$

等式右边的积分，仍然是指数函数与三角函数乘积的积分，且与左边积分相似，对其再次使用分部积分法，仍选 e^x 作为 v'，有

$$\int \mathrm{e}^x\sin x\mathrm{d}x = \int \sin x\mathrm{d}\mathrm{e}^x = \mathrm{e}^x\sin x - \int \mathrm{e}^x\cos x\mathrm{d}x$$

于是
$$\int \mathrm{e}^x\cos x\mathrm{d}x = \mathrm{e}^x\cos x + \mathrm{e}^x\sin x - \int \mathrm{e}^x\cos x\mathrm{d}x$$

移项得
$$2\int \mathrm{e}^x\cos x\mathrm{d}x = \mathrm{e}^x\cos x + \mathrm{e}^x\sin x$$

所以
$$\int \mathrm{e}^x\cos x\mathrm{d}x = \frac{\mathrm{e}^x\cos x + \mathrm{e}^x\sin x}{2} + C$$

注意 （1）由以上讨论可知，当被积函数是两种不同类型函数乘积时，可考虑分部积分法。凑微分的具体做法如下：

1）当被积函数是幂函数与指数函数或三角函数的乘积时，将指数函数或三角函数乘 dx 部分凑微分。例如，$x^n\mathrm{e}^x$，$x^n\sin x$，$\mathrm{e}^x\cos x$，取 $u = x^n$，余者去凑 dv。

2）当被积函数是幂函数与对数函数或反三角函数乘积时，将幂函数乘 dx 部分凑微分。例如，$x^n\ln x$　$x^n\arcsin x$，$x^n\arctan x$，通常分别取 $u = \ln x$，$\arcsin x$，$\arctan x$，余者去凑 dv。

（2）在应用分部积分法解题的过程中，有时多次使用分部积分公式后，所求积分会再次出现，于是就得到一个关于所求积分的方程，解此方程即可求得不定积分，这在分部积分中是一种常用的技巧。

（3）有时求不定积分时，还经常会将换元积分法与分部积分法结合起来使用。

***例 7** 求 $\int \mathrm{e}^{\sqrt[3]{x}}\mathrm{d}x$。

解：　先用换元法。设 $\sqrt[3]{x} = t$，则 $x = t^3$，$\mathrm{d}x = 3t^2\mathrm{d}t$。于是

$$\int \mathrm{e}^{\sqrt[3]{x}}\mathrm{d}x = 3\int t^2\mathrm{e}^t\mathrm{d}t$$

再用分部积分法，可得 $\int t^2\mathrm{e}^t\mathrm{d}t = \mathrm{e}^t(t^2 - 2t + 2) + C$，所以

$$\int e^{\sqrt[3]{x}}dx = 3\int t^2 e^t dt = 3e^t(t^2-2t+2)+C = 3e^{\sqrt[3]{x}}(\sqrt[3]{x^2}-2\sqrt[3]{x}+2)+C$$

能力训练 4.3

A 组题

1. 填空题

(1) $\int \ln 2x dx =$ ________________。

(2) $\int x\sin x dx =$ ________________。

2. 求下列不定积分：

(1) $\int x^2 \ln x dx$ ；　(2) $\int x^2 e^x dx$；　(3) $\int x^2 \cos x dx$；

(4) $\int x e^{-x} dx$；　(5) $\int \frac{\ln x}{x^2} dx$；　(6) $\int e^{\sqrt{x}} dx$。

B 组题

求下列不定积分：

(1) $\int \frac{\ln x}{\sqrt{x}} dx$；　(2) $\int 4x\cos 2x dx$；　(3) $\int e^{2x}\sin 3x dx$。

4.4 积分表的使用

通过以上各节的讨论可以看出，求不定积分的计算要比求导数更为灵活和复杂。为了使用方便，把一些常用的积分公式汇集成表，这种表叫作积分表。本章附录 A 列出了积分表，以供查阅。该积分表是按照被积函数的类型来编排的。求积分时，可根据被积函数的类型直接查表或经过简单的变形后，在表内查得所需的结果。

下面通过例子来说明积分表的使用方法。

例 1　求 $\int \frac{x}{(4x+3)^2} dx$。

解：被积函数含有 $a+bx$，在积分表(一)中查得公式(7)

$$\int \frac{x}{(a+bx)^2} dx = \frac{1}{b^2}\left(\ln|a+bx| + \frac{a}{a+bx}\right) + C$$

由 $a=3$，$b=4$，得

$$\int \frac{x}{(4x+3)^2} dx = \frac{1}{16}\left(\ln|4x+3| + \frac{3}{4x+3}\right) + C$$

例 2　求 $\int \sqrt{x^2-4x+8} dx$。

解：被积函数含有 $\sqrt{a+bx+cx^2}$　$(c>0)$，在积分表(九)中查得式(78)

$$\int \sqrt{a+bx+cx^2}\mathrm{d}x = \frac{2cx+b}{4c}\sqrt{a+bx+cx^2} - \frac{b^2-4ac}{8\sqrt{c^3}}\ln\left|2cx+b+2\sqrt{c}\sqrt{a+bx+cx^2}\right| + C$$

由 $a=8$，$b=-4$，$c=1$，得

$$\int \sqrt{x^2-4x+8}\mathrm{d}x = \frac{2x-4}{4}\sqrt{x^2-4x+8} - \frac{16-32}{8}\ln\left|2x-4+2\sqrt{x^2-4x+8}\right| + C$$

$$= \frac{x-2}{2}\sqrt{x^2-4x+8} + 2\ln\left|2(x-2)+2\sqrt{x^2-4x+8}\right| + C$$

$$= \frac{x-2}{2}\sqrt{x^2-4x+8} + 2\ln\left|x-2+\sqrt{x^2-4x+8}\right| + C_1$$

其中 $C_1 = 2\ln 2 + C$。

例3 求 $\int \frac{\mathrm{d}x}{3-2\cos x}$。

解：被积函数含有三角函数，在积分表（十一）中查得关于积分 $\int \frac{\mathrm{d}x}{a+b\cos x}$ 的公式，但是公式有两个，要根据 $a^2>b^2$ 或 $a^2<b^2$ 来决定采用哪一个。

由 $a=3$，$b=-2$，$a^2>b^2$ 可知应采用式(110)

$$\int \frac{\mathrm{d}x}{a+b\cos x} = \frac{2}{\sqrt{a^2-b^2}}\arctan\left(\sqrt{\frac{a-b}{a+b}}\tan\frac{x}{2}\right) + C \quad (a^2>b^2)$$

于是

$$\int \frac{\mathrm{d}x}{3-2\cos x} = \frac{2}{\sqrt{3^2-(-2)^2}}\arctan\left(\sqrt{\frac{3-(-2)}{3+(-2)}}\tan\frac{x}{2}\right) + C$$

$$= \frac{2\sqrt{5}}{5}\arctan\left(\sqrt{5}\tan\frac{x}{2}\right) + C$$

以上三个例子都是可以从积分表中直接查得结果的，下面列举一个需要先进行变量代换，然后再查表求积分的例子。

例4 求 $\int \frac{\mathrm{d}x}{x\sqrt{9x^2+4}}$。

解：这个积分不能从积分表中直接查到，需要先进行变量代换。

令 $3x=u$，则 $\sqrt{9x^2+4}=\sqrt{u^2+2^2}$，$x=\frac{u}{3}$，$\mathrm{d}x=\frac{1}{3}\mathrm{d}u$。

于是

$$\int \frac{\mathrm{d}x}{x\sqrt{9x^2+4}} = \int \frac{\frac{1}{3}\mathrm{d}u}{\frac{u}{3}\sqrt{u^2+2^2}} = \int \frac{\mathrm{d}u}{u\sqrt{u^2+2^2}}$$

被积函数中含有 $\sqrt{u^2+2^2}$，在积分表（五）中查到式(39)

$$\int \frac{dx}{x\sqrt{x^2+a^2}} = \frac{1}{a}\ln\left|\frac{x}{a+\sqrt{x^2+a^2}}\right| + C$$

由 $a=2$，x 相当于 u，于是

$$\int \frac{dx}{u\sqrt{u^2+2^2}} = \frac{1}{2}\ln\left|\frac{u}{2+\sqrt{u^2+2^2}}\right| + C$$

再把 $u=3x$ 代入，最后得到

$$\int \frac{dx}{x\sqrt{9x^2+4}} = \frac{1}{2}\ln\left|\frac{3x}{2+\sqrt{9x^2+4}}\right| + C$$

最后，再举一个需要用到递推公式来求积分的例子。

例 5　求 $\int \cos^4 x dx$。

解：在积分表(十一)中查到式(100)

$$\int \cos^n x dx = \frac{\cos^{n-1}x\sin x}{n} + \frac{n-1}{n}\int \cos^{n-2}x dx$$

由 $n=4$，于是

$$\int \cos^4 x dx = \frac{1}{4}\cos^3 x\sin x + \frac{3}{4}\int \cos^2 x dx$$

对积分 $\int \cos^2 x dx$ 再用式(98)，可得

$$\int \cos^2 x dx = \frac{x}{2} + \frac{1}{4}\sin 2x + C_1$$

从而所求积分为

$$\int \cos^4 x dx = \frac{1}{4}\cos^3 x\sin x + \frac{3x}{8} + \frac{3}{16}\sin 2x + C$$

一般来说，查积分表可以节省计算积分的时间，但是只有掌握了前面学过的基本积分方法才能灵活地使用积分表，而且对于一些比较简单的积分，应用基本积分方法直接计算甚至还比查表更快些。例如，对 $\int \sin^2 x\cos^3 x dx$，用变换 $u=\sin x$ 很快就可得到结果。所以，求积分时究竟是直接计算还是查表，还是两者结合使用，应当作具体分析，不能一概而论。

最后需要指出的是：在学习求积分的阶段，除了指定可以查积分表以外，一般都不允许查表，必须通过计算熟练地掌握基本积分方法。

到这里，已经介绍了求不定积分的几种基本方法。一般来说，求初等函数不定积分的方法是不唯一的，并伴随着一定的技巧。因此，求不定积分(或原函数)要比求导数困难得多。需要指出的是，通常所说的“求不定积分”，是指怎样用初等函数把这个不定积分(或原函数)表示出来。从这种意义上说，并不是任何初等函数的不定积分都能“求出”来的。例如 $\int e^{-x^2}dx$，$\int \frac{1}{\ln x}dx$，$\int \frac{\sin x}{x}dx$ 等，虽然它们都存在，但却无法用初等函数来表示。

能力训练 4.4

A 组题

计算下列不定积分：

(1) $\int \frac{5x+4}{x^2+2x+3}\mathrm{d}x$；　(2) $\int \sin^4 x\cos^2 x\mathrm{d}x$；　(3) $\int \mathrm{e}^x\sin^2 x\mathrm{d}x$。

B 组题

利用积分表计算下列不定积分：

(1) $\int \frac{\mathrm{d}x}{\sqrt{5-4x+x^2}}$；　(2) $\int \frac{\mathrm{d}x}{x^2+2x+5}$；　(3) $\int \sqrt{3x^2-2}\mathrm{d}x$；　(4) $\int \ln^3 x\mathrm{d}x$。

学 习 指 导

一、基本要求及重点

1. 基本要求

1）正确理解原函数和不定积分两个基本概念，掌握不定积分的性质，知道连续函数必有原函数。

2）熟练掌握基本积分公式和运算法则。

3）掌握两类换元积分法和分部积分法。

①基本积分方法（直接积分法）：被积函数经恒等变形后利用基本积分公式、运算性质进行积分。

②第一类换元积分法（凑微分法）：被积函数为两部分的积，其中一部分是复合函数，另一部分则是中间变量的导数；要熟悉常见凑微分的形式。

③第二类换元积分法：被积函数往往是含有根式，不易被“积出”时要熟悉根式、几种不同形式下的代换函数。

④分部积分法：被积函数通常是两种不同类型函数乘积，实际应用时要熟记几种常见被积函数类型。

2. 重点

原函数与不定积分的概念，换元积分法与分部积分法。

二、内容小结与典型例题分析

1. 不定积分的有关概念

不定积分的定义是在原函数的基础上产生的，又若 $f(x)$ 在某区间内有一个原函数，则 $f(x)$ 就有无穷多个原函数，且任意两个原函数之间仅相差一个常数，所以 $f(x)$ 的全体原函数就是 $f(x)$ 的不定积分，可表示为 $F(x)+C$（C 为常数），即 $\int f(x)\mathrm{d}x = F(x)+C$。

不定积分与原函数在概念上的区别：前者是集合，后者是该集合的一个元素。

2. 不定积分的几何意义

不定积分的几何意义是一族互相平行的积分曲线。

注意　从运算角度看，“计算不定积分”和“计算导数”(或“求微分”)是两种互逆(相差一个常数)的运算。要正确理解两种运算相“抵消”的意义。

3. 不定积分的性质、基本公式、积分方法

(1) 不定积分的性质

1)不定积分与求导或微分互为逆运算。

2)两函数之和的不定积分等于各自不定积分的和。

3)被积函数的非零常数因子可以移到积分号外。

(2) 积分方法

1) 直接积分法：利用基本积分表中的积分公式、不定积分的性质，或者对被积函数进行简单的恒等变换后直接积分。

2) 换元积分法。

第一类换元积分法：设 $\int f(u)\mathrm{d}u = F(u) + C$，则

$$\int f[\varphi(x)]\varphi'(x)\mathrm{d}x = \int f[\varphi(x)]\mathrm{d}\varphi(x) = F[\varphi(x)] + C$$

其中 $\varphi(x)$ 可导，$\varphi'(x)$ 连续。

第二类换元积分法(通常去根号用)：设 $x=\varphi(t)$，$\varphi(t)$ 可导，$\varphi'(t)$ 连续，则

$$\int f(x)\mathrm{d}x = \int f[\varphi(t)]\varphi'(t)\mathrm{d}t = F(t) + C = F[\varphi^{-1}(x)] + C$$

3)分部积分法：

$$\int u\mathrm{d}v = uv - \int v\mathrm{d}u$$

这一方法的重点是正确地选择 u 和 $\mathrm{d}v$。如果被积函数是正整指数的幂函数与指数函数、正弦函数、余弦函数之积时，应选择幂函数为 u；当被积函数是幂函数与对数函数、反三角函数的乘积时，要把对数函数、反三角函数选择为 u。在应用分部积分法进行计算时，有时要多次使用这一方法才能得出结果。有时在多次使用这一方法后，式中又出现了原来的积分，这时应该移项利用解方程的方法求出结果。

有时要几种方法交替使用才能计算出结果。另外，一个题的积分方法也不是唯一的，在计算中应选择最简单的方法。由于采取的积分方法不同，一个题可能得到不同的计算结果。但是这些结果是同一族的函数，它们之间最多相差一个常数。

例 1　求下列不定积分：

(1) $\int \tan x\mathrm{d}x$；　　(2) $\int \tan^2 x\mathrm{d}x$；　　(3) $\int \tan^3 x\mathrm{d}x$；

解：以上 4 题的解题方法类似。

(1) $\int \tan x\mathrm{d}x = -\ln|\cos x| + C$

(2) $\int \tan^2 x\mathrm{d}x = \int(\sec^2 x - 1)\mathrm{d}x = \tan x - x + C$

(3) $\int \tan^3 x\mathrm{d}x = \int \tan x(\sec^2 x - 1)\mathrm{d}x = \int \tan x\mathrm{d}(\tan x) - \int \tan x\mathrm{d}x$

$$= \frac{1}{2}\tan^2 x + \ln|\cos x| + C$$

例 2 求 $\int \frac{1}{e^x - e^{-x}} dx$。

解： $\int \frac{1}{e^x - e^{-x}} dx = \int \frac{e^x}{e^{2x} - 1} dx = \int \frac{1}{(e^x - 1)(e^x + 1)} d(e^x) = \frac{1}{2}\int \left(\frac{1}{e^x - 1} - \frac{1}{e^x + 1}\right) d(e^x)$

$$= \frac{1}{2}\int \frac{1}{e^x - 1} d(e^x - 1) - \frac{1}{2}\int \frac{1}{e^x + 1} d(e^x + 1)$$

$$= \frac{1}{2}[\ln|e^x - 1| - \ln|e^x + 1|] + C = \frac{1}{2}\ln\left|\frac{e^x - 1}{e^x + 1}\right| + C$$

例 3 求下列不定积分：

(1) $\int \frac{dx}{\sqrt{x}(1 + x)}$；　　(2) $\int \frac{dx}{e^x + 1}$。

解： 对这种类型的题，一般可用两种解法。

(1) 法一　$\int \frac{dx}{\sqrt{x}(1 + x)} = 2\int \frac{d(\sqrt{x})}{1 + (\sqrt{x})^2} = 2\arctan\sqrt{x} + C$

法二　令 $\sqrt{x} = t$，$x = t^2$，则 $dx = 2t dt$，于是

$$\int \frac{dx}{\sqrt{x}(1 + x)} = \int \frac{1}{t(1 + t^2)} 2t dt = 2\int \frac{1}{1 + t^2} dt = 2\arctan t + C = 2\arctan\sqrt{x} + C$$

(2) 法一　$\int \frac{1}{e^x + 1} dx = \int \frac{(e^x + 1) - e^x}{e^x + 1} dx = \int dx - \int \frac{e^x}{e^x + 1} dx$

$$= x - \int \frac{1}{e^x + 1} d(e^x + 1) = x - \ln(e^x + 1) + C$$

法二　令 $e^x = t$，$x = \ln t$，则 $dx = \frac{1}{t} dt$，于是

$$\int \frac{1}{e^x + 1} dx = \int \frac{1}{t(t + 1)} dt = \int \frac{1}{t} dt - \int \frac{1}{1 + t} dt$$

$$= \ln|t| - \ln|1 + t| + C = \ln e^x - \ln(e^x + 1) + C$$

$$= x - \ln(e^x + 1) + C$$

例 4 求 $\int \cos\sqrt{x} dx$。

解： 对这种类型的题，一般采用分部积分法。

令 $\sqrt{x} = t$，$x = t^2$，$dx = 2t dt$，于是有

$$\int \cos\sqrt{x} dx = 2\int t\cos t dt = 2\int t d(\sin t) = 2t\sin t - 2\int \sin t dt$$

$$= 2t\sin t + 2\cos t + C = 2\sqrt{x}\sin\sqrt{x} + 2\cos\sqrt{x} + C$$

***例 5** 已知 $f(x)$ 的一个原函数为 $(1 + \sin x)\ln x$，求 $\int x f'(x) dx$。

解： 用分部积分法。$\int x f'(x) dx = \int x d[f(x)] = x f(x) - \int f(x) dx$

$$= x f(x) - (1 + \sin x)\ln x + C$$

由题意，$f(x)$ 的一个原函数为 $(1 + \sin x)\ln x$，所以

$$f(x) = \{(1 + \sin x)\ln x\}' = \cos x \ln x + \frac{1 + \sin x}{x}$$

故
$$\int xf'(x)\mathrm{d}x = x\left(\cos x\ln x + \frac{1+\sin x}{x}\right) - (1+\sin x)\ln x + C$$
$$= x\cos x\ln x + \sin x - (1+\sin x)\ln x + C_1(C_1 = C+1)$$

综合训练 4

A 组题

1. 填空题

(1) 如果 e^{-x} 是函数 $f(x)$ 的一个原函数，则 $\int f(x)\mathrm{d}x =$ ____________。

(2) 若 $\int f(x)\mathrm{d}x = 2\cos\frac{x}{2} + C$，则 $f(x) =$ ____________。

(3) 设 $f(x) = \frac{1}{x}$，则 $\int f'(x)\mathrm{d}x =$ ____________。

(4) $\int f(x)\mathrm{d}[f(x)] =$ ____________。

(5) $\int \sin x\cos x\mathrm{d}x =$ ____________。

2. 选择题

(1) 设 $\int f(x)\mathrm{d}x = \frac{3}{4}\ln\sin 4x + C$，则 $f(x) =$ (　　)。

A. $\cot 4x$　　B. $-\cot 4x$　　C. $3\cos 4x$　　D. $3\cot 4x$

(2) 若 $f(x)$ 为可导可积函数，则(　　)。

A. $\left[\int f(x)\mathrm{d}x\right]' = f(x)$　　B. $\mathrm{d}\left[\int f(x)\mathrm{d}x\right] = f(x)$

C. $\int f'(x)\mathrm{d}x = f(x)$　　D. $\int \mathrm{d}f(x) = f(x)$

(3) 下列凑微分式中正确的是(　　)。

A. $\sin 2x\mathrm{d}x = \mathrm{d}(\sin^2 x)$　　B. $\frac{\mathrm{d}x}{\sqrt{x}} = \mathrm{d}(\sqrt{x})$

C. $\ln|x|\mathrm{d}x = \mathrm{d}\left(\frac{1}{x}\right)$　　D. $\arctan x\mathrm{d}x = \mathrm{d}\left(\frac{1}{1+x^2}\right)$

3. 求下列不定积分：

(1) $\int \frac{1}{9-4x^2}\mathrm{d}x$；　　(2) $\int \arcsin x\mathrm{d}x$；　　(3) $\int \frac{x+\arctan x}{1+x^2}\mathrm{d}x$。

B 组题

1. 设 $f(x)$ 的原函数为 $\frac{\sin x}{x}$，求 $\int xf'(x)\mathrm{d}x$。

2. 求下列不定积分：

(1) $\int \frac{\tan x}{\cos^4 x}\mathrm{d}x$；　　(2) $\int \frac{x}{x-\sqrt{x^2-1}}\mathrm{d}x$。

第 5 章　定积分及其应用

作为求导数的反问题，在上一章引入了不定积分的概念及其计算方法，这是积分学的第一个基本问题。积分学的另一个基本问题是定积分。本章将阐明定积分的定义、基本性质以及应用。此外，将重点讲述体现微分法与积分法之间关系的微积分学基本定理，它把过去一直分开研究的微分和积分彼此互逆地联系起来，成为一个有机的整体。

定积分是高等数学中的一个重要概念，它的思想方法适用于非均匀变化、同时又具有可加性的量求总和的所有实际问题。从历史上看，定积分是为了计算平面上封闭曲线围成的图形的面积而产生，而平面上封闭曲线所围成的平面图形的面积计算，又依赖于曲边梯形的面积的计算。

5.1　定积分的概念

本节导学

1）定积分的概念是从曲边梯形的面积及变速直线运动的路程引出的，抓住其数量关系上的共同本质与特征加以概括，就可以抽象出特殊的和式极限——定积分。

2）由定积分的概念出发，进而可以得出可积的条件及定积分的几何意义。结合函数的图形，根据定积分的几何意义，就能求出求简单函数的定积分。

3）本节的学习重点是建立定积分的概念，学习难点则是用定积分的定义求一些函数的定积分。

微课：超星学习通·学院《高等数学》§5.1 定积分的概念。

5.1.1　引入定积分的实例

1. 求曲边梯形的面积

设 $y=f(x)$ 为闭区间 $[a, b]$ 上的连续函数，且 $f(x)\geqslant 0$。由曲线 $y=f(x)$，直线 $x=a$，$x=b$ 及 x 轴所围成的平面图形（见图 5-1）称为 $f(x)$ 在 $[a, b]$ 上的曲边梯形，试求这曲边梯形的面积。

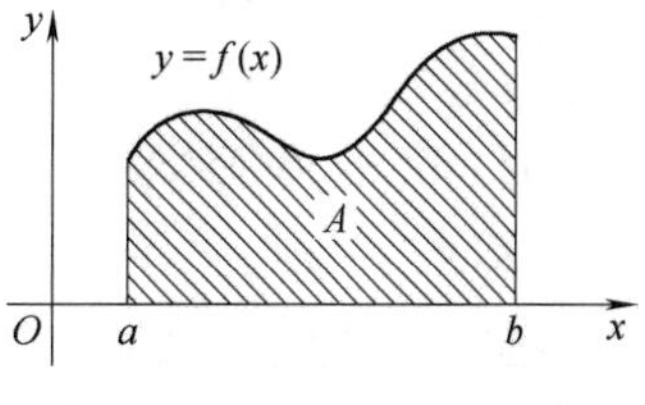

图　5-1

由于曲边梯形的高 $f(x)$ 是随 x 而变化的，所以不能直接按矩形或直角梯形的面积公式去计算它的面积。但可以用平行于 y 轴的直线将曲边梯形细分为许多小曲边梯形，在每个小曲边梯形以其底边一点的函数值为高，得到相应的小矩形，把所有这些小矩形的面积加起来，就得到原曲边梯形面积的近似值（见图 5-2、图 5-3）。容易想象，把曲边梯形分得越细，所得到的近似值就越接近原曲边梯形的面积，即

$$A = \lim_{\lambda \to 0} \sum_{i=1}^{n} f(\xi_i) \Delta x_i$$

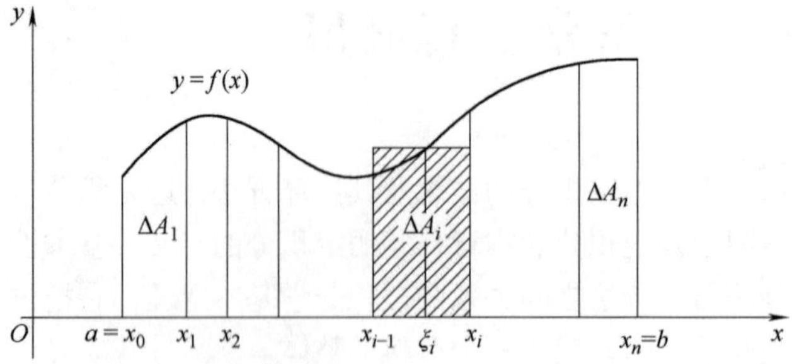

图　5-2

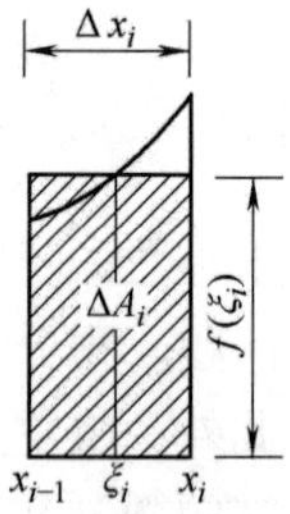

图　5-3

2. 变速直线运动的路程

设某物体做直线运动，其速度 $v=v(t)$ 是时间 t 的连续函数。试求该物体从时刻 $t=a$ 到时刻 $t=b$ 这一段时间内所经过的路程 s。

因为变速运动的速度 $v=v(t)$ 随时间 t 而变化，所以不能直接用匀速运动公式的时间乘以速度来计算路程，但仍可以用类似于计算曲边梯形面积的方法与步骤来解决所述问题，即有

$$s(t) = \lim_{\lambda \to 0} \sum_{i=1}^{n} v(\tau_i) \Delta t_i$$

以上两个问题分别来自于几何与物理中，两者的性质截然不同，但是确定它们的量所使用的数学方法是一样的，即归结为对某个量进行"分割、近似求和、取极限"，或者说都转化为具有特定结构的和式(5.1.1)的极限问题。在自然科学和工程技术中有很多问题，如变力沿直线做功、不规则物体的质量、旋转体的体积等，都需要用类似的方法去解决，从而促使人们对这种和式的极限问题加以抽象的研究，由此产生了定积分的概念。

5.1.2　定积分的定义

定义　设函数 $f(x)$ 在区间 $[a, b]$ 上有定义，在区间 $[a, b]$ 上任意插入 $n-1$ 个分点

$$a = x_0 < x_1 < x_2 < \cdots < x_{n-1} < x_n = b$$

将区间 $[a, b]$ 分割成 n 个小区间

$$[x_0, x_1], [x_1, x_2], \cdots, [x_{n-1}, x_n]$$

各个小区间的长度依次为

$$\Delta x_1 = x_1 - x_0, \Delta x_2 = x_2 - x_1, \cdots, \Delta x_n = x_n - x_{n-1}$$

在每一个小区间 $[x_{i-1}, x_i]$ 上任取一点 ξ_i　$(x_{i-1} \leqslant \xi_i \leqslant x_i)$，作函数值 $f(\xi_i)$ 与小区间长度 Δx_i 的乘积 $f(\xi_i)\Delta x_i$　$(i=1, 2, \cdots, n)$，并做出和式（也称为积分和）

$$\sum_{i=1}^{n} f(\xi_i) \Delta x_i$$

令 $\lambda = \max\{\Delta x_1, \Delta x_2, \cdots, \Delta x_n\}$，如果不论对区间 $[a, b]$ 的分法如何，也不论在小区间 $[x_{i-1}, x_i]$ 上点 ξ_i 的取法如何，只要当 $\lambda \to 0$ 时，上述和式的极限存在，则称函数 $f(x)$ 在 $[a, b]$ 上**可积**，并称此极限值为函数 $f(x)$ 在 $[a, b]$ 上的**定积分**（简称积分），记作 $\int_a^b f(x)\mathrm{d}x$，

即

$$\int_a^b f(x)\mathrm{d}x = \lim_{\lambda \to 0}\sum_{i=1}^{n} f(\xi_i)\Delta x_i$$

其中，“$\int$”称为积分号，$f(x)$称为被积函数，x称为积分变量，$f(x)\mathrm{d}x$称为被积表达式，$[a, b]$称为积分区间，a称为积分下限，b称为积分上限。

根据定积分的定义，上述两个实际问题就可以表示为定积分，请读者试着写出。

关于定积分的定义，再强调说明几点：

1）由定义可知，当$f(x)$在区间$[a, b]$上的定积分存在时，它的值只与被积函数$f(x)$以及积分区间$[a, b]$有关，而与积分变量x无关，所以定积分的值不会因积分变量的改变而改变，即有

$$\int_a^b f(x)\mathrm{d}x = \int_a^b f(t)\mathrm{d}t = \cdots = \int_a^b f(u)\mathrm{d}u$$

2）上面仅对$a<b$的情形定义了积分$\int_a^b f(x)\mathrm{d}x$，为了今后使用方便，对$a=b$与$a>b$的情况作如下补充规定：

① 当$a=b$时，规定$\int_a^b f(x)\mathrm{d}x = 0$；

② 当$a > b$时，规定$\int_a^b f(x)\mathrm{d}x = -\int_b^a f(x)\mathrm{d}x$。

定义中提到不论对$[a, b]$怎样划分，也不论ξ_i怎样选取，当$\lambda \to 0$时，所有这些和式的极限都存在，称此极限值为在区间上的定积分，那么满足怎样的条件，这些和式的极限才存在呢？这就是下面要讨论的可积条件。

定理 5.1.1　(可积的必要条件)若函数$f(x)$在区间$[a, b]$上可积，则$f(x)$在$[a, b]$上有界。

定理 5.1.2　若函数$f(x)$在区间$[a, b]$上连续，则函数$f(x)$在$[a, b]$上可积。

定理 5.1.3　若函数$f(x)$在区间$[a, b]$上有界，且只有有限个间断点，则函数$f(x)$在$[a, b]$上可积。

定理 5.1.4　若函数$f(x)$在区间$[a, b]$上单调有界，则函数$f(x)$在$[a, b]$上可积。

由于这三个定理的证明已超过本书的要求，故这里略去。

5.1.3　定积分的几何意义

根据上一节的定义可知，前面的实例中$f(x)$在$[a, b]$上的曲边梯形的面积就是$f(x)$从a到b的定积分(见图 5-4)，即

$$\int_a^b f(x)\mathrm{d}x = A$$

这就是定积分的几何意义。

注意到：若$f(x) \leqslant 0$，则由$f(\xi_i) \leqslant 0$及$\Delta x_i > 0$，可知$\int_a^b f(x)\mathrm{d}x \leqslant 0$。这时曲边梯形位于$x$轴的下方(见图 5-5)，可认为它是面积的负数，即

$$\int_a^b f(x)\mathrm{d}x = -A$$

因此，当$f(x)$在区间$[a, b]$上的值有正有负时，定积分$\int_a^b f(x)\mathrm{d}x$的值就是各个曲边梯形

面积的代数和(见图5-6)，x 轴上方图形的面积带“+”号，x 轴下方图形的面积带“-”号，即

$$\int_a^b f(x)\,\mathrm{d}x = A_1 - A_2 + A_3$$

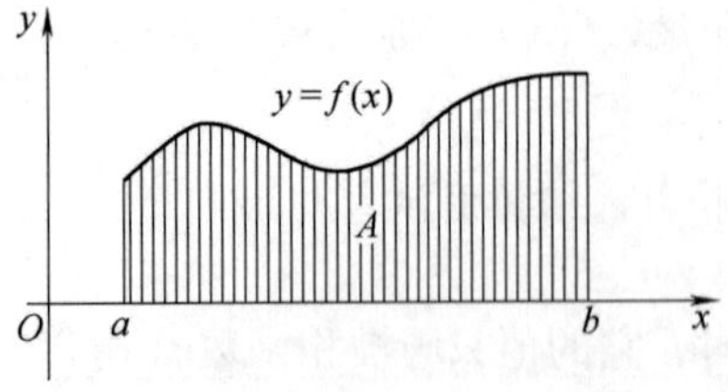

图　5-4

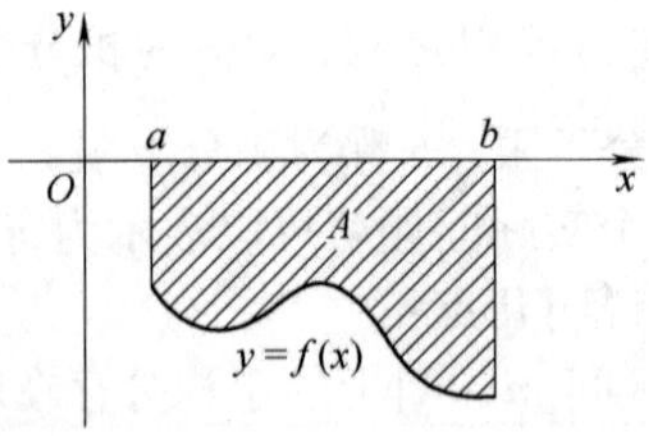

图　5-5

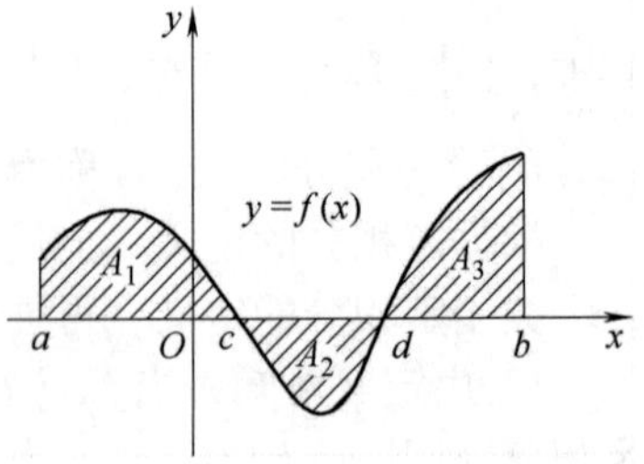

图　5-6

例1　求 $\int_0^1 2x\mathrm{d}x$ 的值。

解： 如图5-7所示，由定积分的几何意义知此式表示的是 $x=1$，$y=0$，$y=2x$ 所围成的面积，即

$$\int_0^1 2x\mathrm{d}x = S_{阴影} = \frac{1}{2}\times 1\times 2 = 1$$

例2　求 $\int_0^1 (1-x)\,\mathrm{d}x$。

解： 如图5-8所示，由定积分的几何意义知此式表示的是 $x=0$，$y=0$，$y=1-x$ 所围成的面积，即

$$\int_0^1 (1-x)\,\mathrm{d}x = \frac{1}{2}\times 1\times 1 = \frac{1}{2}$$

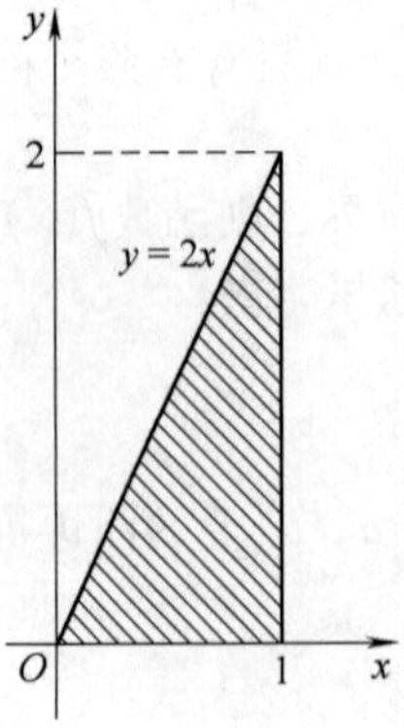

图　5-7

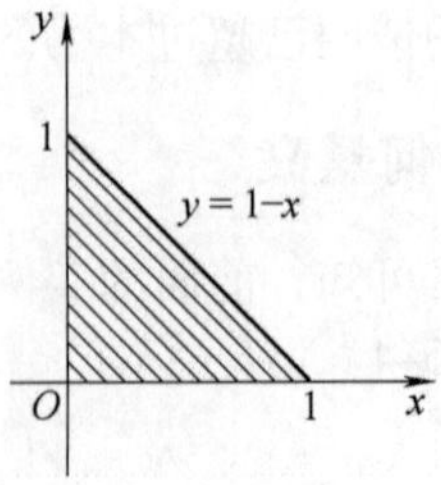

图　5-8

定积分的经济意义：已知某产品的边际成本为 $C'(Q)$，边际收益为 $R'(Q)$，边际利润为 $L'(Q)$，则

(1) $\int_0^q C'(Q)\,\mathrm{d}Q$ 表示产量(或销售量)从0到 q 的总成本；

(2) $\int_0^q R'(Q)\,\mathrm{d}Q$ 表示产量(或销售量)从0到 q 的总收益；

(3) $\int_0^q L'(Q)\mathrm{d}Q$ 表示产量(或销售量)从 0 到 q 的总利润。

这是定积分的部分经济意义，随着讨论的经济函数不同，其具体经济意义也各不同。

能力训练 5.1

A 组题

1. 如何表述定积分的几何意义？根据定积分的几何意义推出下列积分的值：

(1) $\int_{-1}^{1} x\mathrm{d}x$;　　(2) $\int_{-R}^{R} \sqrt{R^2 - x^2}\mathrm{d}x$;　　(3) $\int_0^{2\pi} \cos x\mathrm{d}x$;　　(4) $\int_{-1}^{1} |x|\mathrm{d}x$。

2. 设物体以速度 $v = 2t + 1$ 做直线运动,用定积分表示时间 t 从 0 到 5 时该物体移动的路程 s.

3. 用定积分的定义计算定积分 $\int_a^b c\mathrm{d}x$,其中 c 为一定常数。

B 组题

1. 填空题

(1) 根据定积分的几何意义计算:

$\int_{-1}^{2}(2x + 3)\mathrm{d}x =$ ________ , $\int_0^2 \sqrt{4 - x^2}\mathrm{d}x =$ ________。

(2) 设 $\int_{-1}^{1} 2f(x)\mathrm{d}x = 10$,则 $\int_{-1}^{1} f(x)\mathrm{d}x =$ ________ , $\int_1^{-1} f(x)\mathrm{d}x =$ ________。

2. 选择题

(1) 定积分 $\int_{\frac{1}{2}}^{1} x^2\ln x\mathrm{d}x$ 的值(　　)。

A. 大于零　　B. 小于零　　C. 等于零　　D. 不能确定

(2) 曲线 $y = x(x-1)(x-2)$ 与 x 轴所围成的图形的面积可表示为(　　)。

A. $\int_0^1 x(x-1)(x-2)\mathrm{d}x$;

B. $\int_0^2 x(x-1)(x-2)\mathrm{d}x$;

C. $\int_0^1 x(x-1)(x-2)\mathrm{d}x - \int_1^2 x(x-1)(x-2)\mathrm{d}x$;

D. $\int_0^1 x(x-1)(x-2)\mathrm{d}x + \int_1^2 x(x-1)(x-2)\mathrm{d}x$

3. 利用定积分的定义计算 $\int_0^1 x\mathrm{d}x$。

5.2　定积分的性质

本节导学

1) 本节是在上一节定积分概念的基础上，进一步讨论定积分的有关性质。按照定积分的特殊和式结构以及定积分的几何意义，这些性质不难理解和证明，主要包括定积分计算中的线性性质、积分区间的可加性、比较性质、定积分的估值定理和中值定理。前两条，在定积分的实际运算中经常会用到，请务必熟练掌握。

2）本节主要介绍运用定积分的估值定理来估计闭区间上的连续函数在该区间上定积分的取值范围，期间常会遇到求闭区间上函数极值的问题，以及运用定积分的比较性质来比较两个定积分的大小。

3）本节的学习难点在于灵活运用定积分的中值定理证明函数的相关问题。

微课：超星学习通 · 学院《高等数学》§5.2 定积分的性质

定积分作为一类特定结构和式的极限，具有一些特殊的性质，这些性质是定积分的理论和计算基础。下列各性质中积分上、下限的大小，如不特别指明，均不加限制，且假定各性质中所列出的定积分都是存在的。

性质 5.2.1 若$f(x)$，$g(x)$在$[a, b]$上可积，则$f(x) \pm g(x)$在$[a, b]$上也可积，且

$$\int_a^b [f(x) \pm g(x)]\,\mathrm{d}x = \int_a^b f(x)\,\mathrm{d}x \pm \int_a^b g(x)\,\mathrm{d}x$$

性质 5.2.2 若$f(x)$在$[a,b]$上可积，k为常数，则$kf(x)$在$[a,b]$上也可积，且

$$\int_a^b kf(x)\,\mathrm{d}x = k\int_a^b f(x)\,\mathrm{d}x$$

性质 5.2.3 （积分对区间的可加性）设$f(x)$是可积函数，则有

$$\int_a^b f(x)\,\mathrm{d}x = \int_a^c f(x)\,\mathrm{d}x + \int_c^b f(x)\,\mathrm{d}x$$

对a，b，c任何顺序都成立。

性质 5.2.4 如果在区间$[a,b]$上$f(x) \equiv 1$，则有

$$\int_a^b 1\,\mathrm{d}x = \int_a^b \mathrm{d}x = b - a$$

性质 5.2.5 （积分的不等式性质）若$f(x)$在$[a,b]$上可积，且$f(x) \geqslant 0$，则有

$$\int_a^b f(x)\,\mathrm{d}x \geqslant 0$$

推论 5.2.1 若$f(x)$，$g(x)$在$[a,b]$上可积，且$f(x) \leqslant g(x)$，则有

$$\int_a^b f(x)\,\mathrm{d}x \leqslant \int_a^b g(x)\,\mathrm{d}x$$

推论 5.2.2 $\left|\int_a^b f(x)\,\mathrm{d}x\right| \leqslant \int_a^b |f(x)|\,\mathrm{d}x \quad (a<b)$

性质 5.2.6 （积分估值）若$f(x)$在$[a, b]$上可积，且存在常数m和M，使对一切$x \in [a, b]$，有$m \leqslant f(x) \leqslant M$，则有

$$m(b-a) \leqslant \int_a^b f(x)\,\mathrm{d}x \leqslant M(b-a)$$

证： 因为$m \leqslant f(x) \leqslant M$，所以

$$\int_a^b m\,\mathrm{d}x \leqslant \int_a^b f(x)\,\mathrm{d}x \leqslant \int_a^b M\,\mathrm{d}x$$

从而

$$m(b-a) \leqslant \int_a^b f(x)\,\mathrm{d}x \leqslant M(b-a)$$

这个性质给出了任一连续函数的定积分的下界和上界。如果把定积分解释为曲边梯形 $aABb$ 的面积，则定积分的下界 $m(b-a)$ 和上界 $M(b-a)$，分别表示在长度为 $b-a$ 的公共底边上的内接矩形 aA_1B_1b 和外接矩形 aA_2B_2b 的面积(见图 5-9)。

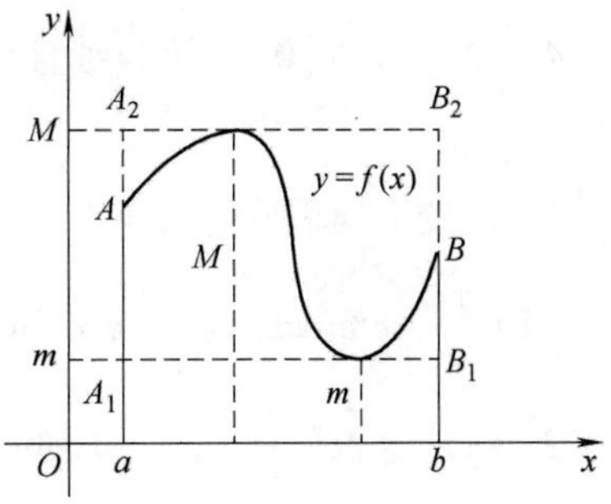

图 5-9

性质 5.2.7 (定积分中值定理)设函数 $f(x)$ 在闭区间$[a, b]$上连续，则在积分区间$[a, b]$上至少存在一点 $\xi\in[a, b]$，使得

$$\int_a^b f(x)\,\mathrm{d}x = f(\xi)(b-a)$$

成立。这个公式称为**积分中值公式**。

例 1 利用定积分的性质，比较下列积分的大小：

(1) $\int_0^1 x\mathrm{d}x$ 与 $\int_0^1 \ln(1+x)\mathrm{d}x$;　　(2) $\int_0^1 \mathrm{e}^x\mathrm{d}x$ 与 $\int_0^1 (1+x)\mathrm{d}x$ 。

解: (1)由于当 $x>0$ 时，$x>\ln(1+x)$，故 $\int_0^1 x\mathrm{d}x$ 比 $\int_0^1 \ln(1+x)\mathrm{d}x$ 大。

(2) 由于当 $x>0$ 时，$x>\ln(1+x)$，故有 $\mathrm{e}^x>1+x$，因此 $\int_0^1 \mathrm{e}^x\mathrm{d}x$ 比 $\int_0^1 (1+x)\mathrm{d}x$ 大。

例 2 估计定积分 $\int_{-1}^{2}\mathrm{e}^{-x^2}\mathrm{d}x$ 的值。

解: $f(x)=\mathrm{e}^{-x^2}$, $f'(x)=-2x\mathrm{e}^{-x^2}$，令 $f'(x)=0$，得驻点 $x=0$。在积分区间$[-1, 2]$上，比较函数在驻点和区间端点处的值：

$$f(0)=\mathrm{e}^0=1, f(-1)=\mathrm{e}^{-1}, f(2)=\mathrm{e}^{-4}$$

可知 $f(x)=\mathrm{e}^{-x^2}$ 在区间$[-1, 2]$上的最小值和最大值分别为

$$m=\frac{1}{\mathrm{e}^4},\ M=1$$

由性质 5.2.6 可得

$$\frac{1}{\mathrm{e}^4}[2-(-1)]\leqslant\int_{-1}^{2}\mathrm{e}^{-x^2}\mathrm{d}x\leqslant 1\times[2-(-1)]$$

即

$$\frac{3}{\mathrm{e}^4}\leqslant\int_{-1}^{2}\mathrm{e}^{-x^2}\mathrm{d}x\leqslant 3$$

能力训练 5.2

A 组题

1. 利用定积分的估值公式，估计 $\int_{-1}^{1}(4x^2-2x+5)\mathrm{d}x$ 的值。

2. 利用定积分的性质比较 $\int_0^1 \mathrm{e}^x\mathrm{d}x$ 与 $\int_0^1 \mathrm{e}^{x^2}\mathrm{d}x$ 的大小。

3. 证明: $\sqrt{2}\mathrm{e}^{-\frac{1}{2}} < \int_{-\frac{1}{\sqrt{2}}}^{\frac{1}{\sqrt{2}}}\mathrm{e}^{-x^2}\mathrm{d}x < \sqrt{2}$。

4. 设$f(x)$在$[0,1]$上连续且单调递减,证明:对任何$a\in(0,1)$,有$\int_0^a f(x)\mathrm{d}x \geqslant a\int_0^1 f(x)\mathrm{d}x$。

B 组题

1. 比较下列积分的大小:

(1) $\int_0^{\frac{\pi}{4}}\arctan x\mathrm{d}x$与$\int_0^{\frac{\pi}{4}}(\arctan x)^2\mathrm{d}x$;　　(2) $\int_3^4\ln x\mathrm{d}x$与$\int_3^4(\ln x)^2\mathrm{d}x$;

2. 估计定积分$\int_{-1}^3\frac{x}{x^2+1}\mathrm{d}x$的值。

3. 证明:$\frac{1}{2}\leqslant\int_1^4\frac{1}{2+x}\mathrm{d}x\leqslant 1$。

5.3 微积分的基本公式

| 本节导学 |

1) 前面第4章介绍了不定积分的知识，它与求导数是互逆的运算，但是对于被积函数，什么前提下就一定存在原函数？本节的原函数存在定理将揭示这个谜底。

2) 本章的5.1节介绍了定积分的概念，但以此来计算具体函数的定积分却非常困难，许多时候不能够操作。接下来要介绍的牛顿—莱布尼茨公式，能够比较容易地解决这个问题。因为它从原函数存在定理得来，联结了微分学与积分学、不定积分与定积分，故此常被称为“微积分基本定理”，是计算定积分的首选方法。这也是本节的学习重点。

3) 本节的学习难点是用变上限积分函数的性质求未定式的极限，以及用其求某些未知函数。

微课：超星学习通 · 学院《高等数学》§5.3 微积分基本公式

若已知函数$f(x)$在$[a, b]$上的定积分存在，怎样计算这个积分值呢？如果利用定积分的定义，由于需要计算一个和式的极限，可以想象，即使是很简单的被积函数，也将是十分困难的。本节将通过揭示微分和积分的关系，引出一个简便的定积分的计算公式。

5.3.1 变上限的定积分

1. 变上限积分函数

设函数$f(x)$在$[a, b]$上可积，则对$[a, b]$上任意一点x，$f(x)$在$[a, x]$上也可积。于是，上限可变的积分$\int_a^x f(t)\mathrm{d}t$给出了一个定义在$[a,b]$上的函数$\Phi(x)$,即

$$\Phi(x)=\int_a^x f(t)\mathrm{d}t, x\in[a,b]$$

称$\Phi(x)$是定义在$[a,b]$上的变上限积分函数,称$\int_a^x f(t)\mathrm{d}t$为变上限的定积分。

在几何上，当$f(x)\geqslant 0$时，变上限积分函数$\Phi(x)$表示右侧竖边可以变化的曲边梯形的面积，如图5-10所示。

2. 变上限积分函数的导数

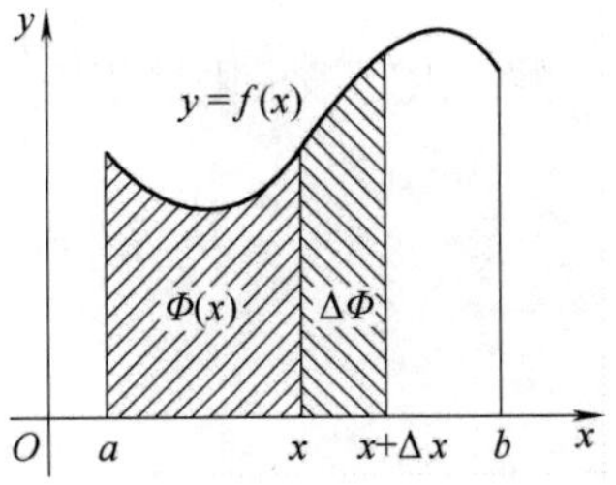

图　5-10

定理 5.3.1　(原函数存在定理)若函数 $f(x)$ 在 $[a, b]$ 上连续，则变上限积分函数 $\Phi(x) = \int_a^x f(t)\,\mathrm{d}t$ 在 $[a, b]$ 上可导，且其导数

$$\Phi'(x) = \frac{\mathrm{d}}{\mathrm{d}x}\left[\int_a^x f(t)\,\mathrm{d}t\right] = f(x), x \in [a,b]$$

这个定理说明了连续函数的原函数总是存在的，另一方面也揭示了定积分与不定积分之间的内在联系，变上限积分函数 $\Phi(x) = \int_a^x f(t)\,\mathrm{d}t$ 就是连续函数 $f(x)$ 的一个原函数。

推论 5.3.1　$\left(\int_a^{\varphi(x)} f(t)\,\mathrm{d}t\right)' = f[\varphi(x)]\varphi'(x)$

本定理回答了自第 4 章以来一直关心的原函数的存在问题。它明确地说明：连续函数必有原函数，并以变上限积分的形式具体地给出了连续函数 $f(x)$ 的一个原函数。

回顾微分与不定积分先后作用的结果可能相差一个常数，这里若把 $\Phi'(x) = f(x)$ 写成

$$\frac{\mathrm{d}}{\mathrm{d}x}\int_a^x f(t)\,\mathrm{d}t = f(x)$$

或从 $\mathrm{d}\Phi(x) = f(x)\mathrm{d}x$ 推得 $\int_a^x \mathrm{d}\Phi(t) = \int_a^x f(t)\,\mathrm{d}t = \Phi(x)$，就明显看出微分和变上限积分确为一对互逆的运算，从而使得微分和积分这两个看似互不相干的概念彼此互逆地联系起来，组成一个有机的整体。因此定理 5.3.1 为证明微积分基本定理——牛顿—莱布尼茨公式提供了条件。

例 1　已知 $F(x) = \int_1^x (\mathrm{e}^t + \sin t)\,\mathrm{d}t$，求 $F'(x)$。

解： 由原函数存在定理，知

$$F'(x) = \frac{\mathrm{d}}{\mathrm{d}x}\left[\int_1^x (\mathrm{e}^t + \sin t)\,\mathrm{d}t\right] = \mathrm{e}^x + \sin x$$

例 2　求 $\frac{\mathrm{d}}{\mathrm{d}x}\int_x^a \sqrt{1+t^4}\,\mathrm{d}t$。

解： $\frac{\mathrm{d}}{\mathrm{d}x}\int_x^a \sqrt{1+t^4}\,\mathrm{d}t = \frac{\mathrm{d}}{\mathrm{d}x}\left(-\int_a^x \sqrt{1+t^4}\,\mathrm{d}t\right) = -\sqrt{1+x^4}$

例 3　已知 $F(x) = \int_{x^2}^1 \cos t\,\mathrm{d}t$，求 $F'(x)$。

解： $F'(x) = \frac{\mathrm{d}}{\mathrm{d}x}\left(\int_{x^2}^1 \cos t\,\mathrm{d}t\right) = \frac{\mathrm{d}}{\mathrm{d}x}\left(-\int_1^{x^2} \cos t\,\mathrm{d}t\right) = -\frac{\mathrm{d}}{\mathrm{d}(x^2)}\left(\int_1^{x^2} \cos t\,\mathrm{d}t\right)\frac{\mathrm{d}(x^2)}{\mathrm{d}x}$

$$= -\cos x^2 \times 2x = -2x\cos x^2$$

***例 4**　计算极限 $\lim\limits_{x\to 0}\frac{\int_{\cos x}^1 \mathrm{e}^{-t^2}\,\mathrm{d}t}{x^2}$。

解：由于该极限属于“$\frac{0}{0}$”型，所以用洛必达法则，有

$$\frac{d}{dx}\int_{\cos x}^{1} e^{-t^2}dt = -\frac{d}{dx}\int_{1}^{\cos x} e^{-t^2}dt = -e^{-\cos^2 x}(\cos x)' = e^{-\cos^2 x}\sin x$$

$$\lim_{x\to 0}\frac{\int_{\cos x}^{1} e^{-t^2}dt}{x^2} = \lim_{x\to 0}\frac{e^{-\cos^2 x}\sin x}{2x} = \frac{1}{2e}$$

5.3.2　牛顿—莱布尼茨公式

定理 5.3.2　若(1)设$f(x)$在$[a, b]$上连续，(2)$F'(x)=f(x)$，$x\in[a, b]$，则有

$$\int_a^b f(x)dx = F(b) - F(a)$$

证：由条件(1) 可设 $\Phi(x) = \int_a^x f(t)dt$ 且 $\Phi'(x) = f(x), x \in [a,b]$。

由条件(2) 可得 $F'(x) - \Phi'(x) = 0, x \in [a,b]$。

因此存在常数 C，使得

$$F(x) - \Phi(x) = C, x \in [a,b]$$

当 $x = a$ 时，有 $F(a) - \Phi(a) = C$，因为

$$\Phi(a) = \int_a^a f(t)dt = 0$$

于是有 $C = F(a)$，即 $F(x) - \Phi(x) = F(a)\ (x \in [a,b])$，所以 $\Phi(x) = F(x) - F(a)$。

当 $x = b$ 时，有 $\Phi(b) = F(b) - F(a)$，即有

$$\int_a^b f(x)dx = F(b) - F(a)$$

此公式就是著名的牛顿—莱布尼茨公式，简称 N-L 公式。它进一步揭示了定积分与原函数之间的联系：$f(x)$在$[a, b]$上的定积分等于它的任一原函数 $F(x)$在$[a, b]$上的增量，即先求被积函数$f(x)$的原函数 $F(x)$，然后用原函数 $F(x)$的上限值 $F(b)$减去原函数 $F(x)$的下限值 $F(a)$。而在这之前，只能从定积分的定义去求定积分的值，那是十分困难的，甚至是不可能的。因此，该公式也被称为**微积分基本公式**。

注意　(1)牛顿—莱布尼茨公式是微积分学中一个极为重要的公式，它不仅揭示了不定积分与定积分之间的关系，同时也提供了计算定积分的一个最简捷的方法；

(2)要计算连续函数$f(x)$在$[a, b]$上的定积分 $\int_a^b f(x)dx$，只须找出它的一个原函数 $F(x)$，然后求出 $F(x)$在$[a, b]$上的增量 $F(b)-F(a)$即可，即

$$\int_a^b f(x)dx = F(x)\Big|_a^b = F(b) - F(a)^{\ominus}$$

下面举几个利用牛顿—莱布尼茨公式计算定积分的例子。

例 5　计算下列定积分：

(1) $\int_0^1 x^2dx$；　　(2) $\int_{-1}^{\sqrt{3}}\frac{1}{1+x^2}dx$；　　(3) $\int_{-2}^{-1}\frac{1}{x}dx$。

⊖ $F(x)\Big|_a^b$ 也可表示成$[F(x)]_a^b$ 的形式，主要用于定积分的计算。——编辑注

解：(1) $\int_0^1 x^2 dx = \left[\frac{1}{3}x^3\right]_0^1 = \frac{1}{3} - 0 = \frac{1}{3}$

(2) $\int_{-1}^{\sqrt{3}} \frac{1}{1+x^2}dx = [\arctan x]_{-1}^{\sqrt{3}} = \arctan\sqrt{3} - \arctan(-1) = \frac{\pi}{3} - \left(-\frac{\pi}{4}\right) = \frac{7}{12}\pi$

(3) 由于 $f(x) = \frac{1}{x}$ 在积分区间 $[-2, -1]$ 上连续，且当 $x<0$ 时，$\ln|x| = \ln(-x)$ 是 $\frac{1}{x}$ 的一个原函数，所以

$$\int_{-2}^{-1} \frac{1}{x}dx = [\ln(-x)]_{-2}^{-1} = \ln 1 - \ln 2 = -\ln 2$$

例 6　求定积分 $\int_0^{\frac{\pi}{2}} (2x + \cos x)dx$。

解：$\int_0^{\frac{\pi}{2}} (2x+\cos x)dx = \int_0^{\frac{\pi}{2}} 2x dx + \int_0^{\frac{\pi}{2}} \cos x dx = x^2 \Big|_0^{\frac{\pi}{2}} + \sin x \Big|_0^{\frac{\pi}{2}}$

$$= \left(\frac{\pi^2}{4} - 0^2\right) + \left(\sin\frac{\pi}{2} - \sin 0\right) = \frac{\pi^2}{4} + 1$$

***例 7**　设 $f(x) = \begin{cases} e^x & -1 \leqslant x \leqslant 0 \\ \cos x & 0 < x \leqslant \frac{\pi}{2} \end{cases}$，计算定积分 $\int_{-1}^{\frac{\pi}{2}} f(x)dx$。

解：被积函数是一个分段函数，$f(x)$ 在区间 $[-1, 0]$ 和 $\left(0, \frac{\pi}{2}\right]$ 内的表达式不相同，因此它的原函数在不同区间内也各不相同。所以，不能直接使用牛顿—莱布尼茨公式进行计算。

$$\int_{-1}^{\frac{\pi}{2}} f(x)dx = \int_{-1}^{0} e^x dx + \int_0^{\frac{\pi}{2}} \cos x dx = [e^x]_{-1}^{0} + [\sin x]_0^{\frac{\pi}{2}}$$
$$= (1 - e^{-1}) + (1 - 0) = 2 - e^{-1}$$

利用牛顿—莱布尼茨公式计算定积分的条件是，被积函数在积分区间上连续。当被积函数在积分区间上有有限个第一类间断点，或者在不同的区间上被积函数的表达式不相同时，可用定积分的性质 5.2.3（区间可加性），把它拆成几个定积分之和，使每个定积分都满足使用牛顿—莱布尼茨公式计算的条件。

能力训练 5.3

A 组题

1. 求下列积分：

(1) $\int_0^1 x^{100}dx$；　(2) $\int_1^4 \sqrt{x}dx$；　(3) $\int_0^1 e^x dx$；　(4) $\int_0^1 100^x dx$；

(5) $\int_0^{\frac{\pi}{2}} \sin x dx$；　(6) $\int_0^1 x e^{x^2} dx$；　(7) $\int_0^{\frac{\pi}{2}} \sin(2x+\pi)dx$。

2. 求下列极限：

(1) $\lim\limits_{x \to 1} \dfrac{\int_1^x \sin \pi t \mathrm{d}t}{1 + \cos \pi x}$; (2) $\lim\limits_{x \to 1} \dfrac{\int_1^x (\arctan t)^2 \mathrm{d}t}{x^2 - 1}$。

3. 设 $y = \int_0^x (t-1)\mathrm{d}t$,求 y 的极小值。

4. 设 $f(x) = \begin{cases} x+1 & x \leqslant 1 \\ \dfrac{1}{2}x^2 & x > 1 \end{cases}$,求 $\int_0^2 f(x)\mathrm{d}x$。

B 组题

1. 填空题

(1) $\dfrac{\mathrm{d}}{\mathrm{d}x}\int_0^1 \sin x^2 \mathrm{d}x =$ ________, $\dfrac{\mathrm{d}}{\mathrm{d}x}\int \sin x^2 \mathrm{d}x =$ ________。

(2) $\dfrac{\mathrm{d}}{\mathrm{d}x}\int_0^x \sin t^2 \mathrm{d}t =$ ________, $\dfrac{\mathrm{d}}{\mathrm{d}x}\int_x^0 \sin x^2 \mathrm{d}x =$ ________。

(3) $\dfrac{\mathrm{d}}{\mathrm{d}x}\int_0^{x^2} \sin t^2 \mathrm{d}t =$ ________。

2. 求下列极限:

(1) $\lim\limits_{x \to 0} \dfrac{\int_0^x \left(\dfrac{\sin t}{t} - 1\right)\mathrm{d}t}{x^3}$; (2) $\lim\limits_{x \to 0} \dfrac{\left(\int_0^x \ln(1+t)\mathrm{d}t\right)^2}{x^4}$。

3. 求下列积分:

(1) $\int_1^4 x\left(\sqrt{x} + \dfrac{1}{x^2}\right)\mathrm{d}x$; (2) $\int_0^1 \dfrac{x^4}{1+x^2}\mathrm{d}x$; (3) $\int_{\frac{1}{\sqrt{3}}}^1 \dfrac{1+2x^2}{x^2(1+x^2)}\mathrm{d}x$;

(4) $\int_{\frac{\pi}{4}}^{\frac{\pi}{2}} \cot^2 x \mathrm{d}x$; (5) $\int_{-1}^1 |x^2 - x| \mathrm{d}x$。

5.4 定积分的换元积分法

| 本节导学 |

1)在用微积分基本公式计算常见类型定积分的基础上，本节进一步探索如何运用定积分的换元法，减少积分完成后积分变量的回代过程，从而简化定积分的计算。值得注意的是，定积分的换元法，不像不定积分需要区分是第一类换元积分法(凑微分法)还是第二类换元积分法(主要针对无理函数的)，但多数对应于不定积分的第二类换元法。至于相应于不定积分的凑微分方法，定积分中可以引入变量替换，也可以不出现新的变量而积分，即所谓的“隐式换元”。这也是本节的学习重点。

2)定积分的换元法，一定要记住换元必换限。不论新变量上下限谁大谁小，必须是下限对下限，上限对上限。

3)关于奇偶函数在对称区间上的定积分，如果能够恰当运用相关的性质，就会简化计算，尤其是奇函数的定积分为零，常出现在客观题中。应用时，要注意鉴别是否为奇偶函数和对称区间。

微课：超星学习通·学院《高等数学》§5.4 定积分的换元积分法

牛顿—莱布尼茨公式使人感到有关定积分的计算问题已经完全解决。在定积分的计算中，除了应用公式，还可以利用它的一些特有性质，如定积分的值与积分变量无关、积分对区间的可加性等，所以与不定积分相比，使用定积分的换元积分法会更加方便。本节将在不定积分换元法的基础上，建立相应的定积分的换元积分法。

下面给出关于定积分换元法的定理。

定理　设函数 $f(x)$ 在 $[a, b]$ 上连续，函数 $x=\varphi(t)$ 满足下列条件：

(1) $\varphi(\alpha)=a$，$\varphi(\beta)=b$；

(2) $\varphi(t)$ 在区间 $[\alpha, \beta]$（或 $[\beta, \alpha]$）上有连续导数 $\varphi'(t)$，且当 t 在 α 与 β 之间变化时，$x=\varphi(t)$ 的值在区间 $[a, b]$ 上单调变化，则有

$$\int_a^b f(x)\,\mathrm{d}x = \int_\alpha^\beta f(\varphi(t))\varphi'(t)\,\mathrm{d}t$$

这就是定积分的**换元积分公式**。

使用上述公式时，应注意两点：

(1) 积分上、下限要跟着变换，即 a，b 与 α，β 的关系是 $a=\varphi(\alpha)$，$b=\varphi(\beta)$，这里下限 α 不一定小于上限 β；

(2) 求出 $f(\varphi(t))\varphi'(t)$ 的一个原函数 $\Phi(t)$ 后，不必像求不定积分那样，再要把 $\Phi(t)$ 换回原来变量 x 的函数，而只要把新变量 t 的上、下限依次代入 $\Phi(t)$ 中，然后相减就行了。

注意　这个公式与不定积分换元公式很相似，所不同的是不定积分换元法需要将变量还原。而运用定积分换元法时应注意：需要将积分上、下限作相应地改变，但不必还原积分变量，即计算定积分时，换元的同时要换限。

例1　求 $\int_0^1 \sqrt{1-x^2}\,\mathrm{d}x$。

解：设 $x=\sin t$，$\mathrm{d}x=\cos t\,\mathrm{d}t$，当 $x=0$ 时，$t=0$；当 $x=1$ 时，$t=\frac{\pi}{2}$。于是

$$\int_0^1 \sqrt{1-x^2}\,\mathrm{d}x = \int_0^{\frac{\pi}{2}} \sqrt{1-\sin^2 t}\cos t\,\mathrm{d}t = \int_0^{\frac{\pi}{2}} \cos^2 t\,\mathrm{d}t$$
$$= \frac{1}{2}\int_0^{\frac{\pi}{2}}(1+\cos 2t)\,\mathrm{d}t = \frac{1}{2}\left[t+\frac{1}{2}\sin 2t\right]_0^{\frac{\pi}{2}} = \frac{\pi}{4}$$

例2　求下列定积分：

(1) $\int_{\frac{3}{4}}^1 \frac{\mathrm{d}x}{\sqrt{1-x}-1}$；　(2) $\int_0^{\frac{1}{2}} \frac{x^2}{\sqrt{1-x^2}}\,\mathrm{d}x$；　(3) $\int_0^{\frac{\pi}{2}} \cos^5 x\sin x\,\mathrm{d}x$。

解：(1) 令 $\sqrt{1-x}=t$，则 $x=1-t^2$，$\mathrm{d}x=-2t\mathrm{d}t$，当 $x=\frac{3}{4}$ 时，$t=\frac{1}{2}$；当 $x-1$ 时，$t=0$。于是

$$\int_{\frac{3}{4}}^1 \frac{\mathrm{d}x}{\sqrt{1-x}-1} = -2\int_{\frac{1}{2}}^0 \frac{t\mathrm{d}t}{t-1} = 2\int_0^{\frac{1}{2}}\left(1+\frac{1}{t-1}\right)\mathrm{d}t = 2\left[t+\ln|t-1|\right]_0^{\frac{1}{2}} = 1-2\ln 2$$

(2) 令 $x=\sin t$，则 $\mathrm{d}x=\cos t\,\mathrm{d}t$，当 $x=0$ 时，$t=0$；当 $x=\frac{1}{2}$ 时，$t=\frac{\pi}{6}$。于是

$$\int_0^{\frac{1}{2}} \frac{x^2}{\sqrt{1-x^2}}\mathrm{d}x = \int_0^{\frac{\pi}{6}} \frac{\sin^2 t}{\cos t}\cos t\mathrm{d}t = \int_0^{\frac{\pi}{6}} \sin^2 t\mathrm{d}t = \left[\frac{t}{2} - \frac{\sin 2t}{4}\right]_0^{\frac{\pi}{6}} = \frac{\pi}{12} - \frac{\sqrt{3}}{8}$$

(3) $\int_0^{\frac{\pi}{2}} \cos^5 x\sin x\mathrm{d}x = -\int_0^{\frac{\pi}{2}} \cos^5 x\mathrm{d}(\cos x) = -\frac{\cos^6 x}{6}\Big|_0^{\frac{\pi}{2}} = \frac{1}{6}$

***例 3**　求下列定积分：

(1) $\int_0^{\pi}(1-\sin^3 x)\mathrm{d}x$；　　(2) $\int_{\frac{1}{\sqrt{2}}}^1 \frac{\sqrt{1-x^2}}{x^2}\mathrm{d}x$。

解：(1) $\int_0^{\pi}(1-\sin^3 x)\mathrm{d}x = \int_0^{\pi}\mathrm{d}x - \int_0^{\pi}\sin^3 x\mathrm{d}x = \pi + \int_0^{\pi}(1-\cos^2 x)\mathrm{d}(\cos x)$

$$= \pi + \left(\cos x - \frac{1}{3}\cos^3 x\right)\Big|_0^{\pi} = \pi - \frac{4}{3}$$

(2) $\int_{\frac{1}{\sqrt{2}}}^1 \frac{\sqrt{1-x^2}}{x^2}\mathrm{d}x \xlongequal{令 x=\sin u} \int_{\frac{\pi}{4}}^{\frac{\pi}{2}} \frac{\cos^2 u}{\sin^2 u}\mathrm{d}u$

$$= \int_{\frac{\pi}{4}}^{\frac{\pi}{2}}(\csc^2 u - 1)\mathrm{d}u = \left[-\cot u - u\right]_{\frac{\pi}{4}}^{\frac{\pi}{2}} = 1 - \frac{\pi}{4}$$

例 4　设 $f(x)$ 在 $[-a,a]$ 上连续，证明：当 $f(x)$ 为偶函数时，$\int_{-a}^a f(x)\mathrm{d}x = 2\int_0^a f(x)\mathrm{d}x$；当 $f(x)$ 为奇函数时，$\int_{-a}^a f(x)\mathrm{d}x = 0$。

证：因为　$\int_{-a}^a f(x)\mathrm{d}x = \int_{-a}^0 f(x)\mathrm{d}x + \int_0^a f(x)\mathrm{d}x$

在 $\int_{-a}^0 f(x)\mathrm{d}x$ 中，令 $x=-t$，得

$$\int_{-a}^0 f(x)\mathrm{d}x = -\int_a^0 f(-t)\mathrm{d}t = \int_0^a f(-x)\mathrm{d}x$$

所以有　$\int_{-a}^a f(x)\mathrm{d}x = \int_0^a [f(x)+f(-x)]\mathrm{d}x$

当 $f(x)$ 为偶函数时，$f(-x)=f(x)$，故 $f(x)+f(-x)=2f(x)$，从而有

$$\int_{-a}^a f(x)\mathrm{d}x = 2\int_0^a f(x)\mathrm{d}x$$

当 $f(x)$ 为奇函数时，$f(-x)=-f(x)$，故 $f(x)+f(-x)=0$，从而有

$$\int_{-a}^a f(x)\mathrm{d}x = 0$$

例 4 的结果今后经常作为公式使用。例如，可以直接写出：

$$\int_{-\pi}^{\pi} x^3\cos x\mathrm{d}x = 0$$

例 5　求 $\int_{-\frac{\pi}{2}}^{\frac{\pi}{2}} \sqrt{\cos x - \cos^2 x}\mathrm{d}x$。

解：$\int_{-\frac{\pi}{2}}^{\frac{\pi}{2}} \sqrt{\cos x - \cos^3 x}\mathrm{d}x = 2\int_0^{\frac{\pi}{2}} \sqrt{\cos x}\sin x\mathrm{d}x \xlongequal{令 u=\cos x} -2\int_1^0 \sqrt{u}\mathrm{d}u = \frac{4}{3}$

能力训练 5.4

A 组题

1. 求下列定积分：

(1) $\int_0^4 \sqrt{16-x^2}\,dx$；　(2) $\int_0^1 \frac{1}{4+x^2}dx$；　(3) $\int_0^{\frac{\pi}{2}} \sin x\cos^3 x\,dx$；

(4) $\int_1^e \frac{\ln^2 x}{x}dx$；　(5) $\int_0^{\ln 2} \sqrt{e^x-1}\,dx$。

2. 利用函数的奇偶性求下列积分：

(1) $\int_{-5}^{5} \frac{x^3\sin^2 x}{x^4+2x^2+1}dx$；　(2) $\int_{-\frac{\pi}{2}}^{\frac{\pi}{2}} 4\cos^4 x\,dx$；

(3) $\int_{-a}^{a} (x\cos x - 5\sin x + 2)\,dx$；　(4) $\int_{-1}^{1} (x+\sqrt{1-x^2})^2 dx$。

B 组题

1. 求下列定积分：

(1) $\int_1^2 \frac{1}{(3x-1)^2}dx$；　(2) $\int_0^{\ln 3} \frac{e^x}{1+e^x}dx$；　(3) $\int_0^3 e^{|2-x|}\,dx$；

(4) $\int_{-\frac{\pi}{4}}^{\frac{\pi}{4}} \frac{1}{1+\sin x}dx$；　(5) $\int_0^1 \frac{dx}{e^x+e^{-x}}$；　(6) $\int_0^1 \frac{\arctan\sqrt{x}}{\sqrt{x}(1+x)}dx$。

2. 设 $f(x)=\begin{cases}1+x^2 & x<0\\ e^x & x\geqslant 0\end{cases}$，求 $\int_1^3 f(x-2)\,dx$。

5.5　定积分的分部积分法

| 本节导学 |

1）上节介绍了定积分的换元积分法，借助这个方法，可以省去用换元积分法求出原函数以后再回代的过程，从而使定积分的运算大大简化。借助这个思想，本节将探讨在用分部积分法积分一次以后，针对第一项已经先积出的部分，直接代入积分限，从而将函数先算出数值，减少下面再次积分的计算量。

2）与不定积分运用分部积分法的要求相同，定积分的分部积分法也是主要针对两类不同函数的乘积问题，有两类主要题型，请参照不定积分来选取正确的 u 和 v。

3）本节的学习难点是比较复杂和需要解方程才能够计算出定积分的问题，以及如何运用分部积分法求出不规律函数的原函数的问题。

微课：超星学习通·学院《高等数学》§5.5 定积分的分部积分法。

定理　若 $u(x)$，$v(x)$ 在 $[a, b]$ 上有连续的导数，则有

$$\int_a^b u(x)v'(x)\,dx = u(x)v(x)\Big|_a^b - \int_a^b v(x)u'(x)\,dx$$

证： 因为 $[u(x)v(x)]' = u(x)v'(x) + u'(x)v(x)$，$a \leqslant x \leqslant b$，所以 $u(x)v(x)$ 是 $u(x)$

$v'(x)+u'(x)v(x)$在$[a, b]$上的一个原函数，应用牛顿—莱布尼茨公式，可得

$$\int_a^b [u(x)v'(x)+u'(x)v(x)]\mathrm{d}x = u(x)v(x)\Big|_a^b$$

再利用积分的线性性质并移项即可得证。

此公式称定积分的**分部积分公式**，且简单地写作

$$\int_a^b u\mathrm{d}v = uv\Big|_a^b - \int_a^b v\mathrm{d}u$$

注意　定积分的分部积分法应用的前提和不定积分一样，都是主要解决幂函数、指数函数、对数函数、三角函数和反三角函数等两类不同函数之积的积分问题，其关键是根据函数的特征和不定积分的要求，恰当地选取u和v，从而将原积分函数转化为可积类型，这点请参考前面不定积分的分部积分法的有关规则和两类题型。

例 1　求下列定积分：

(1) $\int_0^{\frac{1}{2}} \arcsin x\mathrm{d}x$；　(2) $\int_0^{\frac{\pi}{2}} \mathrm{e}^x \sin x\mathrm{d}x$；　(3) $\int_0^1 \mathrm{e}^{-\sqrt{x}}\mathrm{d}x$。

解：(1) $\int_0^{\frac{1}{2}} \arcsin x\mathrm{d}x = x\arcsin x\Big|_0^{\frac{1}{2}} - \int_0^{\frac{1}{2}} \frac{x}{\sqrt{1-x^2}}\mathrm{d}x$

$$= \frac{1}{2}\arcsin\frac{1}{2} + \sqrt{1-x^2}\Big|_0^{\frac{1}{2}} = \frac{\pi}{12}+\frac{\sqrt{3}}{2}-1$$

(2) $\int_0^{\frac{\pi}{2}} \mathrm{e}^x\sin x\mathrm{d}x = \int_0^{\frac{\pi}{2}}\sin x\mathrm{d}\mathrm{e}^x = \mathrm{e}^x\sin x\Big|_0^{\frac{\pi}{2}} - \int_0^{\frac{\pi}{2}}\mathrm{e}^x\cos x\mathrm{d}x = \mathrm{e}^{\frac{\pi}{2}} - \int_0^{\frac{\pi}{2}}\cos x\mathrm{d}\mathrm{e}^x$

$$= \mathrm{e}^{\frac{\pi}{2}} - \mathrm{e}^x\cos x\Big|_0^{\frac{\pi}{2}} - \int_0^{\frac{\pi}{2}}\mathrm{e}^x\sin x\mathrm{d}x = \mathrm{e}^{\frac{\pi}{2}}+1-\int_0^{\frac{\pi}{2}}\mathrm{e}^x\sin x\mathrm{d}x$$

所以
$$\int_0^{\frac{\pi}{2}}\mathrm{e}^x\sin x\mathrm{d}x = \frac{1}{2}(\mathrm{e}^{\frac{\pi}{2}}+1)$$

(3) 令$\sqrt{x}=t, x=t^2, \mathrm{d}x=2t\mathrm{d}t$，当$x=0$时，$t=0$；当$x=1$时，$t=1$。则有

$$\int_0^1 \mathrm{e}^{-\sqrt{x}}\mathrm{d}x = \int_0^1 \mathrm{e}^{-t}\times 2t\mathrm{d}t = -2\int_0^1 t\mathrm{d}\mathrm{e}^{-t}$$

$$= -2t\mathrm{e}^{-t}\Big|_0^1 + 2\int_0^1 \mathrm{e}^{-t}\mathrm{d}t = -2\mathrm{e}^{-1} - 2\mathrm{e}^{-t}\Big|_0^1 = 2-\frac{4}{\mathrm{e}}$$

例 2　运用分部积分法求下列定积分：

(1) $\int_0^1 x\arctan x\mathrm{d}x$；　* (2) $\int_0^{\pi}(x\sin x)^2\mathrm{d}x$。

解：(1) $\int_0^1 x\arctan x\mathrm{d}x = \frac{1}{2}\int_0^1 \arctan x\mathrm{d}(x^2) = \left[\frac{1}{2}x^2\arctan x\right]_0^1 - \frac{1}{2}\int_0^1\frac{x^2}{1+x^2}\mathrm{d}x$

$$= \frac{\pi}{8} - \frac{1}{2}\left[x-\arctan x\right]_0^1 = \frac{\pi}{4}-\frac{1}{2}$$

(2) $\int_0^{\pi}(x\sin x)^2\mathrm{d}x = \frac{1}{2}\int_0^{\pi}x^2(1-\cos 2x)\mathrm{d}x = \frac{\pi^3}{6} - \frac{1}{4}\int_0^{\pi}x^2\mathrm{d}(\sin 2x)$

$$= \frac{\pi^3}{6} - \frac{1}{4}\left[x^2\sin 2x\right]_0^{\pi} + \frac{1}{2}\int_0^{\pi}x\sin 2x\mathrm{d}x = \frac{\pi^3}{6} - \frac{1}{4}\int_0^{\pi}x\mathrm{d}(\cos 2x)$$

$$= \frac{\pi^3}{6} - \frac{1}{4}\left[x\cos 2x\right]_0^{\pi} + \frac{1}{4}\int_0^{\pi}\cos 2x\mathrm{d}x = \frac{\pi^3}{6} - \frac{\pi}{4}$$

*例 3　求下列定积分：

(1) $\int_1^e \sin(\ln x)\mathrm{d}x$；　(2) $\int_{\frac{1}{e}}^e |\ln x|\mathrm{d}x$；　(3) $\int_{\frac{1}{2}}^1 e^{\sqrt{2x-1}}\mathrm{d}x$。

解：(1) $\int_1^e \sin(\ln x)\mathrm{d}x \xlongequal{令 x = e^u} \int_0^1 e^u \sin u\mathrm{d}u = \left[e^u\sin u\right]_0^1 - \int_0^1 e^u\cos u\mathrm{d}u$

$$= e\sin 1 - \left[e^u\cos u\right]_0^1 - \int_0^1 e^u\sin u\mathrm{d}u = e(\sin 1 - \cos 1) + 1 - \int_0^1 e^u\sin u\mathrm{d}u$$

所以 $$\int_1^e \sin(\ln x)\mathrm{d}x = \frac{e}{2}(\sin 1 - \cos 1) + \frac{1}{2}$$

(2) $\int_{\frac{1}{e}}^e |\ln x|\mathrm{d}x = -\int_{\frac{1}{e}}^1 \ln x\mathrm{d}x + \int_1^e \ln x\mathrm{d}x$

$$= -\left[x\ln x\right]_{\frac{1}{e}}^1 + \int_{\frac{1}{e}}^1 \mathrm{d}x + \left[x\ln x\right]_1^e - \int_1^e \mathrm{d}x = 2 - \frac{2}{e}$$

(3) $\int_{\frac{1}{2}}^1 e^{\sqrt{2x-1}}\mathrm{d}x \xlongequal{令 t = \sqrt{2x-1}} \int_0^1 te^t\mathrm{d}t = te^t\Big|_0^1 - \int_0^1 e^t\mathrm{d}t = e - e^t\Big|_0^1 = 1$

能力训练 5.5

A 组题

用分部积分法求下列定积分：

(1) $\int_0^1 xe^{-x}\mathrm{d}x$；　(2) $\int_1^e x\ln x\mathrm{d}x$；

(3) $\int_0^{\frac{\pi}{2}} x\sin x\mathrm{d}x$；　(4) $\int_0^2 xe^{\frac{x}{2}}\mathrm{d}x$。

B 组题

求下列定积分：

(1) $\int_0^4 (5x+1)e^{5x}\mathrm{d}x$；　(2) $\int_0^{e-1} \ln(x+1)\mathrm{d}x$；　(3) $\int_0^1 e^{\pi x}\cos\pi x\mathrm{d}x$；

(4) $\int_0^{\frac{\pi}{2}} e^{2x}\cos x\mathrm{d}x$；　(5) $\int_1^2 x\log_2 x\mathrm{d}x$。

2. 设 $f''(x)$ 在 $[a,b]$ 上连续，且 $f(0)=0, f(2)=4, f'(2)=2$，求 $\int_0^1 xf''(2x)\mathrm{d}x$。

5.6　定积分的几何应用

| 本节导学 |

1) 定积分的应用是在掌握了定积分的概念、计算、几何意义之后，对定积分知识的总结和升华。通过学习定积分在几何中的简单应用，掌握用定积分手段解决实际问题的基本思想和方法，在学习过程中体会导数与积分的工具性作用，从而进一步认识到数学知识的实用价值。

2）本节的学习要点是能够利用定积分解决平面图形的面积、旋转体的体积问题；能够初步掌握应用定积分解决实际问题的基本思想和方法。

3）本节的学习难点是应用定积分解决比较复杂的函数围成的平面图形的面积，以及确定积分变量和被积函数。

微课：超星学习通 · 学院《高等数学》§5.6 定积分的几何应用

定积分是具有特定结构的和式的极限。如果从实际问题中产生的量 Q（几何量或物理量）在某个区间 $[a, b]$ 上确定，且当把 $[a, b]$ 分成若干个子区间后，等于各个子区间上所对应的部分量 ΔQ 之和（称 Q 对区间具有可加性），就可以采用“分割、近似求和、取极限”的方法，通过定积分将 Q 求出。

现在来简化这个过程：在区间 $[a, b]$ 上任取一点 x，当 x 有增量 Δx（等于它的微分 $\mathrm{d}x$）时，相应地量 $Q=Q(x)$ 就有增量 ΔQ，它是 Q 分布在子区间 $[x, x+\mathrm{d}x]$ 上的部分量。若 ΔQ 的近似表达式为

$$\Delta Q \approx f(x)\,\mathrm{d}x = \mathrm{d}Q$$

则以 $f(x)\,\mathrm{d}x$ 为被积表达式求从 a 到 b 的定积分，即得所求量

$$Q = \int_a^b f(x)\,\mathrm{d}x$$

这里的 $\mathrm{d}Q=f(x)\,\mathrm{d}x$ 称为量 Q 的微元或元素，这种方法称为**微元法**。它虽然不够严密，但具有直观、简单、方便等特点，且结论正确，因此在实际问题的讨论中常常被采用。本节将探讨微元法在几何方面的应用。

5.6.1　求平面图形的面积

本节中所讨论的函数，事先都假定是连续的，以后不再声明。

1. 求由曲线 $y=f(x)$ 和直线 $x=a$，$x=b$ 及 x 轴围成的平面图形的面积

由定积分的几何意义知，下面曲边梯形的面积 A 分别为：

当 $f(x)\geqslant 0$ 时（见图 5-11），$A=\int_a^b f(x)\,\mathrm{d}x$；当 $f(x)\leqslant 0$ 时（见图 5-12），$A=-\int_a^b f(x)\,\mathrm{d}x$。

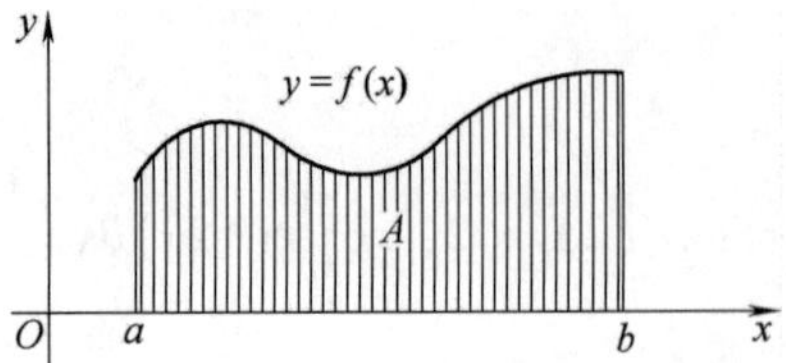

图　5-11

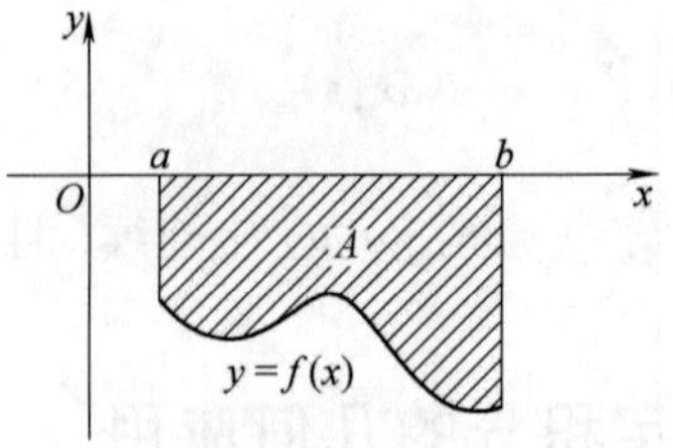

图　5-12

当 $y=f(x)$ 在区间 $[a, b]$ 上，既有 $f(x)\geqslant 0$ 又有 $f(x)\leqslant 0$ 时（见图 5-13），平面图形的面积为

$$A = \int_a^c f(x)\,\mathrm{d}x - \int_c^d f(x)\,\mathrm{d}x + \int_d^b f(x)\,\mathrm{d}x$$

例 1　求抛物线 $y=-x^2+1$ 和 y 轴、x 轴及直线 $x=1$ 所围成的平面图形的面积。

解：如图 5-14 所示，选择 x 作为积分变量，积分区间为[0，1]。

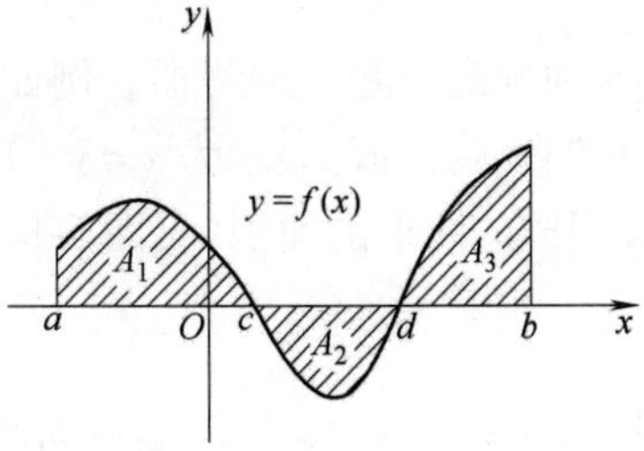

图　5-13

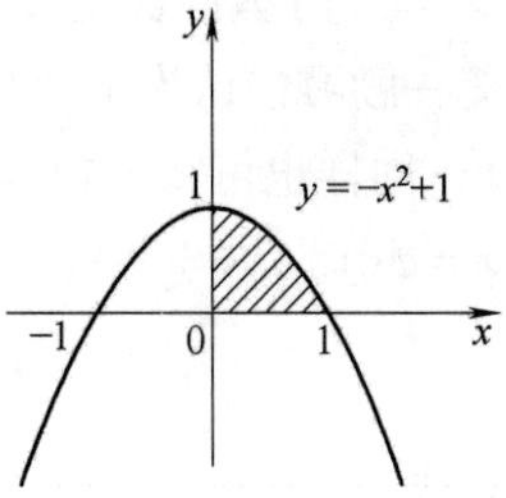

图　5-14

则所求图形的面积为

$$A=\int_0^1(-x^2+1)\mathrm{d}x=\left(-\frac{1}{3}x^3+x\right)\Big|_0^1=\frac{2}{3}$$

例 2　求曲线 $y=\sin x$ 与直线 $x=\frac{\pi}{2}$，$x=\frac{3\pi}{2}$以及 x 轴围成图形的面积。

解：如图 5-15 所示，当 $x\in\left[\frac{\pi}{2},\ \pi\right]$时，$y\geqslant 0$，而当 $x\in\left[\pi,\ \frac{3\pi}{2}\right]$时，$y\leqslant 0$，所以

$$A=\int_{\frac{\pi}{2}}^{\pi}\sin x\mathrm{d}x-\int_{\pi}^{\frac{3\pi}{2}}\sin x\mathrm{d}x=\left[\cos x\right]_{\pi}^{\frac{3\pi}{2}}-\left[\cos x\right]_{\frac{\pi}{2}}^{\pi}=2$$

2. 两个 $y=f(x)$ 型函数围成平面图形的面积

更一般的情况，设函数 $y=f(x)$，$y=g(x)$，且总有 $0\leqslant g(x)\leqslant f(x)$，则曲线 $y=f(x)$，$y=g(x)$与 $x=a$，$x=b$ 所围成图形的面积(见图 5-16)为

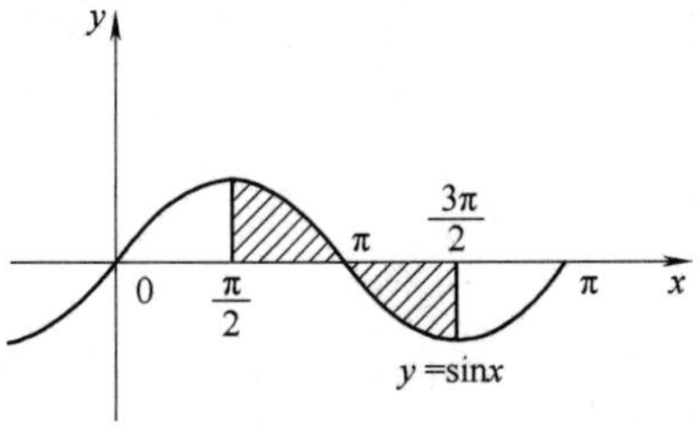

图　5-15

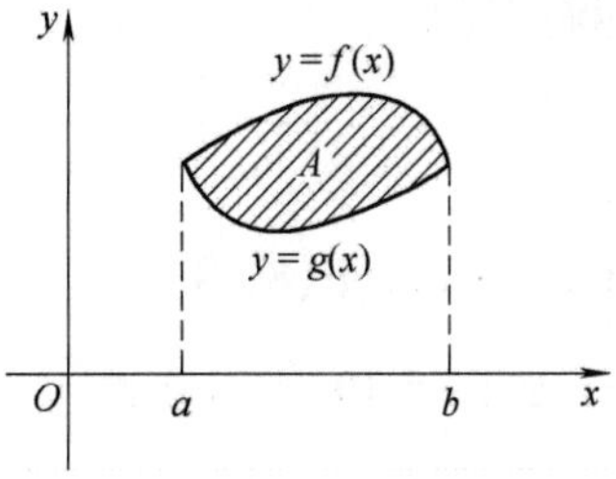

图　5-16

$$A=\int_a^b f(x)\mathrm{d}x-\int_a^b g(x)\mathrm{d}x=\int_a^b[f(x)-g(x)]\mathrm{d}x$$

可以把上述公式形象地写成

$$A=\int_a^b[f_{上}(x)-g_{下}(x)]\mathrm{d}x$$

例 3　求由曲线 $y=x^2$ 与 $y=x$ 所围图形的面积。

解：解方程组$\begin{cases}y=x^2\\ y=x\end{cases}$，得两曲线交点(0，0)及(1，1)。

选择积分变量为 x，且 x 变化范围为[0，1]，从而所求面积可表示为

$$A = \int_0^1 (x - x^2)\,\mathrm{d}x = \left(\frac{x^2}{2} - \frac{x^3}{3}\right)\bigg|_0^1 = \frac{1}{6}$$

3. 两个 $x=\varphi(y)$ 型函数围成平面图形的面积

函数定义一般习惯认为 x 为自变量，y 为因变量，这种规定只是一种习惯。例如，直线方程 $y=x+1$，同样也可将 y 视为自变量，x 为因变量，即直线方程可表示为 $x=y-1$。

由曲线 $x=\varphi(y)(x\geqslant 0)$，$y=c$，$y=d$ 及 y 轴($x=0$)围成的图形的面积(见图 5-17)为

$$A = \int_c^d \varphi(y)\,\mathrm{d}y$$

由两条曲线 $x=\mu(y)$，$x=\varphi(y)$(其中 $\varphi(y)\geqslant\mu(y)$)及 $y=c$，$y=d$ 围成图形面积(见图 5-18)为

$$A = \int_c^d [\varphi(y) - \mu(y)]\,\mathrm{d}y$$

或记为

$$A = \int_c^d [\varphi_{右}(y) - \mu_{左}(y)]\,\mathrm{d}y$$

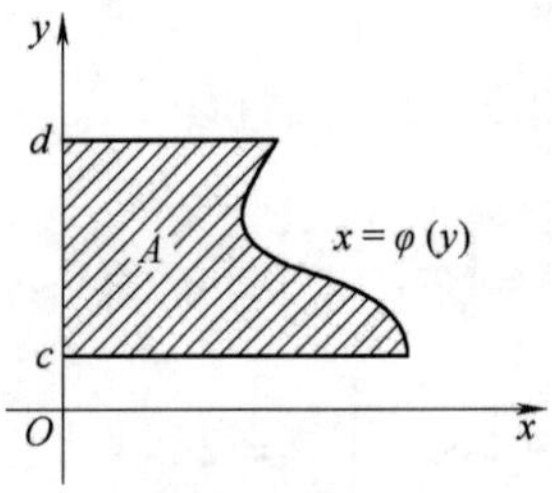

图 5-17

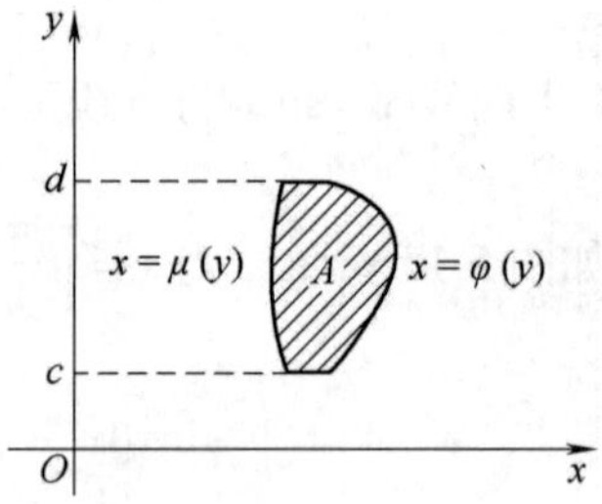

图 5-18

例 4 由抛物线 $y^2=2x$ 与直线 $y=x-4$ 围成的图形面积。

解： 解方程组

$$\begin{cases} y^2 = 2x \\ y = x - 4 \end{cases}$$

得交点 $A(2,\ -2)$，$B(8,\ 4)$。

法一　如图 5-19 所示，选 x 为积分变量，由于在积分区间$[0,\ 8]$上 $\int_a^b [f_{上}(x) - f_{下}(x)]\,\mathrm{d}x$ 的表达式不一样，故应将$[0,\ 8]$分成两个小区间$[0,\ 2]$及$[2,\ 8]$来分别求面积，于是

$$\begin{aligned} A &= \int_0^2 [\sqrt{2x} - (-\sqrt{2x})]\,\mathrm{d}x + \int_2^8 [\sqrt{2x} - (x-4)]\,\mathrm{d}x \\ &= \frac{4}{3}\sqrt{2}x^{\frac{3}{2}}\bigg|_0^2 + \left(\frac{2}{3}\sqrt{2}x^{\frac{3}{2}} - \frac{1}{2}x^2 + 4x\right)\bigg|_2^8 \\ &= \frac{16}{3} + \left[\left(\frac{64}{3} - 32 + 32\right) - \left(\frac{8}{3} - 2 + 8\right)\right] = 18 \end{aligned}$$

法二　如图 5-20 所示，选 y 为积分变量，计算就会简便一些，此时积分区间为$[-2,\ 4]$，于是

$$A=\int_{-2}^{4}\left[(y+4)-\frac{y^2}{2}\right]dy=\left(\frac{y^2}{2}+4y-\frac{y^3}{6}\right)\Bigg|_{-2}^{4}=18$$

由此例看出，一个积分问题如能选择不同的积分变量，则应选择使积分计算较为简便的那个积分变量。

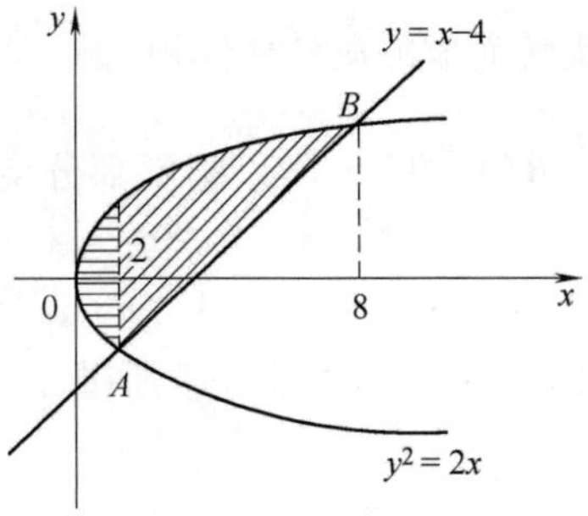

图　5-19

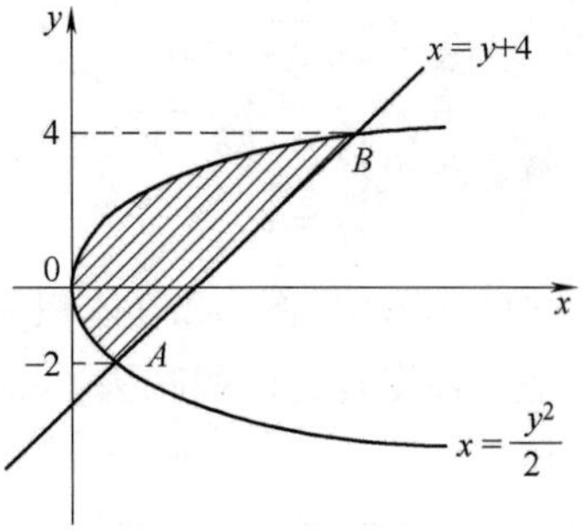

图　5-20

5.6.2　利用定积分求旋转体的体积

一个平面图形绕该平面内一条定直线旋转一周而生成的立体图形叫作旋转体，定直线称为旋转轴。

1. 绕 x 轴旋转一周而生成的立体图形(旋转体)的体积

求曲线 $y=f(x)$，直线 $x=a$，$x=b$ 及 x 轴所围成的曲边梯形绕 x 轴旋转一周而生成旋转体的体积(见图 5-21)。

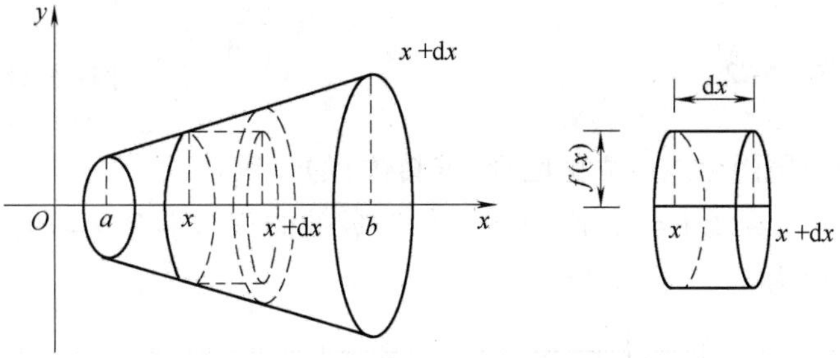

图　5-21

取 x 为积分变量，则 $x\in[a,\ b]$，对于区间$[a,\ b]$上的任一区间$[x,\ x+dx]$，它所对应的窄曲边梯形绕 x 轴旋转而生成的薄片似的立体图形(旋转体)的体积近似等于以 $f(x)$ 为底面半径，dx 为高的圆柱体体积，其体积元素为

$$\Delta V_x\approx dV=\pi[f(x)]^2dx$$

所求的旋转体的体积为

$$V=\int_a^b\pi[f(x)]^2dx=\pi\int_a^b[f(x)]^2dx$$

例 5　求由曲线 $y=\dfrac{r}{h}x$ 及直线 $x=0$，$x=h\ (h>0)$和 x 轴围成的三角形绕 x 轴旋转而生

成的立体图形(旋转体)体积。

解：如图 5-22 所示，取 x 为积分变量，则 $x\in[0,\ h]$，则

$$V=\pi\int_0^h\left(\frac{r}{h}x\right)^2\mathrm{d}x=\frac{\pi r^2}{h^2}\int_0^h x^2\mathrm{d}x=\frac{\pi}{3}r^2h$$

例 6　求由 $y=\sqrt{2-x^2}$和 $y=x^2$ 围成的图形绕 x 轴旋转而成的旋转体体积。

解：解方程组$\begin{cases}y=\sqrt{2-x^2}\\y=x^2\end{cases}$，得交点为 $A(-1,\ 1)$，$B(1,\ 1)$。所以阴影部分绕 x 轴旋转一周而成的图形(见图 5-23)体积为：$[-1,\ 1]$上，$y=\sqrt{2-x^2}$，$x=-1$，$x=1$ 及 x 轴所围成图形绕 x 轴旋转的体积减去$[-1,\ 1]$上，$y=x^2$，$x=-1$，$x=1$ 及 x 轴所围成图形绕 x 轴旋转的体积，即

$$V=\pi\int_{-1}^{1}(\sqrt{2-x^2})^2\mathrm{d}x-\pi\int_{-1}^{1}(x^2)^2\mathrm{d}x=\pi\int_{-1}^{1}(2-x^2-x^4)\mathrm{d}x$$
$$=\pi\left(2x-\frac{x^3}{3}-\frac{x^5}{5}\right)\bigg|_{-1}^{1}=\frac{44}{15}\pi$$

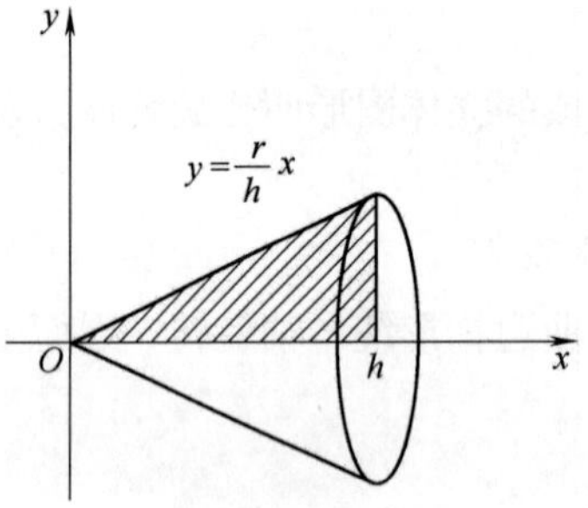

图　5-22

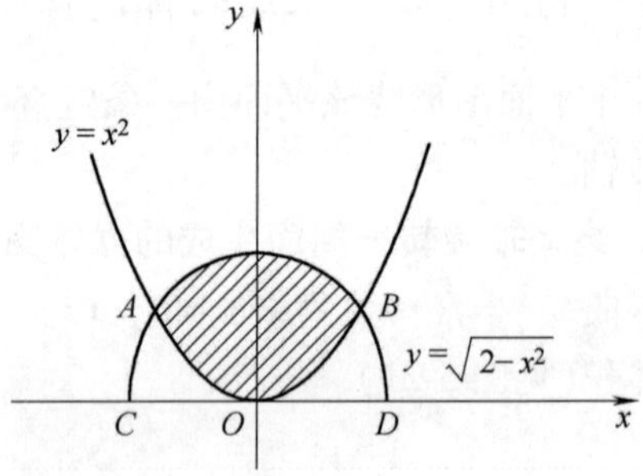

图　5-23

2. 绕 y 轴旋转一周而生成的立体图形(旋转体)的体积

由曲线 $x=\varphi(y)$，直线 $y=c$，$y=d$ 及 y 轴围成的曲边梯形绕 y 轴旋转一周而生成旋转体的体积(见图 5-24)为

$$V=\int_c^d\pi[\varphi(y)]^2\mathrm{d}y=\pi\int_c^d[\varphi(y)]^2\mathrm{d}y$$

例 7　计算椭圆$\dfrac{x^2}{a^2}+\dfrac{y^2}{b^2}=1$ $(a<b)$所围成的图形绕 y 轴旋转而成的旋转体体积。

解：如图 5-25 所示，这个旋转体可看作是由右半个椭圆 $x=\dfrac{a}{b}\sqrt{b^2-y^2}$ $(-b\leqslant y\leqslant b)$及 y 轴所围成的图形绕 y 轴旋转所生成的立体图形，则

$$V=\pi\int_{-b}^{b}\left[\frac{a}{b}\sqrt{b^2-y^2}\right]^2\mathrm{d}y=\pi\frac{a^2}{b^2}\int_{-b}^{b}(b^2-y^2)\mathrm{d}y$$
$$=\pi\frac{a^2}{b^2}\left[b^2y-\frac{1}{3}y^3\right]_{-b}^{b}=\frac{4\pi a^2b}{3}$$

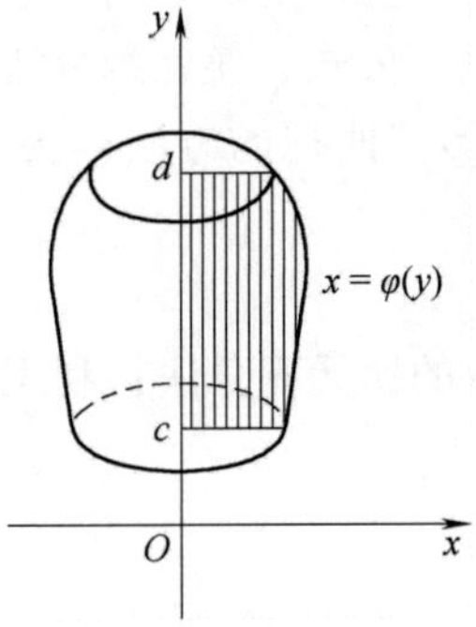

图　5-24

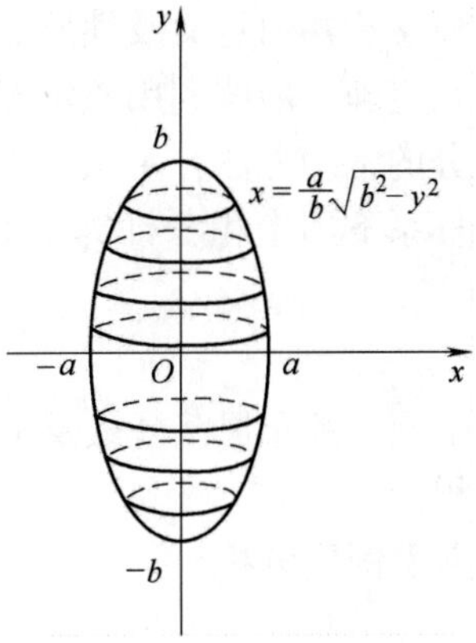

图　5-25

能力训练 5.6

A 组题

1. 求由下列曲线所围成的平面图形的面积：

(1) $y=x^2$，$y=2-x^2$；

(2) $y=e^x$，$x=0$，$y=e$；

(3) $y=4-x^2$，$y=0$；

(4) $y=\sin x$ $(0\leqslant x\leqslant\frac{\pi}{2})$，$x=0$，$y=1$。

2. 求由 $y=x^3$，$x=2$，$y=0$ 所围成的图形，绕 x 轴及 y 轴旋转所得的两个不同的旋转体的体积。

B 组题

1. 求由下列曲线围成的平面图形的面积：

(1) $y=\frac{1}{x}$，$y=x$，$x=2$；

(2) $y=\frac{x^2}{2}$，$x^2+y^2=8$（两部分均应计算）；

(3) $y=e^x$，$y=e^{-x}$，$x=1$。

2. 求由下列曲线围成的平面图形绕指定坐标轴旋转而成的旋转体的体积：

(1) $y=\sqrt{x}$，$x=1$，$x=4$，$y=0$，绕 x 轴；

(2) $y=x^2$，$x=y^2$，绕 y 轴；

(3) $(x-5)^2+y^2=1$，绕 y 轴。

学 习 指 导

一、基本要求及重点

1. 基本要求

1)掌握定积分的概念、几何意义及性质。

2)掌握原函数存在定理，能够利用该定理求解变上限定积分的导数。

3)熟练掌握定积分的常用方法：牛顿—莱布尼茨公式、换元积分法、分部积分法。

4)掌握在直角坐标系下用定积分计算平面图形的面积的方法；会计算绕坐标轴旋转生成的旋转体的体积。

2. 重点

定积分的概念，牛顿—莱布尼茨公式及定积分的换元积分法；利用定积分计算平面图形的面积、旋转体的体积。

二、内容小结与典型例题分析

1. 定积分定义

定积分是由实际问题抽象出来的一个特殊的和式极限；定积分的结果是一个数且与积分变量字母无关。

2. 定积分的几何意义

介于直线 $x=a$ 和 $x=b$ 之间，x 轴之上、下相应的曲边梯形的面积的代数和。

3. 定积分的常用性质

(1) $\int_a^b [k_1 f(x) + k_2 g(x)]\mathrm{d}x = k_1\int_a^b f(x)\mathrm{d}x + k_2\int_a^b g(x)\mathrm{d}x$

(2) $\int_a^b f(x)\mathrm{d}x = -\int_b^a f(x)\mathrm{d}x$, $\int_a^a f(x)\mathrm{d}x = 0$

(3) $\int_a^b f(x)\mathrm{d}x = \int_a^c f(x)\mathrm{d}x + \int_c^b f(x)\mathrm{d}x$

(4) 若 $f(x) \geqslant g(x)$，则 $\int_a^b f(x)\mathrm{d}x \geqslant \int_a^b g(x)\mathrm{d}x$。

4. 重要补充

(1) $\int_a^b \mathrm{d}x = b - a$；

(2) $\int_{-a}^a f(x)\mathrm{d}x = \begin{cases} 0 & f(x)\text{ 是奇函数} \\ 2\int_0^a f(x)\mathrm{d}x & f(x)\text{ 是偶函数} \end{cases}$。

5. 变上限定积分(原函数存在定理)

$\Phi(x) = \int_a^x f(t)\mathrm{d}t$ 是 $[a,b]$ 上的一个可导函数，自变量为 x，且有 $\Phi'(x) = f(x)$。

6. 牛顿—莱布尼茨公式

若 $F'(x) = f(x)$，则有

$$\int_a^b f(x)\mathrm{d}x = F(b) - F(a)$$

其中 $f(x)$ 在 $[a,b]$ 上连续，$F(x)$ 是初等函数。

7. 定积分的换元积分法

$$\int_a^b f(x)\mathrm{d}x = \int_\alpha^\beta f(\varphi(t))d\varphi(t)$$

其中 $x = \varphi(t)$，$\varphi(\alpha) = a$，$\varphi(\beta) = b$，$t \in [\alpha,\beta]$。

8. 定积分的分部积分法

$$\int_a^b u(x)\mathrm{d}v(x) = u(x)v(x)\Big|_a^b - \int_a^b v(x)\mathrm{d}u(x)$$

9. 对于面积的应用，选择合适的积分变量，可以简化计算。在直角坐标系中的面积，用 x(或 y)作积分变量。

10. 对于旋转体体积的应用

(1)由曲线 $y=f(x)$，直线 $x=a$，$x=b$ 及 x 轴所围成的曲边梯形绕 x 轴旋转的体积为

$$v = \int_a^b \pi y^2\mathrm{d}x = \pi\int_a^b [f(x)]^2\mathrm{d}x$$

(2) 由曲线 $x=\varphi(x)$，直线 $y=c$，$y=d$ 及 y 轴所围成的曲边梯形绕 y 轴旋转的体积为

$$v = \int_c^d \pi x^2\mathrm{d}y = \pi\int_c^d [\varphi(y)]^2\mathrm{d}y$$

例 1　利用牛顿—莱布尼茨公式，计算定积分 $\int_0^{\frac{\pi}{4}}\tan^2\theta\mathrm{d}\theta$。

解：$\int_0^{\frac{\pi}{4}}\tan^2\theta\mathrm{d}\theta = \int_0^{\frac{\pi}{4}}(\sec^2\theta - 1)\mathrm{d}\theta = \Big[\tan\theta - \theta\Big]_0^{\frac{\pi}{4}} = 1 - \dfrac{\pi}{4}$

例 2　求 $\int_{\frac{1}{3}}^3 \dfrac{\arctan\sqrt{x}}{(1+x)\sqrt{x}}\mathrm{d}x$。

解：法一　用凑微分法，但不引入新的积分变量，这时上、下限不需要改变。

$$\begin{aligned}\int_{\frac{1}{3}}^3 \frac{\arctan\sqrt{x}}{(1+x)\sqrt{x}}\mathrm{d}x &= 2\int_{\frac{1}{3}}^3 \frac{\arctan\sqrt{x}}{(1+x)}\mathrm{d}\sqrt{x}\\ &= 2\int_{\frac{1}{3}}^3 \arctan\sqrt{x}\mathrm{d}\left(\arctan\sqrt{x}\right) = \left[(\arctan\sqrt{x})^2\right]_{\frac{1}{3}}^3\\ &= \left(\frac{\pi}{3}\right)^2 - \left(\frac{\pi}{6}\right)^2 = \frac{\pi^2}{12}\end{aligned}$$

法二　用定积分换元法，引入新积分变量，这时上、下限要改变。

令 $\arctan\sqrt{x}=t$，则 $x=\tan^2 t$，$\mathrm{d}x = 2\tan t\sec^2 t\mathrm{d}t$，且当 $x=\dfrac{1}{3}$时，$t=\dfrac{\pi}{6}$；当 $x=3$ 时，$t=\dfrac{\pi}{3}$。于是

$$\begin{aligned}\int_{\frac{1}{3}}^3 \frac{\arctan\sqrt{x}}{(1+x)\sqrt{x}}\mathrm{d}x &= \int_{\frac{\pi}{6}}^{\frac{\pi}{3}} \frac{t}{(1+\tan^2 t)\tan t}2\tan t\sec^2 t\mathrm{d}t\\ &= \int_{\frac{\pi}{6}}^{\frac{\pi}{3}} 2t\mathrm{d}t = \left[t^2\right]_{\frac{\pi}{6}}^{\frac{\pi}{3}} = \left(\frac{\pi}{3}\right)^2 - \left(\frac{\pi}{6}\right)^2 = \frac{\pi^2}{12}\end{aligned}$$

例 3　计算下列定积分：

(1) $\int_1^{e^2}\dfrac{1}{x\sqrt{1+\ln x}}\mathrm{d}x$；　　(2) $\int_a^{2a}\dfrac{\sqrt{x^2-a^2}}{x^4}\mathrm{d}x\ (a>0)$。

解：(1) 法一　凑微分而不引入新的积分变量。

$$\int_1^{e^2}\frac{1}{x\sqrt{1+\ln x}}dx=\int_1^{e^2}\frac{1}{\sqrt{1+\ln x}}d(\ln x)=\int_1^{e^2}(1+\ln x)^{-\frac{1}{2}}d(1+\ln x)$$
$$=\left[2\sqrt{1+\ln x}\right]_1^{e^2}=2(\sqrt{3}-1)$$

法二　作根式代换，令 $\sqrt{1+\ln x}=t$，则 $\ln x=t^2-1$，$\frac{1}{x}dx=2tdt$，且当 $x=1$ 时，$t=1$；当 $x=e^2$ 时，$t=\sqrt{3}$。于是

$$\int_1^{e^2}\frac{1}{x\sqrt{1+\ln x}}dx=\int_1^{\sqrt{3}}2dt=2[t]_1^{\sqrt{3}}=2(\sqrt{3}-1)$$

(2) 作倒代换，令 $x=\frac{1}{t}$，则 $dx=-\frac{1}{t^2}dt$，且当 $x=a$ 时，$t=\frac{1}{a}$；当 $x=2a$ 时，$t=\frac{1}{2a}$。于是

$$\int_a^{2a}\frac{\sqrt{x^2-a^2}}{x^4}dx=-\int_{\frac{1}{a}}^{\frac{1}{2a}}t\sqrt{1-a^2t^2}\,dt=\frac{1}{2a^2}\int_{\frac{1}{a}}^{\frac{1}{2a}}(1-a^2t^2)^{\frac{1}{2}}d(1-a^2t^2)$$
$$=\frac{1}{3a^2}\left[(1-a^2t^2)^{\frac{3}{2}}\right]_{\frac{1}{a}}^{\frac{1}{2a}}=\frac{\sqrt{3}}{8a^2}$$

例 4　利用简化计算的方法，求下列定积分：

(1) $\int_{-\frac{\pi}{2}}^{\frac{\pi}{2}}\frac{x+\cos x}{1+\sin^2x}dx$；　　(2) $\int_{-1}^{2}x\sqrt{|x|}dx$。

解：(1) $\int_{-\frac{\pi}{2}}^{\frac{\pi}{2}}\frac{x+\cos x}{1+\sin^2x}dx=\int_{-\frac{\pi}{2}}^{\frac{\pi}{2}}\frac{x}{1+\sin^2x}dx+\int_{-\frac{\pi}{2}}^{\frac{\pi}{2}}\frac{\cos x}{1+\sin^2x}dx$

因为 $\frac{x}{1+\sin^2x}$ 是奇函数，$\frac{\cos x}{1+\sin^2x}$ 是偶函数，且积分区间关于原点对称，所以

$$\int_{-\frac{\pi}{2}}^{\frac{\pi}{2}}\frac{x+\cos x}{1+\sin^2x}dx=0+2\int_0^{\frac{\pi}{2}}\frac{\cos x}{1+\sin^2x}dx=2\left[\arctan(\sin x)\right]_0^{\frac{\pi}{2}}=\frac{\pi}{2}$$

(2) $x\sqrt{|x|}$ 在 $[-1,1]$ 上是奇函数；在 $[1,2]$ 上，$x\sqrt{|x|}=x\sqrt{x}=x^{\frac{3}{2}}$，所以

$$\int_{-1}^{2}x\sqrt{|x|}=\int_{-1}^{1}x\sqrt{|x|}+\int_1^2x\sqrt{|x|}dx=0+\int_1^2x^{\frac{3}{2}}dx$$
$$=\left[\frac{2}{5}x^{\frac{5}{2}}\right]_1^2=\frac{2}{5}(4\sqrt{2}-1)$$

例 5　求曲线 $y=|\ln x|$ 与 $x=\frac{1}{10}$，$x=10$ 及 x 轴所围图形的面积。

解：如图 5-26 所示，有

$$A=\int_{\frac{1}{10}}^{10}|\ln x|dx=-\int_{\frac{1}{10}}^{1}\ln xdx+\int_1^{10}\ln xdx$$
$$=\left[-x\ln x+x\right]\Big|_{\frac{1}{10}}^{1}+\left[x\ln x-x\right]\Big|_1^{10}$$
$$=\frac{1}{10}(99\ln 10-81)$$

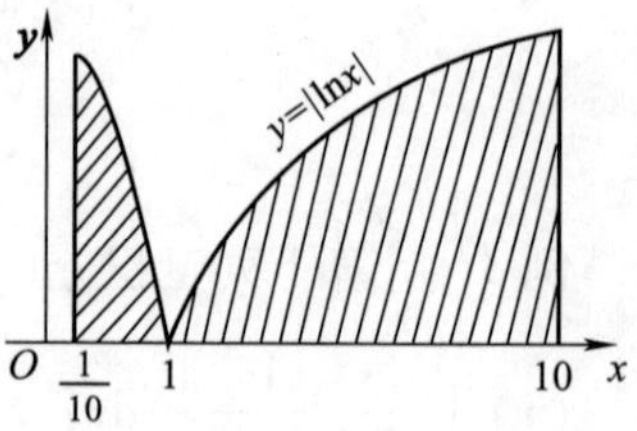

图　5-26

综合训练 5

A 组题

1. 填空题

(1) 若 $f(x)$ 在 $[a,b]$ 上连续，则 $\int_a^b f(x)\mathrm{d}x + \int_b^a f(t)\mathrm{d}t =$ ________。

(2) $\frac{\mathrm{d}}{\mathrm{d}x}\int_a^b f(t)\mathrm{d}t =$ ________，$\frac{\mathrm{d}}{\mathrm{d}x}\int_0^x \sin t^2\mathrm{d}t =$ ________。

(3) 设 $k \neq 0$，且 $\int_0^k (2x - x^2)\mathrm{d}x = 0$，则 $k =$ ________。

(4) $\int_{-1}^1 x^4\sin^3 x\mathrm{d}x =$ ________。

(5) $\int_0^2 |x-1|\mathrm{d}x =$ ________。

2. 选择题

(1) $\int_{-\pi}^{\pi}\frac{x^2\sin x}{1+x^2}\mathrm{d}x$ 等于(　　)。

A. 2　　B. -1　　C. 0　　D. 1

(2) 已知 $f(x) = \int_0^x \sin 2t\mathrm{d}t$，则 $f'\left(\frac{\pi}{4}\right) =$ (　　)。

A. 0　　B. 1　　C. -1　　D. $\frac{\pi}{2}$

(3) 若 $\int_0^x f(t)\mathrm{d}t = \mathrm{e}^{2x}$，则 $f(x)$ 等于(　　)。

A. $2\mathrm{e}^{2x}$　　B. e^{2x}　　C. $2x\mathrm{e}^{2x}$　　D. $2x\mathrm{e}^{2x-1}$

3. 求下列定积分：

(1) $\int_0^{\pi}(1-\sin^3 x)\mathrm{d}x$；　　(2) $\int_0^1 \arctan\sqrt{x}\mathrm{d}x$；

(3) $\int_0^{2\pi} x\cos^2 x\mathrm{d}x$；　　(4) $\int_1^2 \frac{\sqrt{x^2-1}}{x}\mathrm{d}x$。

4. 求由抛物线 $y=3-x^2$ 与直线 $y=2x$ 所围成的平面图形的面积。

5. 求由曲线 $xy=1$ 与直线 $y=2$，$x=3$ 围成的平面图形绕 x 轴旋转所成的旋转体的体积。

B 组题

1. 求下列定积分：

(1) $\int_0^{\frac{\pi}{2}} \sin x\cos^3 x\mathrm{d}x$；　　(2) $\int_1^4 \frac{\mathrm{d}x}{\sqrt{x}+1}$；　　(3) $\int_1^{\mathrm{e}^2} \frac{\mathrm{d}x}{x\sqrt{1+\ln x}}$；

(4) $\int_{-2}^0 \frac{\mathrm{d}x}{x^2+2x+2}$；　　(5) $\int_0^{\pi} \sqrt{1+\cos 2x}\mathrm{d}x$；　　(6) $\int_{-\pi}^{\pi} x^4\sin x\mathrm{d}x$。

2. 求由 $\int_0^y \mathrm{e}^t\mathrm{d}t + \int_0^x \cos t\mathrm{d}t = 0$ 所决定的隐函数 y 对 x 的导数 $\frac{\mathrm{d}y}{\mathrm{d}x}$。

第6章 微分方程

在科学技术和经济管理的许多问题中，往往需要求出所涉及变量间的函数关系。一些简单的函数关系可以由实际问题的特点直接确定。但是，在一些较复杂的问题中，只能确定含有未知函数的导数或微分的方程，再通过求解这样的方程确定该函数。这种含有未知函数的导数或微分的方程就称为微分方程。微分方程的理论已成为数学学科的一个重要分支，它有着深刻而生动的实际背景，从生产实践与科学技术中产生，又成为现代科学技术中分析问题与解决问题的一个强有力的工具。

微分方程是描述客观事物的数量关系的一种重要数学模型，本章将重点介绍常见的微分方程及其解法。

6.1 微分方程的基本概念与分离变量方程

本节导学

1）高等数学的研究对象是函数。数学的特征之一是应用的广泛性，所以，研究的函数既有数学本身的理论问题，更有来自于科学研究和生产实践的现实模型。这些函数关系有些是通过待求函数的导数或微分的形式出现的，于是如何通过解这些含有未知函数导数的方程，从而确定该函数就是本节所要探讨的问题。

2）本节的学习重点不仅包括深刻理解微分方程的有关概念，如常微分方程、微分方程的阶、微分方程的通解和特解等，更包括用分离变量法求解一阶可分离变量的微分方程。这其中，熟悉不定积分的有关方法和技巧，是学习本节不可或缺的前提条件。

3）本节的学习难点是将实际问题通过建立数学模型，得到相应的一阶可分离变量微分方程，并且在给定的初始条件下求出特解，从而解决该问题。比如，知道函数的切线变化规律，求出某条曲线方程。

6.1.1 引例

例1 一物体由静止开始从高处自由下落，已知物体下落过程中的重力加速度是 g，求物体下落的位置与时间之间的函数关系。

分析： 加速度是位置函数 $s(t)$ 对时间 t 的二阶导数，根据题意得到 $s(t)$ 与时间 t 之间的关系满足方程

$$\frac{\mathrm{d}^2 s}{\mathrm{d}t^2}=g$$

而且有 $s(0)=0$，$s'(0)=0$。

对上式积分可得

$$\frac{\mathrm{d}s}{\mathrm{d}t}=gt+C_1$$

再积分得

$$s=\frac{1}{2}gt^2+C_1t+C_2$$

其中 C_1，C_2 是任意常数。将条件 $s(0)=0$，$s'(0)=0$ 代入可得 $C_1=0$，$C_2=0$ 所以，自由落体下落距离 s 与时间 t 的函数关系为

$$s=\frac{1}{2}gt^2$$

又比如某产品的边际成本为 $C'(x)=2x+6$，固定成本为 10，求总成本函数。以上这些数学模型都属于微分方程的范畴。在实际问题中还可以列出这样的关系式，如

$$y'+xy=\sin x \tag{6.1.1}$$

6.1.2 微分方程的基本概念

定义 6.1.1 含有未知函数及未知函数的导数(或微分)的方程叫作**微分方程**。如

$$y''+y'-x=0 \tag{6.1.2}$$

$$x^3y'''+x^2y''-4xy=3x^2 \tag{6.1.3}$$

$$y^{(n)}+1=0 \tag{6.1.4}$$

它的未知量就是未知函数，而施加于未知函数的运算则是导数或微分的运算。一般来说，微分方程就是联系自变量、未知函数及未知函数的某些导数(或微分)之间的关系式。

常微分方程：未知函数是一元函数的微分方程，叫作**常微分方程**，如式(6.1.1)。

微分方程的阶：微分方程中出现的未知函数的导数或微分的最高阶数称为**微分方程的阶**。

例如，式(6.1.1)是一阶常微分方程，式(6.1.2)是二阶常微分方程。

线性微分方程：微分方程中，未知函数及其各阶导数的幂指数都是一次的，称为**线性微分方程**，如以上各例均为线性微分方程。

一阶常微分方程一般形式为

$$F(x,\ y,\ y')=0$$

其中 x，y 可有可无，但是 y' 必须要有。

例 2 已知一曲线在任意一点处的切线的斜率为 $x-1$ ，且经过点$\left(1,\ \frac{3}{2}\right)$，求该曲线的方程。

解：设所求曲线方程为 $y=y(x)$，根据导数的几何意义，得微分方程为

$$y'=x-1 \text{ 或 } \mathrm{d}y=(x-1)\mathrm{d}x$$

将方程两边取积分，得

$$y=\frac{x^2}{2}-x+C \quad (\text{其中 } C \text{ 是任意常数})$$

由于曲线过点$\left(1,\ \frac{3}{2}\right)$，故所求曲线满足$\frac{3}{2}=\frac{1}{2}-1+C$，解得 $C=2$。

所以曲线方程为

$$y=\frac{x^2}{2}-x+2$$

显然 $y=\frac{x^2}{2}-x+2$ 是使方程 $y'=x-1$ 两端恒等的一个函数。

定义 6.1.2 如果一个函数代入微分方程后，能使方程两边恒等，称此函数为**微分方程的解**。如果微分方程的解中含有任意常数，且任意常数的个数与微分方程的阶数相同，并且不能够合并，这样的解叫作微分方程的**通解**。确定了通解中任意常数以后的解，称为微分方程的**特解**。确定特解的条件，称为**初始条件**。

如在例 2 中，函数 $y=\frac{x^2}{2}-x+C$ 是微分方程 $y'=x-1$ 的通解，$y=\frac{x^2}{2}-x+2$ 是该微分方程满足初始条件 $y(1)=\frac{3}{2}$ 的特解。

注意 当 $x=x_0$ 时，$y=y_0$，$y'=y'_0$，一般写成 $y|_{x=x_0}=y_0$，$y'|_{x=x_0}=y'_0$。

求微分方程满足初始条件的解的问题称为**初值问题**。

例如，求微分方程 $y'=f(x, y)$ 满足初始条件 $y|_{x=x_0}=y_0$ 的解的问题，记为

$$\begin{cases} y'=f(x, y) \\ y|_{x=x_0}=y_0 \end{cases}$$

例 3 验证方程 $y'=\frac{2y}{x}$ 的通解为 $y=Cx^2$（C 为任意常数），并求其在满足初始条件 $y|_{x=1}=2$ 的特解。

解：由 $y=Cx^2$，得 $y'=2Cx$，将 y 及 y' 代入原方程的左、右两边，左边有 $y'=2Cx$，而右边 $\frac{2y}{x}=2Cx$，所以函数 $y=Cx^2$ 满足原方程。又因为该函数含有一个任意常数，所以 $y=Cx^2$ 是一阶微分方程 $y'=\frac{2y}{x}$ 的通解。把初始条件 $y|_{x=1}=2$ 代入通解 $y=Cx^2$ 中求得 $C=2$，故所求的特解为 $y=2x^2$。

例 4 验证函数 $x=C_1\cos kt+C_2\sin kt$ 是微分方程 $\frac{\mathrm{d}^2x}{\mathrm{d}t^2}+k^2x=0$ 的解。

解：求所给函数的导数

$$\frac{\mathrm{d}x}{\mathrm{d}t}=-kC_1\sin kt+kC_2\cos kt$$

$$\frac{\mathrm{d}^2x}{\mathrm{d}t^2}=-k^2C_1\cos kt-k^2C_2\sin kt=-k^2(C_1\cos kt+C_2\sin kt)$$

将 $\frac{\mathrm{d}^2x}{\mathrm{d}t^2}$ 及 x 的表达式代入所给方程,得

$$-k^2(C_1\cos kt+C_2\sin kt)+k^2(C_1\cos kt+C_2\sin kt)\equiv 0$$

这表明函数 $x=C_1\cos kt+C_2\sin kt$ 满足方程 $\frac{\mathrm{d}^2x}{\mathrm{d}t^2}+k^2x=0$，因此所给函数是所给方程的解。

6.1.3 可分离变量的一阶微分方程

定义 6.1.3 如果一阶微分方程 $F(x, y, y')=0$，可以化为

$$y'=\frac{f(x)}{g(y)} \quad 或 \quad g(y)\mathrm{d}y=f(x)\mathrm{d}x$$

的形式，即能把微分方程写成一端只含 y 的函数和 $\mathrm{d}y$，另一端只含 x 的函数和 $\mathrm{d}x$ 的形

式，则称这种形式的微分方程称为**可分离变量的一阶微分方程**(或一阶可分离变量微分方程)。

$\int g(y)\,dy = \int f(x)\,dx + C$ 是可分离变量的一阶微分方程的通解。

例5 求微分方程 $\frac{dy}{dx} = -\frac{x}{y}$ 的通解。

解: 此方程为可分离变量的一阶微分方程，分离变量，得

$$y\,dy = -x\,dx$$

两边积分，得

$$\frac{1}{2}y^2 = -\frac{1}{2}x^2 + C_1$$

所以原方程的通解为

$$x^2 + y^2 = C \text{（其中 } C = 2C_1\text{）}$$

例6 求微分方程 $\frac{dy}{dx} = 2xy$ 的通解。

解: 此方程为可分离变量的一阶微分方程，分离变量后得

$$\frac{1}{y}dy = 2x\,dx$$

两边积分得

$$\ln|y| = x^2 + C_1$$

从而有

$$y = \pm e^{x^2 + C_1} = \pm e^{C_1} e^{x^2}$$

因为 $\pm e^{C_1}$ 仍是任意常数，把它记作 C，便得所给方程的通解 $y = Ce^{x^2}$。

例7 求微分方程 $\frac{dy}{dx} = -\frac{x(y^2+1)}{y(1-x^2)}$ 的通解。

解: 分离变量，得

$$\frac{y}{1+y^2}dy = -\frac{x}{1-x^2}dx$$

两边积分，得

$$\frac{1}{2}\ln(1+y^2) = \frac{1}{2}\ln(1-x^2) + C_1$$

即

$$\ln\frac{1+y^2}{1-x^2} = 2C_1,\quad \frac{1+y^2}{1-x^2} = e^{2C_1}$$

令 $e^{2C_1} = C$，则微分方程的通解为

$$1 + y^2 = C(1-x^2)$$

在求微分方程的通解时，为使通解的形式简单，往往需要根据问题的特点把任意常数写成某种特殊的形式。

例8 求微分方程 $y' - 3x^2y = 0$ 满足初始条件 $y(0) = 2$ 的特解。

解: 原方程可变形为

$$\frac{dy}{dx} = 3x^2y$$

分离变量，得

$$\frac{1}{y}dy = 3x^2\,dx$$

两边积分，得

$$\ln y = x^3 + C_1$$

所以原方程的通解为

$$y = Ce^{x^3}\ (C = e^{C_1})$$

由 $y(0) = 2$，得 $C = 2$，故所求的特解为

$$y = 2e^{x^3}$$

能力训练 6.1

A 组题

1. 指出下列微分方程的阶数：

(1) $\frac{dy}{dx}=y^2+x^3$；　(2) $\frac{d^2y}{dx^2}=\sin x$；　(3) $y^3\frac{d^2y}{dx^2}+1=0$。

2. 验证下列给出的函数是否是相应微分方程的解：

(1) $5\frac{dy}{dx}=3x^2+5x$，$y=\frac{x^3}{5}+\frac{x^2}{2}+C$；　(2) $\frac{dy}{dx}=p(x)y$，$p(x)$连续，$y=Ce^{\int p(x)dx}$；

(3) $y'=\frac{2y}{x}$，$y=Cx^2$（C 为任意常数）。

3. 求下列微分方程的通解：

(1) $xy'-y\ln y=0$；　(2) $3x^2+5x-5y'=0$。

4. 求下列微分方程满足初始条件的特解：

(1) $y'=e^{2x-y}$，$y|_{x=0}=0$；　(2) $y'\sin x=y\ln y$，$y|_{x=\frac{\pi}{2}}=e$。

5. 一条曲线通过点 $P(1,2)$，且在该曲线上任一点 $M(x,y)$ 处的切线斜率为 $2x$，求这条曲线的方程。

B 组题

1. 求下列微分方程的通解：

(1) $\sqrt{1-x^2}y'=\sqrt{1-y^2}$；　(2) $(e^{x+y}-e^x)dx+(e^{x+y}+e^y)dy=0$；

(3) $\cos x\sin y dx+\sin x\cos y dy=0$；　(4) $(y+1)^2\frac{dy}{dx}+x^3=0$。

2. 设一曲线在其上任意点 $P(x,y)$ 处的切线垂直于该点 P 与原点的连线，求这条曲线的方程。

3. 讨论下列方程中哪些是可分离变量的微分方程：

(1) $y'=2xy$；　(2) $3x^2+5x-y'=0$；　(3) $(x^2+y^2)dx-xydy=0$；

(4) $y'=1+x+y^2+xy^2$；　(5) $y'=10^{x+y}$；　(6) $y'=\frac{x}{y}+\frac{y}{x}$。

6.2 一阶线性微分方程

本节导学

1）本节研究的是一阶线性微分方程的解法，学习时必须明晰有关的概念，如一阶微分方程、一阶可分离变量微分方程、一阶线性微分方程、一阶齐次线性微分方程，理解它们的联系与区别。比如，一阶线性微分方程的含义：导数是一阶的，y' 及 y 必须是一次的(线性的)；一阶齐次线性微分方程，一定是一阶可分离变量微分方程，反之不成立；一阶非齐次线性微分方程的通解等于其对应的齐次线性微分方程的通解 + 该非齐次线性微分方程的一个特解。

2）本节的学习重点是一阶线性微分方程的解法，包括公式法和常数变易法。应该熟练掌握将一个一阶线性微分方程首先标准化为 $y'+P(x)y=Q(x)$，确定 $P(x)$，$Q(x)$，然后再套入非齐次线性微分方程的通解公式 $y=\mathrm{e}^{-\int P(x)\mathrm{d}x}\left[\int Q(x)\mathrm{e}^{\int P(x)\mathrm{d}x}\mathrm{d}x+C\right]$ 中。要注意公式中括号外面的积分号外有一个负号。

3）本节的学习难点是积分难度较大的一阶非齐次线性微分方程通解的求解问题，突破的方法是熟悉常见的类型题目，及其相应的积分方法。

6.2.1 一阶线性微分方程的概念

形如$\frac{\mathrm{d}y}{\mathrm{d}x}+P(x)y=Q(x)$的微分方程叫作**一阶线性微分方程**。

如果 $Q(x)\equiv 0$，则方程$\frac{\mathrm{d}y}{\mathrm{d}x}+P(x)y=0$ 称为**一阶齐次线性微分方程**,否则称为**一阶非齐次线性微分方程**。

分析下列方程各是什么类型：

（1）$(x-2)\frac{\mathrm{d}y}{\mathrm{d}x}=y$，因为原式可化为$\frac{\mathrm{d}y}{\mathrm{d}x}-\frac{1}{x-2}y=0$，因此是一阶齐次线性微分方程。

（2）$3x^2+5x-5y'=0$，因为原式可化为 $y'=3x^2+5x$，因此是一阶非齐次线性微分方程。

（3）$y'+y\cos x=\mathrm{e}^{-\sin x}$，很显然是一阶非齐次线性微分方程。

（4）$\frac{\mathrm{d}y}{\mathrm{d}x}=10^{x+y}$，不是线性微分方程。

（5）$(y+1)^2\frac{\mathrm{d}y}{\mathrm{d}x}+x^3=0$，因为原式可化为 $\frac{\mathrm{d}y}{\mathrm{d}x}-\frac{x^3}{(y+1)^2}=0$ 或 $\frac{\mathrm{d}x}{\mathrm{d}y}=\frac{(y+1)^2}{x^3}$，因此不是线性微分方程。

6.2.2 一阶齐次线性微分方程的通解

一阶齐次线性微分方程$\frac{\mathrm{d}y}{\mathrm{d}x}+P(x)y=0$ 就是变量可分离方程，分离变量后，可得

$$\frac{\mathrm{d}y}{y}=-P(x)\mathrm{d}x$$

两边积分，得

$$\ln|y|=-\int P(x)\mathrm{d}x+C_1$$

即

$$y=C\mathrm{e}^{-\int P(x)\mathrm{d}x}\quad(C=\pm\mathrm{e}^{C_1})\tag{6.2.1}$$

上式就是一阶齐次线性微分方程的通解(积分中不必再加任意常数)。

例1 求微分方程$(x-2)\frac{\mathrm{d}y}{\mathrm{d}x}=y$ 的通解。

解： 这是一阶齐次线性微分方程，下面用两种方法求解。

法一 分离变量得

$$\frac{\mathrm{d}y}{y}=\frac{\mathrm{d}x}{x-2}$$

两边积分得

$$\ln|y|=\ln|x-2|+\ln C$$

所以方程的通解为 $y=C(x-2)$（C 是任意常数）

法二　将方程化为
$$\frac{dy}{dx}-\frac{1}{(x-2)}y=0$$
代入通解公式(6.2.1)，得
$$y = Ce^{-\int -\frac{1}{(x-2)}dx} = C(x-2)$$

例 2　求微分方程$\frac{1}{\sin x}y'-y=0$的通解。

解： 将方程化为
$$\frac{dy}{dx}-\sin xy=0$$
代入通解公式(6.2.1)，得
$$y = Ce^{-\int -\sin x dx} = Ce^{-\cos x}$$

一阶非齐次线性微分方程 $\frac{dy}{dx}+P(x)y=Q(x)$的解法，可利用**常数变易法**求解，思路如下：

(1) 先求对应的一阶齐次线性微分方程$\frac{dy}{dx}+P(x)y=0$ 的通解$y = Ce^{-\int P(x)dx}$；

(2) 将得到的通解中的常数 C 换成函数 $u(x)$，把 $y = u(x)e^{-\int P(x)dx}$ 设想成非齐次线性微分方程的通解；

(3) 把 $y = u(x)e^{-\int P(x)dx}$ 代入非齐次线性微分方程$\frac{dy}{dx} + P(x)y = Q(x)$ 中,求得
$$u'(x)e^{-\int P(x)dx} - u(x)e^{-\int P(x)dx}P(x) + P(x)u(x)e^{-\int P(x)dx} = Q(x)$$
化简得
$$u'(x) = Q(x)e^{\int P(x)dx}$$
积分得
$$u(x) = \int Q(x)e^{\int P(x)dx}dx + C$$
于是非齐次线性微分方程的通解为
$$y = e^{-\int P(x)dx}\left[\int Q(x)e^{\int P(x)dx}dx + C\right] \tag{6.2.2}$$
即非齐次线性微分方程的通解等于对应的齐次线性微分方程的通解与该非齐次线性微分方程的一个特解之和。

注意　只要一阶线性微分方程是$\frac{dy}{dx}+P(x)y=Q(x)$的标准形式，则将 $y = C(x)e^{-\int P(x)dx}$ 代入一阶线性微分方程并整理化简后,必有 $C'(x)e^{-\int P(x)dx} = Q(x)$。

该结论可用在一阶线性微分方程的求解过程中，以简化运算过程。

例 3　求微分方程$\frac{dy}{dx}-\frac{2y}{x+1}=(x+1)^{\frac{5}{2}}$的通解。

解： 法一　这是一个非齐次线性微分方程。

(1) 先求对应的齐次线性微分方程$\frac{dy}{dx}-\frac{2y}{x+1}=0$ 的通解。

分离变量，得
$$\frac{dy}{y}=\frac{2dx}{x+1}$$

两边积分，得 $\ln y=2\ln(x+1)+\ln C$

齐次线性微分方程的通解为 $y=C(x+1)^2$

(2) 用常数变易法把 C 换成待定函数 $u(x)$，即令

$$y=u(x)(x+1)^2$$

代入所给非齐次线性微分方程，得

$$u'(x)(x+1)^2+2u(x)(x+1)-\frac{2}{x+1}u(x)(x+1)^2=(x+1)^{\frac{5}{2}}$$

$$u'(x)=(x+1)^{\frac{1}{2}}$$

两边积分，得 $u(x)=\frac{2}{3}(x+1)^{\frac{3}{2}}+C$

再把上式代入 $y=u(x)(x+1)^2$ 中，即得所求微分方程的通解为

$$y=(x+1)^2\left[\frac{2}{3}(x+1)^{\frac{3}{2}}+C\right]$$

法二 这里 $P(x)=-\frac{2}{x+1}$，$Q(x)=(x+1)^{\frac{5}{2}}$。

因为 $\int P(x)\mathrm{d}x=\int\left(-\frac{2}{x+1}\right)\mathrm{d}x=-2\ln(x+1)$

$$\mathrm{e}^{-\int P(x)\mathrm{d}x}=\mathrm{e}^{2\ln(x+1)}=(x+1)^2$$

$$\int Q(x)\mathrm{e}^{\int P(x)\mathrm{d}x}\mathrm{d}x=\int(x+1)^{\frac{5}{2}}(x+1)^{-2}\mathrm{d}x=\int(x+1)^{\frac{1}{2}}\mathrm{d}x=\frac{2}{3}(x+1)^{\frac{3}{2}}$$

所以通解为 $y=\mathrm{e}^{-\int P(x)\mathrm{d}x}\left[\int Q(x)\mathrm{e}^{\int P(x)\mathrm{d}x}\mathrm{d}x+C\right]=(x+1)^2\left[\frac{2}{3}(x+1)^{\frac{3}{2}}+C\right]$

注意 使用式(6.2.2)时，必须首先将方程化为形如方程(6.2.1)的形式，再确定 $P(x)$ 和 $Q(x)$，然后代入公式求解。

例4 求微分方程 $y'-y\tan x=2\sin x$ 满足初始条件 $y(0)=0$ 的特解。

解：$P(x)=-\tan x$，$Q(x)=2\sin x$，由式(6.2.2)得

$$y=\mathrm{e}^{-\int-\tan x\mathrm{d}x}\left[\int 2\sin x\mathrm{e}^{\int-\tan x\mathrm{d}x}\mathrm{d}x+C\right]=\frac{1}{\cos x}\left(-\frac{1}{2}\cos 2x+C\right)$$

又由 $y(0)=0$，可得 $C=\frac{1}{2}$，所求的特解为

$$y=\frac{1}{\cos x}\left(-\frac{1}{2}\cos 2x+\frac{1}{2}\right)=\sin x\tan x$$

能力训练 6.2

A 组题

1. 求下列微分方程的通解：

(1) $y'-2y=0$； (2) $y'+y=\mathrm{e}^{-x}$； (3) $y'-\frac{2y}{1+x}=(x+1)^3$；

(4) $\frac{dy}{dx}=\frac{x^3+y}{x}$； (5) $\frac{dy}{dx}+2xy=2xe^{-x^2}$。

2. 求下列微分方程满足初始条件的特解：

(1) $y'-y=0$，$y(0)=1$；

(2) $(x+1)y'-2y-(x+1)^{\frac{7}{2}}=0$，$y|_{x=0}=1$；

(3) $x(y^2+1)dx+y(1-x^2)dy=0$，$y|_{x=0}=1$。

B 组题

求下列微分方程满足初始条件的特解：

(1) $y'+\frac{1}{x}y=\frac{\sin x}{x}$，$y|_{x=\pi}=1$；

(2) $\frac{dy}{dx}+3y=8$，$y|_{x=0}=2$；

(3) $\frac{dy}{dx}+y\cot x=5e^{\cos x}$，$y|_{x=\frac{\pi}{2}}=-4$。

6.3 二阶常系数线性微分方程

| 本节导学 |

1) 本节先要明确概念，二阶线性微分方程 $y''+p(x)y'+q(x)y=f(x)$ 中，y''，y'，y 皆为一次的，此为“线性方程”的本意。其次，要理解齐次线性微分方程和非齐次线性微分方程解的结构定理：非齐次线性微分方程的通解等于对应的齐次线性微分方程的通解与其特解之和。解二阶常系数线性微分方程时，无论齐次的还是非齐次的都不需要积分求出原函数。为求齐次线性微分方程的通解，只需要求解相应的代数方程，依据特征方程 $r^2+pr+q=0$ 根的情况代入相应的通解公式。

2) 本节的学习重点是二阶常系数齐次线性微分方程的通解，必须牢记特征方程相对应的通解公式和自由项是 $f(x)=p_n(x)e^{\alpha x}$ 型的非齐次线性微分方程的特解。学习的要点是理解特解的公式 $y^*=x^kQ_n(x)e^{\alpha x}$ 中选择 x 的指数 k 的方法，熟练掌握对 y^* 求导后，代入原方程确定 n 次多项式 $Q_n(x)$ 系数的“待定系数法”。

3) 本节的学习难点是自由项 $f(x)=(A\cos\beta x+B\sin\beta x)e^{\alpha x}$ 的特解求法。要点是理解特解 $y^*=x^k(a\cos\beta x+b\sin\beta x)e^{\alpha x}$ 中指数 k 的来历和选择 k 的方法，以及由 y^* 求导代入原方程确定 a，b 的待定系数法。

6.3.1 二阶线性微分方程的定义

如果一个二阶微分方程中出现的未知函数及未知函数的一阶、二阶导数都是一次的，那么这个方程称为**二阶线性微分方程**，其一般式为

$$y''+p(x)y'+q(x)y=f(x) \tag{6.3.1}$$

其中 $p(x)$，$q(x)$，$f(x)$ 都是关于 x 的连续函数。

若 $f(x)\equiv 0$，则方程(6.3.1)变为

$$y'' + p(x)y' + q(x)y = 0 \tag{6.3.2}$$

方程(6.3.2)称**二阶齐次线性微分方程**。

特别地，$p(x)$，$q(x)$分别为常数p，q时，方程(6.3.1)和方程(6.3.2)为

$$y'' + py' + qy = f(x) \tag{6.3.3}$$

和

$$y'' + py' + qy = 0 \tag{6.3.4}$$

方程(6.3.3)称为**二阶常系数非齐次线性微分方程**，方程(6.3.4)称为**二阶常系数齐次线性微分方程**。

6.3.2 二阶齐次线性微分方程解的结构

定理6.3.1 设y_1和y_2是二阶齐次线性微分方程

$$y'' + p(x)y' + q(x)y = 0$$

的两个解，则y_1与y_2的线性组合$y = C_1y_1 + C_2y_2$也是该方程的解，其中C_1，C_2是任意常数。

定义 设$y_1(x)$与$y_2(x)$是定义在某区间内的两个函数，如果存在不全为零的常数k_1，k_2，使得对于该区间内的一切x，均有

$$\frac{y_1(x)}{y_2(x)} = k \ (\text{或}\ k_1y_1(x) + k_2y_2(x) = 0)$$

成立，则称函数$y_1(x)$与$y_2(x)$在该区间内**线性相关**；否则，称$y_1(x)$与$y_2(x)$**线性无关**。

例如，$y_1(x) = e^x$与$y_2(x) = 2e^x$是线性相关的，而$y_3(x) = xe^x$与$y_4(x) = e^x$是线性无关的。

有了上述两个函数线性无关的定义，便有了下面的定理。

定理6.3.2 如果$y_1(x), y_2(x)$是方程(6.3.2)的两个线性无关的解，则$y = C_1y_1 + C_2y_2$就是方程(6.3.2)的通解，其中C_1, C_2是任意常数。

例1 验证$y_1(x) = e^{-x}$与$y_2(x) = e^{2x}$都是微分方程

$$y'' - y' - 2y = 0$$

的解，并写出它的通解。

解：$y_1{}'(x) = -e^{-x}$，$y_1{}''(x) = e^{-x}$；$y_2{}'(x) = 2e^{2x}$，$y_2{}''(x) = 4e^{2x}$。将它们分别代入方程左端，得

$$e^{-x} + e^{-x} - 2e^{-x} = 0,\ 4e^{2x} - 2e^{2x} - 2e^{2x} = 0$$

可见$y_1(x) = e^{-x}$与$y_2(x) = e^{2x}$都是所给微分方程的解。由于

$$\frac{y_1(x)}{y_2(x)} = \frac{e^{-x}}{e^{2x}} = e^{-3x} \neq \text{常数}$$

所以$y_1(x) = e^{-x}$与$y_2(x) = e^{2x}$是两个线性无关的解，由定理6.3.2可知所求方程的通解为

$$y = C_1e^{-x} + C_2e^{2x}$$

其中C_1，C_2是任意常数。

6.3.3 二阶常系数齐次线性微分方程的解法

由定理6.3.2可知欲求方程(6.3.4)的通解，关键在于求出方程(6.3.4)的两个线性无关的特解。由于指数函数$y = e^{rx}$(r是常数)的各阶导数仍是指数函数$y = e^{rx}$乘以一个常数因

子，考虑到方程(6.3.4)的系数是常数的特点，因此猜想，如果适当选取常数 r，有可能使函数 $y=e^{rx}$满足方程(6.3.4)。

现设 $y=e^{rx}$是方程(6.3.4)的解，则 $y'=re^{rx}$，$y''=r^2e^{rx}$，把 y，y'及 y''代入方程(6.3.4)，整理后得

$$(r^2+pr+q)e^{rx}=0$$

由于 $e^{rx}\neq 0$，所以

$$r^2+pr+q=0 \tag{6.3.5}$$

这表明，只要常数 r 满足方程(6.3.5)，则函数 $y=e^{rx}$就是方程(6.3.4)的解。称一元二次方程(6.3.5)为方程(6.3.4)的**特征方程**，方程(6.3.5)的根称为**特征根**，其中 r^2，r 的系数及常数项，依次是方程(6.3.4)中 y''，y'及 y 的系数。

由一元二次方程的求根公式，可得特征方程(6.3.5)的根为

$$r_{1,2}=\frac{-p\pm\sqrt{p^2-4q}}{2}$$

因此，求二阶常系数齐次线性微分方程 $y''+py'+qy=0$ 的通解步骤如下：

(1) 写出微分方程的特征方程 $r^2+pr+q=0$；

(2) 求出特征根 r_1 和 r_2；

(3) 根据 r_1 和 r_2 的三种不同情况，按下表写出方程的通解：

特征方程 $r^2+pr+q=0$ 的根	微分方程的通解形式
两个不等实根 $r_1\neq r_2$	$y=C_1e^{r_1x}+C_2e^{r_2x}$
两个相等实根 $r_1=r_2=r$	$y=(C_1+C_2x)e^{rx}$
一对共轭复根 $r=\alpha\pm\beta i$	$y=e^{\alpha x}(C_1\cos\beta x+C_2\sin\beta x)$

例 2 求微分方程 $y''-2y'-3y=0$ 的通解。

解： 特征方程为 $$r^2-2r-3=0$$

特征根为 $$r_1=-1，r_2=3$$

故该方程的通解为 $$y=C_1e^{-x}+C_2e^{3x}$$

例 3 求微分方程 $y''+2y'+y=0$ 满足初始条件 $y\big|_{x=0}=4$，$y'\big|_{x=0}=-2$ 的特解。

解： 特征方程为 $$r^2+2r+1=0$$

特征根为 $$r_1=r_2=-1$$

于是方程的通解为 $$y=e^{-x}(C_1+C_2x)$$

将初始条件 $y\big|_{x=0}=4$ 代入上式得 $C_1=4$，从而

$$y=e^{-x}(4+C_2x)$$

由 $y'=e^{-x}(C_2-4-C_2x)$，将初始条件 $y'\big|_{x=0}=-2$ 代入得 $C_2=2$，故所求特解为

$$y=e^{-x}(4+2x)$$

例 4 求微分方程 $y''-2y'+5y=0$ 的通解。

解： 特征方程为 $$r^2-2r+5=0$$

特征根为 $$r_{1,2}=\frac{2\pm\sqrt{2^2-4\times 5}}{2}=1\pm 2i$$

它们是一对共轭复根($\alpha=1$, $\beta=2$)，于是所求通解为

$$y = e^{x}(C_1\cos 2x + C_2\sin 2x)$$

从前面的讨论可以看到，求解二阶常系数线性齐次微分方程时，不必通过积分，而用代数方法求出特征根，就可以写出微分方程的通解。

6.3.4 二阶常系数非齐次线性微分方程解的结构及解法

定理 6.3.3 设 $y^*(x)$ 是二阶常系数非齐次线性微分方程(6.3.3)的一个特解，$Y=C_1y_1(x)+C_2y_2(x)$ 是方程(6.3.3)所对应的齐次线性微分方程(6.3.4)的通解，则

$$y = Y + y^* = C_1y_1(x) + C_2y_2(x) + y^*(x)$$

是方程(6.3.3)的通解

定理 6.3.4 设 $y_1{}^*(x)$ 与 $y_2{}^*(x)$ 分别是二阶常系数非齐次线性微分方程

$$y''+py'+qy=f_1(x)$$

和

$$y''+py'+qy=f_2(x)$$

的特解，则 $y^*=y_1{}^*(x)+y_2{}^*(x)$ 是微分方程

$$y''+py'+qy=f_1(x)+f_2(x) \tag{6.3.6}$$

的特解,其中 p,q 为常数。

证明从略。

根据定理6.3.3知道,方程(6.3.3)的通解结构为 $y=Y+y^*$,其中 Y 是方程(6.3.3)所对应的齐次线性微分方程(6.3.4)的通解,y^* 是方程(6.3.3)的一个特解。Y 的求法前面已经讨论过,下面只需讨论 y^* 的求法。接下来仅就方程(6.3.3)的右端函数 $f(x)$ 的两种常见形式介绍求特解 y^* 的方法。

$f(x)$ 的两种常见形式为:

(1) $f(x)=p_n(x)e^{\alpha x}$,其中 $p_n(x)$ 为关于 x 的 n 次多项式,α 为常数;

(2) $f(x)=(A\cos\beta x+B\sin\beta x)e^{\alpha x}$,其中 α,β,A,B 为常数。

1. $f(x)=p_n(x)e^{\alpha x}$ 型

这种类型的 $f(x)$ 对应的方程即为

$$y''+py'+qy=p_n(x)e^{\alpha x} \tag{6.3.7}$$

特解形式可设为

$$y^*=x^kQ_n(x)e^{\alpha x}$$

其中 $Q_n(x)$ 是与 $p_n(x)$ 同次的多项式,即

$$Q_n(x)=b_0x^n+b_1x^{n-1}+b_2x^{n-2}+\cdots+b_{n-1}x+b_n$$

这里的 $b_0,b_1,b_2,\cdots,b_{n-1},b_n$ 是 $(n+1)$ 个待定系数,k 的取法如下:

(1) 当 α 不是所对应的齐次线性微分方程的特征根时,取 $k=0$;

(2) 当 α 是所对应的齐次线性微分方程的特征单根时,取 $k=1$;

(3) 当 α 是所对应的齐次线性微分方程的特征重根时,取 $k=2$。

例 5 求微分方程 $y''-2y'-3y=3x+1$ 的一个特解。

解:该方程所对应的齐次线性微分方程的特征方程为 $r^2-2r-3=0$,特征根为 $r_1=3,r_2=-1$,而右端 $f(x)=3x+1$,可见 $\alpha=0$ 不是特征根,因此取 $k=0$。设方程的特解为 $y^*=ax+b$,其中 a,b 是待定系数。

由于 $$y^{*\prime} = a, y^{*\prime\prime} = 0$$

将它们代入原方程,有

$$0 - 2a - 3(ax + b) = 3x + 1$$

整理，得 $$-3ax - 2a - 3b = 3x + 1$$

比较系数,得方程组

$$\begin{cases} -3a = 3 \\ -2a - 3b = 1 \end{cases}$$

解得 $a = -1, b = \frac{1}{3}$,于是所求特解为

$$y^* = -x + \frac{1}{3}$$

例 6　求微分方程 $y'' - 3y' + 2y = e^x$ 的通解。

解: 因该方程所对应的齐次线性微分方程的特征方程为 $r^2 - 3r + 2 = 0$,特征根为 $r_1 = 2$, $r_2 = 1$,所以相应齐次线性微分方程的通解为 $Y = C_1e^x + C_2e^{2x}$。又因为原方程右端 $f(x) = e^x$,可见 $\alpha = 1$ 是特征单根,因此取 $k = 1$。故设方程的一个特解为 $y^* = axe^x$(a 是待定系数)。

由于 $$y^{*\prime} = a(1 + x)e^x,\ y^{*\prime\prime} = a(2 + x)e^x$$

将它们代入原方程,有

$$a(2 + x)e^x - 3a(1 + x)e^x + 2axe^x = e^x$$

约去 $e^x \neq 0$ 并整理,得 $$2a - 3a = 1, \text{即 } a = -1$$

于是原方程的一个特解为 $$y^* = -xe^x$$

故所求通解为

$$y = Y + y^* = C_1e^x + C_2e^{2x} - xe^x$$

2. $f(x) = (A\cos\beta x + B\sin\beta x)e^{\alpha x}$ 型

这种类型的 $f(x)$ 对应的方程为

$$y'' + py' + qy = (A\cos\beta x + B\sin\beta x)e^{\alpha x} \tag{6.3.8}$$

其中 A, B, α, β 是实常数,且 $\beta > 0$, A, B 不同时为零。

可以证明(证明略),方程(6.3.8)具有如下形式的特解

$$y^* = x^k(a\cos\beta x + b\sin\beta x)e^{\alpha x}$$

这里 a, b 是待定系数,k 的取法如下:

(1) 当 $\alpha \pm i\beta$ 不是方程(6.3.8)所对应的齐次线性微分方程的特征根时,取 $k = 0$;

(2) 当 $\alpha \pm i\beta$ 是方程(6.3.8)所对应的齐次线性微分方程的特征根时,取 $k = 1$。

例 7　求微分方程 $y'' - y = 4\sin x$ 的一个特解。

解: 因该方程所对应的齐次线性微分方程的特征方程为 $r^2 - 1 = 0$,特征根为 $r_1 = 1, r_2 = -1$,而原方程右端 $f(x) = 4\sin x$,可见 $\alpha = 0, \beta = 1, \alpha \pm i\beta = \pm i$ 不是特征根,因此取 $k = 0$,所以设原方程的一个特解为

$$y^* = a\cos x + b\sin x \ (a, b \text{ 为待定系数})$$

由于 $$y^{*\prime} = -a\sin x + b\cos x, y^{*\prime\prime} = -a\cos x - b\sin x$$

将它们代入原方程,有

$$-a\cos x - b\sin x - (a\cos x + b\sin x) = 4\sin x$$

整理，得 $$-2a\cos x-2b\sin x=4\sin x$$

比较上式两端同类项的系数，得 $$-2a=0,\ -2b=4$$

解得 $$a=0,b=-2$$

故所求原方程的一个特解为 $$y^*=-2\sin x$$

能力训练 6.3

A 组题

1. 求下列微分方程的通解：

(1) $y''+2y'+3y=0$；　(2) $y''+3y'-4y=0$；

(3) $y''-5y'+6y=0$；　(4) $2y''+y'-y=0$。

2. 求二阶非齐次线性微分方程 $y''-2y'+y=\cos x$ 的特解。

3. 求下列微分方程的通解：

(1) $y''-2y'-3y=(x+2)e^x$；　(2) $y''-2y'+y=\frac{1}{2}e^x$。

B 组题

1. 求下列微分方程的通解：

(1) $y''+4y'+4y=0$；　(2) $y''+6y'+13y=0$。

2. 求下列微分方程的通解：

(1) $y''+y=x^2+\cos x$；　(2) $y''+y=e^{2x}\cos 3x$。

3. 求下列微分方程满足初始条件的特解：

(1) $y''+y=2x^2-3, y|_{x=0}=0, y'|_{x=0}=-1$；

(2) $y''-y=4xe^x, y|_{x=0}=0, y'|_{x=0}=1$。

学 习 指 导

一、教学基本要求与重点

1. 基本要求

1）了解微分方程及其阶、解、通解、特解和初始条件等概念。

2）掌握变量可分离的微分方程、一阶线性微分方程的解法。

3）知道二阶齐次和非齐次线性微分方程解的性质与通解的结构。

4）掌握二阶常系数齐次线性微分方程的解法。

5）会求自由项形如 $p_n(x)e^{\alpha x}$ 和 $(A\cos\beta x+B\sin\beta x)e^{\alpha x}$ 的二阶常系数非齐次线性微分方程的解。

2. 重点

微分方程的基本概念，可分离变量的微分方程与一阶线性微分方程的解法，二阶常系数齐次线性微分方程的解法。

二、内容小结与典型例题分析

1. 关于微分方程的基本概念

1）所谓微分方程，必须是含有未知函数的导数（或微分）的等式，等式中未知函数或自变量出现与否皆可。

2）微分方程中的通解中所含任意常数的个数等于微分方程的阶数，这里所指任意常数的个数不是形式上的，而是实质上的，即不能够互相合并。

2. 关于一阶微分方程的类型及解法

本章所介绍的一阶微分方程的类型主要是可分离变量方程和线性方程两大系列。在求解一阶微分方程时，应会正确判别所给方程的类型，采用适当的方法去求解。为便于记忆和比较，现将已学过的几种类型的一阶微分方程的标准形式及其解法归纳如下。

1）可分离变量方程的形式为 $g(y)\mathrm{d}y=f(x)\mathrm{d}x$。

解法：两边积分，得通解 $\int g(y)\mathrm{d}y = \int f(x)\mathrm{d}x + C$。

求解可分离变量的微分方程时，主要步骤是分离变量和求不定积分。如果计算积分有困难，则应复习不定积分的计算法，特别是基本积分公式及换元积分法与分部积分法，为了化简积分后的结果，可适当选取任意常数的形式。

2）一阶线性微分方程的形式为 $\frac{\mathrm{d}y}{\mathrm{d}x} + P(x)y = Q(x)$（非齐次）。

一阶非齐次线性微分方程的通解的求解方法——常数变易法和公式法。

利用一阶非齐次线性微分方程的通解公式

$$y = \mathrm{e}^{-\int P(x)\mathrm{d}x}\left[\int Q(x)\mathrm{e}^{\int P(x)\mathrm{d}x}\mathrm{d}x + C\right]$$

时，必须首先把所给线性方程化为标准形式。

3. 关于二阶线性微分方程的通解结构及有关解的性质定理

具体内容可见 6.3 节，这都是对于一般的变系数线性方程而讲的，当然，对于常系数线性方程的特殊情形也都适用。这些定理，特别是关于二阶齐次及非齐次线性微分方程的通解结构定理 6.3.2 及定理 6.3.3，为后面讨论二阶常系数齐次及非齐次线性微分方程的通解奠定了理论基础，是十分重要的。

4. 二阶常系数非齐次线性微分方程的求解

求解二阶常系数非齐次线性微分方程

$$y'' + py' + qy = f(x) \tag{1}$$

的一般步骤如下：

①求对应的齐次方程

$$y'' + py' + qy = 0 \tag{2}$$

的通解 Y，可根据方程(2)的特征方程的两个根的不同情况，写出通解 Y 的形式；

②用待定系数法求出非齐次方程(1)的一个特解 y^*；

③利用通解结构定理，写出非齐次方程(1)的通解 $y=Y+y^*$；

④如果给出初始条件，要求非齐次方程(1)满足所给初始条件的特解（它不同于上面的 y^*），则可由初始条件确定通解 $y=Y+y^*$ 中的任意常数，从而可求得需求的特解。

例 1 求一阶线性微分方程

$$y' - \frac{2}{x+1}y = (x+1)^3$$

的通解。

解：(1) 对方程 $y'-\frac{2}{x+1}y=0$ 分离变量，得

$$\frac{dy}{y}=\frac{2dx}{x+1}$$

积分得
$$y=C(x+1)^2$$

(2) 令 $y=C(x)(x+1)^2$，则 $y'=C'(x)(x+1)^2+2C(x)(x+1)$

(3) 将(2)中 y，y'代入原方程得

$$C'(x)=x+1$$

积分得

$$C(x)=\int(x+1)dx=\frac{1}{2}(x+1)^2+C$$

(4) 将上式代入(2)中的 y，即得原方程的通解

$$y=(x+1)^2\left[\frac{1}{2}(x+1)^2+C\right]=\frac{1}{2}(x+1)^4+C(x+1)^2$$

解一阶非齐次线性微分方程也可直接利用公式(略)。

例2 解方程 $y''=1+y'$。

分析：由于方程右端只含 y'，不含自变量 x 和未知函数 y，因此所给方程可看作是 $y''=f(x, y')$型，也可看作 $y''=f(y, y')$型。此外，把方程改写为 $y''-y'=1$，容易看出，它是二阶常系数非齐次线性微分方程。

解：所给方程是二阶常系数非齐次线性微分方程，对应齐次方程 $y''-y'=0$ 的通解为

$$Y=C_1+C_2e^x$$

容易验证，$y^*=-x$ 是所给方程的一个特解，故所给方程的通解为

$$Y=C_1+C_2e^x-x \text{（其中 } C_1, C_2 \text{ 是任意常数）}$$

由此可见，如果可降阶的高阶微分方程是常系数线性微分方程，则可用求特征方程根的代数方法求解，尽量不要用降阶法，这样可以避免求积分所造成的复杂计算。

例3 解方程 $y''-2y'-3y=(x+2)e^x$。

分析：由于方程是二阶常系数非齐次线性微分方程，自由项为 $p_n(x)e^{\alpha x}$型，所以直接按这类方程的解法去解即可。

解：首先，求出其对应的齐次方程的通解。

因为该方程所对应的齐次方程的特征方程为 $r^2-2r-3=0$，特征根为 $r_1=3$，$r_2=-1$，所以相应齐次方程的通解为 $Y=C_1e^{3x}+C_2e^{-x}$。

又因为原方程右端 $f(x)=(x+2)e^x$，可见 $\alpha=1$ 不是特征根，所以取 $k=0$。故设方程的一个特解为 $y^*=(ax+b)e^x$（a，b 是待定系数）。

由于
$$y^{*\prime}=(a+b+ax)e^x,\quad y^{*\prime\prime}=(2a+b+ax)e^x$$

将它们代入原方程，有

$$(2a+b+ax)e^x-2(a+b+ax)e^x-3(ax+b)e^x=(x+2)e^x$$

约去 $e^x\neq0$ 并整理，得 $-4a=1$，$-4b=2$，所以 $a=-\frac{1}{4}$，$b=-\frac{1}{2}$。

于是原方程的一个特解为　$y^* = -\frac{1}{4}(x+2)e^x$

故所求通解为

$$y = Y + y^* = C_1e^{3x} + C_2e^{-x} - \frac{1}{4}(x+2)e^x$$

综合训练 6

A 组题

1. 判断题

(1) $y=3\sin x-4\cos x$ 是微分方程 $y''+y=0$ 的解。　(　　)

(2) 微分方程 $xy'-\ln x=0$ 的通解是 $y=\frac{1}{2}(\ln x)^2+C$（C 为任意常数）。　(　　)

(3) $y'=\sin y$ 是一阶线性微分方程。　(　　)

2. 选择题

(1) 下列微分方程中，解是 $y=\cos x$ 的是(　　)。

A. $y'+y=0$　　B. $y'+2y=0$　　C. $y''+y=0$　　D. $y''+y=\cos x$

(2) $y=C_1e^x+C_2e^{-x}$（其中 C_1，C_2 为任意常数）是方程 $y''-y=0$ 的(　　)。

A. 通解　　B. 特解　　C. 不是解　　D. 上述都不对

(3) $y'=y$ 满足 $y|_{x=0}=2$ 的特解是(　　)。

A. $y=e^x+1$　　B. $y=2e^x$　　C. $y=2e^{\frac{x}{2}}$　　D. $y=3e^x$

(4) 微分方程 $y''+y=\sin x$ 的一个特解具有形式(　　)。

A. $y^*=a\sin x$　　B. $y^*=a\cos x$

C. $y^*=x(a\sin x+b\cos x)$　　D. $y^*=a\cos x+b\sin x$

3. 填空题

(1) $y''=e^{-2x}$的通解是____________。

(2) $y'=\frac{2y}{x}$的通解为____________。

(3) $\frac{dy}{dx}-\frac{2y}{x+1}=(x+1)^{\frac{5}{2}}$所对应的齐次方程的通解为____________。

4. 求微分方程 $y'=\frac{2y-x^2}{x}$的通解。

5. 求微分方程$\frac{x}{1+y}dx-\frac{y}{1+x}dy=0$ 满足条件 $y(0)=1$ 的特解。

6. 求微分方程 $y''+4y'+4y=0$ 的通解。

B 组题

1. 填空题

(1) 微分方程$\frac{dx}{y}+\frac{dy}{x}=0$ 满足初始条件 $y\big|_{x=3}=4$ 的特解为____________。

（2）方程 $y''-3y'+2y=0$ 的通解为__________。

（3）用待定系数法求方程 $y''+3y'+2y=e^{-x}$ 的一个特解时，应设特解的形式为 $y^*=$__________。

2. 求下列微分方程的通解：

（1）$y'-2xy=e^{x^2}\cos x$；　　（2）$\frac{dy}{dx}=\frac{y+x^3}{x}$；

（3）$y''-2y'+2y=e^{-x}\sin x$。

第 7 章　行列式

在一个函数中，如果所出现的数学表达式是关于未知数或变量的一次式，那么这个函数就称为线性函数。在经济管理活动中，许多变量之间存在着或近似存在着线性关系，使得对这种关系的研究显得尤为重要，许多非线性关系也可转化为线性关系。线性代数是高等数学的又一个重要内容，与微积分有着同样的地位和同等的重要性。线性代数在许多实际问题中有着直接的应用，并为数学的许多分支和其他学科所借鉴。行列式在数据计算、信息处理等方面有着广泛应用，是改善企业生产经营管理、提高经济效益的重要工具。本章将介绍行列式的定义、性质和计算方法，以及应用行列式解线性方程组的一种重要方法——克莱姆法则。

7.1　n 阶行列式的定义

| 本节导学 |

1)本章首先用解线性方程组引入行列式的概念，表现了其在线性代数学习中明显的现实意义，并为下面求解线性方程组打下坚实的基础。从二阶行列式、三阶行列式到 n 阶行列式，其定义不仅仅是一个带有两条竖线的“数表”，更与其展开式密切相连。所以，可以认为行列式就是规定了某种运算规则的代数式，其结果是一个数。

2)本节的学习重点是三阶行列式的计算。要学会用直接展开法和按照某一行降阶展开两种方法，熟练地计算三阶行列式。在直接展开法计算时，要注意公式中固有的正负号，这是锻炼精确计算能力的好素材。

3)本节的学习难点是四阶行列式的计算，这已经算是高阶行列式了。尤其是四阶行列式中含 0 较少的题目，计算的时候更需要细心和耐心。有关含有字母的三阶和四阶行列式的计算也会增加难度。希望读者在熟悉计算规则的前提下，多进行练习。

7.1.1　二阶行列式

行列式的概念是从解线性方程组的问题引入的。未知量的最高次数是一次的方程组称为线性方程组。在中学数学里，用加减消元法来求解二元一次方程组

$$\begin{cases}a_{11}x_1+a_{12}x_2=b_1\\a_{21}x_1+a_{22}x_2=b_2\end{cases}\tag{7.1.1}$$

这里的 x_1，x_2 是未知量，a_{11}，a_{21} 和 a_{12}，a_{22} 分别是 x_1，x_2 的系数。

从第二个方程中消去未知量 x_1，再消去第一个方程中的 x_2，可得

$$(a_{11}a_{22}-a_{12}a_{21})x_2=b_2a_{11}-a_{21}b_1$$

$$(a_{11}a_{22}-a_{12}a_{21})x_1=b_1a_{22}-a_{12}b_2$$

若 $a_{11}a_{22}-a_{12}a_{21}\neq 0$，则方程组的解为

$$\begin{cases} x_1 = \dfrac{b_1 a_{22} - a_{12} b_2}{a_{11} a_{22} - a_{12} a_{21}} \\ x_2 = \dfrac{b_2 a_{11} - a_{21} b_1}{a_{11} a_{22} - a_{12} a_{21}} \end{cases} \tag{7.1.2}$$

式(7.1.2)就是方程组(7.1.1)的求解公式。为便于表示，引进新的符号

$$D = \begin{vmatrix} a_{11} & a_{12} \\ a_{21} & a_{22} \end{vmatrix} = a_{11} a_{22} - a_{12} a_{21} \tag{7.1.3}$$

称为**二阶行列式**，a_{ij} (i，$j=1$，2)表示这个行列式的**元素**，其下标 ij 表示该元素的位置在该行列式的第 i 行第 j 列。从左上角元素到右下角元素的对角线称为行列式的主对角线，从右上角元素到左下角元素的对角线称为行列式的副对角线。

二阶行列式的计算方法遵循对角线法则：主对角线上两元素的乘积减去副对角线上两元素的乘积，即 $a_{11}a_{22}-a_{12}a_{21}$，称为二阶行列式的**展开式**。该展开式的结果称为二阶行列式的值。

例 1　计算下列行列式：

(1) $\begin{vmatrix} 2 & -4 \\ 3 & 5 \end{vmatrix}$；　　(2) $\begin{vmatrix} \sin\alpha & \cos\alpha \\ \cos\alpha & -\sin\alpha \end{vmatrix}$。

解：(1) $\begin{vmatrix} 2 & -4 \\ 3 & 5 \end{vmatrix} = 2\times5-3\times(-4)=22$

(2) $\begin{vmatrix} \sin\alpha & \cos\alpha \\ \cos\alpha & -\sin\alpha \end{vmatrix} = -\sin^2\alpha-\cos^2\alpha=-1$

对于线性方程组(7.1.1)，记 $D = \begin{vmatrix} a_{11} & a_{12} \\ a_{21} & a_{22} \end{vmatrix} = a_{11}a_{22}-a_{12}a_{21} \neq 0$，

$$D_1 = \begin{vmatrix} b_1 & a_{12} \\ b_2 & a_{22} \end{vmatrix} = b_1 a_{22} - a_{12} b_2,\ D_2 = \begin{vmatrix} a_{11} & b_1 \\ a_{21} & b_2 \end{vmatrix} = a_{11} b_2 - b_1 a_{21}$$

则方程组的解，即式(7.1.2)可简写成

$$x_1 = \frac{D_1}{D}, x_2 = \frac{D_2}{D}$$

易见，行列式 D 是由方程组(7.1.1)中未知数的系数，按原来的顺序排列而成，故称 D 为**系数行列式**。D_1 和 D_2 是由方程组(7.1.1)的右端常数列分别取代 D 的第 1 列、第 2 列而得的两个二阶行列式。

例 2　解二元方程组

$$\begin{cases} 2x+y+2=0 \\ 4x+3y-1=0 \end{cases}$$

解：方程组化为一般形式

$$\begin{cases} 2x+y=-2 \\ 4x+3y=1 \end{cases}$$

因为

$$D=\begin{vmatrix}2 & 1\\4 & 3\end{vmatrix}=2\neq0,\ D_1=\begin{vmatrix}-2 & 1\\1 & 3\end{vmatrix}=-7,\ D_2=\begin{vmatrix}2 & -2\\4 & 1\end{vmatrix}=10$$

所以，方程组的解为
$$x=\frac{D_1}{D}=-\frac{7}{2},\ y=\frac{D_2}{D}=5$$

7.1.2　三阶行列式

类似地，定义三阶行列式

$$\begin{vmatrix}a_{11} & a_{12} & a_{13}\\a_{21} & a_{22} & a_{23}\\a_{31} & a_{32} & a_{33}\end{vmatrix}$$

它的展开式是6项乘积的代数和，即

$$\begin{vmatrix}a_{11} & a_{12} & a_{13}\\a_{21} & a_{22} & a_{23}\\a_{31} & a_{32} & a_{33}\end{vmatrix}=a_{11}a_{22}a_{33}+a_{12}a_{23}a_{31}+a_{13}a_{21}a_{32}-a_{11}a_{23}a_{32}-a_{12}a_{21}a_{33}-a_{13}a_{22}a_{31}$$

不难看出，上面三阶行列式的算法仍然是对角线法则，即实线上的三个元素乘积之和减去虚线上的三个元素乘积之和（见图7-1）。

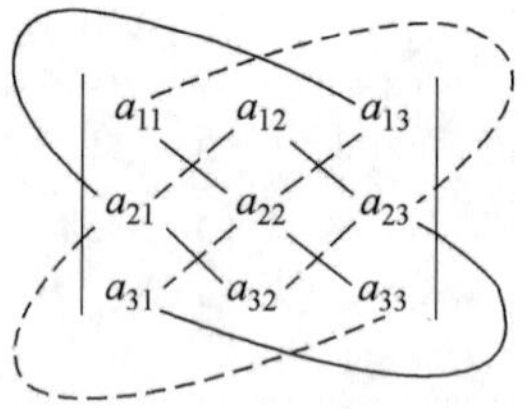

图　7-1

例3　计算三阶行列式

$$\begin{vmatrix}-2 & -1 & 3\\1 & 0 & -2\\2 & 4 & 5\end{vmatrix}$$

解：
$$\begin{vmatrix}-2 & -1 & 3\\1 & 0 & -2\\2 & 4 & 5\end{vmatrix}=(-2)\times0\times5+(-1)\times(-2)\times2+3\times4\times1$$
$$-3\times0\times2-(-1)\times1\times5-(-2)\times4\times(-2)=5$$

在三阶行列式中，划去 a_{ij} 所在的行和列的元素后，余下的元素构成一个二阶行列式，叫作元素 a_{ij} 的余子式，记作 M_{ij}；称 $(-1)^{i+j}M_{ij}$ 为元素 a_{ij} 的代数余子式，记作 A_{ij}，即

$$A_{ij}=(-1)^{i+j}M_{ij}$$

在三阶行列式的展开式中，可得

$$\begin{aligned}\begin{vmatrix}a_{11} & a_{12} & a_{13}\\a_{21} & a_{22} & a_{23}\\a_{31} & a_{32} & a_{33}\end{vmatrix}&=a_{11}a_{22}a_{33}+a_{12}a_{23}a_{31}+a_{13}a_{21}a_{32}-a_{11}a_{23}a_{32}-a_{12}a_{21}a_{33}-a_{13}a_{22}a_{31}\\&=a_{11}(a_{22}a_{33}-a_{23}a_{32})-a_{12}(a_{21}a_{33}-a_{23}a_{31})+a_{13}(a_{21}a_{32}-a_{22}a_{31})\\&=a_{11}\begin{vmatrix}a_{22} & a_{23}\\a_{32} & a_{33}\end{vmatrix}-a_{12}\begin{vmatrix}a_{21} & a_{23}\\a_{31} & a_{33}\end{vmatrix}+a_{13}\begin{vmatrix}a_{21} & a_{22}\\a_{31} & a_{32}\end{vmatrix}\\&=a_{11}M_{11}-a_{12}M_{12}+a_{13}M_{13}\\&=a_{11}A_{11}+a_{12}A_{12}+a_{13}A_{13}\end{aligned}$$

即一个三阶行列式可以表示成第一行的元素与它们对应的代数余子式的乘积之和，还可以表

示成任意一行(列)的元素与对应于它们的代数余子式的乘积之和，即

$$\begin{vmatrix} a_{11} & a_{12} & a_{13} \\ a_{21} & a_{22} & a_{23} \\ a_{31} & a_{32} & a_{33} \end{vmatrix} = a_{i1}A_{i1} + a_{i2}A_{i2} + a_{i3}A_{i3} \quad (i=1,\ 2,\ 3)$$

$$= a_{1j}A_{1j} + a_{2j}A_{2j} + a_{3j}A_{3j} \quad (j=1,\ 2,\ 3)$$

例 4　已知行列式 $D = \begin{vmatrix} 1 & -4 & 2 \\ 2 & 1 & 3 \\ -2 & 3 & 1 \end{vmatrix}$，求 M_{12}，M_{33}，A_{12}，A_{33}及行列式的值。

解:

$$M_{12} = \begin{vmatrix} 2 & 3 \\ -2 & 1 \end{vmatrix} = 8,\ A_{12} = (-1)^{1+2}M_{12} = -8$$

$$M_{33} = \begin{vmatrix} 1 & -4 \\ 2 & 1 \end{vmatrix} = 9,\ A_{33} = (-1)^{3+3}M_{33} = 9$$

$$D = \begin{vmatrix} 1 & -4 & 2 \\ 2 & 1 & 3 \\ -2 & 3 & 1 \end{vmatrix} = 1 \times \begin{vmatrix} 1 & 3 \\ 3 & 1 \end{vmatrix} - (-4) \times \begin{vmatrix} 2 & 3 \\ -2 & 1 \end{vmatrix} + 2 \times \begin{vmatrix} 2 & 1 \\ -2 & 3 \end{vmatrix}$$

$$= -8 + 32 + 16 = 40$$

7.1.3　*n* 阶行列式

前面定义了二阶、三阶行列式，又将三阶行列式转化为二阶行列式来计算，可以类似地用四个三阶行列式来定义四阶行列式，用五个四阶行列式来定义五阶行列式，以此类推，可用 n 个 $n-1$ 阶行列式来定义 n 阶行列式。

定义　由 n^2 个数 $a_{ij}(i,\ j=1,\ 2,\ \cdots,\ n)$排成 n 行 n 列的算式

$$D = \begin{vmatrix} a_{11} & a_{12} & \cdots & a_{1n} \\ a_{21} & a_{22} & \cdots & a_{2n} \\ \vdots & \vdots & & \vdots \\ a_{n1} & a_{n2} & \cdots & a_{nn} \end{vmatrix} \tag{7.1.4}$$

称为 ***n* 阶行列式**，它代表一个由确定的运算关系所得到的数，其中数 a_{ij}称为行列式的第 i 行第 j 列元素。划去元素 a_{ij}所在的第 i 行和第 j 列后，剩下$(n-1)^2$ 个元素按原来顺序组成的 $n-1$阶行列式称为 a_{ij}的**余子式**，记为 M_{ij}，即

$$M_{ij} = \begin{vmatrix} a_{11} & \cdots & a_{1,j-1} & a_{1,j+1} & \cdots & a_{1n} \\ \vdots & & \vdots & \vdots & & \vdots \\ a_{i-1,1} & \cdots & a_{i-1,j-1} & a_{i-1,j+1} & \cdots & a_{i-1,n} \\ a_{i+1,1} & \cdots & a_{i+1,j-1} & a_{i+1,j+1} & & a_{i+1,n} \\ \vdots & & \vdots & \vdots & & \vdots \\ a_{n1} & \cdots & a_{n,j-1} & a_{n,j+1} & \cdots & a_{nn} \end{vmatrix}$$

在 M_{ij}的前面加上符号因子$(-1)^{i+j}$后，$A_{ij}=(-1)^{i+j}M_{ij}$称为元素 a_{ij}的**代数余子式**。

当 $n=1$ 时，规定 $D=|a_{11}|=a_{11}$。

当 $n\geqslant 2$ 时，设 $n-1$ 阶行列式已经定义，则 n 阶行列式

$$D = a_{11}A_{11} + a_{12}A_{12} + \cdots + a_{1n}A_{1n} = \sum_{j=1}^{n} a_{1j}A_{1j} \tag{7.1.5}$$

即 n 阶行列式 D 等于它的第一行元素与它们各自的代数余子式乘积的代数和。

例如，当 $n=2$ 时，$D = \begin{vmatrix} a_{11} & a_{12} \\ a_{21} & a_{22} \end{vmatrix} = a_{11}A_{11} + a_{12}A_{12} = a_{11}a_{22} - a_{12}a_{21}$。

例 5　写出如下四阶行列式中元素 a_{34} 的余子式和代数余子式。

$$\begin{vmatrix} 1 & 0 & -3 & 2 \\ -4 & -1 & 0 & -5 \\ 2 & 3 & -1 & -6 \\ 3 & 3 & -4 & 1 \end{vmatrix}$$

解：元素 a_{34} 的余子式为划去第 3 行和第 4 列后，剩下元素按原来顺序组成的三阶行列式，而元素 a_{34} 的代数余子式为余子式前面加上符号 $(-1)^{3+4}$，即

$$M_{34} = \begin{vmatrix} 1 & 0 & -3 \\ -4 & -1 & 0 \\ 3 & 3 & -4 \end{vmatrix}，A_{34} = (-1)^{3+4}M_{34} = -M_{34} = -\begin{vmatrix} 1 & 0 & -3 \\ -4 & -1 & 0 \\ 3 & 3 & -4 \end{vmatrix}$$

式(7.1.5)称为 n 阶行列式 D 按第一行展开式，事实上有如下定理。

定理　n 阶行列式，即式(7.1.4)等于它的任意一行(或列)元素与它们各自的代数余子式乘积之和，即

$$D = a_{i1}A_{i1} + a_{i2}A_{i2} + \cdots + a_{in}A_{in} = \sum_{j=1}^{n} a_{ij}A_{ij} \quad (i = 1,2,\cdots,n)$$

或

$$D = a_{1j}A_{1j} + a_{2j}A_{2j} + \cdots + a_{nj}A_{nj} = \sum_{i=1}^{n} a_{ij}A_{ij} \quad (j = 1,2,\cdots,n) \tag{7.1.6}$$

上式称为 n 阶行列式按行(或列)展开式。

该定理说明，如果行列式第 i 行(或列)零元素最多，则按第 i 行(或列)展开将给计算带来简便。

例 6　证明四阶上三角行列式(主对角线左下方元素均为零)

$$D = \begin{vmatrix} a_{11} & a_{12} & a_{13} & a_{14} \\ 0 & a_{22} & a_{23} & a_{24} \\ 0 & 0 & a_{33} & a_{34} \\ 0 & 0 & 0 & a_{44} \end{vmatrix} = a_{11}a_{22}a_{33}a_{44}$$

证：由定理 7.1.1，每次都按最后一行展开，有

$$D = a_{44}A_{44} = a_{44}(-1)^{4+4}\begin{vmatrix} a_{11} & a_{12} & a_{13} \\ 0 & a_{22} & a_{23} \\ 0 & 0 & a_{33} \end{vmatrix} = a_{44}a_{33}(-1)^{3+3}\begin{vmatrix} a_{11} & a_{12} \\ 0 & a_{22} \end{vmatrix}$$

$$= a_{44}a_{33}a_{22}a_{11} = a_{11}a_{22}a_{33}a_{44}$$

同理，n 阶下三角行列式也有类似的结果：$\begin{vmatrix} a_{11} & 0 & \cdots & 0 \\ a_{12} & a_{22} & \cdots & 0 \\ \vdots & \vdots & & \vdots \\ a_{1n} & a_{2n} & \cdots & a_{nn} \end{vmatrix} = a_{11}a_{22}\cdots a_{nn}$

可见，上(下)三角行列式是最容易计算的，这是个非常有用的结果。

例 7　计算四阶行列式

$$\begin{vmatrix} 1 & 0 & -2 & 0 \\ -1 & 2 & 3 & 1 \\ 0 & 1 & -1 & 2 \\ 2 & 1 & 0 & 3 \end{vmatrix}$$

解： 根据定义

$$\begin{vmatrix} 1 & 0 & -2 & 0 \\ -1 & 2 & 3 & 1 \\ 0 & 1 & -1 & 2 \\ 2 & 1 & 0 & 3 \end{vmatrix} = 1\times(-1)^{1+1}\begin{vmatrix} 2 & 3 & 1 \\ 1 & -1 & 2 \\ 1 & 0 & 3 \end{vmatrix} + (-2)\times(-1)^{1+3}\begin{vmatrix} -1 & 2 & 1 \\ 0 & 1 & 2 \\ 2 & 1 & 3 \end{vmatrix} = -18$$

能力训练 7.1

A 组题

1. 计算下列行列式：

(1) $\begin{vmatrix} 2 & 7 \\ 5 & -6 \end{vmatrix}$；　　(2) $\begin{vmatrix} a & b \\ c & d \end{vmatrix}$；

(3) $\begin{vmatrix} 1 & 2 & 0 \\ -1 & 1 & -4 \\ 3 & -1 & 8 \end{vmatrix}$；　　(4) $\begin{vmatrix} 1 & 2 & 3 \\ 3 & 1 & 2 \\ 2 & 3 & 1 \end{vmatrix}$。

2. 写出下面行列式中 a_{12} 和 a_{32} 的余子式及代数余子式，并计算行列式。

$$\begin{vmatrix} -2 & -4 & 6 \\ 3 & 6 & 5 \\ 1 & 4 & -1 \end{vmatrix}$$

3. 计算下列行列式：

(1) $\begin{vmatrix} 6 & 0 & 8 & 0 \\ 5 & -1 & 3 & -2 \\ 0 & 2 & 0 & 0 \\ 1 & 0 & 4 & -3 \end{vmatrix}$；　　(2) $\begin{vmatrix} 3 & 0 & 1 & -2 \\ 5 & 2 & 7 & 8 \\ 4 & 0 & -1 & 0 \\ 6 & 0 & 6 & 0 \end{vmatrix}$。

B 组题

1. 解二元线性方程组

$$\begin{cases} 2x+y=2 \\ 3x+2y=15 \end{cases}$$

2. 计算下列行列式：

(1) $\begin{vmatrix} 2 & 1 & 2 \\ -4 & 3 & 1 \\ 2 & 3 & 5 \end{vmatrix}$；　　(2) $\begin{vmatrix} 1 & 3 & 2 \\ -1 & 0 & 3 \\ 2 & 1 & 5 \end{vmatrix}$；　　(3) $\begin{vmatrix} 3 & 0 & 0 & -5 \\ -4 & 1 & 0 & 2 \\ 6 & 5 & 7 & 0 \\ -3 & 4 & -2 & -1 \end{vmatrix}$。

7.2 行列式的性质与计算

| 本节导学 |

1)从行列式的概念可以看出，如果用直接展开法计算行列式，计算量将很大，甚至难以完成。比如，四阶行列式直接展开就有4! =24 项，而且每项都是4个元素的乘积。于是探索行列式的简便算法就成为必然。本节将给出了行列式运算的5个性质和4个推论。性质的正确性源于行列式的展开法则，理解即可。

2)本节的学习重点是将常用的行列式的性质灵活运用于计算和证明中，主要方向是“降阶法”。尤其是三四阶行列式将某行(列)保留一个元素不为0，其余元素消为0，再按这行(列)展开。在这个过程中，有一类题目常用“加—提—消”的步骤进行简算。常见的类型题还有化三角形行列式和两行(列)成比例的计算题。

3)本节的学习难点是有关高阶行列式(四阶)的计算和证明问题，尤其是含有字母的行列式的计算。解决的突破口是熟记常用的运算性质，注意发现和总结习题的规律。比如，范德蒙行列式的计算就是此类。

从行列式的定义出发，直接计算行列式是比较麻烦的，为了简化行列式的计算，下面给出 n 阶行列式的一些基本性质。

定义 将行列式 D 的行、列互换后得到的新行列式 D^{T} 称为 D 的转置行列式。

如果 $D=\begin{vmatrix} a_{11} & a_{12} & \cdots & a_{1n} \\ a_{21} & a_{22} & \cdots & a_{2n} \\ \vdots & \vdots & & \vdots \\ a_{n1} & a_{n2} & \cdots & a_{nn} \end{vmatrix}$，则 $D^{\mathrm{T}}=\begin{vmatrix} a_{11} & a_{21} & \cdots & a_{n1} \\ a_{12} & a_{22} & \cdots & a_{n2} \\ \vdots & \vdots & & \vdots \\ a_{1n} & a_{2n} & \cdots & a_{nn} \end{vmatrix}$。

性质 7.2.1 行列式 D 与它的转置行列式 D^{T} 相等，即 $D=D^{\mathrm{T}}$。

性质说明，行列式中的行与列具有同等的地位，对行列式行成立的性质，对列也同样成立，反之亦然。

性质 7.2.2 互换行列式两行(或两列)的位置得到的行列式与原行列式值反号。

推论 7.2.1 如果行列式有两行(列)的对应元素完全相同，则此行列式的值等于零。

性质 7.2.3 数 k 乘行列式，等于用数 k 乘行列式的某一行(列)的每一个元素。

推论 7.2.2 行列式中某一行(列)元素有公因子 k，则可把公因子 k 提到行列式的外面。

推论 7.2.3 如果行列式中有两行(列)元素成比例，则行列式的值等于零。

推论 7.2.4 如果行列式中某一行(列)元素全为零，则行列式的值等于零。

性质 7.2.4 如果行列式的某一行(列)的元素都是两数之和，则行列式 D 等于两个行列式之和，即

$$D=\begin{vmatrix} a_{11} & a_{12} & \cdots & a_{1n} \\ \vdots & \vdots & & \vdots \\ a_{i1}+b_{i1} & a_{i2}+b_{i2} & \cdots & a_{in}+b_{in} \\ \vdots & \vdots & & \vdots \\ a_{n1} & a_{n2} & \cdots & a_{nn} \end{vmatrix}=\begin{vmatrix} a_{11} & a_{12} & \cdots & a_{1n} \\ \vdots & \vdots & & \vdots \\ a_{i1} & a_{i2} & \cdots & a_{in} \\ \vdots & \vdots & & \vdots \\ a_{n1} & a_{n2} & \cdots & a_{nn} \end{vmatrix}+\begin{vmatrix} a_{11} & a_{12} & \cdots & a_{1n} \\ \vdots & \vdots & & \vdots \\ b_{i1} & b_{i2} & \cdots & b_{in} \\ \vdots & \vdots & & \vdots \\ a_{n1} & a_{n2} & \cdots & a_{nn} \end{vmatrix}$$

性质 7.2.5　把行列式某一行（列）各元素乘以同一数 k 后加到另外一行（列）对应元素上，行列式值不变。

注意　这里某行元素的 k 倍必须是加到另外一行上，而不是加到本行上。

下面通过例题说明如何利用行列式的性质来简化行列式的计算。

例 1　计算下列行列式：

（1）$\begin{vmatrix} -8 & 4 & -2 \\ -12 & 6 & 3 \\ -4 & -1 & -1 \end{vmatrix}$；　　（2）$\begin{vmatrix} \frac{1}{2} & -1 & \frac{1}{2} \\ \frac{1}{3} & \frac{2}{3} & 1 \\ -\frac{1}{6} & \frac{1}{3} & \frac{1}{2} \end{vmatrix}$。

解：（1）

$$\begin{vmatrix} -8 & 4 & -2 \\ -12 & 6 & 3 \\ -4 & -1 & -1 \end{vmatrix} = 2\times 3\begin{vmatrix} -4 & 2 & -1 \\ -4 & 2 & 1 \\ -4 & -1 & -1 \end{vmatrix} = 2\times 3\times(-4)\begin{vmatrix} 1 & 2 & -1 \\ 1 & 2 & 1 \\ 1 & -1 & -1 \end{vmatrix} = -24\times 6 = -144$$

（2）

$$\begin{vmatrix} \frac{1}{2} & -1 & \frac{1}{2} \\ \frac{1}{3} & \frac{2}{3} & 1 \\ -\frac{1}{6} & \frac{1}{3} & \frac{1}{2} \end{vmatrix} = \frac{1}{2}\times\frac{1}{3}\times\frac{1}{6}\begin{vmatrix} 1 & -2 & 1 \\ 1 & 2 & 3 \\ -1 & 2 & 3 \end{vmatrix} = \frac{1}{2}\times\frac{1}{3}\times\frac{1}{6}\times 2\begin{vmatrix} 1 & -1 & 1 \\ 1 & 1 & 3 \\ -1 & 1 & 3 \end{vmatrix} = \frac{1}{18}\times 8 = \frac{4}{9}$$

注意　本题主要利用行列式的推论 7.2.2，提出各行的公因数而简化计算。

例 2　计算下列行列式：

（1）$\begin{vmatrix} 1 & 5 & 2 \\ 2 & 6 & 1 \\ 3 & 7 & 5 \end{vmatrix}$；　　（2）$\begin{vmatrix} 1 & 2 & 3 & 4 \\ 2 & 3 & 4 & 1 \\ 3 & 4 & 1 & 2 \\ 4 & 1 & 2 & 3 \end{vmatrix}$。

解：（1）$\begin{vmatrix} 1 & 5 & 2 \\ 2 & 6 & 1 \\ 3 & 7 & 5 \end{vmatrix} = \begin{vmatrix} 1 & 5 & 2 \\ 0 & -4 & -3 \\ 0 & -8 & -1 \end{vmatrix} = \begin{vmatrix} 1 & 5 & 2 \\ 0 & -4 & -3 \\ 0 & 0 & 5 \end{vmatrix} = 1\times(-4)\times 5 = -20$

（2）

$$\begin{vmatrix} 1 & 2 & 3 & 4 \\ 2 & 3 & 4 & 1 \\ 3 & 4 & 1 & 2 \\ 4 & 1 & 2 & 3 \end{vmatrix} = \begin{vmatrix} 1 & 2 & 3 & 4 \\ 0 & -1 & -2 & -7 \\ 0 & -2 & -8 & -10 \\ 0 & -7 & -10 & -13 \end{vmatrix} = \begin{vmatrix} 1 & 2 & 3 & 4 \\ 0 & -1 & -2 & -7 \\ 0 & 0 & -4 & 4 \\ 0 & 0 & 4 & 36 \end{vmatrix} = \begin{vmatrix} 1 & 2 & 3 & 4 \\ 0 & -1 & -2 & -7 \\ 0 & 0 & -4 & 4 \\ 0 & 0 & 0 & 40 \end{vmatrix} = 160$$

注意　本题多次利用性质 7.2.5 将行列式化为上三角形行列式从而直接得出结果。

化上三角行列式的方法如下：

（1）将 a_{11} 变换为 1（可以将第一行与其他行交换，$a_{11}\neq 0$ 时也可以从第一行中提取 a_{11}）；

（2）把第一行分别乘以 $-a_{21}$，$-a_{31}$，…，$-a_{n1}$，然后加到第 2，3，…，n 行的对应元

素上，将 a_{11} 以下的元素全部化为零；

(3) 用类似的方法将 a_{22}，a_{33}，…，$a_{n-1,n-1}$ 以下的元素全部化为零，即可得到上三角形行列式。

在计算行列式特别是高阶行列式时，常把它化成上三角行列式，这是计算行列式的基本方法之一。

例 3　计算下列行列式：

$$\begin{vmatrix} 5 & -1 & 3 \\ 3 & 2 & 1 \\ 295 & 201 & 97 \end{vmatrix}。$$

解： 这个行列式的特点是，每行四个元素之和都等于 $a+3$，因此有

$$\begin{vmatrix} a & 1 & 1 & 1 \\ 1 & a & 1 & 1 \\ 1 & 1 & a & 1 \\ 1 & 1 & 1 & a \end{vmatrix} = \begin{vmatrix} a+3 & 1 & 1 & 1 \\ a+3 & a & 1 & 1 \\ a+3 & 1 & a & 1 \\ a+3 & 1 & 1 & a \end{vmatrix} = (a+3)\begin{vmatrix} 1 & 1 & 1 & 1 \\ 1 & a & 1 & 1 \\ 1 & 1 & a & 1 \\ 1 & 1 & 1 & a \end{vmatrix}$$

$$= (a+3)\begin{vmatrix} 1 & 1 & 1 & 1 \\ 0 & a-1 & 0 & 0 \\ 0 & 0 & a-1 & 0 \\ 0 & 0 & 0 & a-1 \end{vmatrix} = (a+3)(a-1)^3$$

例 4　计算行列式

$$\begin{vmatrix} 3 & 1 & -1 & 2 \\ -5 & 1 & 3 & -4 \\ 2 & 0 & 1 & -1 \\ 1 & -5 & 3 & -3 \end{vmatrix}$$

解： 由于行列式中元素 $a_{32}=0$，为了利用这个零元素，可以利用行列式的性质，化第二列或第三行出现 3 个零，然后按第二列或第三行展开，得

$$原式 = \begin{vmatrix} 3 & 1 & -1 & 2 \\ -8 & 0 & 4 & -6 \\ 2 & 0 & 1 & -1 \\ 16 & 0 & -2 & 7 \end{vmatrix} = 1\times(-1)^{1+2}\begin{vmatrix} -8 & 4 & -6 \\ 2 & 1 & -1 \\ 16 & -2 & 7 \end{vmatrix}$$

再利用行列式的性质化第 2 行出现两个零，展开得

$$原式 = -\begin{vmatrix} -16 & 4 & -2 \\ 0 & 1 & 0 \\ 20 & -2 & 5 \end{vmatrix} = -1\times(-1)^{2+2}\begin{vmatrix} -16 & -2 \\ 20 & 5 \end{vmatrix} = 40$$

例 5　计算行列式

$$\begin{vmatrix} 1 & 1 & 1 & 1 \\ a & b & c & d \\ a^2 & b^2 & c^2 & d^2 \\ a^3 & b^3 & c^3 & d^3 \end{vmatrix}$$

解： 由第 4 行开始，每一行减去上面的 a 倍，得

$$原式=\begin{vmatrix}1 & 1 & 1 & 1\\ 0 & b-a & c-a & d-a\\ 0 & b(b-a) & c(c-a) & d(d-a)\\ 0 & b^2(b-a) & c^2(c-a) & d^2(d-a)\end{vmatrix}$$

按第一列进行展开，得

$$原式=\begin{vmatrix}b-a & c-a & d-a\\ b(b-a) & c(c-a) & d(d-a)\\ b^2(b-a) & c^2(c-a) & d^2(d-a)\end{vmatrix}$$

将每一列的公因式提出来，得

$$原式=(b-a)(c-a)(d-a)\begin{vmatrix}1 & 1 & 1\\ b & c & d\\ b^2 & c^2 & d^2\end{vmatrix}$$

由第3行开始，每一行减去上面一行的 b 倍，得

$$原式=(b-a)(c-a)(d-a)\begin{vmatrix}1 & 1 & 1\\ 0 & c-b & d-b\\ 0 & c(c-b) & d(d-b)\end{vmatrix}$$

按第一列进行展开，得

$$\begin{aligned}原式&=(b-a)(c-a)(d-a)\begin{vmatrix}c-b & d-b\\ c(c-b) & d(d-b)\end{vmatrix}\\ &=(b-a)(c-a)(d-a)(c-b)(d-b)\begin{vmatrix}1 & 1\\ c & d\end{vmatrix}\\ &=(b-a)(c-a)(d-a)(c-b)(d-b)(d-c)\end{aligned}$$

本行列式称为 n 阶**范德蒙行列式**。

例4和例5的计算方法是：将一个 n 阶行列式按某行(列)展开成 n 个 $n-1$ 阶行列式，每个 $n-1$ 阶行列式又按某行(列)展开成 $n-1$ 个 $n-2$ 阶行列式，如此不断地降低行列式的阶数，直到最后降为三阶或二阶行列式，这是计算行列式的又一个基本方法(降阶法)。

能力训练 7.2

A 组题

1. 计算下列行列式：

(1) $\begin{vmatrix}2 & -3 & 7\\ -1 & 1 & -2\\ 9 & -2 & 3\end{vmatrix}$； (2) $\begin{vmatrix}4 & 2 & 3\\ 390 & 206 & 296\\ 5 & -3 & 2\end{vmatrix}$； (3) $\begin{vmatrix}7 & 10 & 13\\ 8 & 11 & 14\\ 9 & 12 & 15\end{vmatrix}$；

(4) $\begin{vmatrix}ae & ac & -ab\\ de & -cd & bd\\ -ef & cf & bf\end{vmatrix}$； (5) $\begin{vmatrix}x+y & y & x\\ x & x+y & y\\ y & x & x+y\end{vmatrix}$。

2. 利用行列式的性质计算下列行列式：

(1) $\begin{vmatrix} 1 & 1 & 2 & 3 \\ 1 & 1 & 0 & 1 \\ 3 & 2 & 5 & 10 \\ 4 & 5 & 9 & 13 \end{vmatrix}$； (2) $\begin{vmatrix} 3 & 1 & 1 & 1 \\ 1 & 3 & 1 & 1 \\ 1 & 1 & 3 & 1 \\ 1 & 1 & 1 & 3 \end{vmatrix}$。

B 组题

1. 利用行列式的性质计算下列行列式：

(1) $\begin{vmatrix} 3 & 1 & 2 \\ 14 & 10 & 1 \\ 1 & 1 & -1 \end{vmatrix}$； (2) $\begin{vmatrix} 1 & -2 & 5 \\ 2 & -1 & 3 \\ 4 & 1 & -2 \end{vmatrix}$；

(3) $\begin{vmatrix} 1 & 1 & 1 \\ 1 & 1+\cos\alpha & 1+\sin\alpha \\ 1 & 1-\sin\alpha & 1+\cos\alpha \end{vmatrix}$； (4) $\begin{vmatrix} 1 & 1 & 1 \\ a & b & c \\ b+c & a+c & a+b \end{vmatrix}$。

2. 计算下列行列式：

(1) $\begin{vmatrix} 1 & 2 & 2 & 1 \\ 0 & 1 & 0 & 2 \\ 2 & 0 & 1 & 1 \\ 0 & 2 & 0 & 1 \end{vmatrix}$； (2) $\begin{vmatrix} 1 & 1 & 1 & 1 \\ 1 & 1+a & 1 & 1 \\ 1 & 1 & 1+b & 1 \\ 1 & 1 & 1 & 1+c \end{vmatrix}$。

7.3 克莱姆(Cramer)法则

本节导学

1)本节进一步讨论用行列式的形式来表示线性方程组的公式解。其运用的前提是含有 n 个未知数、n 个方程的线性方程组，而且要保证系数行列式 $D\neq0$。用这个公式解线性方程组时，需要计算 $n+1$ 个 n 阶行列式，计算量较大，所以使用时会受到限制，其主要意义是给出了线性方程组的公式解和进行有关的理论推证。

2)本节的学习重点是熟练运用克莱姆法则求解三阶、四阶线性方程组。这里锻炼的是娴熟的行列式的计算能力，建议多用行列式简化运算的性质，按一行一列展开的降阶法计算 $n+1$ 个相应的行列式。

3)本节的学习难点是关于齐次线性方程组有非零解时，系数行列式 $D=0$，由此确定线性方程组系数中所含有的参数。其要点是在展开行列式后，善于运用因式分解的方法，求出含有参数的方程的解。

7.3.1 克莱姆法则

在 7.1 节中给出了由两个方程及三个方程组成的二元线性方程组及三元线性方程组的求解公式，这一结果可以推广到由 n 个方程组成的 n 元线性方程组，这就是克莱姆法则。

定理 7.3.1 [克莱姆(Cramer)法则]设含有 n 个未知量 n 个方程的线性方程组

$$\begin{cases}a_{11}x_1+a_{12}x_2+\cdots+a_{1n}x_n=b_1\\a_{21}x_1+a_{22}x_2+\cdots+a_{2n}x_n=b_2\\\quad\vdots\\a_{n1}x_1+a_{n2}x_2+\cdots+a_{nn}x_n=b_n\end{cases}\tag{7.3.1}$$

如果由它的系数组成的行列式

$$D=\begin{vmatrix}a_{11}&a_{12}&\cdots&a_{1n}\\a_{21}&a_{22}&\cdots&a_{2n}\\\vdots&\vdots&&\vdots\\a_{n1}&a_{n2}&\cdots&a_{nn}\end{vmatrix}\neq0$$

则方程组(7.3.1)有唯一的一组解：

$$x_1=\frac{D_1}{D},\ x_2=\frac{D_2}{D},\ \cdots,\ x_n=\frac{D_n}{D}\tag{7.3.2}$$

其中 D_j $(j=1,\ 2,\ \cdots,\ n)$是用方程组右端常数列$(b_1,\ b_2,\ \cdots,\ b_n)^{\mathrm{T}}$ 分别替代 D 中第 j 列后得到的 n 阶行列式，即

$$D_j=\begin{vmatrix}a_{11}&\cdots&a_{1,j-1}&b_1&a_{1,j+1}&\cdots&a_{1n}\\a_{21}&\cdots&a_{2,j-1}&b_2&a_{2,j+1}&\cdots&a_{2n}\\\vdots&&\vdots&\vdots&\vdots&&\vdots\\a_{n1}&\cdots&a_{n,j-1}&b_n&a_{n,j+1}&\cdots&a_{nn}\end{vmatrix}\ (j=1,\ 2,\ \cdots,\ n)$$

克莱姆法则适用的条件是：

(1) n 个方程 n 个未知量组成的线性方程组；

(2) 它的系数行列式 $D\neq0$。

结论是：方程组有唯一解，且由式(7.3.2)给出。

例 1　解线性方程组

$$\begin{cases}2x_1+x_2-5x_3+x_4=8\\x_1-3x_2-6x_4=9\\2x_2-x_3+2x_4=-5\\x_1+4x_2-7x_3+6x_4=0\end{cases}$$

解：方程组的系数行列式为

$$D=\begin{vmatrix}2&1&-5&1\\1&-3&0&-6\\0&2&-1&2\\1&4&-7&6\end{vmatrix}=27\neq0$$

根据克莱姆法则，该方程组有唯一解。又因为

$$D_1=\begin{vmatrix}8&1&-5&1\\9&-3&0&-6\\-5&2&-1&2\\0&4&-7&6\end{vmatrix}=81,\ D_2=\begin{vmatrix}2&8&-5&1\\1&9&0&-6\\0&-5&-1&2\\1&0&-7&6\end{vmatrix}=-108$$

$$D_3=\begin{vmatrix}2&1&8&1\\1&-3&9&-6\\0&2&-5&2\\1&4&0&6\end{vmatrix}=-27,\ D_4=\begin{vmatrix}2&1&-5&8\\1&-3&0&9\\0&2&-1&-5\\1&4&-7&0\end{vmatrix}=27$$

于是得方程组的解为

$$x_1=\frac{81}{27}=3,\ x_2=\frac{-108}{27}=-4,\ x_3=\frac{-27}{27}=-1,\ x_4=\frac{27}{27}=1$$

应该注意到，克莱姆法则解线性方程组的局限性在于，当方程的数目与未知量数目不相等时，或系数行列式 $D=0$ 时，则得不到这样的结论。这些问题将在第 8 章得到解决。

7.3.2 用克莱姆法则讨论齐次线性方程组的解

当线性方程组(7.3.1)的常数项 b_1，b_2，…，b_n 全为零时，即

$$\begin{cases}a_{11}x_1+a_{12}x_2+\cdots+a_{1n}x_n=0\\a_{21}x_1+a_{22}x_2+\cdots+a_{2n}x_n=0\\\qquad\vdots\\a_{n1}x_1+a_{n2}x_2+\cdots+a_{nn}x_n=0\end{cases}\tag{7.3.3}$$

称线性方程组(7.3.3)为**齐次线性方程组**。

对齐次线性方程组(7.3.3)，由于行列式 D_j 中第 j 列的元素都是零，所以 $D_j=0$ ($j=1$, 2, …, n)，当其系数行列式 $D\neq0$ 时，根据克莱姆法则，方程组(7.3.3)有唯一解 $x_j=0$ ($j=1$, 2, …, n)。

全部由零组成的解叫作**零解**。于是，得到一个结论：

推论 7.3.1 如果齐次线性方程组(7.3.3)的系数行列式 $D\neq0$，则该方程组只有零解。

另外，当齐次线性方程组有非零解时，必定有它的系数行列式 $D=0$，这是齐次线性方程组有非零解的必要条件。由此又得到一个结论：

定理 7.3.2 如果齐次线性方程组(7.3.3)有非零解，则它的系数行列式 $D=0$。

关于齐次线性方程组有非零解的充分条件(系数行列式等于零)以及非零解如何去求，将在第 9 章讨论。

例 2 讨论 k 取何值时，齐次线性方程组

$$\begin{cases}kx_1+x_2+x_3=0\\x_1+kx_2+x_3=0\\x_1+x_2+kx_3=0\end{cases}$$

有非零解。

解：因为方程组的系数行列式

$$D=\begin{vmatrix}k&1&1\\1&k&1\\1&1&k\end{vmatrix}=(k+2)(k-1)^2$$

由定理 7.3.2 知，若齐次线性方程组有非零解，则它的系数行列式 $D=0$，即

$$(k+2)(k-1)^2=0$$

解得 $k=-2$ 或 $k=1$。所以，当 $k=-2$ 或 $k=1$ 时，齐次线性方程组有非零解。

能力训练 7.3

A 组题

1. 用克莱姆法则解下列线性方程组：

(1) $\begin{cases} x+y+z=5 \\ 2x+y-z+w=1 \\ x+2y-z+w=2 \\ y+2z+3w=3 \end{cases}$；　(2) $\begin{cases} x_1+x_2=3 \\ x_1+2x_2+x_3=4 \\ x_2+3x_3+x_4=-1 \\ 3x_3+2x_4=-3 \end{cases}$。

2. 判断下列齐次线性方程组是否有非零解：

(1) $\begin{cases} x_1-3x_2+2x_3+5x_4=0 \\ 3x_1+2x_2-x_3-6x_4=0 \\ -2x_1-5x_2+x_3+7x_4=0 \\ -x_1+8x_2-2x_3+3x_4=0 \end{cases}$；　(2) $\begin{cases} x_1-x_2+5x_3-x_4=0 \\ x_1+x_2-2x_3+3x_4=0 \\ 3x_1-x_2+8x_3+x_4=0 \\ x_1+3x_2-9x_3+7x_4=0 \end{cases}$。

3. 当 λ 取何值时，下面的齐次线性方程组有非零解。

$$\begin{cases} \lambda x_1+x_2+x_3=0 \\ x_1+\lambda x_2-x_3=0 \\ 2x_1-x_2+x_3=0 \end{cases}$$

B 组题

1. 用克莱姆法则解下列线性方程组：

(1) $\begin{cases} x_1-x_2+x_3-2x_4=2 \\ 3x_1+2x_2+x_3=-1 \\ 2x_1-x_2+4x_4=4 \\ x_1-2x_2+x_2-2x_4=4 \end{cases}$；　(2) $\begin{cases} x_1+x_2+2x_3+3x_4=1 \\ 3x_1-x_2-x_3-2x_4=-4 \\ 2x_1+3x_2-x_3-x_4=-6 \\ x_1+2x_2+3x_3-x_4=-4 \end{cases}$。

2. k 取何值时，齐次线性方程组

$$\begin{cases} (5-k)x_1+2x_2+2x_3=0 \\ 2x_1+(6-k)x_2=0 \\ 2x_1+(4-k)x_3=0 \end{cases}$$

有非零解。

学 习 指 导

一、基本要求与重点

1. 基本要求

1)理解行列式的定义，会用直接展开法计算二阶、三阶行列式，能够熟练应用行列式的性质计算三阶、四阶行列式。

2)理解克莱姆法则的意义，会用克莱姆法则求解 n 个方程、n 个未知量的线性方程组，会判断齐次线性方程组是否有非零解。

2. 重点

利用行列式的性质计算三阶、四阶行列式。

二、内容小结与典型例题分析

1. 基本概念

n 阶行列式，余子式，代数余子式，克莱姆法则。

2. 基本性质

性质 1　行列式 D 与它的转置行列式 D^{T} 相等，即 $D=D^{T}$。

性质 2　互换行列式两行(或两列)的位置得到的行列式与原行列式值反号。

性质 3　数 k 乘行列式，等于用数 k 乘行列式的某一行(列)的每一个元素。

性质 4　如果行列式的某一行(列)的元素都是两数之和，则行列式等于两个行列式之和。

性质 5　把行列式某一行(列)各元素乘以同一数 k 后加到另外一行(列)对应元素上，行列式的值不变。

推论 1　如果行列式有两行(列)的对应元素完全相同，则此行列式的值等于零。

推论 2　行列式中某一行(列)元素有公因子 k，则可把公因子 k 提到行列式的外面。

推论 3　如果行列式中有两行(列)元素成比例，则行列式的值等于零。

推论 4　如果行列式中某一行(列)元素全为零，则行列式的值等于零。

3. 基本方法

1)用对角线法则计算二阶、三阶行列式。

2)计算高阶行列式时，经常用到化上三角行列式法和降阶法。

4. 克莱姆法则

克莱姆法则适用的条件是：

1)n 个方程 n 个未知量组成的线性方程组；

2)它的系数行列式 $D\neq0$。

结论是：方程组有唯一解 $x_1=\dfrac{D_1}{D}$，$x_2=\dfrac{D_2}{D}$，…，$x_n=\dfrac{D_n}{D}$。

例 1　计算行列式

$$\begin{vmatrix} a & 0 & 0 & 0 \\ 4 & b & 0 & 0 \\ -1 & 8 & 0 & 0 \\ 5 & -7 & 6 & \mathrm{d} \end{vmatrix}$$

解：
$$\begin{vmatrix} a & 0 & 0 & 0 \\ 4 & b & 0 & 0 \\ -1 & 8 & 0 & 0 \\ 5 & -7 & 6 & \mathrm{d} \end{vmatrix} = a\begin{vmatrix} b & 0 & 0 \\ 8 & c & 0 \\ -7 & 6 & \mathrm{d} \end{vmatrix} = ab\begin{vmatrix} c & 0 \\ 6 & \mathrm{d} \end{vmatrix} = abcd$$

例 2　利用克莱姆法则解下列方程组

$$\begin{cases}-3x_1+4x_2=6\\2x_1-5x_2=-7\end{cases}$$

解：方程组的系数行列式

$$D=\begin{vmatrix}-3&4\\2&-5\end{vmatrix}=(-3)\times(-5)-4\times2=15-8=7\neq0$$

根据克莱姆法则，该线性方程组有唯一解。因为

$$D_1=\begin{vmatrix}6&4\\-7&-5\end{vmatrix}=-2,\ D_2=\begin{vmatrix}-3&6\\2&-7\end{vmatrix}=9$$

所以方程组的解为

$$x_1=\frac{D_1}{D}=-\frac{2}{7},\ x_2=\frac{D_2}{D}=\frac{9}{7}$$

例3　计算下列行列式

$$\begin{vmatrix}-1&2&1&3\\2&1&0&3\\2&-2&-1&-2\\3&-1&5&1\end{vmatrix}$$

解：

$$\begin{vmatrix}-1&2&1&3\\2&1&0&3\\2&-2&-1&-2\\3&-1&5&1\end{vmatrix}=\begin{vmatrix}-1&2&1&3\\2&1&0&3\\1&0&0&1\\8&-11&0&-14\end{vmatrix}$$

$$=1\times\begin{vmatrix}2&1&3\\1&0&1\\8&-11&-14\end{vmatrix}=\begin{vmatrix}2&1&1\\1&0&0\\8&-11&-22\end{vmatrix}$$

$$=-1\times\begin{vmatrix}1&1\\-11&-22\end{vmatrix}=11$$

例4　某企业一次投料生产能获得四种产品 A、B、C、D，每种产品的成本未单独核算。现投料四次，得四批产品的总成本见表7-1。试求每种产品的单位成本。

表　7-1

批　次	产　品(单位：kg)				总成本(元)
	A	B	C	D	
第一批产品	40	20	20	10	580
第二批产品	100	50	40	20	1410
第三批产品	20	8	8	4	272
第四批产品	80	36	32	12	1100

解：设 A、B、C、D 四种产品的单位成本分别为 x_1，x_2，x_3，x_4，依题意列方程组

$$\begin{cases}40x_1+20x_2+20x_3+10x_4=580\\100x_1+50x_2+40x_3+20x_4=1410\\20x_1+8x_2+8x_3+4x_4=272\\80x_1+36x_2+32x_3+12x_4=1100\end{cases}$$

利用克莱姆法则，解得方程组有唯一解

$$x_1=10，x_2=5，x_3=3，x_4=2$$

所以，四种产品的单位成本分别为 10 元、5 元、3 元、2 元。

综合训练 7

A 组题

1. 选择题

（1）行列式 $\begin{vmatrix}1&2&3\\4&0&5\\-1&0&6\end{vmatrix}=(\quad)$。

A. -38　　B. -58　　C. 58　　D. 38

（2）行列式 $\begin{vmatrix}-\sin x&\cos x\\\cos x&\sin x\end{vmatrix}=(\quad)$。

A. $\sin 2x$　　B. $\cos 2x$　　C. -1　　D. 1

（3）$\begin{vmatrix}k-1&2\\2&k-1\end{vmatrix}\neq 0$ 的充要条件是(　　)。

A. $k\neq-1$　　B. $k\neq3$　　C. $k\neq-1$ 且 $k\neq3$　　D. $k\neq-1$ 或 $k\neq3$

（4）行列式 $\begin{vmatrix}0&0&a&0\\0&b&0&0\\c&0&0&0\\a&b&c&d\end{vmatrix}=(\quad)$。

A. $abcd$　　B. $-abcd$　　C. a^2bcd　　D. a^2b^2cd

（5）不能判定一个 n 阶行列式的值等于零的是(　　)。

A. 主对角线的元素全部为零　　B. 两行元素对应成比例

C. 有一行元素全为零　　D. 两行元素对应相等

2. 求多项式 $f(x)=\begin{vmatrix}1&a_1&a_2&a_3\\1&a_1+x&a_2&a_3\\1&a_1&a_2+x+1&a_3\\1&a_1&a_2&a_3+x+2\end{vmatrix}=0$ 的所有根。

B 组题

1. 选择题

（1）若行列式 $\begin{vmatrix}1&2&5\\1&3&-2\\2&5&x\end{vmatrix}=0$，则 $x=(\quad)$。

A. 3　　B. −2　　C. 2　　D. −3

（2）线性方程组$\begin{cases} x_1+2x_2=3 \\ 3x_1+7x_2=4 \end{cases}$的解$(x_1, x_2)=$(　　)。

A.（13，5）　　B.（13，−5）　　C.（−13，5）　　D.（−13，−5）

（3）方程$\begin{vmatrix} 1 & x & x^2 \\ 1 & 2 & 4 \\ 1 & 3 & 9 \end{vmatrix}=0$根的个数是(　　)。

A. 0　　B. 1　　C. 2　　D. 3

（4）如果$\begin{vmatrix} a_{11} & a_{12} & a_{13} \\ a_{21} & a_{22} & a_{23} \\ a_{31} & a_{32} & a_{33} \end{vmatrix}=M\neq 0$，则$\begin{vmatrix} 2a_{11} & 2a_{12} & 2a_{13} \\ 2a_{21} & 2a_{22} & 2a_{23} \\ 2a_{31} & 2a_{32} & 2a_{33} \end{vmatrix}=$(　　)。

A. $2M$　　B. $-2M$　　C. $-8M$　　D. $8M$

2. 填空题

（1）$\begin{vmatrix} 2 & 1 & 0 & 0 \\ 1 & 2 & 1 & 0 \\ 0 & 1 & 2 & 1 \\ 0 & 0 & 1 & 2 \end{vmatrix}=$________；（2）$\begin{vmatrix} 1 & 1 & 1 \\ 3 & 1 & 4 \\ 8 & 9 & 5 \end{vmatrix}=$________。

3. 计算下列行列式：

（1）$\begin{vmatrix} 0 & 0 & 1 & 0 \\ 0 & 1 & 0 & 0 \\ 0 & 0 & 0 & 1 \\ 1 & 0 & 0 & 0 \end{vmatrix}$；　（2）$\begin{vmatrix} 2 & 1 & 4 & 1 \\ 3 & -1 & 2 & 1 \\ 1 & 2 & 3 & 2 \\ 5 & 0 & 6 & 2 \end{vmatrix}$；　（3）$\begin{vmatrix} 0 & 1 & 0 & \cdots & 0 \\ 0 & 0 & 2 & \cdots & 0 \\ \vdots & \vdots & \vdots & & \vdots \\ 0 & 0 & 0 & \cdots & n-1 \\ n & 0 & 0 & \cdots & 0 \end{vmatrix}$。

4. 证明n阶行列式$\begin{vmatrix} x & a & \cdots & a \\ a & x & \cdots & a \\ \vdots & \vdots & & \vdots \\ a & a & \cdots & x \end{vmatrix}=[x+(n-1)a](x-a)^{n-1}$。

第 8 章　矩阵及其运算

矩阵既是线性代数的主要研究对象之一，更是一种重要的数学工具，在自然科学、工程技术和经济领域中都有着广泛的应用。本章将介绍矩阵的定义、矩阵的运算和求方阵的逆矩阵、矩阵的初等变换以及求矩阵的秩等相关知识。

8.1　矩阵的概念

| 本节导学 |

1) 矩阵的概念来自于生产和生活实践，常用来表示二元关系之间有规律对应的 m 行 n 列的数据。矩阵不仅是线性代数的主要学习内容之一，还是一种重要的数学工具。借助矩阵，可以将线性方程组用简洁的形式 $\boldsymbol{AX}=\boldsymbol{b}$ 表示出来，而且能够借助其求解该方程组。在深入学习线性代数中，矩阵还被用来表示线性变换，并且借此进行线性变换的运算。

2) 本节的学习重点是有关矩阵概念的相关知识以及几类特殊的矩阵。包括矩阵的定义、行矩阵、列矩阵、零矩阵、方形矩阵(方阵)、三角形矩阵、对角形矩阵、单位矩阵、行阶梯形矩阵、行最简形矩阵等。在理解它们定义的基础上，应熟记其“数与形”的特征。

3) 本节的学习难点是将实际问题中，有关二元关系之间的对应数据转化为相应的 m 行 n 列的矩阵。其方法是理解实际问题的背景，学会建立相应的数学模型来表示变量的对应关系。

8.1.1　矩阵的定义

例 1　某公司的三家商店出售四种食品，单位售价(元)见表 8-1：

表　8-1

食品 商店	A	B	C	D
甲	17	17	16	20
乙	15	15	16	17
丙	18	19	20	20

如果将表中的数据按原来次序排列，并加上括号(表示这些数据是一个不可分割的整体)，那么就简略地表示为矩形数表

$$\begin{pmatrix} 17 & 17 & 16 & 20 \\ 15 & 15 & 16 & 17 \\ 18 & 19 & 20 & 20 \end{pmatrix}$$

定义 8.1.1　$m\times n$ 个数 a_{ij} $(i=1, 2, \cdots, m; j=1, 2, \cdots, n)$ 排成的一个 m 行 n 列的矩形数表

$$\begin{pmatrix} a_{11} & a_{12} & \cdots & a_{1n} \\ a_{21} & a_{22} & \cdots & a_{2n} \\ \vdots & \vdots & & \vdots \\ a_{m1} & a_{m2} & \cdots & a_{mn} \end{pmatrix}$$

称为 m 行 n 列**矩阵**，简称 $m\times n$ 矩阵，其中 a_{ij} 称为矩阵的第 i 行第 j 列元素。矩阵通常用大写黑体字母 $\boldsymbol{A}$，$\boldsymbol{B}$，$\boldsymbol{C}$，…表示，例如

$$\boldsymbol{A}=(a_{ij})_{m\times n},\ \boldsymbol{A}_{m\times n},\ \boldsymbol{A}$$

都表示矩阵 $\boldsymbol{A}$。

特别地，当 $m=n$ 时，称为矩阵 $\boldsymbol{A}$ 为 n 阶**方阵**，记为 $\boldsymbol{A}_n$。

对于 $m\times n$ 矩阵 $\boldsymbol{A}$，当 $m=1$ 时，有

$$\boldsymbol{A}=(a_1\ \ a_2\ \ \cdots\ a_n)$$

称为**行矩阵**，**或行向量**。为避免元素间的混淆，行矩阵也可写为 $\boldsymbol{A}=(a_1,\ a_2,\ \cdots,\ a_n)$。

当 $n=1$ 时，有

$$\boldsymbol{A}=\begin{pmatrix} a_1 \\ a_2 \\ \vdots \\ a_m \end{pmatrix}$$

称为**列矩阵**，**或列向量**。

当 $m=n=1$ 时，有 $\boldsymbol{A}=(a_1)=a_1$，这时把矩阵 $\boldsymbol{A}$ 看成是数。

两个矩阵的行数相等、列数也相等时，就称它们是**同型矩阵**。所有元素均为零的矩阵，称为**零矩阵**，记作 $\boldsymbol{O}$。注意不同型的零矩阵是不同的。

定义 8.1.2　如果 $\boldsymbol{A}=(a_{ij})$ 与 $\boldsymbol{B}=(b_{ij})$ 是同型矩阵，且它们的对应元素均相等，即

$$a_{ij}=b_{ij}\ (i=1,\ 2,\ \cdots,\ m;\ j=1,\ 2,\ \cdots,\ n)$$

则称矩阵 $\boldsymbol{A}$ 与矩阵 $\boldsymbol{B}$ 相等，记作 $\boldsymbol{A}=\boldsymbol{B}$。

下面举几个关于矩阵应用的例子。

例 2　某运输公司把商品从产地 A，B 运送到销地甲、乙、丙、丁、戊的运输量见表 8-2：

表　8-2

销地 产地	甲	乙	丙	丁	戊
A	2	3	0	1	4
B	3	2	1	5	0

也可以用矩形数表简明表示为

$$\begin{pmatrix} 2 & 3 & 0 & 1 & 4 \\ 3 & 2 & 1 & 5 & 0 \end{pmatrix}$$

例 3　3 个产地与 4 个销地之间的里程(单位：km)可以表示为矩阵

$$\begin{pmatrix} 120 & 180 & 75 & 85 \\ 75 & 125 & 35 & 45 \\ 130 & 190 & 85 & 100 \end{pmatrix}$$

其中 a_{ij} 为第 i 产地到第 j 销地的里程数。

例 4 n 个变量 x_1，x_2，…，x_n 与 m 个变量 y_1，y_2，…，y_m 之间的关系式

$$\begin{cases} y_1 = a_{11}x_1 + a_{12}x_2 + \cdots + a_{1n}x_n \\ y_2 = a_{21}x_1 + a_{22}x_2 + \cdots + a_{2n}x_n \\ \qquad\vdots \\ y_m = a_{m1}x_1 + a_{m2}x_2 + \cdots + a_{mn}x_n \end{cases} \tag{8.1.1}$$

表示一个从变量 x_1，x_2，…，x_n 到变量 y_1，y_2，…，y_m 的**线性变换**，其中 a_{ij} 为常数。线性变换(8.1.1)的系数 a_{ij} 构成矩阵 $\boldsymbol{A}=(a_{ij})_{m\times n}$。

给定了线性变换(8.1.1)，它的系数所构成的矩阵(称为**系数矩阵**)也就确定了。反之，如果给出一个矩阵作为线性变换的系数矩阵，则线性变换也就确定。在这个意义上，线性变换和矩阵之间存在着一一对应的关系。

8.1.2 几种特殊的矩阵

1. 对角矩阵

n 阶方阵 $\boldsymbol{A}$ 的元素 a_{11}，a_{22}，…，a_{nn} 称为 $\boldsymbol{A}$ 的主对角元素。例如，矩阵 $\boldsymbol{A}=\begin{pmatrix}3 & 4\\ 9 & 1\end{pmatrix}$ 的主对角元素为 3 和 1。

定义 8.1.3 若 n 阶方阵 $\boldsymbol{A}=(a_{ij})$ 中的元素满足条件 $a_{ij}=0(i\neq j,\ i,\ j=1,\ 2,\ \cdots,\ n)$，则称 $\boldsymbol{A}$ 为 n 阶**对角矩阵**或**对角阵**，即

$$\boldsymbol{A}=\begin{pmatrix} a_{11} & & & \\ & a_{22} & & \\ & & \ddots & \\ & & & a_{nn}\end{pmatrix}$$

简记为 $\boldsymbol{A}=\mathrm{diag}(a_{11},\ a_{22},\ \cdots,\ a_{nn})$(注意：此记法表示对角线以外未标明的元素均为 0)。

例如，$\begin{pmatrix}1 & 0 & 0\\ 0 & 3 & 0\\ 0 & 0 & 5\end{pmatrix}$ 为对角阵。

特别地，当 $a_{ii}=a\ (i=1,\ 2,\ \cdots,\ n)$，则称对角阵 $\boldsymbol{A}$ 为 n 阶**数量矩阵**，即

$$\boldsymbol{A}=\begin{pmatrix} a & & & \\ & a & & \\ & & \ddots & \\ & & & a\end{pmatrix}$$

当 $a=1$ 时，称 $\boldsymbol{A}$ 为 n 阶**单位矩阵**或**单位阵**，记作 $\boldsymbol{E}_n$，有时简记为 $\boldsymbol{E}$，即

$$\boldsymbol{E}_n=\begin{pmatrix} 1 & & & \\ & 1 & & \\ & & \ddots & \\ & & & 1\end{pmatrix}$$

2. 三角形矩阵

定义 8.1.4 若 n 阶方阵 $\boldsymbol{A}=(a_{ij})$ 中的元素满足条件

$$a_{ij}=0\ (i>j,\ i,\ j=1,\ 2,\ \cdots,\ n)$$

则称 $\boldsymbol{A}$ 为 n 阶**上三角形矩阵**或**上三角矩阵**，即

$$\boldsymbol{A}=\begin{pmatrix} a_{11} & a_{12} & \cdots & a_{1n} \\ & a_{22} & \cdots & a_{2n} \\ & & \ddots & \vdots \\ & & & a_{nn} \end{pmatrix}$$

若 n 阶方阵 $\boldsymbol{B}=(b_{ij})$ 中的元素满足条件

$$b_{ij}=0\ (i<j,\ i,\ j=1,\ 2,\ \cdots,\ n)$$

则称 $\boldsymbol{B}$ 为 n 阶**下三角形矩阵**或**下三角矩阵**，即

$$\boldsymbol{B}=\begin{pmatrix} b_{11} & & & \\ b_{21} & b_{22} & & \\ \vdots & \vdots & \ddots & \\ b_{n1} & b_{n2} & \cdots & b_{nn} \end{pmatrix}$$

例如，$\begin{pmatrix} 1 & 2 & 3 \\ 0 & 4 & 5 \\ 0 & 0 & 6 \end{pmatrix}$为上三角矩阵，$\begin{pmatrix} 1 & 0 & 0 \\ 2 & 3 & 0 \\ 4 & 5 & 6 \end{pmatrix}$为下三角矩阵。

3. 对称矩阵

定义 8.1.5　若 n 阶方阵 $\boldsymbol{A}=(a_{ij})$ 中的元素满足 $a_{ij}=a_{ji}\ (i,\ j=1,\ 2,\ \cdots,\ n)$，则称 $\boldsymbol{A}$ 为**对称矩阵**。

例如，$\begin{pmatrix} \frac{1}{2} & 0 & \frac{1}{5} \\ 0 & 3 & 1 \\ \frac{1}{5} & 1 & 2 \end{pmatrix}$为对称矩阵。

4. 行阶梯形矩阵

定义 8.1.6　若矩阵 $\boldsymbol{A}=(a_{ij})$ 满足：

(1) 若 $\boldsymbol{A}$ 有零行(元素全为零的行)，全部在矩阵的下方；

(2) 各非零行的第一个不为零的元素(称为首非零元)的列标随行标的增大而严格增大，则称矩阵 $\boldsymbol{A}$ 为**行阶梯形矩阵**。

例如，$\begin{pmatrix} 1 & 1 & -2 & 1 & 4 \\ 0 & 2 & -1 & 1 & 0 \\ 0 & 0 & 0 & 3 & -3 \\ 0 & 0 & 0 & 0 & 0 \end{pmatrix}$为行阶梯形矩阵，而$\begin{pmatrix} 1 & 1 & -2 & 1 \\ 0 & 1 & -1 & 1 \\ 0 & 2 & 1 & -3 \end{pmatrix}$不是行阶梯形矩阵。

进一步，若行阶梯形矩阵满足：

(1) 行首非零元等于 1；

(2) 所有首非零元所在列的其余元素全为零，

则称 $\boldsymbol{A}$ 为**行最简形矩阵**。

例如，$\begin{pmatrix}1&0&-1&0&4\\0&1&-1&0&3\\0&0&0&1&-3\\0&0&0&0&0\end{pmatrix}$为行最简形矩阵，而$\begin{pmatrix}1&1&-1&0&4\\0&1&-1&0&3\\0&0&0&1&-3\\0&0&0&0&0\end{pmatrix}$不是行最简形矩阵。

能力训练 8.1

A 组题

1. 说明矩阵与行列式的区别。

2. 一个工资数据库文件 gz. dbf 包含 6 个字段（工资号、姓名、基本工资、奖金、扣所得税、应发工资）和三条记录：

001	李建	1400	340	136	1604
002	王氓	2340	430	326	2444
003	安泉	740	304	0	1044

试写出工资矩阵。

B 组题

1. 指出下列矩阵哪些是行阶梯形矩阵，哪些是行最简形矩阵：

（1）$\begin{pmatrix}1&2&3\\0&2&3\\0&0&2\end{pmatrix}$；　（2）$\begin{pmatrix}1&2&3&4\\1&0&5&2\\0&2&1&3\\0&0&1&2\end{pmatrix}$；　（3）$\begin{pmatrix}1&5&2&0\\0&1&2&3\\0&0&0&0\end{pmatrix}$；

（4）$\begin{pmatrix}1&0&3&4&5\\0&1&2&5&9\\0&0&0&0&0\\0&0&0&0&0\end{pmatrix}$；　（5）$\begin{pmatrix}1&0&0&0\\0&1&0&0\\0&0&1&0\\0&0&0&1\end{pmatrix}$；　（6）$\begin{pmatrix}1&2&1&1&1&1\\0&1&1&1&2&1\\0&0&1&2&1&1\\0&0&0&1&1&1\\0&0&0&0&0&0\end{pmatrix}$。

2. 已知矩阵

$$\boldsymbol{A}=\begin{pmatrix}2&1&-4\\4&3&1\\3&7&0\end{pmatrix},\ \boldsymbol{B}=\begin{pmatrix}2&x&x+y\\4&y-z&1\\3&7&z+w\end{pmatrix}$$

若 $\boldsymbol{A}=\boldsymbol{B}$，求 x，y，z，w。

8.2　矩阵的运算

| 本节导学 |

1）本节将对矩阵展开比较系统的研究和讨论。矩阵既然是 $m\times n$ 个数字构成的一个数表，其运算规则应该与数字运算有天然的联系。据此，将介绍矩阵的加法、减法、数乘、乘法、乘方、转置、方阵的行列式等各种运算。这些运算法则的制定都有着广泛的实际问题的背景，请注意与普通代数式的运算进行对比，尤其注意它们的不同之处。

2)本节的学习重点是矩阵的加法和乘法。矩阵的加法只在同型矩阵中才有意义，其运算规则的制定，与初等数学中有关数字运算的要求是吻合的，也满足相应的加法运算律。但矩阵乘法的规则是完全新颖的，必须着重学习。总的规则是：左矩阵的各行与右矩阵的各列的对应元素逐一相乘再相加。尤其要注意与代数式乘法不同的规律：矩阵乘法不是总能够进行，而且矩阵乘法不满足乘法的交换律、消去律等。

3)本节的学习难点是综合运用几种运算及其规则证明有关的问题，以及对方阵求其伴随矩阵。突破的方法是深刻理解矩阵运算的各种定义，熟记矩阵运算的有关规则，并且适当多做一些相应的题目。

8.2.1 矩阵的加法与数乘矩阵

定义 8.2.1 两个 $m\times n$ 阶矩阵 $\boldsymbol{A}=(a_{ij})$ 和 $\boldsymbol{B}=(b_{ij})$ 对应位置元素相加得到的矩阵

$$\boldsymbol{A}+\boldsymbol{B}=(a_{ij})_{m\times n}+(b_{ij})_{m\times n}=(a_{ij}+b_{ij})_{m\times n}$$

称为矩阵 $\boldsymbol{A}$ 与 $\boldsymbol{B}$ 的和，记作 $\boldsymbol{A}+\boldsymbol{B}$。

注意 只有当两个矩阵是同型矩阵时，才能进行加法运算。

例 1 两种物资(单位：吨)同时从 3 个产地运往 4 个销售地，其调运方案可以分别表示为矩阵

$$\boldsymbol{A}=\begin{pmatrix}2&0&3&4\\5&3&2&7\\2&1&0&3\end{pmatrix},\ \boldsymbol{B}=\begin{pmatrix}3&1&2&0\\4&0&8&6\\1&2&5&7\end{pmatrix}$$

则从各产地运往各销售地的物资总调运量为

$$\boldsymbol{A}+\boldsymbol{B}=\begin{pmatrix}2&0&3&4\\5&3&2&7\\2&1&0&3\end{pmatrix}+\begin{pmatrix}3&1&2&0\\4&0&8&6\\1&2&5&7\end{pmatrix}=\begin{pmatrix}2+3&0+1&3+2&4+0\\5+4&3+0&2+8&7+6\\2+1&1+2&0+5&3+7\end{pmatrix}=\begin{pmatrix}5&1&5&4\\9&3&10&13\\3&3&5&10\end{pmatrix}$$

定义 8.2.2 以数 λ 乘以 $m\times n$ 阶矩阵 $\boldsymbol{A}=(a_{ij})$ 的每一个元素得到的矩阵，称为数 λ 与矩阵 $\boldsymbol{A}$ 的**数乘矩阵**，记作 $\lambda\boldsymbol{A}$，即

$$\lambda\boldsymbol{A}=\lambda\ (a_{ij})_{m\times n}=(\lambda a_{ij})_{m\times n}$$

若取 $\lambda=-1$，则有 $-\boldsymbol{A}=(-a_{ij})_{m\times n}$. 称 $-\boldsymbol{A}$ 为矩阵 $\boldsymbol{A}$ 的**负矩阵**。显然有 $\boldsymbol{A}+(-\boldsymbol{A})=\boldsymbol{O}$，并由此规定矩阵的减法为

$$\boldsymbol{A}-\boldsymbol{B}=\boldsymbol{A}+(-\boldsymbol{B})$$

例 2 设 3 个产地与 4 个销售地之间的路程(单位：km)为可以表示为矩阵

$$\boldsymbol{A}=\begin{pmatrix}2&0&3&4\\5&3&2&7\\2&1&0&3\end{pmatrix}$$

已知每吨货物的运费为 1.50 元/km，则各产地与各销售地之间每吨货物的运费(单位：元/吨)可以记为矩阵形式

$$1.5\boldsymbol{A}=1.5\times\begin{pmatrix}120&180&75&85\\75&125&35&45\\130&190&85&100\end{pmatrix}=\begin{pmatrix}1.5\times120&1.5\times180&1.5\times75&1.5\times85\\1.5\times75&1.5\times125&1.5\times35&1.5\times45\\1.5\times130&1.5\times190&1.5\times85&1.5\times100\end{pmatrix}$$

$$=\begin{pmatrix}180 & 270 & 112.5 & 127.5\\112.5 & 187.5 & 52.5 & 67.5\\195 & 285 & 127.5 & 150\end{pmatrix}$$

矩阵相加与数乘矩阵的运算，统称为矩阵的**线性运算**。矩阵的线性运算满足下面的运算律。

设 $\boldsymbol{A}$，$\boldsymbol{B}$，$\boldsymbol{C}$，$\boldsymbol{O}$ 都是 $m\times n$ 阶矩阵，λ，μ 是数，则有：

（1）加法交换律　$\boldsymbol{A}+\boldsymbol{B}=\boldsymbol{B}+\boldsymbol{A}$；

（2）加法结合律　$(\boldsymbol{A}+\boldsymbol{B})+\boldsymbol{C}=\boldsymbol{A}+(\boldsymbol{B}+\boldsymbol{C})$；

（3）数乘对矩阵加法的分配律　$\lambda(\boldsymbol{A}+\boldsymbol{B})=\lambda\boldsymbol{A}+\lambda\boldsymbol{B}$；

（4）矩阵对数字加法的分配律　$(\lambda+\mu)\boldsymbol{A}=\lambda\boldsymbol{A}+\mu\boldsymbol{A}$；

（5）矩阵的数乘结合律　$(\lambda\mu)\boldsymbol{A}=\lambda(\mu\boldsymbol{A})$。

例 3　已知 $\boldsymbol{A}=\begin{pmatrix}-1 & 2 & 3 & 1\\0 & 3 & -2 & 1\\4 & 0 & 3 & 2\end{pmatrix}$，$\boldsymbol{B}=\begin{pmatrix}3 & -1 & 2 & 0\\1 & 5 & 7 & 9\\2 & 3 & -1 & 6\end{pmatrix}$，且 $\boldsymbol{A}+2\boldsymbol{X}=\boldsymbol{B}$，求 $\boldsymbol{X}$。

解：由矩阵的加法和数乘运算律有

$$\boldsymbol{X}=\frac{1}{2}(\boldsymbol{B}-\boldsymbol{A})=\frac{1}{2}\begin{pmatrix}4 & -3 & -1 & -1\\1 & 2 & 9 & 8\\-2 & 3 & -4 & 4\end{pmatrix}=\begin{pmatrix}2 & -\frac{3}{2} & -\frac{1}{2} & -\frac{1}{2}\\\frac{1}{2} & 1 & \frac{9}{2} & 4\\-1 & \frac{3}{2} & -2 & 2\end{pmatrix}$$

8.2.2　矩阵的乘法

定义 8.2.3　设矩阵 $\boldsymbol{A}=(a_{ij})_{m\times s}$，$\boldsymbol{B}=(b_{ij})_{s\times n}$，令

$$c_{ij}=a_{i1}b_{1j}+a_{i2}b_{2j}+\cdots+a_{is}b_{sj}=\sum_{k=1}^{s}a_{ik}b_{kj}\ (i=1,2,\cdots,m;\ j=1,2,\cdots,n)$$

则称矩阵 $\boldsymbol{C}=(c_{ij})_{m\times n}$ 是矩阵 $\boldsymbol{A}$ 与矩阵 $\boldsymbol{B}$ 的乘积，记作 $\boldsymbol{C}=\boldsymbol{AB}$。

对于矩阵的乘法，由定义注意到以下三点：

（1）只有矩阵 $\boldsymbol{A}$ 的列数等于 $\boldsymbol{B}$ 的行数时，$\boldsymbol{AB}$ 才有意义。

（2）乘积矩阵 $\boldsymbol{AB}$ 的第 i 行第 j 列元素 c_{ij} 就是 $\boldsymbol{A}$ 的第 i 行上各元素与 $\boldsymbol{B}$ 的第 j 列上的各对应元素的乘积之和，即

$$i\begin{pmatrix} & \cdots & \\ a_{i1} & \cdots & a_{is}\\ & \cdots & \end{pmatrix}\begin{pmatrix}\cdots & b_{1j} & \cdots\\ & \vdots & \\ \cdots & b_{sj} & \cdots\end{pmatrix}_{\ j}=\begin{pmatrix} & \vdots & \\ \cdots & c_{ij} & \cdots\\ & \vdots & \end{pmatrix}_{i}^{\ \ j}$$

（3）乘积矩阵 $\boldsymbol{C}$ 的行数等于矩阵 $\boldsymbol{A}$ 的行数，列数等于矩阵 $\boldsymbol{B}$ 的列数。

例 4　设矩阵 $\boldsymbol{A}=\begin{pmatrix}2 & 1 & 4 & 0\\1 & -1 & 3 & 4\end{pmatrix}$，$\boldsymbol{B}=\begin{pmatrix}1 & 3 & 1\\0 & -1 & 2\\1 & -3 & 1\\4 & 0 & -2\end{pmatrix}$，求 $\boldsymbol{AB}$。

解：因为 A 是 2×4 矩阵，B 是 4×3 矩阵，即 A 的列数等于 B 的行数，故 A 和 B 可相乘，且其乘积 AB 应是个 2×3 矩阵

$$AB=\begin{pmatrix}2&1&4&0\\1&-1&3&4\end{pmatrix}\begin{pmatrix}1&3&1\\0&-1&2\\1&-3&1\\4&0&-2\end{pmatrix}$$

$$=\begin{pmatrix}2\times1+1\times0+4\times1+0\times4 & 2\times3+1\times(-1)+4\times(-3)+0\times0 & 2\times1+1\times2+4\times1+0\times(-2)\\ 1\times1+(-1)\times0+3\times1+4\times4 & 1\times3+(-1)\times(-1)+3\times(-3)+4\times0 & 1\times1+(-1)\times2+3\times1+4\times(-2)\end{pmatrix}=\begin{pmatrix}6&-7&8\\20&-5&-6\end{pmatrix}$$

例 5　设 $A=\begin{pmatrix}-2&4\\1&-2\end{pmatrix}$，$B=\begin{pmatrix}2&4\\-3&-6\end{pmatrix}$，求 AB 及 BA。

解：$AB=\begin{pmatrix}-2&4\\1&-2\end{pmatrix}\begin{pmatrix}2&4\\-3&-6\end{pmatrix}=\begin{pmatrix}-16&-32\\8&16\end{pmatrix}$

$$BA=\begin{pmatrix}2&4\\-3&-6\end{pmatrix}\begin{pmatrix}-2&4\\1&-2\end{pmatrix}=\begin{pmatrix}0&0\\0&0\end{pmatrix}$$

由例 4 可知，在矩阵的乘法中必须注意矩阵相乘的顺序。AB 是 A 左乘 B，BA 是 A 右乘 B。AB 有意义时，BA 可以没有意义。当 AB 与 BA 都有意义时，它们仍然可以不相等，如例 5 中的 AB 和 BA 不相等。总之，矩阵的乘法不满足交换律，即在一般情形下，$AB\neq BA$。

对于两个 n 阶方阵 A，B，若 $AB=BA$，则称方阵 A 与 B 是**可交换的**。

例 5 还表明，矩阵 $A\neq O$，$B\neq O$，但却有 $BA=O$。这里要特别注意的是：若有两个矩阵 A，B 满足 $AB=O$，也不一定能得出 $A=O$ 或 $B=O$；若 $A\neq O$ 而 $A(X-Y)=O$，也不一定能得出 $X=Y$。也就是说，矩阵的乘法不满足代数式运算中的消去律。

矩阵的乘法虽不满足交换律，但仍满足下列结合律和分配律(假设运算都是可行的)：

(1) 矩阵乘法结合律　$(AB)C=A(BC)$；

(2) 矩阵乘法对加法的右分配律　$(A+B)C=AC+BC$；

(3) 矩阵乘法对加法的左分配律　$C(A+B)=CA+CB$；

(4) 数与矩阵乘法的结合律　$k(AB)=(kA)B=A(kB)$。

8.2.3　矩阵的转置

定义 8.2.4　把矩阵 $A_{m\times n}$ 的行依次换为相应的列，得到一个 $n\times m$ 新矩阵，称为 A 的**转置矩阵**，记作 A^{T} 或 A'，即

$$A=\begin{pmatrix}a_{11}&a_{12}&\cdots&a_{1n}\\a_{21}&a_{22}&\cdots&a_{2n}\\\vdots&\vdots&&\vdots\\a_{m1}&a_{m2}&\cdots&a_{mn}\end{pmatrix},\quad A^{T}=\begin{pmatrix}a_{11}&a_{21}&\cdots&a_{m1}\\a_{12}&a_{22}&\cdots&a_{m2}\\\vdots&\vdots&&\vdots\\a_{1n}&a_{2n}&\cdots&a_{mn}\end{pmatrix}$$

例如，矩阵 $A=\begin{pmatrix}1&2&0\\3&-1&1\end{pmatrix}$ 的转置矩阵为 $A^{T}=\begin{pmatrix}1&3\\2&-1\\0&1\end{pmatrix}$。

矩阵的转置也是一种运算，满足下述运算规律(假设运算都有意义)：

(1) $(\boldsymbol{A}^{\mathrm{T}})^{\mathrm{T}}=\boldsymbol{A}$；

(2) $(\boldsymbol{A}+\boldsymbol{B})^{\mathrm{T}}=\boldsymbol{A}^{\mathrm{T}}+\boldsymbol{B}^{\mathrm{T}}$；

(3) $(k\boldsymbol{A})^{\mathrm{T}}=k\boldsymbol{A}^{\mathrm{T}}$，其中 k 为数；

(4) $(\boldsymbol{AB})^{\mathrm{T}}=\boldsymbol{B}^{\mathrm{T}}\boldsymbol{A}^{\mathrm{T}}$。

例 6 已知

$$\boldsymbol{A}=\begin{pmatrix}2 & 0 & -1\\ 1 & 3 & 2\end{pmatrix},\ \boldsymbol{B}=\begin{pmatrix}1 & 7 & -1\\ 4 & 2 & 3\\ 2 & 0 & 1\end{pmatrix}$$

求$(\boldsymbol{AB})^{\mathrm{T}}$。

解：法一

$$\boldsymbol{AB}=\begin{pmatrix}2 & 0 & -1\\ 1 & 3 & 2\end{pmatrix}\begin{pmatrix}1 & 7 & -1\\ 4 & 2 & 3\\ 2 & 0 & 1\end{pmatrix}=\begin{pmatrix}0 & 14 & -3\\ 17 & 13 & 10\end{pmatrix}$$

$$(\boldsymbol{AB})^{\mathrm{T}}=\begin{pmatrix}0 & 17\\ 14 & 13\\ -3 & 10\end{pmatrix}$$

法二 $$(\boldsymbol{AB})^{\mathrm{T}}=\boldsymbol{B}^{\mathrm{T}}\boldsymbol{A}^{\mathrm{T}}=\begin{pmatrix}1 & 4 & 2\\ 7 & 2 & 0\\ -1 & 3 & 1\end{pmatrix}\begin{pmatrix}2 & 1\\ 0 & 3\\ -1 & 2\end{pmatrix}=\begin{pmatrix}0 & 17\\ 14 & 13\\ -3 & 10\end{pmatrix}$$

定义 8.2.5 若 n 阶方阵 $\boldsymbol{A}=(a_{ij})$ 的元素都满足 $a_{ij}=a_{ji}(i,\ j=1,\ 2,\ \cdots,\ n)$，则称 $\boldsymbol{A}$ 为**对称矩阵**，即 $\boldsymbol{A}=\boldsymbol{A}^{\mathrm{T}}$；若元素都满足 $a_{ij}=-a_{ji}\ (i,\ j=1,\ 2,\ \cdots,\ n)$，则称 $\boldsymbol{A}$ 为**反对称矩阵**，即 $\boldsymbol{A}=-\boldsymbol{A}^{\mathrm{T}}$。

8.2.4 方阵的幂及其行列式

定义 8.2.6 对于方阵 $\boldsymbol{A}$ 及自然数 k，$\boldsymbol{A}^k=\boldsymbol{AA}\cdots\boldsymbol{A}$ 称为方阵 $\boldsymbol{A}$ 的 k 次幂。

设 $\boldsymbol{A}$ 是方阵，k_1，k_2 是自然数，则方阵的幂有下列性质：

(1) $\boldsymbol{A}^{k_1}\boldsymbol{A}^{k_2}=\boldsymbol{A}^{k_1+k_2}$；

(2) $(\boldsymbol{A}^{k_1})^{k_2}=\boldsymbol{A}^{k_1k_2}$。

定义 8.2.7 由 n 阶方阵 $\boldsymbol{A}$ 的元素所构成的行列式(各元素的位置不变)，称为方阵 $\boldsymbol{A}$ 的行列式，记为 $|\boldsymbol{A}|$ 或 $\det\boldsymbol{A}$。

注意 方阵与行列式是两个不同的概念，n 阶方阵是 n^2 个数按一定方式排成的数表，而 n 阶行列式则可以看作是一个代数式，能够按照一定的规则运算，最后得到确定的一个数。

由 $\boldsymbol{A}$ 确定的 $|\boldsymbol{A}|$ 的运算满足下述运算规律(设 $\boldsymbol{A}$，$\boldsymbol{B}$ 为 n 阶方阵，k 为常数)：

(1) $|\boldsymbol{A}^{\mathrm{T}}|=|\boldsymbol{A}|$；

(2) $|k\boldsymbol{A}|=k^n|\boldsymbol{A}|$；

(3) $|\boldsymbol{AB}|=|\boldsymbol{A}||\boldsymbol{B}|$。

证明从略。

由(3)可知，虽然对于 n 阶方阵 $\boldsymbol{A}$，$\boldsymbol{B}$，一般说来 $\boldsymbol{AB}\neq\boldsymbol{BA}$，但总有 $|\boldsymbol{AB}|=|\boldsymbol{BA}|$。

例 7　设 $\boldsymbol{A}=\begin{pmatrix}1&2\\2&3\end{pmatrix}$，$\boldsymbol{B}=\begin{pmatrix}2&4\\-1&5\end{pmatrix}$，求 $|\boldsymbol{AB}|$。

解：法一　$\boldsymbol{AB}=\begin{pmatrix}1&2\\2&3\end{pmatrix}\begin{pmatrix}2&4\\-1&5\end{pmatrix}=\begin{pmatrix}0&14\\1&23\end{pmatrix}$，$|\boldsymbol{AB}|=\begin{vmatrix}0&14\\1&23\end{vmatrix}=-14$

法二　$|\boldsymbol{A}|=\begin{vmatrix}1&2\\2&3\end{vmatrix}=-1$，$|\boldsymbol{B}|=\begin{vmatrix}2&4\\-1&5\end{vmatrix}=14$，$|\boldsymbol{AB}|=|\boldsymbol{A}||\boldsymbol{B}|=-14$

例 8　方阵 $\boldsymbol{A}$ 的行列式中各个元素 a_{ij} 的**代数余子式**所构成的矩阵

$$\boldsymbol{A}^*=\begin{pmatrix}\boldsymbol{A}_{11}&\boldsymbol{A}_{21}&\cdots&\boldsymbol{A}_{n1}\\\boldsymbol{A}_{12}&\boldsymbol{A}_{22}&\cdots&\boldsymbol{A}_{n2}\\\vdots&\vdots&&\vdots\\\boldsymbol{A}_{1n}&\boldsymbol{A}_{2n}&\cdots&\boldsymbol{A}_{nn}\end{pmatrix}$$

称为方阵 $\boldsymbol{A}$ 的**伴随矩阵**，简称**伴随阵**。

性质　$\boldsymbol{AA}^*=\boldsymbol{A}^*\boldsymbol{A}=|\boldsymbol{A}|\boldsymbol{E}$。

证明略。

能力训练 8.2

A 组题

1. 设矩阵 $\boldsymbol{A}$，$\boldsymbol{B}$，$\boldsymbol{C}$ 如下，求：(1)$\boldsymbol{A}+2\boldsymbol{B}$；(2)$\boldsymbol{A}+\boldsymbol{B}-\boldsymbol{C}$。

$$\boldsymbol{A}=\begin{pmatrix}0&1&2&3\\1&3&1&4\\2&0&3&1\end{pmatrix},\ \boldsymbol{B}=\begin{pmatrix}3&2&1&0\\2&-1&-1&1\\0&-1&3&2\end{pmatrix},\ \boldsymbol{C}=\begin{pmatrix}-1&2&3&4\\0&2&0&-1\\-1&1&3&1\end{pmatrix}$$

2. 设矩阵 $\boldsymbol{A}$，$\boldsymbol{B}$ 如下，如果 $\boldsymbol{A}+2\boldsymbol{X}=\boldsymbol{B}$，试求 $\boldsymbol{X}$。

$$\boldsymbol{A}=\begin{pmatrix}3&-1&2&0\\1&5&7&9\\2&4&6&8\end{pmatrix},\ \boldsymbol{B}=\begin{pmatrix}7&5&-2&4\\5&1&9&7\\3&2&-1&6\end{pmatrix}$$

3. 计算：

(1) $\begin{pmatrix}1&2\\3&4\end{pmatrix}\begin{pmatrix}1&-1\\1&2\end{pmatrix}$；　(2) $\begin{pmatrix}7&-1\\-2&5\\3&-4\end{pmatrix}\begin{pmatrix}1&4\\-5&2\end{pmatrix}$；

(3) $(-1,3,2,5)\begin{pmatrix}4\\0\\7\\-3\end{pmatrix}$；　(4) $\begin{pmatrix}4\\0\\7\\-3\end{pmatrix}(-1,3,2,5)$；　(5) $\begin{pmatrix}1&2&-1\\2&3&2\\-1&0&2\end{pmatrix}^2$。

4. 设矩阵 $\boldsymbol{A}=\begin{pmatrix}1&2&-1\\2&3&2\\-1&0&2\end{pmatrix}$，$\boldsymbol{B}=\begin{pmatrix}0&1&2\\2&-1&0\\-1&-1&3\end{pmatrix}$，求 $\boldsymbol{A}^{\mathrm{T}}$，$\boldsymbol{B}^{\mathrm{T}}$，$\boldsymbol{A}^{\mathrm{T}}+\boldsymbol{B}^{\mathrm{T}}$，$\boldsymbol{A}^{\mathrm{T}}\boldsymbol{B}^{\mathrm{T}}$，

B^TA^T，$(A^2)^T$。

B 组题

1. 选择题

(1) 设矩阵 $A_{3\times2}$，$B_{2\times3}$，$C_{3\times3}$，则下列运算正确的是(　　)。

A. AC　　B. ABC　　C. $AB-BC$　　D. $AC+BC$

(2) 设 $C=\left(\frac{1}{2},0,0,\frac{1}{2}\right)$，$A=E-C^TC$，$B=E+2C^TC$，则 $AB=$(　　)。

A. $E+C^TC$　　B. E　　C. $-E$　　D. O

(3) 设 A 为任意 n 阶矩阵，下列为反对称矩阵的是(　　)。

A. $A+A^T$　　B. $A-A^T$　　C. AA^T　　D. A^TA

2. 填空题

(1) $\begin{pmatrix}1&6&4\\-4&2&8\end{pmatrix}+\begin{pmatrix}-2&0&1\\2&-3&4\end{pmatrix}=$________。

(2) 设 $A=\begin{pmatrix}1&2&1&2\\2&1&2&1\\1&2&3&4\end{pmatrix}$，$B=\begin{pmatrix}4&3&2&1\\-2&1&-2&1\\0&-1&0&-1\end{pmatrix}$，则 $2A+3B=$________。

(3) $\begin{pmatrix}4&3&1\\1&-2&3\\5&7&0\end{pmatrix}\begin{pmatrix}7\\2\\1\end{pmatrix}=$________。

3. 设 $A=\begin{pmatrix}1&1&1\\1&1&-1\\1&-1&1\end{pmatrix}$，$B=\begin{pmatrix}1&2&3\\-1&-2&4\\0&5&1\end{pmatrix}$，求 $3AB-2A$ 及 A^TB。

8.3　矩阵的初等变换与矩阵的秩

| 本节导学 |

1) 矩阵是研究线性代数的重要工具，而矩阵的初等变换是研究矩阵的最主要工具。初等变换的实质是对该矩阵乘以了相应的初等矩阵，得到的是等价的矩阵。由此，通过矩阵的三种初等变换，可以将一个矩阵“简化”和“显化”，从中看出其本质特征。比如运用初等变换的方法，可以将一个矩阵化为行最简形矩阵和标准形矩阵，并求出矩阵中的“不变量”——矩阵的秩。

2) 本节的学习重点是在理解初等变换和有关概念及定理的基础上，熟练掌握运用初等变换的方法将一个矩阵化为行最简形矩阵的方法，以及求出矩阵的秩并且能够找出原矩阵中的最高阶非零子式。在这个过程中培养计算能力，做到计算的准确、快捷和规范，同时锻炼解决复杂问题的能力。

3) 本节的学习难点是有关矩阵秩的性质的理解、记忆和相关的证明题；求解秩已知且含有未知参数的矩阵的问题。解决的要点是通过初等行变换，将该矩阵化为行最简形矩阵后，由非零行数和对应的零元求出未知参数的值。

矩阵的初等变换是矩阵的一种最基本运算，它在解线性方程组、求逆矩阵等矩阵理论的讨论中都起到非常重要的作用。矩阵的秩是矩阵中的“不变量”，决定了该矩阵的本质属性，可以运用矩阵的初等变换求出。

8.3.1　矩阵的初等变换与矩阵等价

定义 8.3.1　下面三种变换称为矩阵的**初等行变换**：

(1) 对调两行(对调 i，j 两行，记作 $r_i \leftrightarrow r_j$)；

(2) 常数 $k \neq 0$ 乘某一行中的所有元素(k 乘第 i 行，记作 kr_i)；

(3) 把某一行所有元素的 k 倍加到另一行对应的元素上去(第 j 行的 k 倍加到第 i 行上，记作 $r_i + kr_j$)。

把定义中的“行”换成“列”，即得矩阵的**初等列变换**的定义(所有记号把 r 换成 c 即可)。

矩阵的初等行变换和初等列变换，统称为**初等变换**。

容易证明三种初等变换都是可逆的，且其逆变换是同一类型的初等变换。

定义 8.3.2　若矩阵 $\boldsymbol{A}$ 经过有限次初等变换化为矩阵 $\boldsymbol{B}$，则称矩阵 $\boldsymbol{A}$ 与 $\boldsymbol{B}$ **等价**，记作$\boldsymbol{A} \sim \boldsymbol{B}$。

矩阵之间的等价关系具有下列性质：

(1) 反身性，即 $\boldsymbol{A} \sim \boldsymbol{A}$；

(2) 对称性，若 $\boldsymbol{A} \sim \boldsymbol{B}$，则 $\boldsymbol{B} \sim \boldsymbol{A}$；

(3) 传递性，若 $\boldsymbol{A} \sim \boldsymbol{B}$，$\boldsymbol{B} \sim \boldsymbol{C}$，则 $\boldsymbol{A} \sim \boldsymbol{C}$。

注意　矩阵的初等变换实际上是矩阵的一种乘法运算。

对行最简形矩阵施以初等列变换，可化为一种形式最简单的矩阵，称为**标准形**。例如

$$\boldsymbol{A} = \begin{pmatrix} 1 & 0 & -1 & 0 & 4 \\ 0 & 1 & -1 & 0 & 3 \\ 0 & 0 & 0 & 1 & -3 \\ 0 & 0 & 0 & 0 & 0 \end{pmatrix} \xrightarrow[c_5 - 4c_1 - 3c_2 + 3c_3]{\substack{c_3 \leftrightarrow c_4 \\ c_4 + c_1 + c_2}} \begin{pmatrix} 1 & 0 & 0 & 0 & 0 \\ 0 & 1 & 0 & 0 & 0 \\ 0 & 0 & 1 & 0 & 0 \\ 0 & 0 & 0 & 0 & 0 \end{pmatrix} = \boldsymbol{F}$$

则矩阵 $\boldsymbol{F}$ 称为矩阵 $\boldsymbol{A}$ 的标准形，其特点是左上角是一个单位矩阵，其余元素全为 0。

定理 8.3.1　对于 $m \times n$ 矩阵 $\boldsymbol{A}$，总可经过初等变换(行变换和列变换)把它化为标准形

$$\boldsymbol{F} = \begin{pmatrix} \boldsymbol{E}_r & \boldsymbol{O} \\ \boldsymbol{O} & \boldsymbol{O} \end{pmatrix}_{m \times n}$$

此标准形由 m，n，r 三个数完全确定，其中 r 就是行阶梯形矩阵中非零行的行数。

证明略。

例 1　把矩阵 $\boldsymbol{A}$ 化为标准形矩阵。

$$\boldsymbol{A} = \begin{pmatrix} 2 & 1 & 2 & 3 \\ 4 & 1 & 3 & 5 \\ 2 & 0 & 1 & 2 \end{pmatrix}$$

解：

$$\boldsymbol{A} = \begin{pmatrix} 2 & 1 & 2 & 3 \\ 4 & 1 & 3 & 5 \\ 2 & 0 & 1 & 2 \end{pmatrix} \xrightarrow[r_3 - r_1]{r_2 - 2r_1} \begin{pmatrix} 2 & 1 & 2 & 3 \\ 0 & -1 & -1 & -1 \\ 0 & -1 & -1 & -1 \end{pmatrix} \xrightarrow{\substack{c_2 - \frac{1}{2}c_1 \\ c_3 - c_1 \\ c_4 - \frac{3}{2}c_1}} \begin{pmatrix} 2 & 0 & 0 & 0 \\ 0 & -1 & -1 & -1 \\ 0 & -1 & -1 & -1 \end{pmatrix}$$

$$\xrightarrow[\frac{1}{2}r_1]{r_3-r_2}\begin{pmatrix}1&0&0&0\\0&-1&-1&-1\\0&0&0&0\end{pmatrix}\xrightarrow[c_4-c_2]{c_3-c_2}\begin{pmatrix}1&0&0&0\\0&-1&0&0\\0&0&0&0\end{pmatrix}\xrightarrow{(-1)\times r_2}\begin{pmatrix}1&0&0&0\\0&1&0&0\\0&0&0&0\end{pmatrix}$$

例 2 将矩阵 $\boldsymbol{A}=\begin{pmatrix}2&-1&-1&1&2\\1&1&-2&1&4\\4&-6&2&-2&4\\3&6&-9&7&9\end{pmatrix}$ 化为行最简形矩阵。

解：$\boldsymbol{A}=\begin{pmatrix}2&-1&-1&1&2\\1&1&-2&1&4\\4&-6&2&-2&4\\3&6&-9&7&9\end{pmatrix}\xrightarrow[\frac{1}{2}r_3]{r_1\leftrightarrow r_2}\begin{pmatrix}1&1&-2&1&4\\2&-1&-1&1&2\\2&-3&1&-1&2\\3&6&-9&7&9\end{pmatrix}$

$$\xrightarrow[\substack{r_3-2r_1\\r_4-3r_1}]{r_2-r_3}\begin{pmatrix}1&1&-2&1&4\\0&2&-2&2&0\\0&-5&5&-3&-6\\0&3&-3&4&-3\end{pmatrix}\xrightarrow[\substack{r_3+5r_2\\r_4-3r_2}]{\frac{1}{2}r_2}\begin{pmatrix}1&1&-2&1&4\\0&1&-1&1&0\\0&0&0&2&-6\\0&0&0&1&-3\end{pmatrix}$$

$$\xrightarrow[r_4-2r_3]{r_3\leftrightarrow r_4}\begin{pmatrix}1&1&-2&1&4\\0&1&-1&1&0\\0&0&0&1&-3\\0&0&0&0&0\end{pmatrix}\xrightarrow{r_1-r_2}\begin{pmatrix}1&0&-1&0&4\\0&1&-1&1&0\\0&0&0&1&-3\\0&0&0&0&0\end{pmatrix}$$

$$\xrightarrow{r_2-r_3}\begin{pmatrix}1&0&-1&0&4\\0&1&-1&0&3\\0&0&0&1&-3\\0&0&0&0&0\end{pmatrix}\text{（行最简形矩阵）}$$

8.3.2 初等矩阵

定义 8.3.3 对单位矩阵 $\boldsymbol{E}$ 进行一次初等变换后得到的矩阵，称为**初等矩阵**。初等矩阵有下列三种：

（1）对 $\boldsymbol{E}$ 进行第 1 种初等变换，即交换第 i 行和第 j 行，得到的矩阵称为**换位阵**，记为 $\boldsymbol{E}_n(i,\ j)$；

（2）对 $\boldsymbol{E}$ 进行第 2 种初等变换，即第 i 行乘非零常数 k，得到的矩阵称为**倍法阵**，记为 $\boldsymbol{E}_n(k(i))$；

（3）对 $\boldsymbol{E}$ 进行第 3 种初等变换，即第 i 行乘上非零常数 k 之后，再加到第 j 行，因为常用于将某个位置的元素变为 0，故得到的矩阵称为**消法阵**，记为 $\boldsymbol{E}_n((j)+k(i))$。

定理 8.3.2 设 $\boldsymbol{A}_{m\times n}=(a_{ij})_{m\times n}$，

（1）对 $\boldsymbol{A}$ 的行进行某种初等变换得到的矩阵，等于用相应的 m 阶初等矩阵左乘 $\boldsymbol{A}$；

（2）对 $\boldsymbol{A}$ 的列进行某种初等变换得到的矩阵，等于用相应的 n 阶初等矩阵右乘 $\boldsymbol{A}$。

证明略。

8.3.3　矩阵的秩

定义 8.3.4　在 $m\times n$ 矩阵 $\boldsymbol{A}$ 中，任取 k 行 k 列（$k\leqslant m$，$k\leqslant n$），位于这些行列交叉处的 k^2 个元素，不改变它们在 $\boldsymbol{A}$ 中所处的位置次序而得的 k 阶行列式，称为矩阵 $\boldsymbol{A}$ 的 k **阶子式**。$m\times n$ 矩阵 $\boldsymbol{A}$ 的 k 阶子式共有 $\mathrm{C}_m^k\mathrm{C}_n^k$ 个。例如

$$\boldsymbol{A}=\begin{pmatrix}1&3&4&5\\-1&0&2&3\\0&1&-1&0\end{pmatrix}$$

则矩阵 $\boldsymbol{A}$ 的第 1、3 行以及第 2、4 列相交处的元素所构成的二阶子式为 $\begin{vmatrix}3&5\\1&0\end{vmatrix}$。

定义 8.3.5　矩阵 $\boldsymbol{A}_{m\times n}$ 中非零子式的最高阶数 r，称为矩阵 $\boldsymbol{A}$ 的**秩**，记作 $r(\boldsymbol{A})=r$，即存在 r 阶子式 $\boldsymbol{D}$ 不为零，且所有的 $r+1$ 阶以上的子式（如果存在）全等于零，称 $\boldsymbol{D}$ 为矩阵 $\boldsymbol{A}$ 的最高阶非零子式。规定零矩阵的秩等于 0。

显然，$r(\boldsymbol{A})=r(\boldsymbol{A}^{\mathrm{T}})$，$0\leqslant r(\boldsymbol{A})\leqslant\min\{m,\ n\}$。对于 n 阶矩阵 $\boldsymbol{A}$，由于 $\boldsymbol{A}$ 的 n 阶子式只有一个 $|\boldsymbol{A}|$，故当 $|\boldsymbol{A}|\neq0$ 时，$r(\boldsymbol{A})=n$；当 $|\boldsymbol{A}|=0$ 时，$r(\boldsymbol{A})<n$。

8.3.4　初等变换求矩阵的秩

当矩阵的行数和列数较高时，按定义求秩是不可取的。由于行阶梯形矩阵的秩就等于其非零行的行数，因此用初等变换求矩阵的秩是否可行？下面的定理对此做出了肯定的回答。

定理 8.3.3　矩阵的初等行（列）变换不改变矩阵的秩。

证明略。

本定理说明，矩阵的秩是矩阵的本质属性之一，可以通过施行初等行变换的方法求矩阵的秩。

定义 8.3.6　设 $\boldsymbol{A}$ 为 n 阶方阵，若 $r(\boldsymbol{A})=n$，则称 $\boldsymbol{A}$ 为**满秩矩阵**，或非奇异矩阵，否则称为**降秩阵**或**奇异矩阵**。

例如

$$\begin{pmatrix}1&2&2\\0&3&1\\0&0&5\end{pmatrix},\quad\begin{pmatrix}1&0&0&0\\1&1&0&0\\1&1&1&0\\1&1&1&1\end{pmatrix},\quad\begin{pmatrix}1&0&\cdots&0\\0&1&\cdots&0\\\vdots&\vdots&&\vdots\\0&0&\cdots&1\end{pmatrix}$$

都是满秩矩阵。

定理 8.3.4　满秩矩阵都能通过初等行变换化成单位矩阵。

根据定理 8.3.3，求矩阵的秩的问题就转化为用初等行变换化矩阵为行阶梯形矩阵的问题，得到的阶梯形矩阵中非零行的行数即是该矩阵的秩。

例 3　设矩阵 $\boldsymbol{A}=\begin{pmatrix}1&6&-4&-1&4\\3&-2&3&6&-1\\2&0&1&5&-3\\3&2&0&5&0\end{pmatrix}$，求该矩阵的秩及一个最高阶非零子式。

解： 先求矩阵 $\boldsymbol{A}$ 的秩，为此对 $\boldsymbol{A}$ 作初等行变换变成阶梯形矩阵：

$$A=\begin{pmatrix}1&6&-4&-1&4\\3&-2&3&6&-1\\2&0&1&5&-3\\3&2&0&5&0\end{pmatrix}\xrightarrow[r_4-3r_1]{\substack{r_2-r_4\\r_3-2r_1}}\begin{pmatrix}1&6&-4&-1&4\\0&-4&3&1&-1\\0&-12&9&7&-11\\0&-16&12&8&-12\end{pmatrix}$$

$$\xrightarrow[r_4-4r_2]{r_3-3r_2}\begin{pmatrix}1&6&-4&-1&4\\0&-4&3&1&-1\\0&0&0&4&-8\\0&0&0&4&-8\end{pmatrix}\xrightarrow{r_4-r_3}\begin{pmatrix}1&6&-4&-1&4\\0&-4&3&1&-1\\0&0&0&4&-8\\0&0&0&0&0\end{pmatrix}$$

因为行阶梯形矩阵有 3 个非零行，所以 $r(A)=3$。

再求 A 的一个最高阶非零子式。因 $r(A)=3$，故 A 的最高阶非零子式为 3 阶。考察 A 的行阶梯形矩阵，其中非零行的非零首元素在第 1、2、4 列，并注意到对 A 只进行过初等行变换，故可取 A 中相应的三阶子式即为 A 的一个最高阶非零子式。

$$\begin{vmatrix}1&6&-1\\3&-2&6\\2&0&5\end{vmatrix}=\begin{vmatrix}1&6&-1\\0&-20&9\\0&-12&7\end{vmatrix}=\begin{vmatrix}-20&9\\-12&7\end{vmatrix}=-4\begin{vmatrix}5&9\\3&7\end{vmatrix}=-32\neq0$$

***例 4**　设 $A=\begin{pmatrix}1&2&-1&1\\3&2&\lambda&-1\\5&6&3&\mu\end{pmatrix}$，已知 $r(A)=2$，求 λ 与 μ 的值。

解：$A=\begin{pmatrix}1&2&-1&1\\3&2&\lambda&-1\\5&6&3&\mu\end{pmatrix}\xrightarrow[r_3-5r_1]{r_2-3r_1}\begin{pmatrix}1&2&-1&1\\0&-4&\lambda+3&-4\\0&-4&8&\mu-5\end{pmatrix}\xrightarrow{r_3-r_2}\begin{pmatrix}1&2&-1&1\\0&-4&\lambda+3&-4\\0&0&5-\lambda&\mu-1\end{pmatrix}$

因为 $r(A)=2$，故 $\begin{cases}5-\lambda=0\\\mu-1=0\end{cases}$，即 $\begin{cases}\lambda=5\\\mu=1\end{cases}$。

8.3.5　矩阵秩的性质

(1) $0\leqslant r(A_{m\times n})\leqslant\min\{m,n\}$；

(2) $r(A^{\mathrm{T}})=r(A)$；

(3) 若 $A\sim B$，则 $r(A)=r(B)$；

(4) 若 P，Q 可逆，则 $r(PAQ)=r(A)$；

(5) $\max\{r(A),r(B)\}\leqslant r(A,B)\leqslant r(A)+r(B)$。特别地，当 $B=b$ 为非零列向量时，有 $r(A)\leqslant r(A,b)\leqslant r(A)+1$。

证明略。

能力训练 8.3

A 组题

1. 把下列矩阵化成行最简形矩阵：

（1）$\begin{pmatrix}1 & 2 & -2\\2 & 1 & 2\\1 & 1 & 0\end{pmatrix}$；　　（2）$\begin{pmatrix}1 & 2 & 1 & 0 & 2\\2 & 3 & 3 & 4 & 2\\1 & 1 & 2 & 4 & 0\end{pmatrix}$。

2. 求下列矩阵的秩：

（1）$\begin{pmatrix}1 & 0 & 2 & -1\\2 & 0 & 3 & 1\\3 & 0 & 4 & 3\end{pmatrix}$；　　（2）$\begin{pmatrix}2 & -1 & 3 & -2 & 4\\4 & -2 & 5 & 1 & 7\\2 & -1 & 1 & 8 & 2\end{pmatrix}$；

（3）$\begin{pmatrix}2 & 3 & 1 & -3 & -7\\1 & 2 & 0 & -2 & -4\\3 & -2 & 8 & 3 & 0\\2 & -3 & 7 & 4 & 3\end{pmatrix}$。

3. 把下列矩阵化为标准型矩阵：

（1）$\begin{pmatrix}1 & -1 & 3 & -4 & 3\\3 & -3 & 5 & -4 & 1\\2 & -2 & 3 & -2 & 0\\3 & -3 & 4 & -2 & -1\end{pmatrix}$；　　（2）$\begin{pmatrix}2 & 3 & 1 & -3 & -7\\1 & 2 & 0 & -2 & -4\\3 & -2 & 8 & 3 & 0\\1 & -3 & 7 & 4 & 3\end{pmatrix}$。

B 组题

1. 选择题

（1）设 $\boldsymbol{A}$，$\boldsymbol{B}$ 都是 n 阶非零矩阵，且 $\boldsymbol{AB}=\boldsymbol{O}$，则 $\boldsymbol{A}$ 和 $\boldsymbol{B}$ 的秩（　　）。

A. 必有一个等于零　　B. 都等于 n

C. 一个小于 n，一个等于 n　　D. 都小于 n

（2）设 $m\times n$ 矩阵 $\boldsymbol{A}$ 的秩为 s，则（　　）。

A. $\boldsymbol{A}$ 的所有 $s-1$ 阶子式不为零　　B. $\boldsymbol{A}$ 的所有 s 阶子式不为零

C. $\boldsymbol{A}$ 的所有 $s+1$ 阶子式为零　　D. $\boldsymbol{A}$ 的所有 s 阶子式为零

（3）欲使矩阵$\begin{pmatrix}1 & 1 & 2 & 1 & 3\\2 & s & 1 & 2 & 6\\4 & 5 & 5 & t & 12\end{pmatrix}$的秩为 2，则 s，t 满足（　　）。

A. $s=3$ 或 $t=4$　　B. $s=2$ 或 $t=4$

C. $s=3$ 且 $t=4$　　D. $s=2$ 且 $t=4$

2. 填空题

（1）设 $\boldsymbol{A}=\begin{pmatrix}3 & 1 & 0 & 2\\1 & -1 & 2 & -1\\1 & 3 & -4 & 4\end{pmatrix}$，则 $r(\boldsymbol{A})=$ ______。

（2）已知 $\boldsymbol{A}=\begin{pmatrix}1 & 2 & 1\\2 & 3 & a+2\\1 & a & -2\\2 & a+2 & -1\end{pmatrix}$的秩为 2，则 a 应满足________。

8.4 逆矩阵

| 本节导学 |

1)矩阵是 $m\times n$ 个数字组成的一个数表，前面介绍了矩阵的加减法、数乘、乘法、乘方等运算，那么，矩阵有没有除法运算？如果有又该如何进行。代数方程 $ax=b$，若 $a\neq 0$，则有 $x=\dfrac{b}{a}$。如果将这里的 a，b，x 都换成有意义的矩阵，就相当于矩阵做除法，也就是本节要介绍的逆矩阵及其运算。所以，要深刻理解逆矩阵的概念、存在的条件、计算公式以及性质，并且掌握用初等变换的方法求逆矩阵的方法。

2)本节学习的重点是逆矩阵的求法及其相关运算。要求熟练地运用初等行变换法和伴随矩阵法求矩阵的逆矩阵；会准确求解 $\boldsymbol{AX}=\boldsymbol{B}$ 型含有矩阵乘法的矩阵方程。这里的关键还是良好的运算习惯和准确、快捷的计算能力，适量地完成书后能力训练的习题是必不可少的功课。

3)本节的学习难点是在深刻理解逆矩阵性质的基础上，求解有关逆阵运算的证明问题。学习要点是熟记逆阵性质，灵活运用于解题中，理清解题思路，培养清晰的逻辑思维能力。

8.4.1 逆矩阵的定义

定义　$\boldsymbol{A}$ 是一个 n 阶方阵，如果存在 n 阶方阵 $\boldsymbol{B}$，满足

$$\boldsymbol{AB}=\boldsymbol{BA}=\boldsymbol{E}$$

则说矩阵 $\boldsymbol{A}$ 是**可逆矩阵**，简称 $\boldsymbol{A}$ **可逆**。这时矩阵 $\boldsymbol{B}$ 称为矩阵 $\boldsymbol{A}$ 的**逆矩阵**，记为 $\boldsymbol{A}^{-1}$，即 $\boldsymbol{A}^{-1}=\boldsymbol{B}$。

若 $\boldsymbol{B}$ 为矩阵 $\boldsymbol{A}$ 的逆矩阵，则 $\boldsymbol{A}$ 也为矩阵 $\boldsymbol{B}$ 的逆矩阵，即 $\boldsymbol{B}^{-1}=\boldsymbol{A}$，通常称 $\boldsymbol{A}$，$\boldsymbol{B}$ 互为逆矩阵，或 $\boldsymbol{A}$，$\boldsymbol{B}$ 互逆。

如果矩阵 $\boldsymbol{A}$ 是可逆的，那么它的逆矩阵是唯一的。

注意　(1) 可逆矩阵一定是方阵；

(2) 不是所有的方阵都是可逆的，有的方阵没有逆矩阵；

(3) 单位矩阵的逆矩阵是它本身。

8.4.2 逆矩阵存在的判定及计算公式

由前面知识可知，若 n 阶方阵 $\boldsymbol{A}$ 的行列式 $|\boldsymbol{A}|\neq 0$，则 $r(\boldsymbol{A})=n$，$\boldsymbol{A}$ 为满秩矩阵。

定理 8.4.1　n 阶方阵 $\boldsymbol{A}$ 为可逆的充分必要条件是 $\boldsymbol{A}$ 是满秩矩阵，且有

$$\boldsymbol{A}^{-1}=\frac{\boldsymbol{A}^*}{|\boldsymbol{A}|} \tag{8.4.1}$$

其中，$\boldsymbol{A}^*$ 为 $\boldsymbol{A}$ 的伴随矩阵。

例 1　求二阶方阵 $\boldsymbol{A}=\begin{pmatrix} a & b \\ c & \mathrm{d} \end{pmatrix}$ 的逆阵。

解： $|\boldsymbol{A}|=a\mathrm{d}-bc$，$\boldsymbol{A}^*=\begin{pmatrix} \mathrm{d} & -b \\ -c & a \end{pmatrix}$，利用逆阵公式(8.4.1)，当 $|\boldsymbol{A}|\neq 0$ 时，有

$$A^{-1}=\frac{1}{|A|}A^{*}=\frac{1}{ad-bc}\begin{pmatrix} d & -b \\ -c & a \end{pmatrix}$$

请记住本结论，便于直接写出二阶方阵的逆阵。

例 2　求方阵 $A=\begin{pmatrix} 1 & 2 & 3 \\ 2 & 2 & 1 \\ 3 & 4 & 3 \end{pmatrix}$的逆矩阵。

解： 由 $\det A=2\neq 0$，可知 A^{-1}存在。

$$A_{11}=(-1)^{1+1}\begin{vmatrix} 2 & 1 \\ 4 & 3 \end{vmatrix}=2，A_{21}=(-1)^{2+1}\begin{vmatrix} 2 & 3 \\ 4 & 3 \end{vmatrix}=6，A_{31}=(-1)^{3+1}\begin{vmatrix} 2 & 3 \\ 2 & 1 \end{vmatrix}=-4$$

$$A_{12}=(-1)^{1+2}\begin{vmatrix} 2 & 1 \\ 3 & 3 \end{vmatrix}=-3，A_{22}=(-1)^{2+2}\begin{vmatrix} 1 & 3 \\ 3 & 3 \end{vmatrix}=-6，A_{32}=(-1)^{3+2}\begin{vmatrix} 1 & 3 \\ 2 & 1 \end{vmatrix}=5$$

$$A_{13}=(-1)^{1+3}\begin{vmatrix} 2 & 2 \\ 3 & 4 \end{vmatrix}=2，A_{23}=(-1)^{2+3}\begin{vmatrix} 1 & 2 \\ 3 & 4 \end{vmatrix}=2，A_{33}=(-1)^{3+3}\begin{vmatrix} 1 & 2 \\ 2 & 2 \end{vmatrix}=-2$$

于是

$$A^{*}=\begin{pmatrix} 2 & 6 & -4 \\ -3 & -6 & 5 \\ 2 & 2 & -2 \end{pmatrix}$$

所以

$$A^{-1}=\frac{1}{\det A}A^{*}=\begin{pmatrix} 1 & 3 & -2 \\ -\frac{3}{2} & -3 & \frac{5}{2} \\ 1 & 1 & -1 \end{pmatrix}$$

8.4.3　矩阵方程

逆矩阵很重要的一个应用就是解矩阵方程。

设 A，B 为 n 阶可逆矩阵，则有：

(1) 若 $AX=B$，用 A^{-1}左乘方程两边，得 $X=A^{-1}B$；

(2) 若 $XA=B$，用 A^{-1}右乘方程两边，得 $X=BA^{-1}$；

(3) 若 $AXB=C$，分别用 A^{-1}左乘、B^{-1}右乘方程两边，得 $X=A^{-1}CB^{-1}$。

例 3　设 $A=\begin{pmatrix} 1 & 2 & 3 \\ 2 & 2 & 1 \\ 3 & 4 & 3 \end{pmatrix}$，$B=\begin{pmatrix} 2 & 1 \\ 5 & 3 \end{pmatrix}$，$C=\begin{pmatrix} 1 & 3 \\ 2 & 0 \\ 3 & 1 \end{pmatrix}$，解矩阵方程 $AXB=C$，求出方阵 X。

解： 若 A^{-1}，B^{-1}存在，则用 A^{-1}左乘上式，B^{-1}右乘上式，有 $A^{-1}AXBB^{-1}=A^{-1}CB^{-1}$，即 $X=A^{-1}CB^{-1}$。

由上例知 $|A|\neq 0$，而 $|B|=1$，故知 A，B 都可逆，且

$$A^{-1}=\begin{pmatrix} 1 & 3 & -2 \\ -\frac{3}{2} & -3 & \frac{5}{2} \\ 1 & 1 & -1 \end{pmatrix}，B^{-1}=\begin{pmatrix} 3 & -1 \\ -5 & 2 \end{pmatrix}$$

所以

$$X=A^{-1}CB^{-1}=\begin{pmatrix} 1 & 3 & -2 \\ -\frac{3}{2} & -3 & \frac{5}{2} \\ 1 & 1 & -1 \end{pmatrix}\begin{pmatrix} 1 & 3 \\ 2 & 0 \\ 3 & 1 \end{pmatrix}\begin{pmatrix} 3 & -1 \\ -5 & 2 \end{pmatrix}=\begin{pmatrix} 1 & 1 \\ 0 & -2 \\ 0 & 2 \end{pmatrix}\begin{pmatrix} 3 & -1 \\ -5 & 2 \end{pmatrix}$$

$$=\begin{pmatrix}-2 & 1\\ 10 & -4\\ -10 & 4\end{pmatrix}.$$

注意 解矩阵方程主要有两类，一类是只含有加减运算和数乘运算的，这类问题按照矩阵线性运算的法则，比较容易求出未知矩阵 $\boldsymbol{X}$。第二类是含有矩阵乘法运算的，这类问题可以通过求矩阵的逆阵，代入后再做矩阵乘法得到。有的问题也可以运用初等变换的方法，直接求出未知矩阵 $\boldsymbol{X}$。

8.4.4 逆矩阵的性质

方阵的逆阵满足下列运算规律：

(1) 若 $\boldsymbol{A}$ 可逆，则 $\boldsymbol{A}^{-1}$ 亦可逆，且 $(\boldsymbol{A}^{-1})^{-1}=\boldsymbol{A}$；

(2) 若 $\boldsymbol{A}$ 可逆，数 $\lambda\neq 0$，则 $\lambda\boldsymbol{A}$ 可逆，且 $(\lambda\boldsymbol{A})^{-1}=\dfrac{1}{\lambda}\boldsymbol{A}^{-1}$；

(3) 若 $\boldsymbol{A}$ 可逆，则 $|\boldsymbol{A}^{-1}|=|\boldsymbol{A}|^{-1}$，因为 $\boldsymbol{A}\boldsymbol{A}^{-1}=\boldsymbol{E}\Rightarrow|\boldsymbol{A}||\boldsymbol{A}^{-1}|=1\Rightarrow|\boldsymbol{A}^{-1}|=|\boldsymbol{A}|^{-1}$；

(4) 若 $\boldsymbol{A}$，$\boldsymbol{B}$ 为同阶的可逆方阵，则 $\boldsymbol{AB}$ 亦可逆，且 $(\boldsymbol{AB})^{-1}=\boldsymbol{B}^{-1}\boldsymbol{A}^{-1}$；

事实上，$(\boldsymbol{AB})(\boldsymbol{B}^{-1}\boldsymbol{A}^{-1})=\boldsymbol{A}(\boldsymbol{BB}^{-1})\boldsymbol{A}^{-1}=\boldsymbol{AEA}^{-1}=\boldsymbol{AA}^{-1}=\boldsymbol{E}\Rightarrow(\boldsymbol{AB})^{-1}=\boldsymbol{B}^{-1}\boldsymbol{A}^{-1}$。

(5) 若 $\boldsymbol{A}$ 可逆，则 $\boldsymbol{A}^{\mathrm{T}}$ 亦可逆，且 $(\boldsymbol{A}^{\mathrm{T}})^{-1}=(\boldsymbol{A}^{-1})^{\mathrm{T}}$，因为

$$\boldsymbol{A}^{\mathrm{T}}(\boldsymbol{A}^{-1})^{\mathrm{T}}=(\boldsymbol{A}^{-1}\boldsymbol{A})^{\mathrm{T}}=\boldsymbol{E}^{\mathrm{T}}=\boldsymbol{E}\Rightarrow(\boldsymbol{A}^{\mathrm{T}})^{-1}=(\boldsymbol{A}^{-1})^{\mathrm{T}}$$

注意 (1) $\boldsymbol{A}$ 可逆时，还可定义 $\boldsymbol{A}^0=\boldsymbol{E}$，$\boldsymbol{A}^{-k}=(\boldsymbol{A}^{-1})^k$，其中 k 为正整数；

(2) λ，μ 为整数时，有 $\boldsymbol{A}^{\lambda}\boldsymbol{A}^{\mu}=\boldsymbol{A}^{\lambda+\mu}$，$(\boldsymbol{A}^{\lambda})^{\mu}=\boldsymbol{A}^{\lambda\mu}$。

8.4.5 初等变换求逆矩阵

定理 8.4.2 n 阶矩阵 $\boldsymbol{A}$ 为可逆矩阵的充分必要条件是它可以表示成一些初等矩阵的乘积。

证明略。

若 $\boldsymbol{A}$ 可逆，则 $\boldsymbol{A}^{-1}$ 可表示为有限个初等矩阵(设为 $\boldsymbol{G}_1$，$\boldsymbol{G}_2\cdots$，$\boldsymbol{G}_k$)的乘积，即 $\boldsymbol{A}^{-1}=\boldsymbol{G}_1\boldsymbol{G}_2\cdots\boldsymbol{G}_k$，又由 $\boldsymbol{A}^{-1}\boldsymbol{A}=\boldsymbol{E}$，就有

$$(\boldsymbol{G}_1\boldsymbol{G}_2\cdots\boldsymbol{G}_k)\boldsymbol{A}=\boldsymbol{E},\ (\boldsymbol{G}_1\boldsymbol{G}_2\cdots\boldsymbol{G}_k)\boldsymbol{E}=\boldsymbol{A}^{-1}$$

上面左式表示 $\boldsymbol{A}$ 经若干次初等行变换化为 $\boldsymbol{E}$，右式表示 $\boldsymbol{E}$ 经同样的初等行变换化为 $\boldsymbol{A}^{-1}$。把上面的两个式子写在一起，则有 $(\boldsymbol{G}_1\boldsymbol{G}_2\cdots\boldsymbol{G}_k)(\boldsymbol{A}\vdots\boldsymbol{E})=(\boldsymbol{E}\vdots\boldsymbol{A}^{-1})$，即对 $n\times 2n$ 的矩阵 $(\boldsymbol{A}\vdots\boldsymbol{E})$ 进行初等行变换，当将 $\boldsymbol{A}$ 化为 $\boldsymbol{E}$ 时，则 $\boldsymbol{E}$ 化为 $\boldsymbol{A}^{-1}$。用初等行变换求逆矩阵求公式表示为：

$$(\boldsymbol{A}\vdots\boldsymbol{E})_{n\times 2n}\xrightarrow{\text{初等行变换}}(\boldsymbol{E}\vdots\boldsymbol{A}^{-1})_{n\times 2n}$$

类似地，也可以通过列变换求矩阵的逆阵。

例 4 求矩阵 $\boldsymbol{A}=\begin{pmatrix}1 & 0 & 1\\ 2 & 1 & 0\\ -3 & 2 & -5\end{pmatrix}$ 的逆矩阵。

解：

$$(A \vdots E)=\left(\begin{array}{ccc:ccc}1&0&1&1&0&0\\2&1&0&0&1&0\\-3&2&-5&0&0&1\end{array}\right)\xrightarrow[r_3+3r_1]{r_2-2r_1}\left(\begin{array}{ccc:ccc}1&0&1&1&0&0\\0&1&-2&-2&1&0\\0&2&-2&3&0&1\end{array}\right)$$

$$\xrightarrow{r_3-2r_2}\left(\begin{array}{ccc:ccc}1&0&1&1&0&0\\0&1&-2&-2&1&0\\0&0&2&7&-2&1\end{array}\right)\xrightarrow[\frac{1}{2}r_3]{r_2+r_3,\ r_1-\frac{1}{2}r_3}\left(\begin{array}{ccc:ccc}1&0&0&-\frac{5}{2}&1&-\frac{1}{2}\\0&1&0&5&-1&1\\0&0&1&\frac{7}{2}&-1&\frac{1}{2}\end{array}\right)$$

于是得到

$$A^{-1}=\begin{pmatrix}-\frac{5}{2}&1&-\frac{1}{2}\\5&-1&1\\\frac{7}{2}&-1&\frac{1}{2}\end{pmatrix}$$

如果不知道矩阵 A 是否可逆，可按上述方法去作，只要 $n\times 2n$ 矩阵左边子块有一行(列)的元素全为零，则 A 不可逆。

能力训练 8.4

A 组题

1. 判断下列矩阵是否可逆，若可逆，求它的逆矩阵。

(1) $\begin{pmatrix}5&7\\8&11\end{pmatrix}$；　(2) $\begin{pmatrix}1&-2&-1\\-3&4&5\\2&0&3\end{pmatrix}$；　(3) $\begin{pmatrix}3&-2&2\\5&-4&1\\1&-1&0\end{pmatrix}$。

2. 解下列矩阵方程：

(1) 设 $A=\begin{pmatrix}1&-5\\-1&4\end{pmatrix}$，$B=\begin{pmatrix}3&2\\1&4\end{pmatrix}$，求 X 使 $AX=B$；

(2) 设 $A=\begin{pmatrix}1&-1&1\\1&1&0\\2&1&1\end{pmatrix}$，$B=\begin{pmatrix}1&2&-3\\2&0&4\\0&-1&5\end{pmatrix}$，求 X 使 $XA=B$。

3. 设 $A=\begin{pmatrix}1&-3&2\\-3&0&1\\1&1&-1\end{pmatrix}$，求 A^{-1}。

4. 设 $A=\begin{pmatrix}0&3&3\\1&1&0\\-1&2&3\end{pmatrix}$，且 $AB+A=2B$，求 B。

B 组题

1. 选择题

(1) 设 A，B 都是 n 阶可逆矩阵，则(　　)。

A. $A+B$ 是 n 阶可逆矩阵　　B. $A+B$ 是 n 阶不可逆矩阵

C. $\boldsymbol{AB}$ 是 n 阶可逆矩阵　　D. $|\boldsymbol{A}+\boldsymbol{B}| = |\boldsymbol{A}| + |\boldsymbol{B}|$

(2) 设 $\boldsymbol{A}$ 是 n 阶方阵，λ 为实数，下列各式成立的是(　　)。

A. $|\lambda \boldsymbol{A}| = \lambda |\boldsymbol{A}|$　　B. $|\lambda \boldsymbol{A}| = |\lambda| |\boldsymbol{A}|$

C. $|\lambda \boldsymbol{A}| = \lambda^n |\boldsymbol{A}|$　　D. $|\lambda \boldsymbol{A}| = |\lambda^n| |\boldsymbol{A}|$

2. 填空题

(1) 已知 $\boldsymbol{AB}-\boldsymbol{B}=\boldsymbol{A}$，其中 $\boldsymbol{B}=\begin{pmatrix}1 & -2\\ 2 & 1\end{pmatrix}$，则 $\boldsymbol{A}=$__________。

(2) 设 $\begin{pmatrix}2 & 5\\ 1 & 3\end{pmatrix}\boldsymbol{X}=\begin{pmatrix}4 & 6\\ 2 & 1\end{pmatrix}$，则 $\boldsymbol{X}=$__________。

3. 设 $\boldsymbol{A}=\begin{pmatrix}1 & 2 & -1\\ 3 & 4 & -2\\ 5 & -4 & 1\end{pmatrix}$，求 $\boldsymbol{A}^{-1}$。

4. 设方阵 $\boldsymbol{A}$ 满足 $\boldsymbol{A}^2-\boldsymbol{A}-2\boldsymbol{E}=\boldsymbol{O}$，证明：$\boldsymbol{A}$ 及 $\boldsymbol{A}+2\boldsymbol{E}$ 都可逆，并求 $\boldsymbol{A}^{-1}$ 和 $(\boldsymbol{A}+2\boldsymbol{E})^{-1}$。

学习指导

一、基本要求与重点

1. 基本要求

1）理解矩阵及其相关概念：矩阵、几类特殊的矩阵、矩阵的初等变换和初等矩阵、逆矩阵。深刻理解矩阵运算的定义和性质：矩阵加法、数乘、乘法、乘方、逆阵等。

2）熟练掌握矩阵的加法、数乘及乘法运算以及运算律，深刻理解可逆矩阵的定义，会判别一个矩阵是否可逆，能够熟练地运用公式法和初等变换法求矩阵的逆矩阵。熟练掌握矩阵相关运算的方法。

3）培养和锻炼高等数学的计算能力，做到计算准确、迅速和规范。

2. 重点

1）矩阵加减法和数乘的运算及其性质。

2）矩阵的乘法、乘方运算及其性质。

3）用初等行变换法求矩阵的逆和秩，解矩阵方程等。

二、内容小结与典型例题分析

1. 矩阵的概念

矩阵定义：由 $m\times n$ 个数 a_{ij} $(i=1, 2, \cdots, m;\ j=1, 2, \cdots, n)$ 排成的 m 行 n 列的数表，称为 m 行 n 列矩阵，简称 $m\times n$ 矩阵。

若矩阵 $\boldsymbol{A}=(a_{ij})$ 的行数与列数都等于 n，则称 $\boldsymbol{A}$ 为 n 阶方阵，记为 $\boldsymbol{A}_n$。

如果两个矩阵具有相同的行数与相同的列数，则称这两个矩阵为同型矩阵。

2. 几种特殊矩阵

行矩阵 $\boldsymbol{A}=(a_1\ \ a_2\ \cdots\ a_n)$，也记作 $\boldsymbol{A}=(a_1, a_2, \cdots, a_n)$；列矩阵 $\boldsymbol{B}=\begin{pmatrix}b_1\\ b_2\\ \vdots\\ b_m\end{pmatrix}$。

n 阶对角矩阵$\begin{pmatrix} a_{11} & & & \\ & a_{22} & & \\ & & \ddots & \\ & & & a_{nn} \end{pmatrix}$，也记作 $\boldsymbol{A}=\text{diag}(a_{11}, a_{22}, \cdots, a_{nn})$。

n 阶数量矩阵 $\boldsymbol{A}=\begin{pmatrix} a & & & \\ & a & & \\ & & \ddots & \\ & & & a \end{pmatrix}$；$n$ 阶单位矩阵$\begin{pmatrix} 1 & & & \\ & 1 & & \\ & & \ddots & \\ & & & 1 \end{pmatrix}$，也记为 $\boldsymbol{E}$ 或 $\boldsymbol{E}_n$。

3. 矩阵的运算

1）加法：设有两个 $m\times n$ 矩阵 $\boldsymbol{A}=(a_{ij})$ 和 $\boldsymbol{B}=(b_{ij})$，矩阵 $\boldsymbol{A}$ 与 $\boldsymbol{B}$ 的和记作 $\boldsymbol{A}+\boldsymbol{B}$，规定为

$$\boldsymbol{A}+\boldsymbol{B}=(a_{ij}+b_{ij})_{n\times m}$$

2）数乘：数 k 与矩阵 $\boldsymbol{A}$ 的乘积记作 $k\boldsymbol{A}$，规定

$$k\boldsymbol{A}=\boldsymbol{A}k=(ka_{ij})$$

注意　在线性代数中，把加法运算和数乘运算称为线性运算。

3）乘法：设矩阵 $\boldsymbol{A}=(a_{ij})_{m\times s}$，$\boldsymbol{B}=(b_{ij})_{s\times n}$，规定 $\boldsymbol{A}$ 与 $\boldsymbol{B}$ 的乘积是一个 $m\times n$ 矩阵 $\boldsymbol{C}=(c_{ij})$，其中

$$c_{ij}=a_{i1}b_{1j}+a_{i2}b_{2j}+\cdots+a_{is}b_{sj}=\sum_{k=1}^{s}a_{ik}b_{kj}(i=1,2,\cdots,m;j=1,2,\cdots,n).$$

记作 $\boldsymbol{C}=\boldsymbol{AB}$，常读作 $\boldsymbol{A}$ 左乘 $\boldsymbol{B}$ 或 $\boldsymbol{B}$ 右乘 $\boldsymbol{A}$。

矩阵的乘法满足下列运算律：

（1）$(\boldsymbol{AB})\boldsymbol{C}=\boldsymbol{A}(\boldsymbol{BC})$；

（2）$(\boldsymbol{A}+\boldsymbol{B})\boldsymbol{C}=\boldsymbol{AC}+\boldsymbol{BC}$；

（3）$\boldsymbol{C}(\boldsymbol{A}+\boldsymbol{B})=\boldsymbol{CA}+\boldsymbol{CB}$；

（4）$k(\boldsymbol{AB})=(k\boldsymbol{A})\boldsymbol{B}=\boldsymbol{A}(k\boldsymbol{B})$.

注意　（1）只有当左边矩阵的列数等于右边矩阵的行数时，两个矩阵才能进行乘法运算；

（2）矩阵的乘法一般不满足交换律，即 $\boldsymbol{AB}\neq\boldsymbol{BA}$；

（3）两个非零矩阵相乘，可能是零矩阵，故不能从 $\boldsymbol{AB}=\boldsymbol{O}$ 推出 $\boldsymbol{A}=\boldsymbol{O}$ 或 $\boldsymbol{B}=\boldsymbol{O}$；

（4）矩阵乘法一般也不满足消去律，即不能从 $\boldsymbol{AC}=\boldsymbol{BC}$ 推出 $\boldsymbol{A}=\boldsymbol{B}$。

交换阵：如果两矩阵相乘，有 $\boldsymbol{AB}=\boldsymbol{BA}$，则称矩阵 $\boldsymbol{A}$ 与矩阵 $\boldsymbol{B}$ 可交换。

对于单位矩阵 $\boldsymbol{E}$，容易理解 $\boldsymbol{EA}=\boldsymbol{AE}=\boldsymbol{A}$，可见单位矩阵 $\boldsymbol{E}$ 在矩阵的乘法中的作用类似于数 1。

4. 矩阵的转置

把矩阵 $\boldsymbol{A}$ 的行依次换为相应的列得到的新矩阵，称为 $\boldsymbol{A}$ 的转置矩阵，记作 $\boldsymbol{A}^{\mathrm{T}}$ 或 $\boldsymbol{A}'$。

矩阵的转置满足以下运算律：

（1）$(\boldsymbol{A}^{\mathrm{T}})^{\mathrm{T}}=\boldsymbol{A}$；

（2）$(\boldsymbol{A}+\boldsymbol{B})^{\mathrm{T}}=\boldsymbol{A}^{\mathrm{T}}+\boldsymbol{B}^{\mathrm{T}}$；

（3）$(k\boldsymbol{A})^{\mathrm{T}}=k\boldsymbol{A}^{\mathrm{T}}$；

(4) $(\boldsymbol{AB})^{\mathrm{T}}=\boldsymbol{B}^{\mathrm{T}}\boldsymbol{A}^{\mathrm{T}}$。

5. 方阵的幂

设方阵 $\boldsymbol{A}=(a_{ij})_{n\times n}$，$\boldsymbol{A}^0=\boldsymbol{E}$，$\boldsymbol{A}^k=\overbrace{\boldsymbol{AA}\cdots\boldsymbol{A}}^{k个}$，$k$ 为自然数. $\boldsymbol{A}^k$ 称为 $\boldsymbol{A}$ 的 k 次幂。

方阵的幂满足以下运算律：

(1) $\boldsymbol{A}^m\boldsymbol{A}^n=\boldsymbol{A}^{m+n}$ （m，n 为非负整数）；

(2) $(\boldsymbol{A}^m)^n=\boldsymbol{A}^{mn}$。一般地，$(\boldsymbol{AB})^m\neq\boldsymbol{A}^m\boldsymbol{B}^m$（$m$ 为自然数）。

6. 对称矩阵

设 $\boldsymbol{A}$ 为 n 阶方阵，如果 $\boldsymbol{A}^{\mathrm{T}}=\boldsymbol{A}$，则 $\boldsymbol{A}$ 为对称矩阵；如果 $\boldsymbol{A}^{\mathrm{T}}=-\boldsymbol{A}$，则称 $\boldsymbol{A}$ 为反对称矩阵。

7. 逆矩阵的概念

(1) 定义：对于 n 阶矩阵 $\boldsymbol{A}$，如果存在一个 n 阶矩阵 $\boldsymbol{B}$，使得 $\boldsymbol{AB}=\boldsymbol{BA}=\boldsymbol{E}$，则称矩阵 $\boldsymbol{A}$ 为可逆矩阵，而矩阵 $\boldsymbol{B}$ 称为 $\boldsymbol{A}$ 的逆矩阵，并记 $\boldsymbol{A}$ 的逆矩阵为 $\boldsymbol{A}^{-1}$，即 $\boldsymbol{B}=\boldsymbol{A}^{-1}$。

$\boldsymbol{A}$ 的逆矩阵是唯一的。

(2) 逆矩阵的运算性质

1) 若矩阵 $\boldsymbol{A}$ 可逆，则 $\boldsymbol{A}^{-1}$ 也可逆，且 $(\boldsymbol{A}^{-1})^{-1}=\boldsymbol{A}$；

2) 若矩阵 $\boldsymbol{A}$ 可逆，数 $k\neq0$，则 $(k\boldsymbol{A})^{-1}=\dfrac{1}{k}\boldsymbol{A}^{-1}$；

3) 两个同阶矩阵可逆矩阵 A，B 的乘积是可逆矩阵，且 $(\boldsymbol{AB})^{-1}=\boldsymbol{B}^{-1}\boldsymbol{A}^{-1}$；

4) 若矩阵 $\boldsymbol{A}$ 可逆，则 $\boldsymbol{A}^{\mathrm{T}}$ 也可逆，且有 $(\boldsymbol{A}^{\mathrm{T}})^{-1}=(\boldsymbol{A}^{-1})^{\mathrm{T}}$；

5) 若矩阵 $\boldsymbol{A}$ 可逆，则 $|\boldsymbol{A}^{-1}|=|\boldsymbol{A}|^{-1}$.

(3) 逆矩阵的求法

1) 公式法：n 阶矩阵 $\boldsymbol{A}$ 当 $|\boldsymbol{A}|\neq0$ 时可逆，且 $\boldsymbol{A}^{-1}=\dfrac{1}{|\boldsymbol{A}|}\boldsymbol{A}^*$，其中 $\boldsymbol{A}^*$ 为 $\boldsymbol{A}$ 的伴随矩阵。

2) 初等变换法：$(\boldsymbol{A}\vdots\boldsymbol{E})_{n\times2n}\xrightarrow{初等行变换}(\boldsymbol{E}\vdots\boldsymbol{A}^{-1})_{n\times2n}$

8. 用初等行变换方法求矩阵的秩

将矩阵 $\boldsymbol{A}$ 化为行最简形矩阵后，计算非零行的行数即可。

例 1 设 $\boldsymbol{A}=\begin{pmatrix}1&-2&0\\4&3&5\end{pmatrix}$，$\boldsymbol{B}=\begin{pmatrix}8&2&6\\5&3&4\end{pmatrix}$，满足 $2\boldsymbol{A}+\boldsymbol{X}=\boldsymbol{B}-2\boldsymbol{X}$，求 $\boldsymbol{X}$。

解：$\boldsymbol{X}=\dfrac{1}{3}(\boldsymbol{B}-2\boldsymbol{A})=\dfrac{1}{3}\begin{pmatrix}6&6&6\\-3&-3&-6\end{pmatrix}=\begin{pmatrix}2&2&2\\-1&-1&-2\end{pmatrix}$

例 2 设 $\boldsymbol{A}=\begin{pmatrix}1&2\\1&2\end{pmatrix}$，$\boldsymbol{B}=\begin{pmatrix}1&-1\\-1&1\end{pmatrix}$，$\boldsymbol{O}=\begin{pmatrix}0&0\\0&0\end{pmatrix}$，求 $\boldsymbol{AB}$，$\boldsymbol{BA}$ 和 $\boldsymbol{AO}$。

解：$\boldsymbol{AB}=\begin{pmatrix}-1&1\\-1&1\end{pmatrix}$，$\boldsymbol{BA}=\begin{pmatrix}0&0\\0&0\end{pmatrix}$，$\boldsymbol{AO}=\boldsymbol{O}$

例 3 （人口迁移模型）某地对城乡人口流动作年度调查，发现有一个稳定的朝向城镇流动的趋势。每年农村居民的 2.5% 移居城镇，而城镇居民有 1% 迁居农村。假如城乡总人口保持不变，并且人口流动的这种趋势继续下去，那么 k 年后城镇和农村人口分布如何？

解：设开始时城镇人口为 y_0，乡村人口为 z_0，k 年以后城镇人口为 y_k，乡村人口为 z_k。

一年后，$y_1=0.99y_0+0.025z_0$，$z_1=0.01y_0+0.975z_0$，或写成矩阵形式

$$\begin{pmatrix} y_1 \\ z_1 \end{pmatrix}=\begin{pmatrix} 0.99 & 0.025 \\ 0.01 & 0.975 \end{pmatrix}\begin{pmatrix} y_0 \\ z_0 \end{pmatrix}$$

两年后，$y_2=0.99y_1+0.025z_1$，$z_2=0.01y_1+0.975z_1$，或写成矩阵形式

$$\begin{pmatrix} y_2 \\ z_2 \end{pmatrix}=\begin{pmatrix} 0.99 & 0.025 \\ 0.01 & 0.975 \end{pmatrix}\begin{pmatrix} y_1 \\ z_1 \end{pmatrix}=\begin{pmatrix} 0.99 & 0.025 \\ 0.01 & 0.975 \end{pmatrix}^2\begin{pmatrix} y_0 \\ z_0 \end{pmatrix}$$

一般地，k 年以后，城镇人口 y_k 和农村人口 z_k 可由下式求出：

$$\begin{pmatrix} y_k \\ z_k \end{pmatrix}=\begin{pmatrix} 0.99 & 0.025 \\ 0.01 & 0.975 \end{pmatrix}^k\begin{pmatrix} y_0 \\ z_0 \end{pmatrix}$$

例 4　求矩阵 $\boldsymbol{A}=\begin{pmatrix} 1 & 3 & 2 \\ 2 & 2 & -1 \\ -3 & -4 & 0 \end{pmatrix}$ 的逆矩阵。

解：$$(\boldsymbol{A}\vdots\boldsymbol{E})=\left(\begin{array}{ccc:ccc} 1 & 3 & 2 & 1 & 0 & 0 \\ 2 & 2 & -1 & 0 & 1 & 0 \\ -3 & -4 & 0 & 0 & 0 & 1 \end{array}\right)\xrightarrow[r_3+3r_1]{r_2-2r_1}\left(\begin{array}{ccc:ccc} 1 & 3 & 2 & 1 & 0 & 0 \\ 0 & -4 & -5 & -2 & 1 & 0 \\ 0 & 5 & 6 & 3 & 0 & 1 \end{array}\right)$$

$$\xrightarrow{r_2+r_3}\left(\begin{array}{ccc:ccc} 1 & 3 & 2 & 1 & 0 & 0 \\ 0 & 1 & 1 & 1 & 1 & 1 \\ 0 & 5 & 6 & 3 & 0 & 1 \end{array}\right)\xrightarrow[r_3-5r_2]{r_1-3r_2}\left(\begin{array}{ccc:ccc} 1 & 0 & -1 & -2 & -3 & -3 \\ 0 & 1 & 1 & 1 & 1 & 1 \\ 0 & 0 & 1 & -2 & -5 & -4 \end{array}\right)$$

$$\xrightarrow[r_2-r_3]{r_1+r_3}\left(\begin{array}{ccc:ccc} 1 & 0 & 0 & -4 & -8 & -7 \\ 0 & 1 & 0 & 3 & 6 & 5 \\ 0 & 0 & 1 & -2 & -5 & -4 \end{array}\right)=(\boldsymbol{E}\vdots\boldsymbol{A}^{-1})$$

所以
$$\boldsymbol{A}^{-1}=\begin{pmatrix} -4 & -8 & -7 \\ 3 & 6 & 5 \\ -2 & -5 & -4 \end{pmatrix}$$

***例 5**　设 $\boldsymbol{A}=\begin{pmatrix} 2 & 0 \\ -1 & 2 \end{pmatrix}$，$\boldsymbol{AB}=\boldsymbol{A}+\boldsymbol{B}$，求矩阵 $\boldsymbol{B}$。

解：由 $\boldsymbol{AB}=\boldsymbol{A}+\boldsymbol{B}$，得 $\boldsymbol{AB}-\boldsymbol{B}=\boldsymbol{A}$，即 $(\boldsymbol{A}-\boldsymbol{E})\boldsymbol{B}=\boldsymbol{A}$。方程两边同时左乘 $(\boldsymbol{A}-\boldsymbol{E})^{-1}$，得 $\boldsymbol{B}=(\boldsymbol{A}-\boldsymbol{E})^{-1}\boldsymbol{A}$。

因为
$$\boldsymbol{A}-\boldsymbol{E}=\begin{pmatrix} 2 & 0 \\ -1 & 2 \end{pmatrix}-\begin{pmatrix} 1 & 0 \\ 0 & 1 \end{pmatrix}=\begin{pmatrix} 1 & 0 \\ -1 & 1 \end{pmatrix},\quad |\boldsymbol{A}-\boldsymbol{E}|=1$$

所以
$$(\boldsymbol{A}-\boldsymbol{E})^{-1}=\frac{1}{1}\begin{pmatrix} 1 & 0 \\ 1 & 1 \end{pmatrix}=\begin{pmatrix} 1 & 0 \\ 1 & 1 \end{pmatrix}$$

则
$$\boldsymbol{B}=(\boldsymbol{A}-\boldsymbol{E})^{-1}\boldsymbol{A}=\begin{pmatrix} 1 & 0 \\ 1 & 1 \end{pmatrix}\begin{pmatrix} 2 & 0 \\ -1 & 2 \end{pmatrix}=\begin{pmatrix} 2 & 0 \\ 1 & 2 \end{pmatrix}$$

综合训练 8

A 组题

1. 选择题

(1) 对任意 n 阶方阵 $\boldsymbol{A}$，$\boldsymbol{B}$，则有(　　)。

A. $\boldsymbol{AB}=\boldsymbol{BA}$　　B. $|\boldsymbol{AB}|=|\boldsymbol{BA}|$

C. $(\boldsymbol{AB})^{\mathrm{T}}=\boldsymbol{A}^{\mathrm{T}}\boldsymbol{B}^{\mathrm{T}}$　　D. $(\boldsymbol{AB})^2=\boldsymbol{A}^2\boldsymbol{B}^2$

(2) 在下列矩阵中，可逆的是(　　)。

A. $\begin{pmatrix}0&0&0\\0&1&0\\0&0&1\end{pmatrix}$　　B. $\begin{pmatrix}1&1&0\\2&2&0\\0&0&1\end{pmatrix}$　　C. $\begin{pmatrix}1&1&0\\0&1&1\\1&2&1\end{pmatrix}$　　D. $\begin{pmatrix}1&0&0\\1&1&1\\1&0&1\end{pmatrix}$

(3) 设 $\boldsymbol{A}$ 是 3 阶方阵，且 $|\boldsymbol{A}|=-2$,，则 $|\boldsymbol{A}^{-1}|=$(　　)。

A. -2　　B. $-\dfrac{1}{2}$　　C. $\dfrac{1}{2}$　　D. 2

(4) 设矩阵 $\boldsymbol{A}=\begin{pmatrix}1&1&1\\1&2&1\\2&3&\lambda+1\end{pmatrix}$的秩为 2，则 $\lambda=$(　　)。

A. 2　　B. 1　　C. 0　　D. -1

2. 填空题

(1) 设 $\boldsymbol{A}=\begin{pmatrix}1&-1&1\\1&1&-1\end{pmatrix}$，$\boldsymbol{B}=\begin{pmatrix}1&2&3\\-1&-2&4\end{pmatrix}$. 则 $\boldsymbol{A}+2\boldsymbol{B}=$________。

(2) $\begin{pmatrix}3&-2\\0&1\\2&4\end{pmatrix}\begin{pmatrix}2&1&-1\\0&-1&0\end{pmatrix}=$________。

(3) 设 $\boldsymbol{A}=\begin{pmatrix}1&2&3\\1&2&1\end{pmatrix}$，$\boldsymbol{B}=\begin{pmatrix}1&2&1\\1&2&3\end{pmatrix}$，则 $\boldsymbol{AB}^{\mathrm{T}}=$________。

3. 设 $\boldsymbol{A}=\begin{pmatrix}4&2&3\\1&1&0\\-1&2&3\end{pmatrix}$，求 $\boldsymbol{B}$ 使 $\boldsymbol{AB}=\boldsymbol{A}+2\boldsymbol{B}$。

B 组题

1. 设 $\boldsymbol{A}=\begin{pmatrix}2&5\\1&3\end{pmatrix}$，$\boldsymbol{B}=\begin{pmatrix}1&2\\3&4\end{pmatrix}$，求 $\boldsymbol{X}$ 使 $\boldsymbol{XA}=\boldsymbol{B}$。

2. 设 $\boldsymbol{A}=\begin{pmatrix}2&3\\1&-2\\3&1\end{pmatrix}$，$\boldsymbol{B}=\begin{pmatrix}1&-2&-3\\2&-1&0\end{pmatrix}$，$\boldsymbol{C}=\begin{pmatrix}1&0&2\\2&1&-1\\-1&-4&0\end{pmatrix}$，求 $\boldsymbol{AB}+2\boldsymbol{C}$。

3. 证明：若对称矩阵 $\boldsymbol{A}$ 为非奇异矩阵，则 $\boldsymbol{A}^{-1}$也是对称矩阵。

4. 已知 n 阶方阵 $\boldsymbol{A}$ 满足关系式 $\boldsymbol{A}^2-3\boldsymbol{A}-2\boldsymbol{E}=\boldsymbol{O}$，证明：$\boldsymbol{A}$ 是可逆矩阵，并求出其逆矩阵。

第 9 章　线性方程组

求线性方程组的解是线性代数中最主要的任务之一。为了寻求一般线性方程组的求解方法，本章将讨论解的存在性以及解的情况，解决一般线性方程组的通解问题。

9.1　消元法解线性方程组

| 本节导学 |

1）在中学时学过二元、三元一次方程组的解法，那么多元一次方程组该如何求解呢？本节主要通过用消元法解线性方程组的过程，以及由同解方程组讨论解的情况（存在性与个数），为下面章节做准备，同时指出引入矩阵的有关问题（初等变换等）的必要性，以及矩阵的初等变换和方程组的同解变换间的关系。

2）在完全理解线性方程组的初等变换和系数矩阵的初等行变换的关系后，应熟练运用矩阵的初等变换解线性方程组，并且要清醒地认识到其与中学数学中的方程组之间的联系和区别：方程个数与未知数个数是任意的，其解也有三种形式。

3）本节的学习重点是用矩阵的初等变换方法解线性方程组。学习难点是对线性方程组解的情况进行讨论，尤其是带有参数的问题。

9.1.1　线性方程组的初等变换

在中学时学过用加减消元法和代入消元法解二元、三元线性方程组，它实际上是不断地对方程组进行变换，所用的变换也是由以下三种基本的变换所构成：

（1）用一个非零数乘某一方程；

（2）把一个方程的倍数加到另一个方程；

（3）互换两个方程的位置。

定义　上述变换 1、2、3 称为线性方程组的**初等变换**。

实质上，用消元法解线性方程组，就是对线性方程组作同解变换。而对线性方程组作同解变换只是使“未知量系数与常数项改变，而未知量符号不会变”。

例 1　解线性方程组：

$$\begin{cases} 2x_1 - x_2 + 3x_3 = 1 \\ 4x_1 + 2x_2 + 5x_3 = 4 \\ 2x_1 + x_2 + 2x_3 = 5 \end{cases}$$

解　第二个方程组减去第一个方程的 2 倍，第三个方程减去第一个方程，就变成

$$\begin{cases} 2x_1 - x_2 + 3x_3 = 1 \\ 4x_2 - x_3 = 2 \\ 2x_2 - x_3 = 4 \end{cases}$$

第三个方程的 2 倍减去第二个方程，即得

$$\begin{cases}2x_1 - x_2 + 3x_3 = 1\\ 4x_2 - x_3 = 2\\ x_3 = -6\end{cases}$$

第三个方程代入第二个方程得到 x_2，再把 x_2，x_3 的值代入第一个方程得到 x_1，即解为

$$\begin{cases}x_1 = 9\\ x_2 = -1\\ x_3 = -6\end{cases}$$

显然，上述方程组均为同解方程组，从而最后一个方程组的解即为原方程组的解，此种方法又称**高斯消元法**，简称**消元法**。高斯(Gauss)消元法是解线性方程组最常用的方法之一，它的基本思想是通过逐步消元，把方程组化为系数矩阵为三角形矩阵的同解方程组，然后用回代法解此三角形方程组得原方程组的解。

9.1.2 线性方程组解的判定

现在讨论一般线性方程组。所谓一般线性方程组是指形式为

$$\begin{cases}a_{11}x_1 + a_{12}x_2 + \cdots + a_{1n}x_n = b_1\\ a_{21}x_1 + a_{22}x_2 + \cdots + a_{2n}x_n = b_2\\ \qquad\vdots\\ a_{m1}x_1 + a_{m2}x_2 + \cdots + a_{mn}x_n = b_m\end{cases} \tag{9.1.1}$$

的方程组，其中 x_1，x_2，…，x_n 代表 n 个未知量，m 是方程的个数，a_{ij} $(i=1, 2, \cdots, m; j=1, 2, \cdots, n)$称为线性方程组的系数，$b_j$ $(j=1, 2, \cdots, m)$称为常数项。方程组中未知量的个数 n 与方程的个数 m 不一定相等。系数 a_{ij}的第一个指标 i 表示它在第 i 个方程，第二个指标 j 表示它是 x_j 的系数。

所谓线性方程组(9.1.1)的一个解就是指由 n 个数 k_1，k_2，…，k_n 组成的有序数组$(k_1, k_2, \cdots, k_n)$，当 x_1，x_2，…，x_n 分别用 k_1，k_2，…，k_n 代入后，方程组(9.1.1)中每个等式都变成恒等式。线性方程组(9.1.1)的解的全体称为它的解集合。解线性方程组实际上就是找出它全部的解，即求出它的解集合。如果两个线性方程组有相同的解集合，它们就称为同解的。

显然，如果知道了一个线性方程组的全部系数和常数项，那么这个线性方程组就基本上确定了。确切地说，线性方程组(9.1.1)可以用下面的矩阵

$$\begin{pmatrix}a_{11} & a_{12} & \cdots & a_{1n} & b_1\\ a_{21} & a_{22} & \cdots & a_{2n} & b_2\\ \vdots & \vdots & & \vdots & \vdots\\ a_{m1} & a_{m2} & \cdots & a_{mn} & b_m\end{pmatrix} \tag{9.1.2}$$

来表示。实际上，有了(9.1.2)之后，除去代表未知量的文字外线性方程组(9.1.1)就确定了。

若记
$$A=\begin{pmatrix} a_{11} & a_{12} & \cdots & a_{1n} \\ a_{21} & a_{22} & \cdots & a_{2n} \\ \vdots & \vdots & & \vdots \\ a_{m1} & a_{m2} & \cdots & a_{mn} \end{pmatrix},\ X=\begin{pmatrix} x_1 \\ x_2 \\ \vdots \\ x_n \end{pmatrix},\ b=\begin{pmatrix} b_1 \\ b_2 \\ \vdots \\ b_m \end{pmatrix}。$$

而系数和常数项又可以排成

$$\overline{A}=\begin{pmatrix} a_{11} & a_{12} & \cdots & a_{1n} & b_1 \\ a_{21} & a_{22} & \cdots & a_{2n} & b_2 \\ \vdots & \vdots & & \vdots & \vdots \\ a_{m1} & a_{m2} & \cdots & a_{mn} & b_m \end{pmatrix} \tag{9.1.3}$$

这里矩阵 A 称为线性方程组的**系数矩阵**，$\overline{A}$称为**增广矩阵**。

于是线性方程组(9.1.1)就可以写成 $AX=b$ 的形式，称为线性方程组的矩阵形式。

定理 9.1.1　线性方程组(9.1.1)的增广矩阵可以通过矩阵的初等行变换和第一种列变换化为以下形式

$$\begin{pmatrix} c_{11} & c_{12} & \cdots & c_{1r+1} & \cdots & c_{1n} & \mathrm{d}_1 \\ 0 & c_{21} & \cdots & c_{2r+1} & \cdots & c_{2n} & \mathrm{d}_2 \\ \vdots & \vdots & & \vdots & & \vdots & \vdots \\ 0 & 0 & \cdots & c_{r,r+1} & \cdots & c_{rn} & \mathrm{d}_r \\ 0 & 0 & \cdots & 0 & \cdots & 0 & \mathrm{d}_{r+1} \\ 0 & 0 & \cdots & 0 & \cdots & 0 & 0 \\ \vdots & \vdots & & \vdots & & \vdots & \vdots \\ 0 & 0 & \cdots & 0 & \cdots & 0 & 0 \end{pmatrix} \tag{9.1.4}$$

证明略。

定理 9.1.2　线性方程组(9.1.1)有解的充要条件是系数矩阵与增广矩阵的秩相等，即 $r(A)=r(\overline{A})=r$。且有解时：

(1) 若 $r=n$，线性方程组 (9.1.1) 有且只有唯一解；

(2) 若 $r<n$，线性方程组 (9.1.1)有无穷多解。

证明略。

9.1.3　消元法解线性方程组的步骤

(1) 写出线性方程组的增广矩阵 $\overline{A}$，将 $\overline{A}$ 用初等行变换化为阶梯形矩阵；

(2) 将阶梯形矩阵继续用初等行变换化为行最简形矩阵；

(3) 将行最简形矩阵还原为线性方程组，从而写出同解方程，即可求出相应的解(一般解)。

例 2　判断线性方程组解的情况：

$$\begin{cases} x_1-2x_2+4x_3=3 \\ 2x_1+2x_2-x_3=6 \\ 5x_1+7x_2+x_3=28 \end{cases}$$

解 线性方程组的增广矩阵

$$\overline{A}=(A\vdots b)=\left(\begin{array}{ccc:c}1&-2&4&3\\2&2&-1&6\\5&7&1&28\end{array}\right)\xrightarrow[r_3-5r_1]{r_2-2r_1}\left(\begin{array}{ccc:c}1&-2&4&3\\0&6&-9&0\\0&17&-19&13\end{array}\right)\xrightarrow{\frac{1}{6}r_2}\left(\begin{array}{ccc:c}1&-2&4&3\\0&1&-\frac{3}{2}&0\\0&17&-19&13\end{array}\right)$$

$$\xrightarrow{r_3-17r_2}\left(\begin{array}{ccc:c}1&-2&4&3\\0&1&-\frac{3}{2}&0\\0&0&\frac{13}{2}&13\end{array}\right)\xrightarrow{\frac{2}{13}r_3}\left(\begin{array}{ccc:c}1&-2&4&3\\0&1&-\frac{3}{2}&0\\0&0&1&2\end{array}\right)\xrightarrow[r_2+\frac{3}{2}r_3]{r_1-4r_3}\left(\begin{array}{ccc:c}1&-2&0&-5\\0&1&0&3\\0&0&1&2\end{array}\right)$$

$$\xrightarrow{r_1+2r_2}\left(\begin{array}{ccc:c}1&0&0&1\\0&1&0&3\\0&0&1&2\end{array}\right)$$

$r(A)=r(\overline{A})=3=n$，还原为线性方程组

$$\begin{cases}x_1=1\\x_2=3\\x_3=2\end{cases}$$

即为所求的唯一解。

例 3 判断线性方程组解的情况：

$$\begin{cases}x_1-x_2-3x_3+x_4=1\\x_1+x_2+x_3-x_4=3\\2x_1-2x_2-6x_3+4x_4=0\\2x_1-2x_2-6x_3-x_4=5\end{cases}$$

解 线性方程组的增广矩阵

$$\overline{A}=(A\vdots b)=\left(\begin{array}{cccc:c}1&-1&-3&1&1\\1&1&1&-1&3\\2&-2&-6&4&0\\2&-2&-6&-1&5\end{array}\right)\xrightarrow[\substack{r_3-2r_1\\r_4-2r_1}]{r_2-r_1}\left(\begin{array}{cccc:c}1&-1&-3&1&1\\0&2&4&-2&2\\0&0&0&2&-2\\0&0&0&-3&3\end{array}\right)$$

$$\xrightarrow{r_4+\frac{3}{2}r_3}\left(\begin{array}{cccc:c}1&-1&-3&1&1\\0&2&4&-2&2\\0&0&0&2&-2\\0&0&0&0&0\end{array}\right)\xrightarrow[\frac{1}{2}r_3]{\frac{1}{2}r_2}\left(\begin{array}{cccc:c}1&-1&-3&1&1\\0&1&2&-1&1\\0&0&0&1&-1\\0&0&0&0&0\end{array}\right)$$

$$\xrightarrow[r_2+r_3]{r_1-r_3}\left(\begin{array}{cccc:c}1&-1&-3&0&2\\0&1&2&0&0\\0&0&0&1&-1\\0&0&0&0&0\end{array}\right)\xrightarrow{r_1+r_2}\left(\begin{array}{cccc:c}1&0&-1&0&2\\0&1&2&0&0\\0&0&0&1&-1\\0&0&0&0&0\end{array}\right)$$

$r(A)=r(\overline{A})=3<n=4$，所以方程组有无穷多解。还原为线性方程组

$$\begin{cases} x_1 - x_3 = 2 \\ x_2 + 2x_3 = 0 \\ x_4 = -1 \end{cases}$$

其中最后一个方程已化为“0 = 0”，永远成立，舍去不写，则方程组改写成

$$\begin{cases} x_1 = 2 + x_3 \\ x_2 = -2x_3 \\ x_4 = -1 \end{cases}$$

任意取定 x_3 的值，就可以唯一确定对应的 x_1，x_2 的值，从而得到一组解，此时 x_3 即为自由未知量。可令 $x_3 = c$（c 为任意常数），则线性方程组的一般解为

$$\begin{cases} x_1 = 2 + c \\ x_2 = -2c \\ x_3 = c \\ x_4 = -1 \end{cases}$$

例 4　判断线性方程组解的情况：

$$\begin{cases} x_1 + 2x_2 - x_3 = 1 \\ 2x_1 - 3x_2 + x_3 = 0 \\ 4x_1 + x_2 - x_3 = 3 \end{cases}$$

解　线性方程组的增广矩阵

$$\overline{\boldsymbol{A}} = (\boldsymbol{A} \vdots \boldsymbol{b}) = \left(\begin{array}{ccc:c} 1 & 2 & -1 & 1 \\ 2 & -3 & 1 & 0 \\ 4 & 1 & -1 & 3 \end{array}\right) \xrightarrow[r_3 - 4r_1]{r_2 - 2r_1} \left(\begin{array}{ccc:c} 1 & 2 & -1 & 1 \\ 0 & -7 & 3 & -2 \\ 0 & -7 & 3 & -1 \end{array}\right)$$

$$\xrightarrow{r_3 - r_2} \left(\begin{array}{ccc:c} 1 & 2 & -1 & 1 \\ 0 & -7 & 3 & -2 \\ 0 & 0 & 0 & 1 \end{array}\right)$$

还原为线性方程组

$$\begin{cases} x_1 + 2x_2 - x_3 = 1 \\ -7x_2 + 3x_3 = -2 \\ 0x_1 + 0x_2 + 0x_3 = 1 \end{cases}$$

其中第三个方程为“0 = 1”，不成立，说明原方程组有互相矛盾的地方，故原方程组无解。

通过例 5 发现：系数矩阵 $r(\boldsymbol{A}) = 2$，而增广矩阵 $r(\overline{\boldsymbol{A}}) = 3$，即 $r(\boldsymbol{A}) \neq r(\overline{\boldsymbol{A}})$。由此验证了线性方程组的解有 3 种情况：(1)有唯一解；(2)有无穷多解；(3)无解。

能力训练 9.1

A 组题

1. 写出下列线性方程组的系数矩阵、增广矩阵和方程组的矩阵形式：

$$\begin{cases}4x_1-5x_2-x_3=1\\-x_1+5x_2+x_3=2\\x_1+x_3=0\\5x_1-x_2+3x_3=4\end{cases}$$

2. 已知方程组的增广矩阵如下，试写出它的线性方程组：

$$\overline{\boldsymbol{A}}=\left(\begin{array}{ccc:c}1&-1&0&1\\1&0&-2&2\\1&3&0&3\end{array}\right)$$

3. 解下列线性方程组，并写出一般解：

(1) $\begin{cases}2x_1+x_2+x_3=1\\-2x_1+2x_2+x_3=7\\4x_1+x_2=-2\end{cases}$；　　(2) $\begin{cases}x_1+2x_2-x_3=1\\2x_1+3x_2+x_3=0\\4x_1+7x_2-x_3=2\end{cases}$。

4. 已知线性方程组 $\begin{cases}x_1+2x_2-x_3+3x_4=1\\2x_1+x_2+4x_3+3x_4=5\\ax_2+2x_3-x_4=-6\end{cases}$ 无解，求参数 a。

B 组题

1. 解下列非齐次线性方程组：

$$\begin{cases}4x_1+2x_2-x_3=2\\3x_1-x_2+2x_3=10\\11x_1+3x_2=8\end{cases}$$

2. 当 λ 取何值时，下列方程组无解？有唯一解？有无穷多解？

$$\begin{cases}\lambda x_1+x_2+x_3=\lambda-3\\x_1+\lambda x_2+x_3=-2\\x_1+x_2+\lambda x_3=-2\end{cases}$$

9.2　向量及其线性关系

本节导学

1) 向量的线性相关性不仅是线性代数的重要内容之一，也为讨论线性方程组解的理论奠定基础，并形成向量空间的概念。矩阵是描述向量空间线性变换的工具，也可以看成向量组的有序集。

2) 向量组的线性相关、线性无关的定义，是本节的核心概念，务必深刻理解。同时要学会熟练判断一个向量组中的各个向量的线性关系，并且要明确认识到极大线性无关组才是一个向量组的“骨架”，由此得到向量组秩的概念。

3) 本节难点是求出一个向量组的一个极大线性无关组，并且将其余向量用它们表示出来。其中含有参数的向量的线性相关性的讨论，会增加难度。

9.2.1　n 维向量的概念及运算

定义 9.2.1　数域 P 上一个 n **维向量**就是由数域 P 中 n 个数组成的有序数组$(a_1, a_2, \cdots, a_n)$，a_i 称为该有序数组的分量。一般用小写希腊字母 $\boldsymbol{\alpha}$，$\boldsymbol{\beta}$，$\boldsymbol{\gamma}$，…等代表向量，记作

$$\boldsymbol{\alpha}=(a_1, a_2, \cdots, a_n) \quad 或 \quad \boldsymbol{\alpha}=\begin{pmatrix} a_1 \\ a_2 \\ \vdots \\ a_n \end{pmatrix}$$

分别称为 n **维行向量**和 n **维列向量**。结合矩阵知识可知，行向量即为只有一行的矩阵，列向量即为只有一列的矩阵。

定义 9.2.2　如果 n 维向量

$$\boldsymbol{\alpha}=(a_1, a_2, \cdots, a_n),\ \boldsymbol{\beta}=(b_1, b_2, \cdots, b_n)$$

的对应分量都相等，即 $\alpha_i=b_i(i=1, 2, \cdots, n)$，就称这两个向量是相等的，记作 $\boldsymbol{\alpha}=\boldsymbol{\beta}$。

n 维向量之间的基本关系是用向量的加法和数量乘法表达的。

定义 9.2.3　向量 $\boldsymbol{\gamma}=(a_1+b_1, a_2+b_2, \cdots, a_n+b_n)$称为向量 $\boldsymbol{\alpha}=(a_1, a_2, \cdots, a_n)$与 $\boldsymbol{\beta}=(b_1, b_2, \cdots, b_n)$的**和**，记为 $\boldsymbol{\gamma}=\boldsymbol{\alpha}+\boldsymbol{\beta}$。

由向量的定义容易得到向量运算满足以下运算规律。

交换律：$\boldsymbol{\alpha}+\boldsymbol{\beta}=\boldsymbol{\beta}+\boldsymbol{\alpha}$

结合律：$\boldsymbol{\alpha}+(\boldsymbol{\beta}+\boldsymbol{\gamma})=(\boldsymbol{\alpha}+\boldsymbol{\beta})+\boldsymbol{\gamma}$

定义 9.2.4　分量全为零的向量$(0, 0, \cdots, 0)$称为**零向量**，记为 $\mathbf{0}$；向量$(-a_1, -a_2, \cdots, -a_n)$称为向量 $\boldsymbol{\alpha}=(a_1, a_2, \cdots, a_n)$的**负向量**，记为 $-\boldsymbol{\alpha}$。

显然对于所有的向量 $\boldsymbol{\alpha}$，都有

$$\boldsymbol{\alpha}+\mathbf{0}=\mathbf{0}+\boldsymbol{\alpha}=\boldsymbol{\alpha},\ \boldsymbol{\alpha}+(-\boldsymbol{\alpha})=\mathbf{0},\ \boldsymbol{\alpha}-\boldsymbol{\beta}=\boldsymbol{\alpha}+(-\boldsymbol{\beta})$$

定义 9.2.5　设 k 为数域 P 中的数，向量$(ka_1, ka_2, \cdots, ka_n)$称为向量 $\boldsymbol{\alpha}=(a_1, a_2, \cdots, a_n)$与数 k 的数量乘积，记为 $k\boldsymbol{\alpha}$。

定义 9.2.6　以数域 P 中的数作为分量的 n 维向量的全体，且定义在它们上面的加法和数量乘法封闭，则称为数域 P 上的 n **维向量空间**。

在 $n=3$ 时，3 维实向量空间可以认为就是几何空间中全体向量所成的空间。

把数域 P 上全体 n 维向量的集合组成一个有加法和数量乘法的代数结构，即可以构成数域 P 上 n 维向量空间。

可以用向量来表示线性方程组

$$\begin{cases} a_{11}x_1+a_{12}x_2+\cdots+a_{1n}x_n=b_1 \\ a_{21}x_1+a_{22}x_2+\cdots+a_{2n}x_n=b_2 \\ \qquad\qquad\vdots \\ a_{m1}x_1+a_{m2}x_2+\cdots+a_{mn}x_n=b_m \end{cases}$$

令

$$\boldsymbol{\alpha}_1=\begin{pmatrix}a_{11}\\a_{21}\\\vdots\\a_{m1}\end{pmatrix},\ \boldsymbol{\alpha}_2=\begin{pmatrix}a_{12}\\a_{22}\\\vdots\\a_{m2}\end{pmatrix},\ \cdots,\ \boldsymbol{\alpha}_n=\begin{pmatrix}a_{1n}\\a_{2n}\\\vdots\\a_{mn}\end{pmatrix},\ \boldsymbol{\beta}=\begin{pmatrix}b_1\\b_2\\\vdots\\b_m\end{pmatrix}$$

于是有线性方程组的向量形式

$$x_1\boldsymbol{\alpha}_1+x_2\boldsymbol{\alpha}_2+\cdots+x_n\boldsymbol{\alpha}_n=\boldsymbol{\beta} \tag{9.2.1}$$

当$\boldsymbol{\beta}=\mathbf{0}$时，有

$$x_1\boldsymbol{\alpha}_1+x_2\boldsymbol{\alpha}_2+\cdots+x_n\boldsymbol{\alpha}_n=\mathbf{0} \tag{9.2.2}$$

9.2.2 向量的线性关系

除只有一个零向量构成的零空间外，一般的向量空间都含有无穷多个向量，这些向量之间有怎样的关系，对于弄清向量空间的结构至关重要。

两个向量之间最简单的关系是成比例，所谓向量$\boldsymbol{\alpha}$与$\boldsymbol{\beta}$成比例就是说有一数k使$\boldsymbol{\alpha}=k\boldsymbol{\beta}$。

定义 9.2.7 向量$\boldsymbol{\alpha}$称为向量组$\boldsymbol{\beta}_1$，$\boldsymbol{\beta}_2$，…，$\boldsymbol{\beta}_s$的一个**线性组合**，如果有数域P中的数k_1，k_2，…，k_s，使

$$\boldsymbol{\alpha}=k_1\boldsymbol{\beta}_1+k_2\boldsymbol{\beta}_2+\cdots+k_s\boldsymbol{\beta}_s$$

其中k_1，k_2，…，k_s叫作这个线性组合的系数。

例如，任一个n维向量$\boldsymbol{\alpha}=(a_1,\ a_2,\ \cdots,\ a_n)$都是向量组

$$\begin{cases}\boldsymbol{\varepsilon}_1=(1,\ 0,\ \cdots,\ 0)\\\boldsymbol{\varepsilon}_2=(0,\ 1,\ \cdots,\ 0)\\\qquad\vdots\\\boldsymbol{\varepsilon}_n=(0,\ 0,\ \cdots,\ 1)\end{cases}$$

的一个**线性组合**。向量$\boldsymbol{\varepsilon}_1$，$\boldsymbol{\varepsilon}_2$，…，$\boldsymbol{\varepsilon}_n$称为$n$**维单位向量**，也称$n$维空间的**标准基**。

零向量可以表示为任意向量组的线性组合。

当向量$\boldsymbol{\alpha}$是向量组$\boldsymbol{\beta}_1$，$\boldsymbol{\beta}_2$，…，$\boldsymbol{\beta}_s$的一个线性组合时，也说$\boldsymbol{\alpha}$可以经向量组$\boldsymbol{\beta}_1$，$\boldsymbol{\beta}_2$，…，$\boldsymbol{\beta}_s$**线性表出**。

例 1 设$\boldsymbol{\alpha}_1=(1,\ 0,\ 2,\ -1)$，$\boldsymbol{\alpha}_2=(3,\ 0,\ 4,\ 1)$，$\boldsymbol{\beta}=(-2,\ 0,\ 0,\ -6)$，容易证明，$\boldsymbol{\beta}=4\boldsymbol{\alpha}_1-2\boldsymbol{\alpha}_2$，由此，$\boldsymbol{\beta}$是$\boldsymbol{\alpha}_1$与$\boldsymbol{\alpha}_2$的线性组合，或者说$\boldsymbol{\beta}$可由$\boldsymbol{\alpha}_1$与$\boldsymbol{\alpha}_2$线性表出。

定义 9.2.8 如果向量组$\boldsymbol{\alpha}_1$，$\boldsymbol{\alpha}_2$，…，$\boldsymbol{\alpha}_t$中每一个向量$\boldsymbol{\alpha}_i(i=1,\ 2,\ \cdots,\ t)$都可以经向量组$\boldsymbol{\beta}_1$，$\boldsymbol{\beta}_2$，…，$\boldsymbol{\beta}_s$线性表出，那么向量组$\boldsymbol{\alpha}_1$，$\boldsymbol{\alpha}_2$，…，$\boldsymbol{\alpha}_t$就称为可以经向量组$\boldsymbol{\beta}_1$，$\boldsymbol{\beta}_2$，…，$\boldsymbol{\beta}_s$**线性表出**。

定义 9.2.9 如果两个向量组可以相互线性表出，它们就称为**等价**。

由定义有，每一个向量组都可以经它自身线性表出。

如果向量组$\boldsymbol{\alpha}_1$，$\boldsymbol{\alpha}_2$，…，$\boldsymbol{\alpha}_t$可以经向量组$\boldsymbol{\beta}_1$，$\boldsymbol{\beta}_2$，…，$\boldsymbol{\beta}_s$线性表出，向量组$\boldsymbol{\beta}_1$，$\boldsymbol{\beta}_2$，…，$\boldsymbol{\beta}_s$可以经向量组$\boldsymbol{\gamma}_1$，$\boldsymbol{\gamma}_2$，…，$\boldsymbol{\gamma}_p$线性表出，那么向量组$\boldsymbol{\alpha}_1$，$\boldsymbol{\alpha}_2$，…，$\boldsymbol{\alpha}_t$可以经向量组$\boldsymbol{\gamma}_1$，$\boldsymbol{\gamma}_2$，…，$\boldsymbol{\gamma}_p$线性表出。

所以，向量组之间等价具有反身性、对称性、传递性。

例 2　判断向量 $\boldsymbol{\alpha}=(2,\ -1,\ 3,\ 4)$ 能否由向量组 $\boldsymbol{\alpha}_1=(1,\ 2,\ -3,\ 1)$，$\boldsymbol{\alpha}_2=(5,\ -5,\ 12,\ 11)$，$\boldsymbol{\alpha}_3=(1,\ -3,\ 6,\ 3)$ 线性表出，若能，写出它的一个线性组合。

解　设 $\boldsymbol{\alpha}=k_1\boldsymbol{\alpha}_1+k_2\boldsymbol{\alpha}_2+k_3\boldsymbol{\alpha}_3$，即有方程组

$$\begin{cases}k_1+5k_2+k_3=2\\2k_1-5k_2-3k_3=-1\\-3k_1+12k_2+6k_3=3\\k_1+11k_2+3k_3=4\end{cases}$$

对方程组的增广矩阵作初等行变换化为行简化阶梯形矩阵

$$\overline{\boldsymbol{A}}=\left(\begin{array}{ccc:c}1&5&1&2\\2&-5&-3&-1\\-3&12&6&3\\1&11&3&4\end{array}\right)\xrightarrow[r_4-r_1]{\substack{r_2-2r_1\\r_3+3r_1}}\left(\begin{array}{ccc:c}1&5&1&2\\0&-15&-5&-5\\0&27&9&9\\0&6&2&2\end{array}\right)$$

$$\xrightarrow{\substack{r_3+\frac{9}{5}r_2\\r_4+\frac{2}{5}r_2\\(-\frac{1}{5})r_2}}\left(\begin{array}{ccc:c}1&5&1&2\\0&3&1&1\\0&0&0&0\\0&0&0&0\end{array}\right)\xrightarrow{\substack{r_1-\frac{5}{3}r_2\\\frac{1}{3}r_2}}\left(\begin{array}{ccc:c}1&0&-\frac{2}{3}&\frac{1}{3}\\0&1&\frac{1}{3}&\frac{1}{3}\\0&0&0&0\\0&0&0&0\end{array}\right)$$

所以方程组有解，且一般解为

$$\begin{cases}k_1=\frac{2}{3}k_3+\frac{1}{3}\\k_2=-\frac{1}{3}k_3+\frac{1}{3}\end{cases}$$

其中 k_3 为自由求知量。令 $k_3=1$，得原线性方程组的一个特解 $(1,\ 0,\ 1)$，从而有 $\boldsymbol{\alpha}=\boldsymbol{\alpha}_1+\boldsymbol{\alpha}_3$。

例 3　证明：向量组 $\boldsymbol{\alpha}_1=(1,\ 0)$，$\boldsymbol{\alpha}_2=(0,\ 1)$ 与向量组 $\boldsymbol{\beta}_1=(1,\ 1)$，$\boldsymbol{\beta}_2=(1,\ 3)$ 等价。

证　因为
$$\boldsymbol{\alpha}_1=\frac{3}{2}\boldsymbol{\beta}_1-\frac{1}{2}\boldsymbol{\beta}_2,\quad \boldsymbol{\alpha}_2=-\frac{1}{2}\boldsymbol{\beta}_1+\frac{1}{2}\boldsymbol{\beta}_2$$
又
$$\boldsymbol{\beta}_1=\boldsymbol{\alpha}_1+\boldsymbol{\alpha}_2,\quad \boldsymbol{\beta}_2=\boldsymbol{\alpha}_1+3\boldsymbol{\alpha}_2$$
故这两个向量组等价。

定义 9.2.10　向量组 $\boldsymbol{\alpha}_1,\ \boldsymbol{\alpha}_2,\ \cdots,\ \boldsymbol{\alpha}_s(s\geqslant1)$ 称为**线性相关**的，如果有数域 P 中不全为零的数 $k_1,\ k_2,\ \cdots,\ k_s$，使 $k_1\boldsymbol{\alpha}_1+k_2\boldsymbol{\alpha}_2+\cdots+k_s\boldsymbol{\alpha}_s=\mathbf{0}$，否则称为**线性无关**。

从定义可以看出，任意一个包含零向量的向量组一定是线性相关的。向量组 $\boldsymbol{\alpha}_1$，$\boldsymbol{\alpha}_2$ 线性相关就表示 $\boldsymbol{\alpha}_1=k\boldsymbol{\alpha}_2$ 或者 $\boldsymbol{\alpha}_2=k\boldsymbol{\alpha}_1$（这两个式子不一定能同时成立）。在 P 为实数域并且是三维时，就表示向量 $\boldsymbol{\alpha}_1$ 与 $\boldsymbol{\alpha}_2$ 共线。三个向量 $\boldsymbol{\alpha}_1$，$\boldsymbol{\alpha}_2$，$\boldsymbol{\alpha}_3$ 线性相关的几何意义就是它们共面。

注意　(1) 如果向量组 $\boldsymbol{\alpha}_1,\ \boldsymbol{\alpha}_2,\ \cdots,\ \boldsymbol{\alpha}_s(s\geqslant2)$ 中有一个向量可以由其余的向量线性表

出，那么向量组 $\boldsymbol{\alpha}_1$，$\boldsymbol{\alpha}_2$，…，$\boldsymbol{\alpha}_s$ 线性相关，这个定义在 $s \geqslant 2$ 的时候与定义 9.2.10 是一致的。

(2) 如果向量组 $\boldsymbol{\alpha}_1$，$\boldsymbol{\alpha}_2$，…，$\boldsymbol{\alpha}_s(s \geqslant 2)$ 线性无关，且有 $k_1\boldsymbol{\alpha}_1 + k_2\boldsymbol{\alpha}_2 + \cdots + k_s\boldsymbol{\alpha}_s = \mathbf{0}$，则必有 $k_1 = k_2 = \cdots = k_s = 0$。

不难看出，由 n 维单位向量 $\boldsymbol{\varepsilon}_1$，$\boldsymbol{\varepsilon}_2$，…，$\boldsymbol{\varepsilon}_n$ 组成的向量组是线性无关的。

具体判断一个向量组是线性相关还是线性无关的问题可以归结为解方程组的问题。要判断一个向量组 $\boldsymbol{\alpha}_i = (a_{i1}, a_{i2}, \cdots, a_{in})(i = 1, 2, \cdots, s)$ 是否线性相关，根据定义，就是看方程

$$x_1\boldsymbol{\alpha}_1 + x_2\boldsymbol{\alpha}_2 + \cdots + x_s\boldsymbol{\alpha}_s = \mathbf{0}$$

有无非零解，按分量写出来就是

$$\begin{cases} a_{11}x_1 + a_{21}x_2 + \cdots + a_{s1}x_s = 0 \\ a_{12}x_1 + a_{22}x_2 + \cdots + a_{s2}x_s = 0 \\ \qquad\vdots \\ a_{1n}x_1 + a_{2n}x_2 + \cdots + a_{sn}x_s = 0 \end{cases} \tag{9.2.3}$$

是否有非零解。因此，向量组 $\boldsymbol{\alpha}_1$，$\boldsymbol{\alpha}_2$，…，$\boldsymbol{\alpha}_s$ 线性无关的充要条件是齐次线性方程组(9.2.3)只有零解。

例 4　判定向量组

$$\boldsymbol{\alpha}_1 = \begin{pmatrix} 1 \\ 2 \\ 1 \end{pmatrix},\ \boldsymbol{\alpha}_2 = \begin{pmatrix} 1 \\ 1 \\ 1 \end{pmatrix},\ \boldsymbol{\alpha}_3 = \begin{pmatrix} 2 \\ 0 \\ 3 \end{pmatrix}$$

的线性相关性。

解： 设有一组数 k_1，k_2，k_3，使得

$$k_1\boldsymbol{\alpha}_1 + k_2\boldsymbol{\alpha}_2 + k_3\boldsymbol{\alpha}_3 = \mathbf{0}$$

则

$$k_1\begin{pmatrix} 1 \\ 2 \\ 1 \end{pmatrix} + k_2\begin{pmatrix} 1 \\ 1 \\ 1 \end{pmatrix} + k_3\begin{pmatrix} 2 \\ 0 \\ 3 \end{pmatrix} = \begin{pmatrix} 0 \\ 0 \\ 0 \end{pmatrix}$$

即

$$\begin{cases} k_1 + k_2 + 2k_3 = 0 \\ 2k_1 + k_2 = 0 \\ k_1 + k_2 + 3k_3 = 0 \end{cases}$$

由于该线性方程组的系数行列式

$$D = \begin{vmatrix} 1 & 1 & 2 \\ 2 & 1 & 0 \\ 1 & 1 & 3 \end{vmatrix} = -1 \neq 0$$

由克莱姆法则可知该方程组只有零解 $k_1 = 0$，$k_2 = 0$，$k_3 = 0$。所以，$\boldsymbol{\alpha}_1$，$\boldsymbol{\alpha}_2$，$\boldsymbol{\alpha}_3$ 线性无关。

通过上面内容可以看到向量线性相关性的常用性质如下：

(1) 单独一个向量线性相关当且仅当它是零向量，单独一个向量线性无关当且仅当它是

非零向量。

(2) 两个向量 $\boldsymbol{\alpha}_1$，$\boldsymbol{\alpha}_2$ 线性相关⇔$\boldsymbol{\alpha}_1$，$\boldsymbol{\alpha}_2$ 成比例。

(3) 一个向量组线性相关的充要条件是其中至少有一个向量可由其余向量线性表出。

(4) 一个向量组中若部分向量线性相关，则整个向量组也线性相关；一个向量组若线性无关，则它的任何一个部分组都线性无关。

(5) 如果向量组 $\boldsymbol{\alpha}_1$，$\boldsymbol{\alpha}_2$，…，$\boldsymbol{\alpha}_s$ 线性无关，而向量组 $\boldsymbol{\alpha}_1$，$\boldsymbol{\alpha}_2$，…，$\boldsymbol{\alpha}_s$，$\boldsymbol{\beta}$ 线性相关，则 $\boldsymbol{\beta}$ 可经向量组 $\boldsymbol{\alpha}_1$，$\boldsymbol{\alpha}_2$，…，$\boldsymbol{\alpha}_s$ 线性表出。

定理 9.2.1　设 $\boldsymbol{\alpha}_1$，$\boldsymbol{\alpha}_2$，…，$\boldsymbol{\alpha}_r$ 与 $\boldsymbol{\beta}_1$，$\boldsymbol{\beta}_2$，…，$\boldsymbol{\beta}_s$ 是两个向量组，如果

(1) 向量组 $\boldsymbol{\alpha}_1$，$\boldsymbol{\alpha}_2$，…，$\boldsymbol{\alpha}_r$ 可以经 $\boldsymbol{\beta}_1$，$\boldsymbol{\beta}_2$，…，$\boldsymbol{\beta}_s$ 线性表出；

(2) $r>s$，

那么向量组 $\boldsymbol{\alpha}_1$，$\boldsymbol{\alpha}_2$，…，$\boldsymbol{\alpha}_r$ 必线性相关。

证明略。

推论 9.2.1　如果向量组 $\boldsymbol{\alpha}_1$，$\boldsymbol{\alpha}_2$，…，$\boldsymbol{\alpha}_r$ 可以经向量组 $\boldsymbol{\beta}_1$，$\boldsymbol{\beta}_2$，…，$\boldsymbol{\beta}_s$ 性表出，且 $\boldsymbol{\alpha}_1$，$\boldsymbol{\alpha}_2$，…，$\boldsymbol{\alpha}_r$ 线性无关，那么 $r\leqslant s$。

推论 9.2.2　任意 $n+1$ 个 n 维向量必线性相关。

推论 9.2.3　两个线性无关的等价的向量组，必含有相同个数的向量。

定义 9.2.11　若向量组 $\boldsymbol{\alpha}_1$，$\boldsymbol{\alpha}_2$，…，$\boldsymbol{\alpha}_s$ 中的部分向量组，不妨设是 $\boldsymbol{\alpha}_1$，$\boldsymbol{\alpha}_2$，…，$\boldsymbol{\alpha}_r(r\leqslant s)$满足：

(1) $\boldsymbol{\alpha}_1$，$\boldsymbol{\alpha}_2$，…，$\boldsymbol{\alpha}_r$ 线性无关；

(2) 向量组 $\boldsymbol{\alpha}_1$，$\boldsymbol{\alpha}_2$，…，$\boldsymbol{\alpha}_s$ 中任一向量都可以由 $\boldsymbol{\alpha}_1$，$\boldsymbol{\alpha}_2$，…，$\boldsymbol{\alpha}_r$ 线性表示，

则称部分向量组 $\boldsymbol{\alpha}_1$，$\boldsymbol{\alpha}_2$，…，$\boldsymbol{\alpha}_r$ 为向量组 $\boldsymbol{\alpha}_1$，$\boldsymbol{\alpha}_2$，…，$\boldsymbol{\alpha}_s$ 的一个**极大线性无关组**。

极大线性无关组具有以下性质：

(1) 从这个向量组中任意添一个向量(如果还有的话)加入极大线性无关组，所得的部分向量组都线性相关；

(2) 一个线性无关向量组的极大线性无关组就是这个向量组本身；

(3) 任意一个极大线性无关组都与向量组本身等价。

例 5　观察 P^3 的向量组 $\boldsymbol{\alpha}_1=(1,0,0)$，$\boldsymbol{\alpha}_2=(0,1,0)$，$\boldsymbol{\alpha}_3=(1,1,0)$。在这里 $\{\boldsymbol{\alpha}_1,\boldsymbol{\alpha}_2\}$线性无关，而 $\boldsymbol{\alpha}_3=\boldsymbol{\alpha}_1+\boldsymbol{\alpha}_2$，所以$\{\boldsymbol{\alpha}_1,\boldsymbol{\alpha}_2\}$是一个极大线性无关组。另一方面，$\{\boldsymbol{\alpha}_1,\boldsymbol{\alpha}_3\}$，$\{\boldsymbol{\alpha}_2,\boldsymbol{\alpha}_3\}$也都是向量组$\{\boldsymbol{\alpha}_1,\boldsymbol{\alpha}_2,\boldsymbol{\alpha}_3\}$的极大线性无关组。

由例 5 可以看出，向量组的极大线性无关组不是唯一的，但是每一个极大线性无关组都与向量组本身等价，因而，一个向量组的任意两个极大线性无关组都是等价的。

9.2.3　向量组的秩

定义 9.2.12　向量组 $\boldsymbol{\alpha}_1$，$\boldsymbol{\alpha}_2$，…，$\boldsymbol{\alpha}_s$ 的极大线性无关组中所含向量的个数称为这个**向量组的秩**，记为 $r(\boldsymbol{\alpha}_1,\boldsymbol{\alpha}_2,\cdots,\boldsymbol{\alpha}_s)$。

对线性无关组 $\boldsymbol{\alpha}_1$，$\boldsymbol{\alpha}_2$，…，$\boldsymbol{\alpha}_r$，它的极大线性无关组就是 $\boldsymbol{\alpha}_1$，$\boldsymbol{\alpha}_2$，…，$\boldsymbol{\alpha}_r$ 本身，所以 $r(\boldsymbol{\alpha}_1,\boldsymbol{\alpha}_2,\cdots,\boldsymbol{\alpha}_r)=r$；反之，如果 $r(\boldsymbol{\alpha}_1,\boldsymbol{\alpha}_2,\cdots,\boldsymbol{\alpha}_r)=r$，则极大线性无关组含有 r 个向量，即 $\boldsymbol{\alpha}_1$，$\boldsymbol{\alpha}_2$，…，$\boldsymbol{\alpha}_r$ 线性无关，这就是下面的定理 9.2.2。

定理 9.2.2　向量组 $\boldsymbol{\alpha}_1$，$\boldsymbol{\alpha}_2$，…，$\boldsymbol{\alpha}_s$ 线性无关的充分必要条件是

$$r(\boldsymbol{\alpha}_1, \boldsymbol{\alpha}_2, \cdots, \boldsymbol{\alpha}_s)=s$$

根据极大无关组与秩的定义，可证明定理 9.2.2。

定理 9.2.3 如果向量组 $\boldsymbol{\alpha}_1, \boldsymbol{\alpha}_2, \cdots, \boldsymbol{\alpha}_s$ 的秩为 r，则向量组中任意 r 个线性无关的向量都是该向量组的极大线性无关组。

当向量组由有限个向量构成时，可以用矩阵来研究向量组，因此引入如下定义。

定义 9.2.13 矩阵的行向量组的秩称为矩阵的**行秩**，矩阵的列向量组的秩称为矩阵的**列秩**。

定理 9.2.4 矩阵的行秩 = 矩阵的列秩 = 矩阵的秩。

定理 9.2.5 矩阵的初等行变换不改变矩阵的秩及行向量的线性相关性。

从以上讨论可知，求一个由有限个向量构成的向量组的秩时，可以用矩阵的初等行变换求这个向量组所构成的矩阵的秩，然后得到向量组的秩，同时从初等变换的结果，还能够得到向量组的极大无关组。

例 6 求向量组 $\boldsymbol{\alpha}_1=(1, 2, -3, 1)^{\mathrm{T}}$，$\boldsymbol{\alpha}_2=(5, -5, 12, 11)^{\mathrm{T}}$，$\boldsymbol{\alpha}_3=(1, -3, 6, 3)^{\mathrm{T}}$，$\boldsymbol{\alpha}_4=(2, -1, 3, 4)^{\mathrm{T}}$ 的秩及其一个极大线性无关组，并把其余向量用该极大线性无关组线性表示。

解 $$\boldsymbol{A}=(\boldsymbol{\alpha}_1, \boldsymbol{\alpha}_2, \boldsymbol{\alpha}_3, \boldsymbol{\alpha}_4)=\begin{pmatrix}1 & 5 & 1 & 2\\ 2 & -5 & -3 & -1\\ -3 & 12 & 6 & 3\\ 1 & 11 & 3 & 4\end{pmatrix}\xrightarrow[r_4-r_1]{\substack{r_2-2r_1\\ r_3+3r_1}}\begin{pmatrix}1 & 5 & 1 & 2\\ 0 & -15 & -5 & -5\\ 0 & 27 & 9 & 9\\ 0 & 6 & 2 & 2\end{pmatrix}$$

$$\xrightarrow{\substack{r_3+\frac{9}{5}r_2\\ r_4+\frac{2}{5}r_2\\ \left(-\frac{1}{5}\right)r_2}}\begin{pmatrix}1 & 5 & 1 & 2\\ 0 & 3 & 1 & 1\\ 0 & 0 & 0 & 0\\ 0 & 0 & 0 & 0\end{pmatrix}\xrightarrow{\substack{r_1-\frac{5}{3}r_2\\ \frac{1}{3}r_2}}\begin{pmatrix}1 & 0 & -\frac{2}{3} & \frac{1}{3}\\ 0 & 1 & \frac{1}{3} & \frac{1}{3}\\ 0 & 0 & 0 & 0\\ 0 & 0 & 0 & 0\end{pmatrix}$$

所以

$$r(\boldsymbol{A})=r(\boldsymbol{\alpha}_1, \boldsymbol{\alpha}_2, \boldsymbol{\alpha}_3, \boldsymbol{\alpha}_4)=2$$

且有

$$\boldsymbol{\alpha}_3=-\frac{2}{3}\boldsymbol{\alpha}_1+\frac{1}{3}\boldsymbol{\alpha}_2,\quad \boldsymbol{\alpha}_4=\frac{1}{3}\boldsymbol{\alpha}_1+\frac{1}{3}\boldsymbol{\alpha}_2$$

由此可知，求向量组 $\boldsymbol{\alpha}_1, \boldsymbol{\alpha}_2, \cdots, \boldsymbol{\alpha}_s$ 的极大线性无关组的一般方法是：以 $\boldsymbol{\alpha}_1, \boldsymbol{\alpha}_2, \cdots, \boldsymbol{\alpha}_s$ 为矩阵 $\boldsymbol{A}$ 的 s 个列，作初等行变换，将 $\boldsymbol{A}$ 化为阶梯形矩阵 $\boldsymbol{B}$，如果 $r(\boldsymbol{B})=r$，则 $\boldsymbol{B}$ 中的 r 个不全为零的行所对应的 $\boldsymbol{\alpha}_1, \boldsymbol{\alpha}_2, \cdots, \boldsymbol{\alpha}_r$ 中相应的 r 个列向量构成的向量组，就是向量组 $\boldsymbol{\alpha}_1, \boldsymbol{\alpha}_2, \cdots, \boldsymbol{\alpha}_s$ 的极大线性无关组。

*** 例 8** 已知向量组 $\boldsymbol{\alpha}_1=(k, 2, 1)^{\mathrm{T}}$，$\boldsymbol{\alpha}_2=(2, k, 0)^{\mathrm{T}}$，$\boldsymbol{\alpha}_3=(1, -1, 1)^{\mathrm{T}}$。试求 k 为何值时，向量组 $\boldsymbol{\alpha}_1, \boldsymbol{\alpha}_2, \boldsymbol{\alpha}_3$ 线性相关或线性无关？

解： 由向量组的秩判断

$$(\boldsymbol{\alpha}_1, \boldsymbol{\alpha}_2, \boldsymbol{\alpha}_3)=\begin{pmatrix}k & 2 & 1\\ 2 & k & -1\\ 1 & 0 & 1\end{pmatrix}\xrightarrow{r_1\leftrightarrow r_3}\begin{pmatrix}1 & 0 & 1\\ 2 & k & -1\\ k & 2 & 1\end{pmatrix}$$

$$\xrightarrow[r_3-kr_1]{r_2-2r_1}\begin{pmatrix}1&0&1\\0&k&-3\\0&2&1-k\end{pmatrix}\xrightarrow{r_2\leftrightarrow r_3}\begin{pmatrix}1&0&1\\0&2&1-k\\0&k&-3\end{pmatrix}\xrightarrow{r_3-\frac{k}{2}r_2}\begin{pmatrix}1&0&1\\0&2&1-k\\0&0&-3+\dfrac{k(k-1)}{2}\end{pmatrix}$$

因此，当 $-3+\dfrac{k(k-1)}{2}=0$，即 $k=-2$ 或 $k=3$ 时，$r(\boldsymbol{\alpha}_1,\ \boldsymbol{\alpha}_2,\ \boldsymbol{\alpha}_3)=2<3$，向量组 $\boldsymbol{\alpha}_1$，$\boldsymbol{\alpha}_2$，$\boldsymbol{\alpha}_3$ 线性相关；当 $k\neq-2$ 且 $k\neq3$ 时，$r(\boldsymbol{\alpha}_1,\ \boldsymbol{\alpha}_2,\ \boldsymbol{\alpha}_3)=3$，向量组 $\boldsymbol{\alpha}_1$，$\boldsymbol{\alpha}_2$，$\boldsymbol{\alpha}_3$ 线性无关。

能力训练 9.2

A 组题

1. 已知 $\boldsymbol{\alpha}_1=(2,\ 5,\ 1,\ 3)^{\mathrm{T}}$，$\boldsymbol{\alpha}_2=(10,\ 1,\ 5,\ 10)^{\mathrm{T}}$，$\boldsymbol{\alpha}_3=(10,\ 1,\ -1,\ 1)^{\mathrm{T}}$，求：

(1) $-3\boldsymbol{\alpha}_1+2\boldsymbol{\alpha}_2-\boldsymbol{\alpha}_3$；

(2) $5\boldsymbol{\alpha}_1-\boldsymbol{\alpha}_2+\boldsymbol{\alpha}_3$；

(3) 若 $3(\boldsymbol{\alpha}_1-\boldsymbol{\alpha})+2(\boldsymbol{\alpha}_2+\boldsymbol{\alpha})=5(\boldsymbol{\alpha}_3+\boldsymbol{\alpha})$，求 $\boldsymbol{\alpha}$。

2. 设 $\boldsymbol{\alpha}_1=(1,\ -1,\ 1)^{\mathrm{T}}$，$\boldsymbol{\alpha}_2=(-1,\ 0,\ 1)^{\mathrm{T}}$，$\boldsymbol{\alpha}_3=(1,\ 3,\ -2)^{\mathrm{T}}$，$\boldsymbol{\beta}=(0,\ -5,\ 5)^{\mathrm{T}}$。

(1) 证明：向量组 $\boldsymbol{\alpha}_1$，$\boldsymbol{\alpha}_2$，$\boldsymbol{\alpha}_3$ 线性无关；

(2) 把向量 $\boldsymbol{\beta}$ 表示成向量组 $\boldsymbol{\alpha}_1$，$\boldsymbol{\alpha}_2$，$\boldsymbol{\alpha}_3$ 的线性组合。

3. 判断题

(1) 若当数 $k_1=k_2=\cdots=k_n=0$ 时，$k_1\boldsymbol{\alpha}_1+k_2\boldsymbol{\alpha}_2+\cdots+k_n\boldsymbol{\alpha}_n=\mathbf{0}$ 成立，则向量组 $\boldsymbol{\alpha}_1$，$\boldsymbol{\alpha}_2$，…，$\boldsymbol{\alpha}_n$ 线性无关。（　　）

(2) 若有不全为零的数 k_1，k_2，…，k_n，使得 $k_1\boldsymbol{\alpha}_1+k_2\boldsymbol{\alpha}_2+\cdots+k_n\boldsymbol{\alpha}_n\neq\mathbf{0}$ 则向量组 $\boldsymbol{\alpha}_1$，$\boldsymbol{\alpha}_2$，…，$\boldsymbol{\alpha}_n$ 线性无关。（　　）

(3) 若向量组 $\boldsymbol{\alpha}_1$，$\boldsymbol{\alpha}_2$，…，$\boldsymbol{\alpha}_n$ 线性相关，则其中每一个向量都可由其余向量线性表示。（　　）

4. 判断下列向量组是线性相关还是线性无关：

(1) $\boldsymbol{\alpha}_1=(1,\ -3,\ 2,\ 0)^{\mathrm{T}}$，$\boldsymbol{\alpha}_2=(2,\ 3,\ 4,\ -1)^{\mathrm{T}}$，$\boldsymbol{\alpha}_3=(4,\ 2,\ 5,\ -2)^{\mathrm{T}}$；

(2) $\boldsymbol{\alpha}_1=(1,\ -1,\ 2,\ 4)^{\mathrm{T}}$，$\boldsymbol{\alpha}_2=(0,\ 3,\ 1,\ 2)^{\mathrm{T}}$，$\boldsymbol{\alpha}_3=(3,\ 0,\ 7,\ 14)^{\mathrm{T}}$，$\boldsymbol{\alpha}_4=(1,\ 2,\ 3,\ -4)^{\mathrm{T}}$。

5. 求下列各向量组的秩，并求出它的一个极大线性无关组：

$\boldsymbol{\alpha}_1=(1,\ -1,\ 2,\ 4)^{\mathrm{T}}$，$\boldsymbol{\alpha}_2=(0,\ 3,\ 1,\ 2)^{\mathrm{T}}$，$\boldsymbol{\alpha}_3=(3,\ 0,\ 7,\ 14)^{\mathrm{T}}$，$\boldsymbol{\alpha}_4=(1,\ -1,\ 2,\ 0)^{\mathrm{T}}$。

B 组题

1. 将向量 $\boldsymbol{\alpha}$ 表示成 $\boldsymbol{\alpha}_1$，$\boldsymbol{\alpha}_2$，$\boldsymbol{\alpha}_3$，$\boldsymbol{\alpha}_4$ 的线性组合：

$$\boldsymbol{\alpha}=\begin{pmatrix}1\\2\\1\\1\end{pmatrix},\ \boldsymbol{\alpha}_1=\begin{pmatrix}1\\1\\1\\1\end{pmatrix},\ \boldsymbol{\alpha}_2=\begin{pmatrix}1\\1\\-1\\-1\end{pmatrix},\ \boldsymbol{\alpha}_3=\begin{pmatrix}1\\-1\\1\\-1\end{pmatrix},\ \boldsymbol{\alpha}_4=\begin{pmatrix}1\\-1\\-1\\1\end{pmatrix}。$$

2. 求向量组 $\boldsymbol{\alpha}_1=(1,\ -1,\ 2,\ 1,\ 0)^{\mathrm{T}}$，$\boldsymbol{\alpha}_2=(2,\ -2,\ 4,\ -2,\ 0)^{\mathrm{T}}$，$\boldsymbol{\alpha}_3=(3,\ 0,\ 6,\ -1,\ 1)^{\mathrm{T}}$，$\boldsymbol{\alpha}_4=(0,\ 3,\ 0,\ 0,\ 1)^{\mathrm{T}}$ 的秩及其一个极大线性无关组，并把其余向量用该极大线性无关组线性表示。

3. 证明：如果向量组 $\boldsymbol{\alpha}_1$，$\boldsymbol{\alpha}_2$，$\boldsymbol{\alpha}_3$ 线性无关，则向量组 $\boldsymbol{\alpha}_1+\boldsymbol{\alpha}_2$，$\boldsymbol{\alpha}_2+\boldsymbol{\alpha}_3$，$\boldsymbol{\alpha}_3+\boldsymbol{\alpha}_1$ 也线性无关。

9.3 线性方程组解的结构

| 本节导学 |

1)本节在前面讨论线性方程组和向量组的秩与极大线性无关组的基础上，通过求解齐次线性方程组和非齐次线性方程组的举例，进一步讨论线性方程组解的结构问题，将研讨线性方程组何时有解，何时无解，有解时解与解之间的关系是什么，以及齐次与非齐次线性方程组的解有何联系，能否找到解的一般表达式。用向量空间的理论说明齐次线性方程组解的结构和关系是最科学的表述。也就是齐次线性方程组全部的解由其解向量集合的极大线性无关组完全确定，故此称其为齐次线性方程组的“基础解系”。而非齐次线性方程组由其对应的齐次线性方程组，也就是“导出组”的基础解系和一个特解而完全确定。

2)本节的学习重点是求齐次线性方程组和非齐次线性方程组的通解。方法是将齐次线性方程组的系数矩阵用初等行变换先化为行最简形矩阵，还原为与原方程组同解的最简化方程组以后，再确定基本未知数(基本元)和自由未知数(自由元)。由此不仅可以得到齐次线性方程组的一般解，而且可以令自由元取线性无关的解向量而得出齐次线性方程组的基础解系。非齐次线性方程组的求解和齐次线性方程组类似，先将增广矩阵经初等行变换化为行最简形矩阵之后，令所有的自由元皆取0，由此得到非齐次线性方程组的一个特解。然后将导出组的通解与之相加，即为非齐次线性方程组的通解。

3)本节的学习难点是未知数较多，其系数比较复杂，缺乏规律的线性方程组的求解问题。还有就是系数中含有未知的参数(一个或两个)，讨论参数取不同值时，对方程组解的影响。比如，何时无解？何时有唯一解？何时有无穷多解？解题思路是将增广矩阵经初等行变换化为行最简形矩阵后，用线性方程组解的判定定理来反求参变量的取值。学习重点是熟悉矩阵化简的方法。

9.3.1 *n* 元线性方程组解法举例

由 9.1 节可知，当线性方程组的常数项均为零时称为齐次线性方程组，即

$$\begin{cases} a_{11}x_1+a_{12}x_1+\cdots+a_{1n}x_1=0 \\ a_{21}x_1+a_{22}x_1+\cdots+a_{2n}x_1=0 \\ \qquad\qquad\vdots \\ a_{m1}x_1+a_{m2}x_1+\cdots+a_{mn}x_1=0 \end{cases} \tag{9.3.1}$$

其矩阵形式为

$$\boldsymbol{AX}=\mathbf{0}$$

增广矩阵为

$$\overline{A}=(A \vdots 0)=\begin{pmatrix} a_{11} & a_{12} & \cdots & a_{1n} & \vdots & 0 \\ a_{21} & a_{22} & \cdots & a_{2n} & \vdots & 0 \\ \vdots & \vdots & & \vdots & \vdots & \vdots \\ a_{m1} & a_{m2} & \cdots & a_{mn} & \vdots & 0 \end{pmatrix}_{m\times(n+1)}$$

即 $\overline{A}$ 比 A 只多一个元素全为 0 的列，故它们的秩一定是相等的，即 $r(A)=r(\overline{A})$。

结论：齐次线性方程组一定有解(零解或非零解)；当 $r(A)=n$(未知量个数)时，有唯一解——零解；当 $r(A)<n$ 时，有无穷多解——非零解。

例 1　解下列齐次线性方程组：

$$\begin{cases} 2x_1-4x_2+5x_3+3x_4=0 \\ 3x_1-6x_2+4x_3+2x_4=0 \\ 4x_1-8x_2+17x_3+11x_4=0 \end{cases}$$

解：(1) 对系数矩阵进行初等行变换，化为行最简形矩阵

$$A=\begin{pmatrix} 2 & -4 & 5 & 3 \\ 3 & -6 & 4 & 2 \\ 4 & -8 & 17 & 11 \end{pmatrix} \xrightarrow{r_1-r_2} \begin{pmatrix} -1 & 2 & 1 & 1 \\ 3 & -6 & 4 & 2 \\ 4 & -8 & 17 & 11 \end{pmatrix} \xrightarrow[-r_1]{\substack{r_2+3r_1 \\ r_3+4r_1}} \begin{pmatrix} 1 & -2 & -1 & -1 \\ 0 & 0 & 7 & 5 \\ 0 & 0 & 21 & 15 \end{pmatrix}$$

$$\xrightarrow{\substack{r_3-3r_2 \\ \frac{1}{7}r_2}} \begin{pmatrix} 1 & -2 & -1 & -1 \\ 0 & 0 & 1 & \frac{5}{7} \\ 0 & 0 & 0 & 0 \end{pmatrix} \xrightarrow{r_1+r_2} \begin{pmatrix} 1 & -2 & 0 & -\frac{2}{7} \\ 0 & 0 & 1 & \frac{5}{7} \\ 0 & 0 & 0 & 0 \end{pmatrix}$$

(2) 判断解情况：$r(A)=2<4$，齐次线性方程组有非零解，且含 $4-2=2$ 个“自由未知量”。

(3) 还原成方程组形式得到同解方程组

$$\begin{cases} x_1-2x_2-\frac{2}{7}x_4=0 \\ x_3+\frac{5}{7}x_4=0 \end{cases} \Rightarrow \begin{cases} x_1=2x_2+\frac{2}{7}x_4 \\ x_3=-\frac{5}{7}x_4 \end{cases}$$

其中 x_2，x_4 为自由未知量，可令 $x_2=c_1$，$x_4=7c_2$。

(4) 写出全部非零解：

$$\begin{cases} x_1=2c_1+2c_2 \\ x_2=c_1 \\ x_3=-5c_2 \\ x_4=7c_2 \end{cases} \quad (c_1,\ c_2 \text{为任意常数})$$

由 m 个线性方程构成 n 元线性方程组如下：

$$\begin{cases} a_{11}x_1+a_{12}x_1+\cdots+a_{1n}x_1=b_1 \\ a_{21}x_1+a_{22}x_1+\cdots+a_{2n}x_1=b_2 \\ \qquad\vdots \\ a_{m1}x_1+a_{m2}x_1+\cdots+a_{mn}x_1=b_m \end{cases} \tag{9.3.2}$$

设
$$A=\begin{pmatrix} a_{11} & a_{12} & \cdots & a_{1n} \\ a_{21} & a_{22} & \cdots & a_{2n} \\ \vdots & \vdots & & \vdots \\ a_{m1} & a_{m2} & \cdots & a_{mn} \end{pmatrix},\ X=\begin{pmatrix} x_1 \\ x_2 \\ \vdots \\ x_n \end{pmatrix},\ b=\begin{pmatrix} b_1 \\ b_2 \\ \vdots \\ b_m \end{pmatrix}$$

则原方程可转化为 $\boldsymbol{AX}=\boldsymbol{b}$(矩阵形式)，此时 $\boldsymbol{b}$ 中元素不全为0，称为**非齐次线性方程组**。

从9.1节中解的判定定理可知：当解非齐次线性方程组遇到 $r(\boldsymbol{A})=r(\overline{\boldsymbol{A}})<n$，此时原方程组有无穷多解，必有自由未知量，可以根据题意合理设自由未知量，写出全部解。

例2　解下列非齐次线性方程组：

$$\begin{cases} x_1+5x_2-x_3-x_4=-1 \\ x_1-2x_2+x_3+3x_4=3 \\ 3x_1+8x_2-x_3+x_4=1 \\ x_1-9x_2+3x_3+7x_4=7 \end{cases}$$

解：(1) 对增广矩阵进行初等行变换，化为行最简形矩阵

$$\overline{A}=\left(\begin{array}{cccc:c} 1 & 5 & -1 & -1 & -1 \\ 1 & -2 & 1 & 3 & 3 \\ 3 & 8 & -1 & 1 & 1 \\ 1 & -9 & 3 & 7 & 7 \end{array}\right) \xrightarrow[r_4-r_1]{\substack{r_2-r_1 \\ r_3-3r_1}} \left(\begin{array}{cccc:c} 1 & 5 & -1 & -1 & -1 \\ 0 & -7 & 2 & 4 & 4 \\ 0 & -7 & 2 & 4 & 4 \\ 0 & -14 & 4 & 8 & 8 \end{array}\right)$$

$$\xrightarrow[r_4-2r_2]{r_3-r_2} \left(\begin{array}{cccc:c} 1 & 5 & -1 & -1 & -1 \\ 0 & -7 & 2 & 4 & 4 \\ 0 & 0 & 0 & 0 & 0 \\ 0 & 0 & 0 & 0 & 0 \end{array}\right) \xrightarrow{(-\frac{1}{7})r_2} \left(\begin{array}{cccc:c} 1 & 5 & -1 & -1 & -1 \\ 0 & 1 & -\frac{2}{7} & -\frac{4}{7} & -\frac{4}{7} \\ 0 & 0 & 0 & 0 & 0 \\ 0 & 0 & 0 & 0 & 0 \end{array}\right)$$

$$\xrightarrow{r_1-5r_2} \left(\begin{array}{cccc:c} 1 & 0 & \frac{3}{7} & \frac{13}{7} & \frac{13}{7} \\ 0 & 1 & -\frac{2}{7} & -\frac{4}{7} & -\frac{4}{7} \\ 0 & 0 & 0 & 0 & 0 \\ 0 & 0 & 0 & 0 & 0 \end{array}\right)$$

(2) 判断解的情况：$r(\boldsymbol{A})=r(\overline{\boldsymbol{A}})=2<4$(未知量个数)，所以原线性方程组有无穷多解。

(3) 还原线性方程组得同解方程组

$$\begin{cases} x_1=\frac{13}{7}-\frac{3}{7}x_3-\frac{13}{7}x_4 \\ x_2=-\frac{4}{7}+\frac{2}{7}x_3+\frac{4}{7}x_4 \end{cases}$$

其中 x_3，x_4 为自由未知量。

(4) 写出全部解：可令 $x_3=c_1$，$x_4=c_2$，故全部解为

$$\begin{cases} x_1 = \frac{13}{7} - \frac{3}{7}c_1 - \frac{13}{7}c_2 \\ x_2 = -\frac{4}{7} + \frac{2}{7}c_1 + \frac{4}{7}c_2 \\ x_3 = c_1 \\ x_4 = c_2 \end{cases} \quad (c_1,\ c_2 \text{为任意常数})。$$

解题步骤总结：

(1) 将增广矩阵 $\overline{\boldsymbol{A}} = (\boldsymbol{A} \vdots \boldsymbol{b})$ 用初等行变换，化为行最简形矩阵；

(2) 判断非齐次线性方程组是否有无穷多解，即 $r(\boldsymbol{A}) = r(\overline{\boldsymbol{A}}) = r < n$?

(3) 将行最简形矩阵还原，得到同解方程组；

(4) 写出其全部解(一般解)。

9.3.2　一般线性方程组解的结构

在解决了线性方程组是否有解及求解方法之后，进一步来讨论线性方程组解的结构。所谓解的结构问题就是解与解之间的关系问题。设已知齐次线性方程组(9.3.1)，它的解所成的集合具有下面两个重要性质：

(1) 两个解的和还是方程组的解；

(2) 一个解的倍数还是方程组的解。

定义　齐次线性方程组(9.3.1)的一组解 $\boldsymbol{\eta}_1$，$\boldsymbol{\eta}_2$，…，$\boldsymbol{\eta}_t$ 称为该方程组的一个**基础解系**，如果：

(1) 齐次线性方程组的任一个解都能表成 $\boldsymbol{\eta}_1$，$\boldsymbol{\eta}_2$，…，$\boldsymbol{\eta}_t$ 的线性组合；

(2) $\boldsymbol{\eta}_1$，$\boldsymbol{\eta}_2$，…，$\boldsymbol{\eta}_t$ 线性无关。

应该注意，定义 9.3.1 中的条件 2 是为了保证基础解系中没有多余的解。

定理 9.3.1　在齐次线性方程组(9.3.1)有非零解的情况下，它有基础解系，并且基础解系所含解向量的个数等于 $n-r$，这里 r 表示系数矩阵的秩($n-r$ 也就是自由未知量的个数)。

证明略。

由上述定义容易看出，任何一个线性无关的与某一个基础解系等价的向量组都是基础解系。

推论 9.3.1　若 $\boldsymbol{\eta}_1$，$\boldsymbol{\eta}_2$，…，$\boldsymbol{\eta}_t$ 为齐次线性方程组(9.3.1)的一个基础解系，则(9.3.1)的任一解可表为

$$\boldsymbol{\eta} = k_1\boldsymbol{\eta}_1 + \cdots + k_t\boldsymbol{\eta}_t (k_1,\ k_2,\ \cdots,\ k_t \in P)$$

$W = \{k_1\boldsymbol{\eta}_1 + \cdots + k_t\boldsymbol{\eta}_t \mid k_i \in P,\ i = 1,\ 2,\ \cdots,\ t\}$ 称为齐次线性方程组(9.3.1)的**解空间**。

注意　在线性方程组的求解中，一般解、通解、全部解指的是同一个解集，只是说法的角度不同。一般解通过变动任意常数得到解集，通解是利用基础解系的系数变动得到全部解集。

例 3　求下列齐次线性方程组的一个基础解系：

$$\begin{cases} x_1 + x_2 - x_3 - x_4 = 0 \\ 2x_1 - 5x_2 + 3x_3 + 2x_4 = 0 \\ 7x_1 - 7x_2 + 3x_3 + x_4 = 0 \end{cases}$$

解：对系数矩阵进行初等行变换，化为行最简形矩阵

$$A=\begin{pmatrix}1&1&-1&-1\\2&-5&3&2\\7&-7&3&1\end{pmatrix}\xrightarrow[r_3-7r_1]{r_2-2r_1}\begin{pmatrix}1&1&-1&-1\\0&-7&5&4\\0&-14&10&8\end{pmatrix}\xrightarrow{r_3-2r_2}\begin{pmatrix}1&1&-1&-1\\0&-7&5&4\\0&0&0&0\end{pmatrix}$$

$$\xrightarrow{(-\frac{1}{7})r_2}\begin{pmatrix}1&1&-1&-1\\0&1&-\frac{5}{7}&-\frac{4}{7}\\0&0&0&0\end{pmatrix}\xrightarrow{r_1-r_2}\begin{pmatrix}1&0&-\frac{2}{7}&-\frac{3}{7}\\0&1&-\frac{5}{7}&-\frac{4}{7}\\0&0&0&0\end{pmatrix}$$

得原方程组的一般解

$$\begin{cases}x_1=\dfrac{2}{7}x_3+\dfrac{3}{7}x_4\\x_2=\dfrac{5}{7}x_3+\dfrac{4}{7}x_4\end{cases}$$

令 $x_3=7$，$x_4=0$ 和 $x_3=0$，$x_4=7$，得

$$\boldsymbol{\eta}_1=\begin{pmatrix}2\\5\\7\\0\end{pmatrix},\ \boldsymbol{\eta}_2=\begin{pmatrix}3\\4\\0\\7\end{pmatrix}$$

为原方程组的基础解系。所以原方程的通解（一般解）为

$$k_1\boldsymbol{\eta}_1+k_2\boldsymbol{\eta}_2=k_1\begin{pmatrix}2\\5\\7\\0\end{pmatrix}+k_2\begin{pmatrix}3\\4\\0\\7\end{pmatrix}$$

其中 k_1，k_2 为任意常数。

如果把非齐次线性方程组(9.3.2)的常数项换成0，就得到对应的齐次线性方程组(9.3.1)，因此(9.3.1)也称为方程组(9.3.2)的**导出组**。方程组(9.3.2)的解与它的导出组(9.3.1)的解之间有密切的关系：

(1) 方程组(9.3.2)的两个解的差是它的导出组(9.3.1)的解；

(2) 方程组(9.3.2)的一个解与它的导出组(9.3.1)的一个解之和还是这个线性方程组的一个解。

定理 9.3.2　如果 $\boldsymbol{\gamma}_0$ 是非齐次线性方程组(9.3.2)的一个特解，那么该方程组的任一个解 $\boldsymbol{\gamma}$ 可以表示成

$$\boldsymbol{\gamma}=\boldsymbol{\gamma}_0+\boldsymbol{\eta}\tag{9.3.3}$$

其中 $\boldsymbol{\eta}$ 是导出组(9.3.1)的一个解。因此，对于非齐次线性方程组(9.3.2)的任一个特解 $\boldsymbol{\gamma}_0$，当 $\boldsymbol{\eta}$ 取遍它的导出组的全部解时，由(9.3.3)就得出(9.3.2)的全部解。

定理9.3.2说明，为了找出线性方程组的全部解，只要找出它的一个特解以及它的导出组的全部解即可。导出组是一个齐次线性方程组，而一个齐次线性方程组的解的全体可以用基础解系来表示。因此，根据定理9.3.2可以用导出组的基础解系来表出一般线性方程组的一般解：如果 $\boldsymbol{\gamma}_0$ 是非齐次线性方程组(9.3.2)的一个特解，$\boldsymbol{\eta}_1$，$\boldsymbol{\eta}_2$，…，$\boldsymbol{\eta}_{n-r}$ 是其导出组

(9.3.1)的一个基础解系，那么(9.3.2)的任一个解 $\boldsymbol{\gamma}$ 都可以表成

$$\boldsymbol{\gamma}=\boldsymbol{\gamma}_0+k_1\boldsymbol{\eta}_1+k_2\boldsymbol{\eta}_2+\cdots+k_{n-r}\boldsymbol{\eta}_{n-r}$$

推论 9.3.2　在线性方程组(9.3.2)有解的情况下，解是唯一的充要条件是它的导出组(9.3.1)只有零解。

例 4　求解下列非齐次线性方程组：

$$\begin{cases}x_1-x_2-x_3+x_4=0\\ x_1-x_2+x_3-3x_4=1\\ x_1-x_2-2x_3+3x_4=-\dfrac{1}{2}\end{cases}$$

解：对增广矩阵进行初等行变换，化为行最简形矩阵

$$\overline{\boldsymbol{A}}=\left(\begin{array}{cccc:c}1&-1&-1&1&0\\1&-1&1&-3&1\\1&-1&-2&3&-\dfrac{1}{2}\end{array}\right)\xrightarrow[r_3-r_1]{r_2-r_1}\left(\begin{array}{cccc:c}1&-1&-1&1&0\\0&0&2&-4&1\\0&0&-1&2&-\dfrac{1}{2}\end{array}\right)$$

$$\xrightarrow[\frac{1}{2}r_2]{r_3+\frac{1}{2}r_2,\ r_1+\frac{1}{2}r_2}\left(\begin{array}{cccc:c}1&-1&0&-1&\dfrac{1}{2}\\0&0&1&-2&\dfrac{1}{2}\\0&0&0&0&0\end{array}\right)$$

可见 $r(\boldsymbol{A})=r(\overline{\boldsymbol{A}})$，因此方程组有解，且有

$$\begin{cases}x_1=x_2+x_4+\dfrac{1}{2}\\ x_3=2x_4+\dfrac{1}{2}\end{cases}$$

取 $x_2=x_4=0$，则 $x_1=x_3=\dfrac{1}{2}$，即得原方程组的一个特解

$$\boldsymbol{\gamma}_0=\begin{pmatrix}\dfrac{1}{2}\\0\\\dfrac{1}{2}\\0\end{pmatrix}$$

下面求导出组的基础解系。导出组与

$$\begin{cases}x_1=x_2+x_4\\ x_3=2x_4\end{cases}$$

同解，令 $x_2=1$，$x_4=0$ 和 $x_2=0$，$x_4=1$，得

$$\boldsymbol{\eta}_1=\begin{pmatrix}1\\1\\0\\0\end{pmatrix},\ \boldsymbol{\eta}_2=\begin{pmatrix}1\\0\\2\\1\end{pmatrix}$$

所以原方程组的通解为

$$\boldsymbol{\gamma}=k_1\boldsymbol{\eta}_1+k_2\boldsymbol{\eta}_2+\boldsymbol{\gamma}_0=k_1\begin{pmatrix}1\\1\\0\\0\end{pmatrix}+k_2\begin{pmatrix}1\\0\\2\\1\end{pmatrix}+\begin{pmatrix}\frac{1}{2}\\0\\\frac{1}{2}\\0\end{pmatrix}$$

其中 k_1，k_2 为任意常数。

***例 5** a 为何值时，下面线性方程组有解？当有解时，求出它的解。

$$\begin{cases}3x_1+x_2-x_3-2x_4=2\\x_1-5x_2+2x_3+x_4=-1\\2x_1+6x_2-3x_3-3x_4=a+1\\-x_1-11x_2+5x_3+4x_4=-4\end{cases}$$

解：化方程组的增广矩阵为行阶梯形矩阵

$$\overline{\boldsymbol{A}}=\left(\begin{array}{cccc:c}3&1&-1&-2&2\\1&-5&2&1&-1\\2&6&-3&-3&a+1\\-1&-11&5&4&-4\end{array}\right)\xrightarrow{r_1\leftrightarrow r_2}\left(\begin{array}{cccc:c}1&-5&2&1&-1\\3&1&-1&-2&2\\2&6&-3&-3&a+1\\-1&-11&5&4&-4\end{array}\right)$$

$$\xrightarrow[r_4+r_1]{\substack{r_2-3r_1\\r_3-2r_1}}\left(\begin{array}{cccc:c}1&-5&2&1&-1\\0&16&-7&-5&5\\0&16&-7&-5&a+3\\0&-16&7&5&-5\end{array}\right)\xrightarrow[r_4+r_2]{r_3-r_2}\left(\begin{array}{cccc:c}1&-5&2&1&-1\\0&16&-7&-5&5\\0&0&0&0&a-2\\0&0&0&0&0\end{array}\right)$$

原线性方程组有解当且仅当 $a-2=0$，即 $a=2$。

继续进行初等行变换，将以上矩阵化成行最简形矩阵

$$\left(\begin{array}{cccc:c}1&-5&2&1&-1\\0&16&-7&-5&5\\0&0&0&0&0\\0&0&0&0&0\end{array}\right)\xrightarrow{\frac{1}{16}r_2}\left(\begin{array}{cccc:c}1&-5&2&1&-1\\0&1&-\frac{7}{16}&-\frac{5}{16}&\frac{5}{16}\\0&0&0&0&0\\0&0&0&0&0\end{array}\right)$$

$$\xrightarrow{r_1+5r_2}\left(\begin{array}{cccc:c}1&0&-\frac{3}{16}&-\frac{9}{16}&\frac{9}{16}\\0&1&-\frac{7}{16}&-\frac{5}{16}&\frac{5}{16}\\0&0&0&0&0\\0&0&0&0&0\end{array}\right)$$

同解方程组为

$$\begin{cases} x_1 = \dfrac{3}{16}x_3 + \dfrac{9}{16}x_4 + \dfrac{9}{16} \\ x_2 = \dfrac{7}{16}x_3 + \dfrac{5}{16}x_4 + \dfrac{5}{16} \end{cases} \quad (\text{其中 } x_3,\ x_4 \text{ 为自由未知量})$$

令 $x_3 = x_4 = 0$，得原方程组的一个特解为

$$\boldsymbol{\gamma}_0 = \begin{pmatrix} \dfrac{9}{16} \\ \dfrac{5}{16} \\ 0 \\ 0 \end{pmatrix}$$

与原方程的导出组同解的方程组为

$$\begin{cases} x_1 = \dfrac{3}{16}x_3 + \dfrac{9}{16}x_4 \\ x_2 = \dfrac{7}{16}x_3 + \dfrac{5}{16}x_4 \end{cases} \quad (\text{其中 } x_3,\ x_4 \text{ 为自由未知量})$$

令 $x_3 = 16$，$x_4 = 0$ 和 $x_3 = 0$，$x_4 = 16$，得基础解系为

$$\boldsymbol{\eta}_1 = \begin{pmatrix} 3 \\ 7 \\ 16 \\ 0 \end{pmatrix},\ \boldsymbol{\eta}_2 = \begin{pmatrix} 9 \\ 5 \\ 0 \\ 16 \end{pmatrix}$$

所以原方程组的通解为

$$\boldsymbol{x} = k_1\boldsymbol{\eta}_1 + k_2\boldsymbol{\eta}_2 + \boldsymbol{\gamma}_0 = k_1\begin{pmatrix} 3 \\ 7 \\ 16 \\ 0 \end{pmatrix} + k_2\begin{pmatrix} 9 \\ 5 \\ 0 \\ 16 \end{pmatrix} + \begin{pmatrix} \dfrac{9}{16} \\ \dfrac{5}{16} \\ 0 \\ 0 \end{pmatrix}$$

其中 k_1，k_2 为任意常数。

能力训练 9.3

A 组题

1. 求下列齐次线性方程组的解：

$$\begin{cases} x_1 - x_2 + 2x_3 = 0 \\ 3x_1 - 5x_2 - x_3 = 0 \\ 3x_1 - 7x_2 - 8x_3 = 0 \end{cases}$$ 。

2. 求下列齐次线性方程组的一个基础解系：

(1) $\begin{cases} x_1 + x_2 + 2x_3 - x_4 = 0 \\ 2x_1 + x_2 + x_3 - x_4 = 0 \\ 2x_1 + 2x_2 + x_3 + 2x_4 = 0 \end{cases}$；　(2) $\begin{cases} x_1 + 2x_2 + x_3 - x_4 = 0 \\ 3x_1 + 6x_2 - x_3 - 3x_4 = 0 \\ 5x_1 + 10x_2 + x_3 - 5x_4 = 0 \end{cases}$。

3. 求下列非齐次线性方程组的通解：

(1) $\begin{cases} 2x_1 + 3x_2 + x_3 = 4 \\ x_1 - 2x_2 + 4x_3 = -5 \\ 3x_1 + 8x_2 - 2x_3 = 13 \\ 4x_1 - x_2 + 9x_3 = -6 \end{cases}$；　(2) $\begin{cases} 2x_1 + x_2 - x_3 + x_4 = 1 \\ 4x_1 + 2x_2 - 2x_3 + x_4 = 2 \\ 2x_1 + x_2 - x_3 - x_4 = 1 \end{cases}$。

B 组题

1. 求解下列非齐次线性方程组：

(1) $\begin{cases} x_1 + x_2 - 3x_3 = -1 \\ 2x_1 + x_2 - 2x_3 = 1 \\ x_1 + 2x_2 - 3x_3 = 1 \\ x_1 + x_2 + x_3 = 100 \end{cases}$；　(2) $\begin{cases} x_1 - 2x_2 + x_3 + x_4 = 1 \\ x_1 - 2x_2 + x_3 - x_4 = -1 \\ x_1 - 2x_2 + x_3 + 5x_4 = 5 \end{cases}$；

(3) $\begin{cases} 2x_1 - x_2 + 3x_3 - x_4 = 1 \\ 3x_1 - 2x_2 - 2x_3 + 3x_4 = 3 \\ x_1 - x_2 - 5x_3 + 4x_4 = 2 \\ 7x_1 - 5x_2 - 9x_3 + 10x_4 = 8 \end{cases}$。

2. 下列线性方程组中，λ 取何值时无解、有唯一解和有无穷多解？并在有无穷多解时求出其通解。

$$\begin{cases} (\lambda + 3)x_1 + x_2 + 2x_3 = \lambda \\ \lambda x_1 + (\lambda - 1)x_2 + x_3 = \lambda \\ 3(\lambda + 1)x_1 + \lambda x_2 + (\lambda + 3)x_3 = 3 \end{cases}$$。

学 习 指 导

一、基本要求与重点

1. 基本要求

1）会使用高斯消元法解 n 元线性方程组，准确求出一般解，理解线性方程组解的判定定理并且会判断是否有解，有解时是有唯一解还是无穷多解。

2）理解有关向量组线性相关、线性无关的概念，会判断一个 n 维向量组是否线性相关，并且能够正确运用矩阵的初等变换的方法求出一个向量组的极大线性无关组和向量组的秩。

3）掌握含有 n 个未知数 m 个方程的一般 n 元线性方程组解的结构，包括齐次线性方程组和非齐次线性方程组的解的内在关系，能够熟练求出齐次线性方程组的基础解系和通解，能够根据非齐次方程组和对应的导出组解的关系，求出非齐次线性方程组的通解。

2. 重点

1）借助于矩阵的初等变换，用消元法解线性方程组和判断方程组解的三种情况。

2）求解 n 元齐次线性方程组的基础解系和通解，求非齐次线性方程组的通解。

二、内容小结与典型例题分析

1. 基本概念

齐次和非齐次这两类线性方程组以及它们的矩阵形式、方程组的系数矩阵、增广矩阵、行简化阶梯形矩阵（行最简阵）；齐次线性方程组基础解系、非齐次线性方程组的导出组、非齐次线性方程组的特解、线性方程组的通解（一般解）等概念。n 维向量及其线性关系，包括 n 维向量的定义，向量组的线性组合、线性相关、线性无关、极大无关组和向量组的秩等概念。

2. 线性方程组解的判定方法

齐次线性方程组：设 $\boldsymbol{Ax}=\boldsymbol{0}$，则 $\boldsymbol{Ax}=\boldsymbol{0}$ 只有零解$\Leftrightarrow r(\boldsymbol{A})=n$；$\boldsymbol{Ax}=\boldsymbol{0}$ 有非零解$\Leftrightarrow r(\boldsymbol{A})<n$。

非齐次线性方程组：设 $\boldsymbol{Ax}=\boldsymbol{b}$，则 $\boldsymbol{Ax}=\boldsymbol{b}$ 有解$\Leftrightarrow r(\boldsymbol{A})=r(\overline{\boldsymbol{A}})$，且当 $r(\boldsymbol{A})=n$ 时，$\boldsymbol{Ax}=\boldsymbol{b}$ 有唯一解；当 $r(\boldsymbol{A})<n$ 时，$\boldsymbol{Ax}=\boldsymbol{b}$ 有无穷多解；当 $r(\boldsymbol{A})\neq r(\overline{\boldsymbol{A}})$时，$\boldsymbol{Ax}=\boldsymbol{b}$ 无解。

3. 向量的线性关系

对一组向量 $\boldsymbol{\alpha}_1$，$\boldsymbol{\alpha}_2$，…，$\boldsymbol{\alpha}_m$，只要存在一组不全为 0 的数 k_1，k_2，…，k_m，使 $k_1\boldsymbol{\alpha}_1+k_2\boldsymbol{\alpha}_2+\cdots+k_m\boldsymbol{\alpha}_m=\boldsymbol{0}$ 成立，则 $\boldsymbol{\alpha}_1$，$\boldsymbol{\alpha}_2$，…，$\boldsymbol{\alpha}_m$ 线性相关，否则就线性无关。

4. 向量组的极大无线性关组和向量秩的求法

把向量组中的每一个向量作为矩阵的列构成一个矩阵，用初等行变换将其化为行阶梯形矩阵，则非零行的个数就是该向量组的秩，非零行原来所对应的向量组就是一个极大线性无关组。

5. 求齐次线性方程组 $\boldsymbol{Ax}=\boldsymbol{0}$ 的基础解系的一般步骤

首先，用初等行变换把方程组的系数矩阵化为行最简形矩阵；然后，根据行最简形矩阵写出方程组的一般解，再把一般解中的自由未知量的系数排成一个列向量，由此就可以求得基础解系。

6. 求非齐次线性方程组 $\boldsymbol{Ax}=\boldsymbol{b}$ 的通解的一般步骤

首先，用初等行变换把方程组的增广矩阵化为行最简形矩阵，判断该方程组是否有解，在有解的情况下得出一个特解；然后，求出其对应的齐次线性方程组（导出组）的基础解系，两者相加即为非齐次线性方程组的通解。

例 1　设向量组 $\boldsymbol{\alpha}_1=(1,\ -1,\ 2,\ 1,\ 0)$，$\boldsymbol{\alpha}_2=(2,\ -2,\ 4,\ -2,\ 0)$，$\boldsymbol{\alpha}_3=(3,\ 0,\ 6,\ -1,\ 1)$，$\boldsymbol{\alpha}_4=(0,\ 3,\ 0,\ 0,\ 1)$，求向量组的秩及其一个极大线性无关组，并把其余向量用此极大线性无关组线性表出。

解：把向量 $\boldsymbol{\alpha}_1$，$\boldsymbol{\alpha}_2$，$\boldsymbol{\alpha}_3$，$\boldsymbol{\alpha}_4$ 看作矩阵 $\boldsymbol{A}$ 的行向量组，再用初等行变换把 $\boldsymbol{A}$ 化为阶梯形矩阵，即

$$\boldsymbol{A}=\begin{pmatrix}1 & -1 & 2 & 1 & 0\\ 2 & -2 & 4 & -2 & 0\\ 3 & 0 & 6 & -1 & 1\\ 0 & 3 & 0 & 0 & 1\end{pmatrix}\xrightarrow[r_3-3r_1]{r_2-2r_1}\begin{pmatrix}1 & -1 & 2 & 1 & 0\\ 0 & 0 & 0 & -4 & 0\\ 0 & 3 & 0 & -4 & 1\\ 0 & 3 & 0 & 0 & 1\end{pmatrix}$$

$$\xrightarrow{r_4-r_3}\begin{pmatrix}1 & -1 & 2 & 1 & 0\\ 0 & 0 & 0 & -4 & 0\\ 0 & 3 & 0 & -4 & 1\\ 0 & 0 & 0 & 4 & 0\end{pmatrix}\xrightarrow[\frac{1}{3}r_2]{\substack{r_2\leftrightarrow r_3\\ r_4+r_3\\ (-\frac{1}{4})r_3}}\begin{pmatrix}1 & -1 & 2 & 1 & 0\\ 0 & 1 & 0 & -\frac{4}{3} & \frac{1}{3}\\ 0 & 0 & 0 & 1 & 0\\ 0 & 0 & 0 & 0 & 0\end{pmatrix}$$

$$\xrightarrow{r_1+r_2}\begin{pmatrix}1 & 0 & 2 & -\frac{1}{3} & \frac{1}{3}\\ 0 & 1 & 0 & -\frac{4}{3} & \frac{1}{3}\\ 0 & 0 & 0 & 1 & 0\\ 0 & 0 & 0 & 0 & 0\end{pmatrix}\xrightarrow{\substack{r_1+\frac{1}{3}r_3\\ r_2+\frac{4}{3}r_3}}\begin{pmatrix}1 & 0 & 2 & 0 & \frac{1}{3}\\ 0 & 1 & 0 & 0 & \frac{1}{3}\\ 0 & 0 & 0 & 1 & 0\\ 0 & 0 & 0 & 0 & 0\end{pmatrix}$$

所以 $r(\boldsymbol{A})=3$，向量组 $\boldsymbol{\alpha}_1$，$\boldsymbol{\alpha}_2$，$\boldsymbol{\alpha}_3$ 就是原向量组的一个极大无关组，且有

$$\boldsymbol{\alpha}_4=-\boldsymbol{\alpha}_1-\boldsymbol{\alpha}_2+\boldsymbol{\alpha}_3$$

例 2　当 a，b 为何值时，下列方程组无解、有唯一解和有无穷多解？

$$\begin{cases}x_1+3x_2+x_3=0\\ 3x_1+2x_2+3x_3=-1\\ -x_1+4x_2+ax_3=b\end{cases}$$

解：将方程组的增广矩阵化为行阶梯形矩阵

$$\overline{\boldsymbol{A}}=\left(\begin{array}{ccc:c}1 & 3 & 1 & 0\\ 3 & 2 & 3 & -1\\ -1 & 4 & a & b\end{array}\right)\xrightarrow{\substack{r_2-3r_1\\ r_3+r_1}}\left(\begin{array}{ccc:c}1 & 3 & 1 & 0\\ 0 & -7 & 0 & -1\\ 0 & 7 & 1+a & b\end{array}\right)\xrightarrow{r_3+r_2}\left(\begin{array}{ccc:c}1 & 3 & 1 & 0\\ 0 & -7 & 0 & -1\\ 0 & 0 & 1+a & b-1\end{array}\right)$$

当 $1+a\neq 0$，即 $a\neq -1$ 时，$r(\overline{\boldsymbol{A}})=r(\boldsymbol{A})=3$，方程组有解唯一；

当 $a=-1$，$b\neq 1$ 时，$r(\overline{\boldsymbol{A}})=3\neq r(\boldsymbol{A})=2$，方程组无解；

当 $a=-1$，$b=1$ 时，$r(\overline{\boldsymbol{A}})=r(\boldsymbol{A})=2$，方程组有无穷多解。

例 3　(配平化学方程式)化学方程式表示化学反应中消耗和产生的物质的量。配平化学方程式就是必须找出一组数使得方程式左右两端的各类原子的总数对应相等。一个系统的方法就是建立能够描述反应过程中每种原子数目的向量方程，然后找出该方程组的最简的正整数解。下面利用此思路来配平如下化学反应方程式

$$x_1\mathrm{KMnO_4}+x_2\mathrm{MnSO_4}+x_3\mathrm{H_2O}\rightarrow x_4\mathrm{MnO_2}+x_5\mathrm{K_2SO_4}+x_6\mathrm{H_2SO_4}$$

其中 x_1，x_2，…，x_6 均取正整数。

解：上述化学反应式中包含 5 种不同的原子(K、Mn、O、S、H)，于是在 $\mathbf{R}^5$ 中为每一种反应物和生成物构成如下向量：

$$\mathrm{KMnO_4}\begin{pmatrix}1\\1\\4\\0\\0\end{pmatrix},\ \mathrm{MnSO_4}\begin{pmatrix}0\\1\\4\\1\\0\end{pmatrix},\ \mathrm{H_2O}\begin{pmatrix}0\\0\\1\\0\\2\end{pmatrix},\ \mathrm{MnO_2}\begin{pmatrix}0\\1\\2\\0\\0\end{pmatrix},\ \mathrm{K_2SO_4}\begin{pmatrix}2\\0\\4\\1\\0\end{pmatrix},\ \mathrm{H_2SO_4}\begin{pmatrix}0\\0\\4\\1\\2\end{pmatrix}$$

其中，每一个向量的各个分量依次表示反应物和生成物中 K、Mn、O、S、H 的原子数目。为了配平化学方程式，系数 x_1，x_2，…，x_6 必须满足方程组

$$x_1\begin{pmatrix}1\\1\\4\\0\\0\end{pmatrix}+x_2\begin{pmatrix}0\\1\\4\\1\\0\end{pmatrix}+x_3\begin{pmatrix}0\\0\\1\\0\\2\end{pmatrix}=x_4\begin{pmatrix}0\\1\\2\\0\\0\end{pmatrix}+x_5\begin{pmatrix}2\\0\\4\\1\\0\end{pmatrix}+x_6\begin{pmatrix}0\\0\\4\\1\\2\end{pmatrix}$$

求解该齐次线性方程组，得到通解

$$\begin{pmatrix}x_1\\x_2\\x_3\\x_4\\x_5\\x_6\end{pmatrix}=c\begin{pmatrix}2\\3\\2\\5\\1\\2\end{pmatrix}\ (c\in\mathbf{R})$$

由于化学方程式通常取最简的正整数，因此在通解中取 $c=1$，即得配平后的化学方程式

$$2KMnO_4+3MnSO_4+2H_2O\rightarrow 5MnO_2+K_2SO_4+2H_2SO_4。$$

综合训练 9

A 组题

选择题

（1）向量组 $\boldsymbol{\alpha}_1=(0,\ 0,\ 1)$，$\boldsymbol{\alpha}_2=(0,\ 1,\ 1)$，$\boldsymbol{\alpha}_3=(1,\ 1,\ 1)$，$\boldsymbol{\alpha}_4=(1,\ 0,\ 0)$的秩是(　　)。

A. 1　　B. 2　　C. 3　　D. 4

（2）向量组 $\boldsymbol{\alpha}_1$，$\boldsymbol{\alpha}_2$，…，$\boldsymbol{\alpha}_r$ 线性无关，且有一组数 λ_1，λ_2，…，λ_r，使 $\lambda_1\boldsymbol{\alpha}_1+\lambda_2\boldsymbol{\alpha}_2+\cdots+\lambda_r\boldsymbol{\alpha}_r=\mathbf{0}$，则这组数 λ_1，λ_2，…，λ_r(　　)。

A. 全为 0　　B. 全不为 0

C. 至少有一个不为 0　　D. 可以是上述情况之一

（3）向量组 $\boldsymbol{\alpha}_1=(-1,\ 1,\ 1)$，$\boldsymbol{\alpha}_2=(1,\ -1,\ 1)$，$\boldsymbol{\alpha}_3=(0,\ 0,\ 1)$，$\boldsymbol{\alpha}_4=(-1,\ 1,\ 0)$的一个极大线性无关组是(　　)。

A. $\boldsymbol{\alpha}_1$，$\boldsymbol{\alpha}_2$　　B. $\boldsymbol{\alpha}_1$，$\boldsymbol{\alpha}_2$，$\boldsymbol{\alpha}_3$　　C. $\boldsymbol{\alpha}_1$，$\boldsymbol{\alpha}_2$，$\boldsymbol{\alpha}_4$　　D. $\boldsymbol{\alpha}_2$，$\boldsymbol{\alpha}_3$，$\boldsymbol{\alpha}_4$

（4）向量组 $\boldsymbol{\alpha}_1$，$\boldsymbol{\alpha}_2$，$\boldsymbol{\alpha}_3$，…，$\boldsymbol{\alpha}_s$ 线性相关是指对于子式 $k_1\boldsymbol{\alpha}_1+k_2\boldsymbol{\alpha}_2+\cdots+k_s\boldsymbol{\alpha}_s=\mathbf{0}$，其中的 s 个系数 k_1，k_2，…，k_s(　　)。

A. 可以不全为 0　　B. 必须不全为 0

C. 可以全部为 0　　D. 必须全部为 0

（5）设 $\boldsymbol{\alpha}_1=(1,\ 1,\ -1)$，$\boldsymbol{\alpha}_2=(-1,\ 0,\ 1)$，$\boldsymbol{\alpha}_3=(2,\ 2,\ \lambda)$，则当 $\lambda=$(　　)时，$\boldsymbol{\alpha}_1$，$\boldsymbol{\alpha}_2$，$\boldsymbol{\alpha}_3$ 线性相关。

A. 1　　B. 0　　C. -1　　D. -2

(6) 方程组 $\begin{cases} x_1+2x_2+3x_3=-1 \\ 2x_1+x_2-2x_3=1 \\ x_1+x_2+x_3=3 \\ x_1+2x_2-3x_3=1 \end{cases}$ 解的情况为(　　)。

A. 唯一解　　B. 无穷多解　　C. 无解　　D. 无法确定

B 组题

1. 求下列齐次线性方程组的解:

(1) $\begin{cases} x_1+3x_2-x_3+2x_4=0 \\ 3x_1-x_2+2x_3+x_4=0 \\ -2x_1+5x_2+x_3-x_4=0 \\ 3x_1+10x_2+x_3+4x_4=0 \\ -2x_1+15x_2-4x_3+4x_4=0 \end{cases}$;　　(2) $\begin{cases} 2x_1+3x_2-x_3+5x_4=0 \\ 3x_1+x_2+2x_3-x_4=0 \\ 4x_1+x_2-3x_3+6x_4=0 \\ x_1-2x_2+4x_3-7x_4=0 \end{cases}$。

2. 求下列非齐次线性方程组的一般解:

(1) $\begin{cases} x_1+x_2+2x_3=1 \\ 2x_1-x_2+2x_3=-4 \\ 4x_1+x_2+4x_3=-2 \end{cases}$;　　(2) $\begin{cases} -2x_1+x_2+x_3=1 \\ x_1-2x_2+x_3=-2 \\ x_1+x_2-2x_3=4 \end{cases}$。

3. 求下列线性方程组的基础解系和通解:

$$\begin{cases} x_1+2x_2+3x_3-x_4=1 \\ 2x_1+4x_2+5x_3-3x_4-x_5=2 \\ -x_1-2x_2-3x_3+3x_4+4x_5=1 \end{cases}$$

附　　录

附录A　积　分　表

一、含有 $a+bx$ 的积分

(1) $\int \frac{dx}{a+bx} = \frac{1}{b}\ln|a+bx| + C$

(2) $\int (a+bx)^{\mu}dx = \frac{(a+bx)^{\mu+1}}{b(\mu+1)} + C\ (\mu \neq -1)$

(3) $\int \frac{xdx}{a+bx} = \frac{1}{b^2}(a+bx-a\ln|a+bx|) + C$

(4) $\int \frac{x^2dx}{a+bx} = \frac{1}{b^3}\left[\frac{1}{2}(a+bx)^2 - 2a(a+bx) + a^2\ln|a+bx|\right] + C$

(5) $\int \frac{dx}{x(a+bx)} = -\frac{1}{a}\ln\left|\frac{a+bx}{x}\right| + C$

(6) $\int \frac{dx}{x^2(a+bx)} = -\frac{1}{ax} + \frac{b}{a^2}\ln\left|\frac{a+bx}{x}\right| + C$

(7) $\int \frac{xdx}{(a+bx)^2} = \frac{1}{b^2}\left(\ln|a+bx| + \frac{a}{a+bx}\right) + C$

(8) $\int \frac{x^2dx}{(a+bx)^2} = \frac{1}{b^3}\left(a+bx-2a\ln|a+bx| - \frac{a^2}{a+bx}\right) + C$

(9) $\int \frac{dx}{x(a+bx)^2} = \frac{1}{a(a+bx)} - \frac{1}{a^2}\ln\left|\frac{a+bx}{x}\right| + C$

(10) $\int \frac{xdx}{(a+bx)^3} = \frac{1}{b^2}\left[-\frac{1}{a+bx} + \frac{a}{2(a+bx)^2}\right] + C$

二、含有 $\sqrt{a+bx}$ 的积分

(11) $\int \sqrt{a+bx}\,dx = \frac{2}{3b}\sqrt{(a+bx)^3} + C$

(12) $\int x\sqrt{a+bx}\,dx = -\frac{2(2a-3bx)\sqrt{(a+bx)^3}}{15b^2} + C$

(13) $\int x^2\sqrt{a+bx}\,dx = \frac{2(8a^2-12abx+15b^2x^2)\sqrt{(a+bx)^3}}{105b^3} + C$

(14) $\int \frac{x\mathrm{d}x}{\sqrt{a+bx}} = -\frac{2(2a-bx)}{3b^2}\sqrt{a+bx}+C$

(15) $\int \frac{x^2\mathrm{d}x}{\sqrt{a+bx}} = \frac{2(8a^2-4abx+3b^2x^2)}{15b^3}\sqrt{a+bx}+C$

(16) $\int \frac{\mathrm{d}x}{x\sqrt{a+bx}} = \begin{cases} \frac{1}{\sqrt{a}}\ln\left|\frac{\sqrt{a+bx}-\sqrt{a}}{\sqrt{a+bx}+\sqrt{a}}\right|+C\ (a>0) \\ \frac{2}{\sqrt{-a}}\arctan\sqrt{\frac{a+bx}{-a}}+C\ (a<0) \end{cases}$

(17) $\int \frac{\mathrm{d}x}{x^2\sqrt{a+bx}} = -\frac{\sqrt{a+bx}}{ax}-\frac{b}{2a}\int\frac{\mathrm{d}x}{x\sqrt{a+bx}}$

(18) $\int \frac{\sqrt{a+bx}\,\mathrm{d}x}{x} = 2\sqrt{a+bx}+a\int\frac{\mathrm{d}x}{x\sqrt{a+bx}}$

三、含有 $a^2 \pm x^2$ 的积分

(19) $\int \frac{\mathrm{d}x}{a^2+x^2} = \frac{1}{a}\arctan\frac{x}{a}+C$

(20) $\int \frac{\mathrm{d}x}{(x^2+a^2)^n} = \frac{x}{2(n-1)a^2(x^2+a^2)^{n-1}}+\frac{2n-3}{2(n-1)a^2}\int\frac{\mathrm{d}x}{(x^2+a^2)^{n-1}}$

(21) $\int \frac{\mathrm{d}x}{a^2-x^2} = \frac{1}{2a}\ln\left|\frac{a+x}{a-x}\right|+C\ (|x|<a)$

(22) $\int \frac{\mathrm{d}x}{x^2-a^2} = \frac{1}{2a}\ln\left|\frac{x-a}{x+a}\right|+C\ (|x|>a)$

四、含有 $a \pm bx^2$ 的积分

(23) $\int \frac{\mathrm{d}x}{a+bx^2} = \frac{1}{\sqrt{ab}}\arctan\sqrt{\frac{b}{a}}x+C\ (a>0,b>0)$

(24) $\int \frac{\mathrm{d}x}{a-bx^2} = \frac{1}{2\sqrt{ab}}\ln\left|\frac{\sqrt{a}+\sqrt{b}x}{\sqrt{a}-\sqrt{b}x}\right|+C\ (a>0,b>0)$

(25) $\int \frac{x}{a+bx^2}\mathrm{d}x = \frac{1}{2b}\ln|a+bx^2|+C$

(26) $\int \frac{x^2}{a+bx^2}\mathrm{d}x = \frac{x}{b}-\frac{a}{b}\int\frac{\mathrm{d}x}{a+bx^2}$

(27) $\int \frac{\mathrm{d}x}{x(a+bx^2)} = \frac{1}{2a}\ln\left|\frac{x^2}{a+bx^2}\right|+C$

(28) $\int \frac{\mathrm{d}x}{x^2(a+bx^2)} = -\frac{1}{ax}-\frac{b}{a}\int\frac{\mathrm{d}x}{a+bx^2}$

(29) $\int \frac{dx}{(a+bx^2)^2} = \frac{x}{2a(a+bx^2)} + \frac{1}{2a}\int \frac{dx}{a+bx^2}$

五、含有$\sqrt{x^2+a^2}$ $(a>0)$的积分

(30) $\int \sqrt{x^2+a^2}dx = \frac{x}{2}\sqrt{x^2+a^2} + \frac{a^2}{2}\ln(x+\sqrt{x^2+a^2}) + C$

(31) $\int \sqrt{(x^2+a^2)^3}dx = \frac{x}{8}(2x^2+5a^2)\sqrt{x^2+a^2} + \frac{3a^4}{8}\ln(x+\sqrt{x^2+a^2}) + C$

(32) $\int x\sqrt{x^2+a^2}dx = \frac{\sqrt{(x^2+a^2)^3}}{3} + C$

(33) $\int x^2\sqrt{x^2+a^2}dx = \frac{x}{8}(2x^2+a^2)\sqrt{x^2+a^2} - \frac{a^4}{8}\ln(x+\sqrt{x^2+a^2}) + C$

(34) $\int \frac{dx}{\sqrt{x^2+a^2}} = \ln(x+\sqrt{x^2+a^2}) + C$

(35) $\int \frac{dx}{\sqrt{(x^2+a^2)^3}} = \frac{x}{a^2\sqrt{x^2+a^2}} + C$

(36) $\int \frac{x}{\sqrt{x^2+a^2}}dx = \sqrt{x^2+a^2} + C$

(37) $\int \frac{x^2}{\sqrt{x^2+a^2}}dx = \frac{x}{2}\sqrt{x^2+a^2} - \frac{a^2}{2}\ln(x+\sqrt{x^2+a^2}) + C$

(38) $\int \frac{x^2}{\sqrt{(x^2+a^2)^3}}dx = -\frac{x}{\sqrt{x^2+a^2}} + \ln(x+\sqrt{x^2+a^2}) + C$

(39) $\int \frac{dx}{x\sqrt{x^2+a^2}} = \frac{1}{a}\ln\left|\frac{x}{a+\sqrt{x^2+a^2}}\right| + C$

(40) $\int \frac{dx}{x^2\sqrt{x^2+a^2}} = -\frac{\sqrt{x^2+a^2}}{a^2x} + C$

(41) $\int \frac{dx}{x^3\sqrt{x^2+a^2}} = -\frac{\sqrt{x^2+a^2}}{2a^2x^2} + \frac{1}{2a^3}\ln\left|\frac{a+\sqrt{x^2+a^2}}{x}\right| + C$

(42) $\int \frac{\sqrt{x^2+a^2}}{x}dx = \sqrt{x^2+a^2} - a\ln\left|\frac{a+\sqrt{x^2+a^2}}{x}\right| + C$

(43) $\int \frac{\sqrt{x^2+a^2}}{x^2}dx = -\frac{\sqrt{x^2+a^2}}{x} + \ln(x+\sqrt{x^2+a^2}) + C$

六、含有$\sqrt{x^2-a^2}$ $(a>0)$的积分

(44) $\int \frac{dx}{\sqrt{x^2-a^2}} = \ln|x+\sqrt{x^2-a^2}| + C$

(45) $\int \frac{dx}{\sqrt{(x^2-a^2)^3}} = -\frac{x}{a^2\sqrt{x^2-a^2}} + C$

(46) $\int \frac{x}{\sqrt{x^2-a^2}}dx = \sqrt{x^2-a^2} + C$

(47) $\int \sqrt{x^2-a^2}\,dx = \frac{x}{2}\sqrt{x^2-a^2} - \frac{a^2}{2}\ln|x+\sqrt{x^2-a^2}| + C$

(48) $\int \sqrt{(x^2-a^2)^3}\,dx = \frac{x}{8}(2x^2-5a^2)\sqrt{x^2-a^2} + \frac{3a^4}{8}\ln|x+\sqrt{x^2-a^2}| + C$

(49) $\int x\sqrt{x^2-a^2}\,dx = \frac{\sqrt{(x^2-a^2)^3}}{3} + C$

(50) $\int x\sqrt{(x^2-a^2)^3}\,dx = \frac{\sqrt{(x^2-a^2)^5}}{5} + C$

(51) $\int x^2\sqrt{x^2-a^2}\,dx = \frac{x}{8}(2x^2-a^2)\sqrt{x^2-a^2} - \frac{a^4}{8}\ln|x+\sqrt{x^2-a^2}| + C$

(52) $\int \frac{x^2dx}{\sqrt{x^2-a^2}} = \frac{x}{2}\sqrt{x^2-a^2} + \frac{a^2}{2}\ln|x+\sqrt{x^2-a^2}| + C$

(53) $\int \frac{x^2dx}{\sqrt{(x^2-a^2)^3}} = -\frac{x}{\sqrt{x^2-a^2}} + \ln|x+\sqrt{x^2-a^2}| + C$

(54) $\int \frac{dx}{x\sqrt{x^2-a^2}} = \frac{1}{a}\arccos\frac{a}{|x|} + C$

(55) $\int \frac{dx}{x^2\sqrt{x^2-a^2}} = \frac{\sqrt{x^2-a^2}}{a^2x} + C$

(56) $\int \frac{dx}{x^3\sqrt{x^2-a^2}} = \frac{\sqrt{x^2-a^2}}{2a^2x^2} + \frac{1}{2a^3}\arccos\frac{a}{x} + C$

(57) $\int \frac{\sqrt{x^2-a^2}}{x}dx = \sqrt{x^2-a^2} - a\arccos\frac{a}{|x|} + C$

(58) $\int \frac{\sqrt{x^2-a^2}}{x^2}dx = -\frac{\sqrt{x^2-a^2}}{x} + \ln|x+\sqrt{x^2-a^2}| + C$

七、含有$\sqrt{a^2-x^2}$ $(a>0)$的积分

(59) $\int \frac{dx}{\sqrt{a^2-x^2}} = \arcsin\frac{x}{a} + C$

(60) $\int \frac{dx}{\sqrt{(a^2-x^2)^3}} = \frac{x}{a^2\sqrt{a^2-x^2}} + C$

(61) $\int \frac{xdx}{\sqrt{a^2-x^2}} = -\sqrt{a^2-x^2} + C$

(62) $\int \frac{x\mathrm{d}x}{\sqrt{(a^2-x^2)^3}} = \frac{1}{\sqrt{a^2-x^2}} + C$

(63) $\int \frac{x^2\mathrm{d}x}{\sqrt{a^2-x^2}} = -\frac{x}{2}\sqrt{a^2-x^2} + \frac{a^2}{2}\arcsin\frac{x}{a} + C$

(64) $\int \sqrt{a^2-x^2}\,\mathrm{d}x = \frac{x}{2}\sqrt{a^2-x^2} + \frac{a^2}{2}\arcsin\frac{x}{a} + C$

(65) $\int \sqrt{(a^2-x^2)^3}\,\mathrm{d}x = \frac{x}{8}(5a^2-2x^2)\sqrt{a^2-x^2} + \frac{3a^4}{8}\arcsin\frac{x}{a} + C$

(66) $\int x\sqrt{a^2-x^2}\,\mathrm{d}x = -\frac{\sqrt{(a^2-x^2)^3}}{3} + C$

(67) $\int x\sqrt{(a^2-x^2)^3}\,\mathrm{d}x = -\frac{\sqrt{(a^2-x^2)^5}}{5} + C$

(68) $\int x^2\sqrt{a^2-x^2}\,\mathrm{d}x = \frac{x}{8}(2x^2-a^2)\sqrt{a^2-x^2} + \frac{a^4}{8}\arcsin\frac{x}{a} + C$

(69) $\int \frac{x^2}{\sqrt{(a^2-x^2)^3}}\mathrm{d}x = \frac{x}{\sqrt{a^2-x^2}} - \arcsin\frac{x}{a} + C$

(70) $\int \frac{\mathrm{d}x}{x\sqrt{a^2-x^2}} = \frac{1}{a}\ln\left|\frac{x}{a+\sqrt{a^2-x^2}}\right| + C$

(71) $\int \frac{\mathrm{d}x}{x^2\sqrt{a^2-x^2}} = -\frac{\sqrt{a^2-x^2}}{a^2x} + C$

(72) $\int \frac{\mathrm{d}x}{x^3\sqrt{a^2-x^2}} = -\frac{\sqrt{a^2-x^2}}{2a^2x^2} - \frac{1}{4a^3}\ln\left|\frac{a+\sqrt{a^2-x^2}}{a-\sqrt{a^2-x^2}}\right| + C$

(73) $\int \frac{\sqrt{a^2-x^2}}{x}\mathrm{d}x = \sqrt{a^2-x^2} - a\ln\left|\frac{a+\sqrt{a^2-x^2}}{x}\right| + C$

(74) $\int \frac{\sqrt{a^2-x^2}}{x^2}\mathrm{d}x = -\frac{\sqrt{a^2-x^2}}{x} - \arcsin\frac{x}{a} + C$

八、含有 $a+bx\pm cx^2\,(c>0)$ 的积分

(75) $\int \frac{\mathrm{d}x}{a+bx-cx^2} = \frac{1}{\sqrt{b^2+4ac}}\ln\left|\frac{\sqrt{b^2+4ac}+2cx-b}{\sqrt{b^2+4ac}-2cx+b}\right| + C$

(76) $\int \frac{\mathrm{d}x}{a+bx+cx^2} = \begin{cases} \frac{2}{\sqrt{4ac-b^2}}\arctan\frac{2cx+b}{\sqrt{4ac-b^2}} + C & (b^2<4ac) \\ \frac{1}{\sqrt{b^2-4ac}}\ln\left|\frac{2cx+b-\sqrt{b^2-4ac}}{2cx+b+\sqrt{b^2-4ac}}\right| + C & (b^2>4ac) \end{cases}$

九、含有$\sqrt{a+bx\pm cx^2}$ $(c>0)$的积分

(77) $\int \frac{dx}{\sqrt{a+bx+cx^2}}=\frac{1}{\sqrt{c}}\ln\left|2cx+b+2\sqrt{c}\sqrt{a+bx+cx^2}\right|+C$

(78) $\int \sqrt{a+bx+cx^2}\,dx=\frac{2cx+b}{4c}\sqrt{a+bx+cx^2}-\frac{b^2-4ac}{8\sqrt{c^3}}\ln\left|2cx+b+2\sqrt{c}\sqrt{a+bx+cx^2}\right|+C$

(79) $\int \frac{x}{\sqrt{a+bx+cx^2}}dx=\frac{\sqrt{a+bx+cx^2}}{c}-\frac{b}{2\sqrt{c^3}}\ln\left|2cx+b+2\sqrt{c}\sqrt{a+bx+cx^2}\right|+C$

(80) $\int \frac{dx}{\sqrt{a+bx-cx^2}}=-\frac{1}{\sqrt{c}}\arcsin\frac{2cx-b}{\sqrt{b^2+4ac}}+C$

(81) $\int \sqrt{a+bx-cx^2}\,dx=\frac{2cx-b}{4c}\sqrt{a+bx-cx^2}+\frac{b^2+4ac}{8\sqrt{c^3}}\arcsin\frac{2cx-b}{\sqrt{b^2+4ac}}+C$

(82) $\int \frac{x}{\sqrt{a+bx-cx^2}}dx=-\frac{\sqrt{a+bx-cx^2}}{c}+\frac{b}{2\sqrt{c^3}}\arcsin\frac{2cx-b}{\sqrt{b^2+4ac}}+C$

十、含有$\sqrt{\frac{a\pm x}{b\pm x}}$或$\sqrt{(x-a)(b-x)}$的积分

(83) $\int \sqrt{\frac{a+x}{b+x}}\,dx=\sqrt{(a+x)(b+x)}+(a-b)\ln(\sqrt{a+x}+\sqrt{b+x})+C$

(84) $\int \sqrt{\frac{a-x}{b+x}}\,dx=\sqrt{(a-x)(b+x)}+(a+b)\arcsin\sqrt{\frac{x+b}{a+b}}+C$

(85) $\int \sqrt{\frac{a+x}{b-x}}\,dx=-\sqrt{(a+x)(b-x)}-(a+b)\arcsin\sqrt{\frac{b-x}{a+b}}+C$

(86) $\int \frac{dx}{\sqrt{(x-a)(b-x)}}=2\arcsin\sqrt{\frac{x-a}{b-a}}+C \quad (a<b)$

十一、含有三角函数的积分

(87) $\int \sin x\,dx=-\cos x+C$

(88) $\int \cos x\,dx=\sin x+C$

(89) $\int \tan x\,dx=-\ln|\cos x|+C$

(90) $\int \cot x\,dx=\ln|\sin x|+C$

(91) $\int \sec x \mathrm{d}x = \ln|\sec x + \tan x| + C = \ln\left|\tan\left(\frac{\pi}{4} + \frac{x}{2}\right)\right| + C$

(92) $\int \csc x \mathrm{d}x = \ln|\csc x - \cot x| + C = \ln\left|\tan\frac{x}{2}\right| + C$

(93) $\int \sec^2 x \mathrm{d}x = \tan x + C$

(94) $\int \csc^2 x \mathrm{d}x = -\cot x + C$

(95) $\int \sec x \tan x \mathrm{d}x = \sec x + C$

(96) $\int \csc x \cot x \mathrm{d}x = -\csc x + C$

(97) $\int \sin^2 x \mathrm{d}x = \frac{x}{2} - \frac{1}{4}\sin 2x + C$

(98) $\int \cos^2 x \mathrm{d}x = \frac{x}{2} + \frac{1}{4}\sin 2x + C$

(99) $\int \sin^n x \mathrm{d}x = -\frac{\sin^{n-1}x\cos x}{n} + \frac{n-1}{n}\int \sin^{n-2}x \mathrm{d}x$

(100) $\int \cos^n x \mathrm{d}x = \frac{\cos^{n-1}x\sin x}{n} + \frac{n-1}{n}\int \cos^{n-2}x \mathrm{d}x$

(101) $\int \frac{\mathrm{d}x}{\sin^n x} = -\frac{1}{n-1}\frac{\cos x}{\sin^{n-1}x} + \frac{n-2}{n-1}\int \frac{\mathrm{d}x}{\sin^{n-2}x}$

(102) $\int \frac{\mathrm{d}x}{\cos^n x} = \frac{1}{n-1}\frac{\sin x}{\cos^{n-1}x} + \frac{n-2}{n-1}\int \frac{\mathrm{d}x}{\cos^{n-2}x}$

(103) $\int \sin x \cos^n x \mathrm{d}x = -\frac{\cos^{n+1}x}{n+1} + C$

(104) $\int \sin^n x \cos x \mathrm{d}x = \frac{\sin^{n+1}x}{n+1} + C$

(105) $\int \cos^m x \sin^n x \mathrm{d}x = \frac{\cos^{m-1}x\sin^{n+1}x}{m+n} + \frac{m-1}{m+n}\int \cos^{m-2}x\sin^n x \mathrm{d}x$

(106) $\int \cos^m x \sin^n x \mathrm{d}x = -\frac{\sin^{n-1}x\cos^{m+1}x}{m+n} + \frac{n-1}{m+n}\int \cos^m x\sin^{n-2}x \mathrm{d}x$

(107) $\int \sin mx \sin nx \mathrm{d}x = -\frac{\sin(m+n)x}{2(m+n)} + \frac{\sin(m-n)x}{2(m-n)} + C \ (m \neq n)$

(108) $\int \cos mx \cos nx \mathrm{d}x = \frac{\sin(m+n)x}{2(m+n)} + \frac{\sin(m-n)x}{2(m-n)} + C \ (m \neq n)$

(109) $\int \sin mx \cos nx \mathrm{d}x = -\frac{\cos(m+n)x}{2(m+n)} - \frac{\cos(m-n)x}{2(m-n)} + C \ (m \neq n)$

(110) $\int \frac{\mathrm{d}x}{a + b\cos x} = \frac{2}{\sqrt{a^2 - b^2}}\arctan\left(\sqrt{\frac{a-b}{a+b}}\tan\frac{x}{2}\right) + C \quad (a^2 > b^2)$

(111) $\int \frac{dx}{a+b\cos x} = \frac{1}{\sqrt{b^2-a^2}}\ln\left|\frac{\sqrt{b-a}\tan\frac{x}{2}+\sqrt{b+a}}{\sqrt{b-a}\tan\frac{x}{2}-\sqrt{b+a}}\right| + C \quad (a^2 < b^2)$

(112) $\int \frac{dx}{a+b\sin x} = \frac{2}{\sqrt{a^2-b^2}}\arctan\frac{a\tan\frac{x}{2}+b}{\sqrt{a^2-b^2}} + C \quad (a^2 > b^2)$

(113) $\int \frac{dx}{a+b\sin x} = \frac{1}{\sqrt{b^2-a^2}}\ln\left|\frac{a\tan\frac{x}{2}+b-\sqrt{b^2-a^2}}{a\tan\frac{x}{2}+b+\sqrt{b^2-a^2}}\right| + C \quad (a^2 < b^2)$

(114) $\int \frac{dx}{a^2\cos^2 x+b^2\sin^2 x} = \frac{1}{ab}\arctan\left(\frac{b\tan x}{a}\right) + C$

(115) $\int \frac{dx}{a^2\cos^2 x-b^2\sin^2 x} = \frac{1}{2ab}\ln\left|\frac{b\tan x+a}{b\tan x-a}\right| + C$

(116) $\int x\sin ax\,dx = \frac{1}{a^2}\sin ax - \frac{1}{a}x\cos ax + C$

(117) $\int x^2\sin ax\,dx = -\frac{1}{a}x^2\cos ax + \frac{2}{a^2}x\sin ax + \frac{2}{a^3}\cos ax + C$

(118) $\int x\cos ax\,dx = \frac{1}{a^2}\cos ax + \frac{1}{a}x\sin ax + C$

(119) $\int x^2\cos ax\,dx = \frac{1}{a}x^2\sin ax + \frac{2}{a^2}x\cos ax - \frac{2}{a^3}\sin ax + C$

十二、含有反三角函数的积分

(120) $\int \arcsin\frac{x}{a}dx = x\arcsin\frac{x}{a} + \sqrt{a^2-x^2} + C$

(121) $\int x\arcsin\frac{x}{a}dx = \left(\frac{x^2}{2}-\frac{a^2}{4}\right)\arcsin\frac{x}{a} + \frac{x}{4}\sqrt{a^2-x^2} + C$

(122) $\int x^2\arcsin\frac{x}{a}dx = \frac{x^3}{3}\arcsin\frac{x}{a} + \frac{1}{9}(x^2+2a^2)\sqrt{a^2-x^2} + C$

(123) $\int \frac{\arcsin\frac{x}{a}}{x^2}dx = -\frac{1}{x}\arcsin\frac{x}{a} - \frac{1}{a}\ln\left|\frac{a+\sqrt{a^2-x^2}}{x}\right| + C$

(124) $\int \arccos\frac{x}{a}dx = x\arccos\frac{x}{a} - \sqrt{a^2-x^2} + C$

(125) $\int x\arccos\frac{x}{a}dx = \left(\frac{x^2}{2}-\frac{a^2}{4}\right)\arccos\frac{x}{a} - \frac{x}{4}\sqrt{a^2-x^2} + C$

(126) $\int x^2\arccos\frac{x}{a}\mathrm{d}x = \frac{x^3}{3}\arccos\frac{x}{a} - \frac{1}{9}(x^2+2a^2)\sqrt{a^2-x^2} + C$

(127) $\int \frac{\arccos\frac{x}{a}}{x^2}\mathrm{d}x = -\frac{1}{x}\arccos\frac{x}{a} + \frac{1}{a}\ln\left|\frac{a+\sqrt{a^2-x^2}}{x}\right| + C$

(128) $\int \arctan\frac{x}{a}\mathrm{d}x = x\arctan\frac{x}{a} - \frac{a}{2}\ln(a^2+x^2) + C$

(129) $\int x\arctan\frac{x}{a}\mathrm{d}x = \frac{1}{2}(x^2+a^2)\arctan\frac{x}{a} - \frac{ax}{2} + C$

(130) $\int x^2\arctan\frac{x}{a}\mathrm{d}x = \frac{x^3}{3}\arctan\frac{x}{a} - \frac{ax^2}{6} + \frac{a^3}{6}\ln(a^2+x^2) + C$

(131) $\int x^n\arctan\frac{x}{a}\mathrm{d}x = \frac{x^{n+1}}{n+1}\arctan\frac{x}{a} - \frac{a}{n+1}\int\frac{x^{n+1}}{a^2+x^2}\mathrm{d}x \quad (n\neq -1)$

十三、含有指数函数的积分

(132) $\int a^x\mathrm{d}x = \frac{a^x}{\ln a} + C$

(133) $\int \mathrm{e}^{ax}\mathrm{d}x = \frac{\mathrm{e}^{ax}}{a} + C$

(134) $\int \mathrm{e}^{ax}\sin bx\mathrm{d}x = \frac{\mathrm{e}^{ax}(a\sin bx - b\cos bx)}{a^2+b^2} + C$

(135) $\int \mathrm{e}^{ax}\cos bx\mathrm{d}x = \frac{\mathrm{e}^{ax}(b\sin bx + a\cos bx)}{a^2+b^2} + C$

(136) $\int x\mathrm{e}^{ax}\mathrm{d}x = \frac{\mathrm{e}^{ax}}{a^2}(ax-1) + C$

(137) $\int x^n\mathrm{e}^{ax}\mathrm{d}x = \frac{x^n\mathrm{e}^{ax}}{a} - \frac{n}{a}\int x^{n-1}\mathrm{e}^{ax}\mathrm{d}x$

(138) $\int xa^{mx}\mathrm{d}x = \frac{xa^{mx}}{m\ln a} - \frac{a^{mx}}{(m\ln a)^2} + C$

(139) $\int x^n a^{mx}\mathrm{d}x = \frac{a^{mx}x^n}{m\ln a} - \frac{n}{(m\ln a)}\int x^{n-1}a^{mx}\mathrm{d}x$

(140) $\int \mathrm{e}^{ax}\sin^n bx\mathrm{d}x = \frac{\mathrm{e}^{ax}\sin^{n-1}bx}{a^2+b^2n^2}(a\sin bx - nb\cos bx) + \frac{n(n-1)}{a^2+b^2n^2}b^2\int \mathrm{e}^{ax}\sin^{n-2}bx\mathrm{d}x$

(141) $\int \mathrm{e}^{ax}\cos^n bx\mathrm{d}x = \frac{\mathrm{e}^{ax}\cos^{n-1}bx(a\cos bx + nb\sin bx)}{a^2+b^2n^2} + \frac{n(n-1)}{a^2+b^2n^2}b^2\int \mathrm{e}^{ax}\cos^{n-2}bx\mathrm{d}x$

十四、含有对数函数的积分

(142) $\int \ln x\mathrm{d}x = x\ln x - x + C$

(143) $\int \frac{dx}{x\ln x} = \ln|\ln x| + C$

(144) $\int x^n \ln x dx = x^{n+1}\left[\frac{\ln x}{n+1} - \frac{1}{(n+1)^2}\right] + C$

(145) $\int \ln^n x dx = x\ln^n x - n\int \ln^{n-1} x dx$

(146) $\int x^m \ln^n x dx = \frac{x^{m+1}}{m+1}\ln^n x - \frac{n}{m+1}\int x^m \ln^{n-1} x dx$

十五、含有双曲函数的积分

(147) $\int \mathrm{sh} x dx = \mathrm{ch} x + C$

(148) $\int \mathrm{ch} x dx = \mathrm{sh} x + C$

(149) $\int \mathrm{th} x dx = \ln \mathrm{ch} x + C$

(150) $\int \mathrm{sh}^2 x dx = -\frac{x}{2} + \frac{1}{4}\mathrm{sh} 2x + C$

(151) $\int \mathrm{ch}^2 x dx = \frac{x}{2} + \frac{1}{4}\mathrm{sh} 2x + C$

附录 B　能力训练和综合训练答案

能力训练 1.1

A 组题

1. 5，9，a^2+3a+5，x^2+5x+9，$\frac{1}{x^2}+\frac{3}{x}+5$。

2. （1）$\left[\frac{1}{3}, +\infty\right)$；（2）$(-\infty, -1]\cup[1, +\infty)$；（3）$(-1, +\infty)$；（4）$[-4, 6]$。

3. （1）偶函数；（2）奇函数；（3）奇函数。　　4. $a=1$，$b=\frac{1}{2}$。

5. （1）$\cos e^x$；（2）$e^{\cos x}$；（3）$\cos e^{\frac{1}{x}}$；（4）$e^{\cos\frac{1}{x}}$。　　6. 略。

B 组题

1. （1）**R**；（2）$[-1, 0)\cup(0, 1]$；（3）$[-2, 1)$；（4）$[-1, 3]$。

2. 0，0，$\frac{1}{2}$，1。　　3. x^2-5x+6。　　4. 1，$\frac{1+x}{1-x}$，$-\frac{x}{x+2}$，$\frac{2}{1+x}$。

5. （1）奇函数；（2）偶函数；（3）偶函数；（4）奇函数。

6. （1）$y=\frac{1}{3}(x^2+1)$；（2）$y=\frac{3+2x}{4x-2}$。　　7. $y=\sqrt{1+\sin^2\lg x}$。

能力训练 1.2

A 组题

1. $R=-\frac{1}{2}q^2+4q$。　　2. $\overline{C}=\frac{4}{q}+\frac{103}{9}\sqrt{q}$。　　3. $L=\frac{1}{2}q(150-q)-(200+10q)$。

B 组题

1. $Q=-\frac{1}{2}p+50$，$R=100Q-2Q^2$。

2. $R=\begin{cases}130q & 0\leqslant q\leqslant 800\\ 104000+117(q-800) & 800<q\leqslant 1000\end{cases}$。

3. $R(q)=\begin{cases}300q & 0\leqslant q\leqslant 600\\ 180000+240(q-600) & 600<q\leqslant 800\\ 228000 & q>800\end{cases}$。

能力训练 1.3

A 组题

1. （1）C；（2）0；（3）不存在；（4）1；（5）0；（6）0；（7）不存在；（8）0。

2. $f(0^-)=-1$，$f(0^+)=1$，$\lim\limits_{x\to 0}f(x)$不存在。

B 组题

1. （1）1；（2）$\frac{3}{4}$；（3）不存在；（4）不存在。

2. （1）0；（2）1；（3）0；（4）π。　3. 1，1，1。

能力训练 1.4

A 组题

1. （1）无穷大；（2）无穷小；（3）既不是无穷小也不是无穷大；（4）无穷小；（5）无穷大；（6）无穷小。

2. （1）高阶无穷小；（2）低阶无穷小；（3）等价无穷小。

B 组题

1. $x\to\infty$ 时是无穷小，$x\to1$ 时是无穷大。　2. （1）0；（2）0；（3）0；（4）0 。

能力训练 1.5

A 组题

（1）5；（2）11；（3）3；（4）$\frac{1}{2}$；（5）3；（6）0

B 组题

1. （1）2；（2）$\frac{\sqrt{2}}{4}$；（3）-32；（4）-2；（5）$\frac{1}{\pi}$。　2. 不存在，2，4。

能力训练 1.6

A 组题

1. （1）3；（2）$\frac{2}{3}$；（3）$\frac{3}{2}$；（4）9；（5）2。

2. （1）e^{-k}；（2）e^{-1}；（3）e^{-6}；（4）e^{2}。

B 组题

（1）$\frac{2}{3}$；（2）0；（3）1；（4）e；（5）e^{-5}。

能力训练 1.7

A 组题

1. （1）$\frac{e^2+1}{2}$；（2）1；（3）$\frac{1}{2}\ln2$；（4）$\frac{\pi}{4}$。　2. $a=2$。

3. 在 $x=\frac{1}{2}$ 处连续；在 $x=1$ 处不连续；在 $x=2$ 处连续。

4. （1）$x=-3$ 是无穷间断点；（2）$x=0$ 是可去间断点；
（3）$x=1$ 是无穷间断点，$x=-1$ 是可去间断点；
（4）$x=2$ 是无穷间断点，$x=-1$ 是可去间断点。

5. 证明略。

B 组题

1. -1。　2.（1）$x=1$，$x=2$；（2）$x=2$；（3）$x=1$；（4）$x=0$。

3. 连续。　4. $k=1$。

综合训练 1

A 组题

1.（1）$(-\infty, -\sqrt{2})\cup(-\sqrt{2}, \sqrt{2})\cup(\sqrt{2}, 4]$；（2）$[0, 2]$。

2.（1）偶函数；（2）奇函数；（3）偶函数；（4）非奇非偶函数。

3.（1）$\frac{2}{7}$；（2）0；（3）0。　4.（1）-9；（2）$\frac{1}{2}$；（3）1。

5. $k=-3$。　6.（1）$\frac{3}{2}$；（2）$e^{-\frac{1}{2}}$；（3）1；（4）0；（5）$\frac{1}{2}$。

7. $(-\infty, 1)\cup(1, 2)\cup(2, +\infty)$。

B 组题

1. $\lim\limits_{x\to0^-}f(x)=2$，$\lim\limits_{x\to0^+}f(x)=-2$，$\lim\limits_{x\to0}f(x)$不存在。

2.（1）当 $x\to\infty$ 时为无穷小，$x\to0$ 时为无穷大；

（2）当 $x\to2$ 时为无穷小，$x\to-1$ 时为无穷大；

（3）当 $x\to1$ 时为无穷小，$x\to0$ 或 $+\infty$ 时为无穷大；

（4）当 $x\to-3$ 或 $x\to1$ 时为无穷小，$x\to\infty$ 时为无穷大。

3.（1）1；（2）4；（3）2；（4）$\frac{1}{4}$；（5）$\frac{1}{2\sqrt{x}}$；（6）0

4.（1）2；（2）$\frac{4}{9}$；（3）$-\frac{1}{2}$；（4）0。

5. 因 $\lim\limits_{x\to2^-}f(x)=\lim\limits_{x\to2^+}f(x)=\lim\limits_{x\to2}f(x)=f(2)=1$，故 $f(x)$ 在 $x=2$ 处连续。

能力训练 2.1

A 组题

1.（1）√；（2）×；（3）×；（4）√。

2.（1）A；（2）D；（3）C；（4）A；（5）B。

3.（1）12；（2）$-\frac{\sqrt{2}}{8}$；（3）$y=2x-1$；（4）$-\frac{1}{3}x^{-\frac{4}{3}}$，$-2x^{-3}$；（5）1，$-x^{-2}$。

B 组题

1. -20。　2. a。　3. $5x^4$，5。　4. $x-4y+4=0$。

5. $3x-12y+1=0$ 或 $3x-12y-1=0$。　6. (2，4)。

能力训练 2.2

A 组题

1.（1）$3\cos3x$；$\frac{1}{x\ln10}$；$3^{x+1}x^2+3^x x^3\ln3$；$2x\ln x+x$；$\frac{1}{x^2}$；$-4\sin4x$；

(2) 0；(3) e^x。

2. (1) $\frac{1}{x\ln 2}+2^x\ln 2$；　(2) $2x\sin e$；

(3) $2x^3\sin x\ln x+x^3\cos x\ln x+x^2\sin x$；　(4) $-\frac{2}{x^3}$；

(5) $\frac{1-2\ln x}{x^3}$；　(6) $2x\cos x^2$。

B 组题

1. (1) $2x\ln x\cos x+x\cos x-x^2\ln x\sin x$；　(2) $2^{x+1}x+x^2 2^x\ln 2$；

(3) $\frac{1+\cos x+\sin x}{(1+\cos x)^2}$；　(4) $-\frac{2\csc x[(1+x^2)\cot x+2x]}{(1+x^2)^2}$。

2. (1) $\frac{1}{x}\sqrt{x^2-a^2}$；　(2) $\frac{1}{x^2}\sin\frac{2}{x}e^{-\sin^2\frac{1}{x}}$；

(3) $-\frac{1}{(x^2+2x+2)\arctan\frac{1}{1+x}}$；　(4) $-\frac{1}{4}\csc^2\frac{x}{2}\sqrt{\tan\frac{x}{2}}$；

(5) $(1+x^2)^{-\frac{3}{2}}$；　(6) $\arctan x+\frac{2x}{1+x^2}$。

3. (1) 2；(2) $\frac{\sqrt{3}}{4}+\frac{\pi}{6}$；(3) $y'|_{x=0}=\frac{3}{25}$，$y'|_{x=1}=\frac{47}{80}$。

能力训练 2.3

A 组题

1. (1) $(-9\sin 3x+3e^{3x})dx$；(2) $2dx$；(3) 0.3；(4) $a dx$。
2. (1) C；(2) A；(3) C；(4) D。

B 组题

1. (1) 0.0701；(2) 0.07。　2. −0.11。

3. (1) $-\frac{x}{\sqrt{1-x^2}}dx$；　(2) $\frac{2}{x}dx$；

(3) $-e^{-x}(\sin x+\cos x)dx$；　(4) $2(e^{2x}-e^{-2x})dx$；

(5) $(\sin 2x+2x\cos 2x)dx$；　(6) $8x\tan(1+2x^2)\sec^2(1+x^2)dx$。

4. (1) 0.8748；(2) 1.0349。

能力训练 2.4

A 组题

1. (1) $\frac{y}{y-x}$；　(2) $x^{x^2}(x+2x\ln x)$　(3) −1。

2. (1) $\frac{a}{y}$；　(2) $\frac{y\ln y}{y-x}$；　(3) $-\frac{1+y\sin(xy)}{x\sin(xy)}$；

(4) $\dfrac{x+y}{x-y}$；　(5) $\dfrac{y-2x}{2y-x}$；　(6) $\dfrac{e^x-y\cos(xy)}{e^y+x\cos(xy)}$。

3. $y=x-4$。

B 组题

1. (1) $\left(\dfrac{x}{1+x}\right)^x\left(\ln\dfrac{x}{1+x}+\dfrac{1}{1+x}\right)$；　(2) $\dfrac{y^2-xy\ln y}{x^2-xy\ln x}$；

(3) $(1+\cos x)^{\frac{1}{x}}\left[\dfrac{-\sin x}{x(1+\cos x)}-\dfrac{\ln(1+\cos x)}{x^2}\right]$；(4) $\dfrac{1}{3}\sqrt[3]{\dfrac{(x-1)^2}{x(x+1)}}\left(\dfrac{2}{x-1}-\dfrac{1}{x}-\dfrac{1}{1+x}\right)$。

2. (1) $\dfrac{\sin at+\cos bt}{\cos at-\sin bt}$；　(2) $2t$。

能力训练 2.5

A 组题

1. (1) $8(2x+5)^3$, $48(2x+5)^2$；(2) ne^x+xe^x；(3) 2。　2. (1) B；(2) A。

3. (1) $\dfrac{\sqrt{x}-1}{4x^{\frac{3}{2}}}e^{\sqrt{x}}$；　(2) $e^{\cos x}(\sin^2x-\cos x)$；　(3) $\dfrac{x}{\sqrt{(x^2-a^2)^3}}$；

(4) $2\cos 2x$；　(5) $\dfrac{2-x^2}{\sqrt{(1+x^2)^5}}$；　(6) $2\arctan x+\dfrac{2x}{1+x^2}$。

B 组题

1. (1) $4\ln^3 2$；(2) 18；(3) $\dfrac{1}{2}$；(4) $-\dfrac{8}{9}$。　2. 略。

3. 速度 $v=-\dfrac{\sqrt{3}}{6}A\pi$，加速度 $a=\dfrac{A}{18}\pi^2$。

综合训练 2

A 组题

1. (1) 1；(2) $2x-y=0$；(3) 函数 $y=f(x)$ 在点 x_0 处可微。

2. (1) A；(2) B；(3) B。

3. (1) $\dfrac{x}{\sqrt{x^2+1}}$；　(2) $-\tan x$；　(3) $\sin 2x$；

(4) $\dfrac{2x}{1+x^4}$；　(5) $3(1+\ln x)$；　(6) $\dfrac{1}{x\ln x}$。

4. (1) $(x^2+4x+2)e^x$；(2) $-(2\sin x+x\cos x)$；(3) $4e^{2x-1}$；(4) $-\dfrac{1}{(x-1)^2}$。

B 组题

1. -1。　2. -1。

3. (1) $\cos x\ln x-x\sin x\ln x+\cos x$；　(2) $\dfrac{(\sin x+x\cos x)(1+\cos x)+x\sin^2x}{(1+\cos x)^2}$。

4. 0.2。

5. $y''=e^{-2x}(3\sin x-4\cos x)$。

6. 切线方程：$y=\frac{2}{3}x-\frac{1}{5}$，法线方程：$y=-\frac{3}{2}x-\frac{1}{5}$。

能力训练 3.1

A 组题

1. （1）×；（2）×；（3）√；（4）×。

2. （1）C；（2）A；（3）D。

3. （1）1；（2）8ln2；（3）0；（4）1。

B 组题

（1）$\frac{m}{n}a^{m-n}(a\neq0)$；（2）$-\frac{3}{5}$；（3）$-\frac{1}{m}$；（4）1；（5）$\frac{1}{2}$。

能力训练 3.2

A 组题

1. （1）×；（2）×；（3）×；（4）√。

2. （1）$(-\infty,-1)\cup(0,1)$单调减少，$(-1,0)\cup(1,+\infty)$单调增加；

   （2）$\left(-\infty,\frac{3}{4}\right)$单调增加，$\left(\frac{3}{4},1\right)$单调减少；

   （3）$(-\infty,0)$单调增加，$(0,+\infty)$单调减少；

   （4）$\left(0,\frac{1}{2}\right)$单调减少，$\left(\frac{1}{2},+\infty\right)$单调增加。

3. （1）极小值点 $x=0$，极小值为0；（2）极大值点 $x=1$，极大值为$\frac{\pi}{4}-\frac{1}{2}\ln2$。

B 组题

1. 单调减少。　　2. $(-\infty,1)\cup(2,+\infty)$单调增加，$(1,2)$单调减少。

3. （1）极大值为 -1；（2）极小值为 $-\frac{1}{e}$。　　4. 证明略。

能力训练 3.3

A 组题

1. （1）最大值为8，最小值为0；（2）最大值为27，最小值为7；
   （3）最大值为1，最小值为0；（4）最大值为3，最小值为1。

2. 证明略。　　3. $1:\sqrt{2}$。

B 组题

1. 无最大值，最小值为$\left(\frac{1}{e}\right)^{\frac{1}{e}}$。　　2. 距司令部3km。　　3. 底面边长6m。

能力训练 3.4

A 组题

1. 40。　2. 9975，199.5，199。　3. $\frac{3}{2}$，$\frac{51}{4}$。　4. $\frac{3p}{2+3p}$，$\frac{9}{11}$。

B 组题

1. 4。
2. $C'(100)=9.5$，经济意义：当产量是 100t 时，每增加 1t 产量，成本增加 9.5 元。
3. 3ln4，经济意义：当价格是 3 时，价格每上涨 1%，则需求减少 3ln4%。

能力训练 3.5

A 组题

1. (1) √；(2) √；(3) ×；(4) √。
2. (1) $(-\infty,2)$为凸区间，$(2,+\infty)$为凹区间，拐点$(2,-15)$；
   (2) $(-\infty,1)$为凸区间，$(1,+\infty)$为凹区间，无拐点。
3. 略。

B 组题

1. $(-\infty,0)$为凸区间，$(0,+\infty)$为凹区间，拐点$(0,1)$。
2. (1) $y=0$ 为水平渐近线；(2) $y=7$ 为水平渐近线，$x=\pm\sqrt{2}$为垂直渐近线。
3. 略。

综合训练 3

A 组题

1. (1) $\frac{1}{4}$；(2) $e-1$；(3) 增加，$(-\infty,+\infty)$；
   (4) $(-\infty,-\frac{4}{3})\cup(\frac{4}{3},+\infty)$，$(-\frac{4}{3},\frac{4}{3})$。
2. (1) -1；(2) 0；(3) $\frac{1}{2}$；(4) -3。
3. $(0,+\infty)$单调增加，$(-1,0)$单调减少。
4. 极大值点 $x=\frac{1}{2}$，极大值为 $\frac{3}{2}$。　5. 最大值为 $\frac{4}{3}$，最小值为 0。
6. $(-\infty,-1)\cup(1,+\infty)$为凹区间，$(-1,1)$为凸区间，拐点$(-1,-10)$，$(1,-10)$。

B 组题

1. 极大值为 10，极小值为 -22。　2. 最大值为$\frac{2}{e}$，最小值为$\frac{4}{e^3}$。
3. $(-\infty,0)\cup(1,+\infty)$单调增加，$(0,1)$单调减少。
4. 证明略。　5. 略。

能力训练 4.1

A 组题

1. （1）$\frac{1}{\arcsin x}$；（2）$\frac{3}{4}x^{\frac{4}{3}}+C$；（3）$\frac{5^x}{\ln 5}+C$。

2. （1）$\frac{3}{2}x^2+C$；　（2）$-\sin x+C$；　（3）$-\frac{1}{x}+C$；

（4）$-\frac{2}{3}x^{-\frac{3}{2}}+C$；　（5）$\frac{2}{7}x^{\frac{7}{2}}-\frac{10}{3}x^{\frac{3}{2}}+C$；　（6）$\arctan x+\ln|x|+C$。

B 组题

1. （1）$\tan x+C$；（2）$e^x-\cos x+C$；（3）$\frac{1+e^x}{\sin x}dx$。

2. （1）$3\arctan x-2\arcsin x+C$；　（2）$2x-\frac{5}{\ln 2-\ln 3}(\frac{2}{3})^x+C$；

（3）$\frac{2^x}{\ln 2}-\cos x+x+C$；　（4）$\frac{x^2}{2}-\sqrt{x}+\frac{x\sqrt[3]{x}}{4}+C$。

能力训练 4.2

A 组题

1. （1）$\frac{1}{2}e^{2x}$；　（2）-1；　（3）$-\frac{1}{5}$。

2. （1）$\arctan(x+2)+C$；　（2）$\frac{1}{3}\ln\left|\frac{x-4}{x-1}\right|+C$；

（3）$-e^{\cos x}+C$；　（4）$\frac{1}{6}\ln\left|\frac{3+x}{3-x}\right|+C$；

（5）$2[\sqrt{x}-\ln(1+\sqrt{x})]+C$；　（6）$-\frac{1}{3}(2-x^2)^{\frac{3}{2}}+C$；

（7）$-e^{\frac{1}{x}}+C$；　（8）$\frac{1}{2}x+\frac{1}{4}\sin 2x+C$。

B 组题

1. （1）$\frac{1}{2}\ln(8+x^2)+C$；　（2）$-\frac{1}{2}\ln|5-2x|+C$；　（3）$\frac{1}{9}e^{x^3}+C$；

（4）$\frac{4}{3}(1+x^2)^{\frac{3}{2}}+C$；　（5）$-\frac{1}{5}\cos^5 x+C$。

2. （1）$2\sqrt{x}-3\sqrt[3]{x}+6\sqrt[6]{6}-6\ln(\sqrt[6]{x}+1)+C$；

（2）$\frac{3}{2}\sqrt[3]{(x+2)^2}-3\sqrt[3]{x+2}+3\ln(1+\sqrt[3]{x+2})+C$；

（3）$2\arctan\sqrt{x+1}+C$。

能力训练 4.3

A 组题

1. （1）$x\ln 2x - x + C$；　（2）$-x\cos x + \sin x + C$。

2. （1）$\frac{x^3\ln x}{3} - \frac{x^3}{9} + C$；　（2）$x^2 e^x - 2xe^x + 2e^x + C$；

（3）$x^2\sin x + 2x\cos x - 2\sin x + C$；　（4）$-xe^{-x} - e^{-x} + C$；

（5）$-\frac{\ln x}{x} - \frac{1}{x} + C$；　（6）$2e^{\sqrt{x}}(\sqrt{x} - 1) + C$。

B 组题

（1）$2\sqrt{x}(\ln x - 2) + C$；（2）$2x\sin 2x + \cos 2x + C$；（3）$\frac{1}{13}e^{2x}(2\sin 3x - 3\cos 3x) + C$。

能力训练 4.4

A 组题

（1）$\frac{5}{2}\ln(x^2 + 2x + 3) - \frac{1}{\sqrt{2}}\arctan\frac{x+1}{\sqrt{2}} + C$；

（2）$\frac{1}{16}\left(x - \frac{1}{4}\sin 2x - \frac{1}{4}\sin 4x + \frac{1}{12}\sin 6x\right) + C$；

（3）$\frac{1}{2}e^x - \frac{1}{5}e^x\sin 2x - \frac{1}{10}e^x\cos 2x + C$。

B 组题

（1）$\ln\left|x - 2 + \sqrt{5 - 4x + x^2}\right| + C$；　（2）$\frac{1}{2}\arctan\frac{x+1}{2} + C$；

（3）$\frac{x}{2}\sqrt{3x^2 - 2} - \frac{\sqrt{3}}{3}\ln\left|\sqrt{3}x + \sqrt{3x^2 - 2}\right| + C$；

（4）$x\ln^3 x - 3x\ln^2 x + 6x\ln x - 6x + C$。

综合训练 4

A 组题

1. （1）$e^{-x} + C$；　（2）$-\sin\frac{x}{2}$；　（3）$\frac{1}{x} + C$；

（4）$\frac{1}{2}f^2(x) + C$；　（5）$\frac{1}{2}\sin^2 x + C$。

2. （1）D；（2）A；（3）A。

3. （1）$\frac{1}{12}\ln\left|\frac{3+2x}{3-2x}\right| + C$；（2）$x\arcsin x + \sqrt{1 - x^2} + C$；（3）$\frac{1}{2}\ln(1 + x^2) + \frac{1}{2}(\arctan x)^2 + C$。

B 组题

1. $\cos x-\frac{2\sin x}{x}+C$。

2. (1) $\frac{1}{4}\sec^4 x+C$;　(2) $\frac{x^3}{3}+\frac{1}{3}(x^2-1)^{\frac{3}{2}}+C$。

能力训练 5.1

A 组题

1. (1) 0;(2) $\frac{\pi R^2}{2}$;(3) 0;(4) 1。　2. $s=\int_0^5(2t+1)\mathrm{d}t$。

3. $c(b-a)$。

B 组题

1. (1) 12,π;(2) 5,-5。　2. (1) B;(2) C。　3. $\frac{1}{2}$。

能力训练 5.2

A 组题

1. $\frac{19}{2}\leqslant\int_{-1}^{1}(4x^2-2x+5)\mathrm{d}x\leqslant 22$。　2. $\int_0^1 \mathrm{e}^x\mathrm{d}x\geqslant\int_0^1\mathrm{e}^{x^2}\mathrm{d}x$。

3. 证明略。　4. 证明略。

B 组题

1. (1) >;(2) <。　2. $-2\leqslant\int_{-1}^{3}\frac{x}{x^2+1}\mathrm{d}x\leqslant 2$。　3. 证明略。

能力训练 5.3

A 组题

1. (1) $\frac{1}{101}$;(2) $\frac{14}{3}$;(3) e-1;(4) $\frac{99}{\ln 100}$;(5) 1;(6) $\frac{\mathrm{e}-1}{2}$;(7) -1。

2. (1) $-\frac{1}{\pi}$;(2) $\frac{\pi^2}{32}$。　3. $y(1)=\int_0^1(x-1)\mathrm{d}x=-\frac{1}{2}$。　4. $\frac{8}{3}$。

B 组题

1. (1) 0,$\sin x^2$;(2) $\sin x^2$,$-\sin x^2$;(3) $2x\sin x^4$。

2. (1) $-\frac{1}{18}$;(2) $\frac{1}{4}$。

3. (1) $\frac{62}{5}+\ln 4$;(2) $\frac{\pi}{4}-\frac{2}{3}$;(3) $\frac{\pi}{12}-1+\sqrt{3}$;(4) $1-\frac{\pi}{4}$;(5) 1。

能力训练 5.4

A 组题

(1) 4π;(2) $\frac{1}{2}\arctan\frac{1}{2}$;(3) $\frac{1}{4}$;(4) $\frac{1}{3}$;(5) $2(1-\frac{\pi}{4})$。

2. (1) 0；(2) $\frac{3\pi}{2}$；(3) $4a$；(4) 2。

B 组题

1. (1) $\frac{1}{10}$；(2) ln2；(3) e^2+e-2；(4) 2；(5) $\arctan e-\frac{\pi}{4}$；(6) $\frac{\pi^2}{16}$。

2. $\frac{1}{3}+e$。

能力训练 5.5

A 组题

(1) $1-\frac{2}{e}$；(2) $\frac{1}{4}(e^2+1)$；(3) 1；(4) 4。

B 组题

(1) $4e^{20}$；(2) 1；(3) $-\frac{1}{2\pi}(e^{\pi}+1)$；(4) $\frac{1}{5}(e^{\pi}-2)$；(5) $2-\frac{3}{4\ln 2}$。

能力训练 5.6

A 组题

1. (1) $\frac{8}{3}$；(2) 1；(3) $\frac{32}{3}$；(4) $\frac{\pi}{2}-1$。　2. $V_x=\frac{128}{7}\pi$，$V_y=\frac{64}{5}\pi$。

B 组题

1. (1) $\frac{3}{2}-\ln 2$；(2) $A_{上}=2\pi+\frac{4}{3}$，$A_{下}=6\pi-\frac{4}{3}$；(3) $e+e^{-1}-2$。

2. (1) $\frac{15}{2}\pi$；(2) $\frac{3}{10}\pi$；(3) $10\pi^2$。

综合训练 5

A 组题

1. (1) 0；(2) 0，$\sin x^2$；(3) 3；(4) 0；(5) 1。　2. (1) C；(2) B；(3) A。

3. (1) $\pi-\frac{4}{3}$；(2) $\frac{\pi}{2}-1$；(3) π^2；(4) $\sqrt{3}-\frac{\pi}{3}$。　4. $\frac{32}{3}$。　5. $\frac{25\pi}{3}$。

B 组题

1. (1) $\frac{1}{4}$；(2) $2+2\ln\frac{2}{3}$；(3) $2\sqrt{3}-2$；(4) $\frac{\pi}{2}$；(5) $2\sqrt{2}$；(6) 0。

2. $-\frac{\cos x}{e^y}$。

能力训练 6.1

A 组题

1. (1) 一阶；(2) 二阶；(3) 二阶。　2. (1) 是；(2) 是；(3) 是。

3. （1）$y=e^{Cx}$；（2）$y=\frac{1}{5}x^3+\frac{1}{2}x^2+C$。

4. （1）$2e^y-e^{2x}=1$；（2）$y=e^{\csc x-\cot x}$。

5. $y=x^2+1$。

B 组题

1. （1）$\arcsin y-\arcsin x=C$； （2）$(e^y-1)(e^x+1)=C$；

（3）$\sin x\sin y=C$； （4）$\frac{1}{3}(y+1)^3+\frac{1}{4}x^4=C$。

2. $y^2+x^2=C$。

3. （1）是；（2）是；（3）不是；（4）是；（5）是；（6）不是。

能力训练 6.2

A 组题

1. （1）$y=Ce^{2x}$； （2）$y=(x+C)e^{-x}$； （3）$y=\frac{1}{2}(x+1)^4+C(x+1)^2$；

（4）$y=x(\frac{1}{2}x^2+C)$； （5）$y=(x^2+C)e^{-x^2}$。

2. （1）$y=e^x$； （2）$y=\left[\frac{2}{3}(x+1)^{\frac{3}{2}}+\frac{1}{3}\right](x+1)^2$； （3）$2x^2+y^2=1$。

B 组题

（1）$y=\frac{1}{x}(-\cos x+\pi-1)$； （2）$y=-\frac{2}{3}e^{-3x}+\frac{8}{3}$； （3）$y\sin x+5e^{\cos x}=1$。

能力训练 6.3

A 组题

1. （1）$y=e^{-x}(C_1\cos\sqrt{2}x+C_2\sin\sqrt{2}x)$； （2）$y=C_1e^{-4x}+C_2e^x$；

（3）$y=C_1e^{2x}+C_2e^{3x}$； （4）$y=C_1e^{\frac{1}{2}x}+C_2e^{-x}$。

2. $y=-\frac{1}{2}\sin x$.

3. （1）$y=C_1e^{3x}+C_2e^{-x}-\frac{1}{4}(x+2)e^x$； （2）$y=(C_1+C_2x)e^x+\frac{1}{4}x^2e^x$。

B 组题

1. （1）$y=(C_1+C_2x)e^{-2x}$； （2）$y=(C_1\cos 2x+C_2\sin 2x)e^{-3x}$。

2. （1）$y=C_1\cos x+C_2\sin x+x^2-2+\frac{1}{2}x\sin x$；

（2）$y=C_1\cos x+C_2\sin x+\frac{1}{40}(3\sin 3x-\cos 3x)e^{2x}$。

3. （1）$y=-\sin x+7\cos x+2x^2-7$； （2）$y=(x^2-x+1)e^x-e^{-x}$。

综合训练 6

A 组题

1. （1）√；（2）√；（3）×。　　2. （1）C；（2）A；（3）B；（4）C。

3. （1）$\frac{1}{4}e^{-2x}+C_1x+C_2$；（2）$y=Cx^2$；（3）$y=C(x+1)^2$。

4. $y=Cx^2-x^2\ln x$。　　5. $2(y^3-x^3)+3(y^2-x^2)=5$。　　6. $y=(C_1+C_2x)e^{-2x}$。

B 组题

1. （1）$x^2+y^2=25$；（2）$y=C_1e^{2x}+C_2e^x$；（3）Axe^{-x}。

2. （1）$y=(\sin x+C)e^{x2}$；　　（2）$y=x\left(\frac{1}{2}x^2+C\right)$；

（3）$y=\frac{1}{8}e^{-x}(\sin x+\cos x)+e^x(C_1\cos x+C_2\sin x)$。

能力训练 7.1

A 组题

1.（1）-47；（2）$ad-bc$；（3）-4；（4）18。

2. $M_{12}=-8$，$A_{12}=8$，$M_{32}=-28$，$A_{32}=28$，$D=56$。　　3.（1）-196；（2）-120。

B 组题

1. $x=-11$，$y=24$。　　2. （1）10；（2）28；（3）466。

能力训练 7.2

A 组题

1. （1）-6；（2）0；（3）0；（4）$-4abcdef$；（5）$2(x^3+y^3)$。

2. （1）-4；（2）48。

B 组题

1. （1）-10；（2）-3；（3）1；（4）0。　　2. （1）9；（2）abc。

能力训练 7.3

A 组题

1. （1）$x=1$，$y=2$，$z=2$，$w=-1$；

（2）$x_1=1$，$x_2=2$，$x_3=-1$，$x_4=0$。

2.（1）只有零解；（2）有非零解。　　3. $\lambda=-1$ 或 4。

B 组题

1. （1）$x_1=2$，$x_2=-2$，$x_3=-3$，$x_4=-\frac{1}{2}$；

（2）$x_1=-1$，$x_2=-1$，$x_3=0$，$x_4=1$。

2. $k=5$。

综合训练 7

A 组题

1. (1) B；(2) C；(3) C；(4) B；(5) A。　　2. 0，−1，−2。

B 组题

1. (1) A；(2) B；(3) C；(4) D。　　2. (1) 5；(2) 5。

3. (1) 1；(2) 0；(3) $(-1)^{n+1}n!$。　　4. 证明略。

能力训练 8.1

A 组题

1. 略。

2. $\begin{pmatrix} 1400 & 340 & 136 & 1604 \\ 2340 & 430 & 326 & 2444 \\ 740 & 304 & 0 & 1044 \end{pmatrix}$

B 组题

1. 行阶梯形矩阵有(1)、(3)、(4)、(5)、(6)，行最简形矩阵有(4)、(5)。

2. $x=1$，$y=-5$，$z=-8$，$w=8$。

能力训练 8.2

A 组题

1. (1) $\begin{pmatrix} 6 & 5 & 4 & 3 \\ 5 & 1 & -1 & 6 \\ 2 & -2 & 9 & 5 \end{pmatrix}$；　　(2) $\begin{pmatrix} 4 & 1 & 0 & -1 \\ 3 & 0 & 0 & 6 \\ 3 & -2 & 3 & 2 \end{pmatrix}$。

2. $\begin{pmatrix} 2 & 3 & -2 & 2 \\ 2 & -2 & 1 & -1 \\ \dfrac{1}{2} & -1 & -\dfrac{7}{2} & -1 \end{pmatrix}$。

3. (1) $\begin{pmatrix} 3 & 3 \\ 7 & 5 \end{pmatrix}$；　　(2) $\begin{pmatrix} 12 & 26 \\ -27 & 2 \\ 23 & 4 \end{pmatrix}$；　　(3) −5；

(4) $\begin{pmatrix} -4 & 12 & 8 & 20 \\ 0 & 0 & 0 & 0 \\ -7 & 21 & 14 & 35 \\ 3 & -9 & -6 & -15 \end{pmatrix}$；　　(5) $\begin{pmatrix} 6 & 8 & 1 \\ 6 & 13 & 8 \\ -3 & -2 & 5 \end{pmatrix}$。

4. $\boldsymbol{A}^{\mathrm{T}} = \begin{pmatrix} 1 & 2 & -1 \\ 2 & 3 & 0 \\ -1 & 2 & 2 \end{pmatrix}$，$\boldsymbol{B}^{\mathrm{T}} = \begin{pmatrix} 0 & 2 & -1 \\ 1 & -1 & -1 \\ 2 & 0 & 3 \end{pmatrix}$，

$$A^{T}+B^{T}=\begin{pmatrix}1&4&-2\\3&2&-1\\1&2&5\end{pmatrix},\ A^{T}B^{T}=\begin{pmatrix}0&0&-6\\3&1&-5\\6&-4&5\end{pmatrix},$$

$$B^{T}A^{T}=\begin{pmatrix}5&4&-2\\0&-3&-3\\-1&10&4\end{pmatrix},\ (A^{2})^{T}=\begin{pmatrix}6&6&-3\\8&13&-2\\1&8&5\end{pmatrix}。$$

B 组题

1. (1) B；(2) B；(3) B。

2. (1) $\begin{pmatrix}-1&6&5\\-2&-1&12\end{pmatrix}$；(2) $\begin{pmatrix}14&13&8&7\\-2&5&-2&5\\2&1&6&5\end{pmatrix}$；(3) $\begin{pmatrix}35\\6\\49\end{pmatrix}$。

3. $3AB-2A=\begin{pmatrix}-2&13&22\\-2&-17&20\\4&29&-2\end{pmatrix}$，$A^{T}B=\begin{pmatrix}0&5&8\\0&-5&6\\2&9&0\end{pmatrix}$。

能力训练 8.3

A 组题

1. (1) $\begin{pmatrix}1&0&2\\0&1&-2\\0&0&0\end{pmatrix}$；　(2) $\begin{pmatrix}1&0&3&8&-2\\0&1&-1&-4&2\\0&0&0&0&0\end{pmatrix}$。

2. (1) 2；(2) 2；(3) 3。

3. (1) $\begin{pmatrix}1&0&0&0&0\\0&1&0&0&0\\0&0&0&0&0\\0&0&0&0&0\end{pmatrix}$；　(2) $\begin{pmatrix}1&0&0&0&0\\0&1&0&0&0\\0&0&1&0&0\\0&0&0&1&0\end{pmatrix}$。

B 组题

1. (1) D；(2) C；(3) C。　　2. (1) 2；(2) $a=3$ 或 $a=-1$。

能力训练 8.4

A 组题

1. (1) 可逆，$\begin{pmatrix}-11&7\\8&-5\end{pmatrix}$；　(2) 可逆$\begin{pmatrix}-\frac{2}{3}&-\frac{1}{3}&\frac{1}{3}\\-\frac{19}{18}&-\frac{5}{18}&\frac{1}{9}\\\frac{4}{9}&\frac{2}{9}&\frac{1}{9}\end{pmatrix}$；

(3) 可逆$\begin{pmatrix}-1&2&-6\\-1&2&-7\\1&-1&2\end{pmatrix}$。

2. (1) $\begin{pmatrix} -17 & -28 \\ -4 & -6 \end{pmatrix}$；　(2) $\begin{pmatrix} 2 & 9 & -5 \\ -2 & -8 & 6 \\ -4 & -14 & 9 \end{pmatrix}$。

3. $\begin{pmatrix} 1 & 1 & 3 \\ 2 & 3 & 7 \\ 3 & 4 & 9 \end{pmatrix}$。　4. $\begin{pmatrix} 0 & -3 & -3 \\ 1 & -2 & -3 \\ -1 & -1 & 0 \end{pmatrix}$。

B 组题

1. (1) C；(2) C。　2. (1) $\begin{pmatrix} 1 & \frac{1}{2} \\ -\frac{1}{2} & 1 \end{pmatrix}$；(2) $\begin{pmatrix} 2 & 13 \\ 0 & -4 \end{pmatrix}$。

3. $\begin{pmatrix} -2 & 1 & 0 \\ -\frac{13}{2} & 3 & -\frac{1}{2} \\ -16 & 7 & -1 \end{pmatrix}$。　4. $\boldsymbol{A}^{-1} = \frac{1}{2}(\boldsymbol{A} - \boldsymbol{E})$，$(\boldsymbol{A} + 2\boldsymbol{E})^{-1} = -\frac{1}{4}(\boldsymbol{A} - 3\boldsymbol{E})$。

综合训练 8

A 组题

1. (1) B；(2) D；(3) B；(4) B。

2. (1) $\begin{pmatrix} 3 & 3 & 7 \\ -1 & -3 & 7 \end{pmatrix}$；(2) $\begin{pmatrix} 6 & 5 & 3 \\ 0 & -1 & 0 \\ 4 & -2 & -2 \end{pmatrix}$；(3) $\begin{pmatrix} 8 & 14 \\ 6 & 8 \end{pmatrix}$。

3. $\begin{pmatrix} 3 & -8 & -6 \\ 2 & -9 & -6 \\ -2 & 12 & 9 \end{pmatrix}$。

B 组题

1. $\begin{pmatrix} 1 & -1 \\ 5 & -7 \end{pmatrix}$。　2. $\begin{pmatrix} 10 & -7 & -2 \\ 1 & 2 & -5 \\ 3 & -15 & -9 \end{pmatrix}$。　3. 证明略。　4. 证明略，$\boldsymbol{A}^{-1} = \frac{1}{2}(\boldsymbol{A} - 3\boldsymbol{E})$

能力训练 9.1

A 组题

1. 系数矩阵 $\boldsymbol{A} = \begin{pmatrix} 4 & -5 & -1 \\ -1 & 5 & 1 \\ 1 & 0 & 1 \\ 5 & -1 & 3 \end{pmatrix}$，增广矩阵 $\overline{\boldsymbol{A}} = \left(\begin{array}{ccc:c} 4 & -5 & -1 & 1 \\ -1 & 5 & 1 & 2 \\ 1 & 0 & 1 & 0 \\ 5 & -1 & 3 & 4 \end{array}\right)$，

方程组的矩阵形式为 $\begin{pmatrix} 4 & -5 & -1 \\ -1 & 5 & 1 \\ 1 & 0 & 1 \\ 5 & -1 & 3 \end{pmatrix}\begin{pmatrix} x_1 \\ x_2 \\ x_3 \end{pmatrix} = \begin{pmatrix} 1 \\ 2 \\ 0 \\ 4 \end{pmatrix}$。

2. $\begin{cases}x_1-x_2=1\\x_1-2x_3=2\\x_1+3x_2=3\end{cases}$。　3.（1）$\begin{cases}x_1=-1\\x_2=2\\x_3=1\end{cases}$；　（2）$\begin{cases}x_1=-5c-3\\x_2=3c+2\\x_3=c\end{cases}$（$c$ 为任意常数）。

4. $a=-1$。

B 组题

1. 无解。

2. $\lambda=-2$ 时，无解；$\lambda\neq1$ 且 $\lambda\neq-2$ 时，有唯一解；$\lambda=1$ 时，有无穷多解。

能力训练 9.2

A 组题

1.（1）$(4,\ -14,\ 8,\ 10)^{\mathrm{T}}$；（2）$(10,\ 25,\ -1,\ 6)^{\mathrm{T}}$；（3）$(-4,\ 2,\ 3,\ 4)^{\mathrm{T}}$。

2.（1）证明略；（2）$\boldsymbol{\beta}=2\boldsymbol{\alpha}_1+\boldsymbol{\alpha}_2-\boldsymbol{\alpha}_3$。　3.（1）×；（2）×；（3）√。

4.（1）线性无关；（2）线性相关。　5.（1）$r=3$，极大无关组为 $\boldsymbol{\alpha}_1$，$\boldsymbol{\alpha}_2$，$\boldsymbol{\alpha}_4$。

B 组题

1. $\boldsymbol{\alpha}=\frac{5}{4}\boldsymbol{\alpha}_1+\frac{1}{4}\boldsymbol{\alpha}_2-\frac{1}{4}\boldsymbol{\alpha}_3-\frac{1}{4}\boldsymbol{\alpha}_4$。

2. $r=3$，极大无关组为 $\boldsymbol{\alpha}_1$，$\boldsymbol{\alpha}_2$，$\boldsymbol{\alpha}_3$，$\boldsymbol{\alpha}_4=-\boldsymbol{\alpha}_1-\boldsymbol{\alpha}_2+\boldsymbol{\alpha}_3$。　3. 证明略。

能力训练 9.3

A 组题

1. $\begin{cases}x_1=-\dfrac{11}{2}x_3\\x_2=-\dfrac{7}{2}x_3\end{cases}$（其中 x_3 为自由未知量）。

2.（1）$\boldsymbol{\eta}=\begin{pmatrix}4\\-9\\4\\3\end{pmatrix}$；（2）$\boldsymbol{\eta}_1=\begin{pmatrix}-2\\1\\0\\0\end{pmatrix}$，$\boldsymbol{\eta}_2=\begin{pmatrix}1\\0\\0\\1\end{pmatrix}$。

3.（1）$\begin{pmatrix}x_1\\x_2\\x_3\end{pmatrix}=k\begin{pmatrix}-2\\1\\1\end{pmatrix}+\begin{pmatrix}-1\\2\\0\end{pmatrix}$（其中 k 为任意常数）；

（2）$\begin{pmatrix}x_1\\x_2\\x_3\\x_4\end{pmatrix}=k_1\begin{pmatrix}1\\0\\2\\0\end{pmatrix}+k_2\begin{pmatrix}-1\\2\\0\\0\end{pmatrix}+\begin{pmatrix}\frac{1}{2}\\0\\0\\0\\0\end{pmatrix}$（其中 k_1，k_2 为任意常数）。

B 组题

1.（1）方程组无解；（2）$\begin{cases}x_1=2x_2-x_3\\x_4=1\end{cases}$（其中 x_2，x_3 为自由未知量）；

(3) $\begin{cases} x_1 = -1 - 8x_3 + 5x_4 \\ x_2 = -3 - 13x_3 + 9x_4 \end{cases}$ （其中 x_3，x_4 为自由未知量）。

2. $\lambda = 0$ 时，无解；$\lambda \neq 0$ 且 $\lambda \neq 1$ 时，有唯一解；

$\lambda = 1$ 时，有无穷多解，通解为 $\begin{pmatrix} x_1 \\ x_2 \\ x_3 \end{pmatrix} = k\begin{pmatrix} -1 \\ 2 \\ 1 \end{pmatrix} + \begin{pmatrix} 1 \\ -3 \\ 0 \end{pmatrix}$ （其中 k 为自由未知量）。

综合训练 9

A 组题

1. (1) C；(2) A；(3) A；(4) A；(5) D；(6) C。

B 组题

1. (1) $\begin{cases} x_1 = -\dfrac{7}{9}x_4 \\ x_2 = -\dfrac{2}{9}x_4 \\ x_3 = \dfrac{5}{9}x_4 \end{cases}$ （其中 x_4 为自由未知量）；　(2) $x_1 = x_2 = x_3 = x_4 = 0$。

2. (1) $\begin{cases} x_1 = -1 \\ x_2 = 2 \\ x_3 = 0 \end{cases}$；　(2) 无解。

3. 基础解系 $\boldsymbol{\eta}_1 = \begin{pmatrix} -2 \\ 1 \\ 0 \\ 0 \\ 0 \end{pmatrix}$，$\boldsymbol{\eta}_2 = \begin{pmatrix} -5 \\ 0 \\ 1 \\ -2 \\ 1 \end{pmatrix}$，通解 $\begin{pmatrix} x_1 \\ x_2 \\ x_3 \\ x_4 \\ x_5 \end{pmatrix} = k_1\begin{pmatrix} -2 \\ 1 \\ 0 \\ 0 \\ 0 \end{pmatrix} + k_2\begin{pmatrix} -5 \\ 0 \\ 1 \\ -2 \\ 1 \end{pmatrix} + \begin{pmatrix} 5 \\ 0 \\ -1 \\ 1 \\ 0 \end{pmatrix}$ （其中 k_1，k_2 为任意常数）。

参 考 文 献

[1] 郁国瑞. 实用高等数学[M]. 北京：机械工业出版社，2014.

[2] 盛祥耀. 高等数学[M]. 5版. 北京：高等教育出版社，2016.

[3] 同济大学数学系. 高等数学[M]. 7版. 北京：高等教育出版社，2014.

[4] 钱椿林. 线性代数[M]. 4版. 北京：高等教育出版社，2014.

[5] 马颖. 高等数学[M]. 北京：中国传媒大学出版社，2007.

[6] 张涛. 经济数学基础[M]. 西安：西安电子科技大学出版社，2015.

[7] 顾静相. 经济数学基础[M]. 4版. 北京：高等教育出版社，2014.

[8] 曹锡皞，黄登航，张益敏. 高等代数[M]. 北京：北京师范大学出版社，1987.